동의보강 속의
사계절 약초
백과사전
포켓북

동의보감 속의
사계절 약초 백과사전 포켓북

2023년 7월 15일 1쇄 인쇄
2023년 7월 20일 1쇄 발행

저 자 | 성환길 박사 지음
발행인 | 이규인
발행처 | 도서출판 창
교 정 | 이은우
편 집 | 뭉클·정종덕

등록번호 | 제15-454호
등록일자 | 2004년 3월 25일
주소 | 서울특별시 마포구 대흥로4길 49, 1층(용강동 월명빌딩)
전화 | (02) 322-2686, 2687 팩시밀리 | (02) 326-3218

홈페이지 | http://www.changbook.co.kr
e-mail | changbook1@hanmail.net
ISBN : 978-89-7453-486-8 (13480)
정가 27,000원

동의보감 속의

사계절 약초
백과사전
포켓북

성환길 박사 지음

창
Chang
Books

| 머리말 |

　이 책은 《동의보감》에 등장하는 식물성 약재를 기본으로 하여 우리 생활 주변이나 산과 들에서 만날 수 있는 약초로 이용되는 풀(초본), 나무(목본), 등을 200종 이상 계절별로 선별하여 사진과 함께 설명한 '동의보감 속의 사계절 약초 백과사전'이다. 우선 식물체 전체를 대표할 수 있는 사진을 맨 앞에 실었으며, 그 외에 식물체의 잎, 꽃, 열매 등으로 분류하고 가공 후의 약재까지 수록하여 약초 감별에 도움이 되도록 하였다. 게다가 혼동하기 쉬운 식물들과 비교한 사진도 실어 언제 어디서나 약초를 찾아 확인하는 데 큰 도움이 되도록 편집하였다.

　일반인은 물론 야생화나 음식, 한의약을 전공한 전문가들까지 충분히 활용 가능하도록 식물 형태와 생육 특성을 상세하게 기록하였으며, 채취 시기와 방법, 수확한 후 가공법을 설명하였다. 그리고 주요 성분, 성질과 맛 및 작용부위, 생육특성, 약효, 용법과 약재를 기록하였으며, 각 약초마다 사용상의 주의 사항을 상세히 실어 오남용에 따른 부작용을 예방하는 데도 주의를 기울였다. 또한 각 식물체를 이용한 특허자료를 인터넷과 각 기관을 통하여 검색하고 수록하여, 제품개발 등 응용연구에 참고자료로 활용할 수 있도록 하였다.

　이 책의 구성을 살펴보면 일반인들도 쉽게 찾아 활용할 수 있도록 식물명을 계절별로 분류한 후 '가나다'순으로 정리하고 식물명 앞에 대표적인 적용질환을 부제로 넣어 이해를 돕도록 하였다. 제목(식물명) 바로 아래에는 생약명을 비롯한 특성을 간단히 정리하여 활용도를 높였다. 용어는 최대한 쉽게 풀어 설명하고, 중요한 부분에는 한자를 병기하여 이해하기 쉽게 하였다.

　식물명과 학명은 국가생물종지식정보시스템(http://www.nature.go.kr : 약칭 '국생종')에 따랐으며, 공정서의 학명이 국생종과 서로 다른 경우에도 '국생종'의 학명을 기준으로 정리하였고, 생약명은 '식품의약품 안전처 생약정보시스템(http://www.mfds.go.kr)'을 기준으로 하였다.

　한편 독자들로부터 가장 많이 듣는 질문이 있다. "모르는 식물을 찾아 확인하고 싶은데 약초도감을 어떻게 활용해야 하는지 막막하다."라는 질문이다. 사실 전문적으로 식물을 분류하시는 분들도 쉽지 않은 일이다. 그러므로 포켓용으로 만들어져 휴대하기 좋으므로 산이나 들로 나갈 때마다 가지고 가면 머릿속엔 어느덧 여러 가지 약초명이 들어서고, 눈에 들어오는 약초도 점차 많아질 것이다. 이렇게 자연은 작은 지적 호기심을 만족시키는 것과 동시에 우리에게 더 많은 것을 베풀어준다. 자연과 밀접할수록 행복함을 느끼는 건 물론이고, 건강은 덤으로 얻게 된다. 이 책이 그런 삶의 좋은 길잡이가 되어 유용하게 활용되기를 바란다.

2023. 6월　성환길

| 차례 |

봄

주목 · 519

쥐똥나무 · 522

지황 · 525

차즈기 · 529

참느릅나무 · 532

참당귀 · 535

참마 · 538

천궁 · 541

천마 · 545

천문동 · 548

측백나무 · 551

큰조롱 · 554

택사 · 557

톱풀 · 560

투구꽃 · 563

패랭이꽃 · 566

하늘타리 · 569

한련초 · 572

향부자 · 575

헛개나무 · 578

부록

동의보감 속의
사계절 약초
백과사전
포켓북

01 약초의 명칭

한의학에서 약초의 명칭을 주로 한(漢)나라의 것을 그대로 사용함으로써 우리나라 고유의 명칭이 차츰 사라져가고 있어 아쉽다. 예를 들어 '너삼'이 '고삼(苦蔘)'으로, '묏미나리'가 '시호(柴胡)'로, '족도리풀'이 '세신(細辛)'으로 불린다. 하지만 세상만사 잃은 것이 있으면 얻은 것도 있는 법이다. 한나라에서 사용했던 약초의 명칭은 약초들을 서로 구분하기 위한 꼬리표가 아니었다. 명칭에는 약초의 맛과 성질, 효능, 산지, 약용 부위 등이 고스란히 담겨 있다. 따라서 이름만 잘 이해해도 약초를 절반 정도 아는 셈이다.

■ 산지(産地)에 의한 명칭

① 천궁(川芎) : 천궁을 원래 '궁궁(芎藭)'이라고 했는데, 한자로 쓸 때 획이 너무 많아 쓰기 어려울 뿐만 아니라 중국 사천성(2008년 대지진으로 많은 사람이 목숨을 잃은 쓰촨성이 바로 사천성이다. 면적으로는 중국에서 세 번째로 크며 인구는 중국에서 가장 많다)에서 산출되는 것이 최상품이기 때문에 지금은 사천성의 '川' 자를 넣어 천궁(川芎)이라고 부른다.

② 촉초(蜀椒) : 촉(蜀)나라, 즉 지금의 중국 사천성에서 생산되었다고 하여 촉초(蜀椒) 또는 천초(川椒)라고 부른다.

③ 감송(甘松) : 사천의 송주(松州) 지방에서 생산되며, 그 맛이 달아서 감송(甘松)이라고 부른다.

■ 성질(性質)과 형색(形色)에 의한 명칭

① 황기(黃耆) : 황기의 색이 노랗고 맛이 달며 성(性)이 화평(和平)하므로 약 중에서 장로(長老)와 유사하다고 해서 붙은 이름이다. 기(耆)는 60~70세가 넘은 어른, 스승, 장로라는 뜻이다.

② 감초(甘草) : 감초의 맛이 달다는 데서 붙은 이름이다.

③ 우슬(牛膝) : 우슬의 지상부 마디마디가 소의 무릎과 비슷하게 생겼

다고 하여 붙은 이름이다.

④ 세신(細辛) : 세신의 뿌리가 가늘고 맛이 매워서 붙은 이름이다.

⑤ 산조인(酸棗仁) : 열매가 대추[大棗]와 유사하면서 맛이 시기 때문에 붙은 이름이다.

⑥ 구기자(枸杞子) : 가시가 헛개나무[枸]와 비슷하고 줄기는 버드나무[杞]와 비슷하여 두 글자를 합쳐 구기자라고 하였다.

❸ 생태(生態)에 의한 명칭

① 하고초(夏枯草) : 하고초는 절기로 하지(夏至) 이후가 되면 꽃이 말라 버리기 때문에 붙은 이름이다.

② 차전자(車前子) : 차전자는 길가의 우마차 수레바퀴 자국 사이에서 자생하기 때문에 붙은 이름이다.

③ 인동(忍冬) : 인동은 겨울에 잎이 얼면서도 시들지 않기 때문에 붙은 이름이다.

❹ 효능에 의한 명칭

① 방풍(防風) : 방풍은 풍사(風邪)를 다스리고 중풍의 예방 등에 효과가 있다는 데서 붙은 이름이다.

② 원지(遠志) : 원지를 복용하면 익지(益智), 강지(强志)의 효과가 있다는 데서 붙은 이름이다.

③ 위령선(威靈仙) : 효능이 강하고[威] 신선과 같이 영험(靈仙)하다는 뜻을 지니고 있다.

❺ 전설(傳說)과 고사(故事)에 의한 명칭

① 음양곽(淫羊藿) : 음양곽은 장양작용(壯陽作用)이 있어 양(羊)이 이 약초를 먹은 후에 음욕(淫慾)을 일으키며, 하루에 백 번의 교합(交合)이 가능하다는 데서 붙은 이름이다.

② 두충(杜冲) : 두충은 고대에 두중(杜仲)이라는 사람이 이 약초를 복용함으로써 득도(得道)하였다는 데서 그 사람의 이름을 따서 붙인 이름이다. 원래는 두중(杜仲)이나 일반적으로 두충(杜冲)으로 부르고 있다.

③ 사상자(蛇床子) : 사상자는 뱀이 이 약초 밑에서 살기를 좋아했다는 데서 붙은 이름이다.

❻ 약용 부위에 의한 명칭

① 꽃을 사용하는 약초 : 괴화(槐花), 갈화(葛花), 홍화(紅花)

② 씨앗을 사용하는 약초 : 치자(梔子), 오미자(五味子), 소자(蘇子), 창이자(蒼耳子), 토사자(菟絲子)

③ 잎을 사용하는 약초 : 소엽(蘇葉), 측백엽(側柏葉), 애엽(艾葉), 상엽(桑葉)

④뿌리를 사용하는 약초 : 갈근(葛根), 삼칠근(三七根), 노근(蘆根)

⑤껍질을 사용하는 약초 : 진피(陳皮), 계피(桂皮), 오가피(五加皮), 백선피(白鮮皮)

02 약초의 채취

약초의 채취시기는 약효에 영향을 주기 때문에 매우 중요하다. 시기가 너무 이르거나 너무 늦으면 약의 효과를 기대할 수 없고, 역작용이 생길 수도 있다. 다음은 채취시기에 대한 《동의보감》의 설명이다.

"무릇 약초를 채취하는 시기를 흔히 음력 2월과 8월로 잡는 것은 이른 봄에는 물이 올라 싹트기 시작하나 아직 가지와 잎으로는 퍼지지 않아서 뿌리에 있는 약기운이 아주 잔하기 때문이고, 가을에는 가지와 잎이 마르고 진액(津液)이 아래로 내려오기 때문이라고 한다. 그러나 지금까지의 실제 경험에 비추어보자면, 봄에는 차라리 일찍 캐는 것이 좋고, 가을에는 차라리 늦게 캐는 것이 좋으며 꽃, 열매, 줄기, 잎은 각각 그것이 성숙되는 시기에 따는 것이 좋다. 또한 절기가 일찍 오고 늦게 오는 때가 있으므로 반드시 글에 적힌 대로 음력 2월이나 8월에 채취할 필요는 없는 것이다."

약(藥)이라는 말에는 '즐기다[樂]'와 '풀[草]'이라는 뜻이 담겨 있다. 병을 낫게 하여 사람을 즐겁게 해주는 풀. 그렇다! 태초부터 자연은 사람의 행복을 위해 존재했다. 자연은 곡식으로 배를, 꽃으로 눈을, 향기로 코를, 부드러운 바람으로 살결을 즐겁게 한다. 그리고 자연은 우매한 사람의 욕심의 결과인 질병을 치료하기 위해 초근목피(草根木皮)를 준비하였다.

'약(藥)'이라는 말을 세부적으로 분석해보면 약초를 언제 채취해야 좋은지 알 수 있다.

$$艸 + 幺 + 白 + 木$$

'幺(요)'는 어리다는 뜻이고, '白(백)'은 선명하다는 뜻이다. 어리고 선명하다는 것은 식물이 지니고 있는 힘이 최고점을 향해 발현되고 있다는 뜻이다. 과일이나 채소를 고를때 빛깔이 좋은 것을 선택하는 것처럼 약으로 사용하기 위해서는 해당 식물의 약성(藥性)이 최대로 발현되어야 한다. 이는 약초를 채취할 때 가장 중요하게 적용되는 원칙이다. 잎을 사용하는 약초는 잎이 완전히 성숙하기 전에 채취해야 한다. 나무껍질을 사용하는 오가피나 두충 같은 약초는 봄에 진액(津液)이

막 올라오고 있을 때가 좋다. 씨앗이나 뿌리도 마찬가지이다. 자연 속에서 그들이 지녀야 할 성질이 가장 잘 발현될 때 약으로 사용된다. '초(草)'라는 말을 분석하면 의미가 더욱 명확해진다.

艸 + 早

='早(조)'는 어리다, 젊다는 뜻으로, 풀(草)이라는 말 자체에 어리다는 의미가 담겨 있다. 생기발랄하고 여물지 않은 상태, 성숙을 위해 분투하는 모습이 그려진다. 약초는 식물이 지니고 있는 성질이 최고점을 향해 발현될 때 최대의 효과를 나타낸다. 자, 이제 식물 부위별로 언제 채취하는 것이 좋은지 살펴보자.

1 나무의 껍질을 사용하는 약초

나무의 껍질을 사용하는 약초는 언제 채취해야 할까? 약의 기운이 최고로 올라와 있을 때는 언제일까를 생각하면 된다. 봄 햇살에 마음이 동(動)한 식물이 땅을 뚫고 올라 온다. 앙상했던 가지에 싹이 트고 뿌리는 문어발보다 강한 흡입력으로 지기(地氣)를 끌어당긴다. 이내 나무의 몸통과 가지에 물이 오르기 시작하다 이렇게 한창 물이 올랐을 때 껍질을 취해야 한다. 잎이 손바닥보다 넓어지는 한여름이 되면 약의 기운은 잎으로 향하게 되

고, 껍질에는 약의 성질이 희미해진다. 낙엽이 지는 가을에도 마찬가지이다.

약의 기운이 뿌리로 향하면 껍질은 알거지가 된다. 이때 채취한 껍질에는 약효가 많지않다. 결국 껍질을 사용하는 약초는 종류에 따라 다르지만 5~7월경, 또는 발아 및 개화 후에 채취해야 약효가 좋고 껍질이 잘 벗겨진다.

예 두충, 오가피, 해동피(엄나무)

2 잎을 사용하는 약초

식물의 잎을 사용하는 약초는 언제 채취해야 할까? 마찬가지로 약의 기운이 잎에 충만해졌을 때 채취해야 한다. 녹차 잎을 따느라 바쁜 여인의 손길에서 답을 찾을 수 있다. 그렇다. 완전히 성숙하기 전에 따야 한다. 꽃을 피우는 식물이라면 꽃이 막 피기 시작할 무렵, 늦어도 꽃이 활짝 피었을 때 잎을 채취해야 한다.

예 소엽(차조기 잎), 상엽(뽕나무 잎)

3 꽃을 사용하는 약초

목련 꽃이 약초로 사용된다는 것을 아는가? 목련 꽃은 비염과 축농증에 효과적인 약초이다. 그런데 이것을 채취하는 시기는 꽃이라고 보기 어려울 때이다. 세상에 자신의 존재를 알리기 전, 꽃봉오리가 망울망울 매달려 있을 때 채취한다. 꽃을 사용하는 모든 약초가 그런 것은 아

니지만, 꽃이 완전히 피지 않았거나 반쯤
피었을 때 채취해야 한다. 만약 꽃이 활
짝 피어 채취시기가 늦어진다면 약의 기
운은 이미 씨앗을 만드는 데로 이동하게
된다.

⑩ 금은화(인동 꽃), 신이(목련 꽃), 홍화, 갈화(칡
꽃), 감국(국화)

4 지상부를 사용하는 약초

지상부를 사용하는 약초 또한 약의
기운이 최고점에 달했을 때 채취해야 한
다. 사람으로 따지면 청소년기에 채취해
야 효과가 좋다. 따라서 봄이나 초여름이
적기이다. 만약 꽃이 피는 식물이라면 꽃
이 필 무렵, 늦어도 꽃이 만개했을 때 채
취하는 것이 좋다.

⑩ 인진쑥, 곽향(배초향), 익모초

5 씨앗이나 열매를 사용하는 약초

씨앗이나 열매를 사용하는 약초는
대체로 약초의 이름이 자(子), 인(仁)으로
끝난다. 씨앗이나 열매를 사용하는 약초
는 씨앗이 완전히 성숙했을 때 채취하는
것이 일반적이다. 그래야 약의 기운이 온
전해지기 때문이다. 하지만 복분자는 예
외이다. 복분자는 신맛이 주요한 약성을
나타내기 때문에 익지 않았을 때 채취해
야 한다.

⑩ 구기자, 대추, 산수유, 산사, 오미자, 산
조인

6 뿌리를 사용하는 약초

뿌리를 약초로 사용하는 것들이 매
우 많다. 인삼, 황기, 감초, 백하수오 등
우리가 보약이라고 생각하는 약초는 대
체로 뿌리를 사용한다. 그렇다면 약의 기
운이 뿌리로 내려가는 시기는 언제일까?
가을이 되어 낙엽이 지고 식물의 에너지
가 뿌리로 내려가 다음 해를 기약할 때이
다. 아니면 이른 봄 싹이 트면서 가지와
잎으로 물이 오르기 전이다. 따라서 뿌리
를 사용하는 약초는 가을 이후, 또는 초봄
에 채취해야 한다.

⑩ 사삼(잔대), 길경(도라지), 백하수오, 천궁, 백
지, 강활

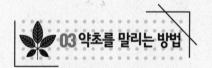

03 약초를 말리는 방법

대부분의 약초는 채취한 후에 바로
말려야 한다. 그 이유는 저장과 유통의 편
리를 위해서이다. 채취한 약초를 바로 섭
취한다면 건조할 필요가 없겠지만 계절
과 지역에 따라 나오는 약초가 다르기 때
문에 말려서 오랫동안 보관해야 할 필요
성이 생긴다. 다음은 약초의 건조에 대한
《동의보감》의 설명이다.

"폭건(暴乾)은 햇볕에 쪼여 말리는 것이고, 음건(陰乾)은 볕에 노출시키지 않고 그늘에서 말리는 것을 말한다. 그런데 지금 내가 보기에는 약초를 채취하여 그늘에 말리면 나빠지는 경우가 많다. 녹용(鹿茸)의 경우만 하더라도 비록 그늘에 말려야 한다고 하지만, 그럴 경우 모두 썩어서 훼손되므로 오히려 불에 말리는 것이 쉽게 마르고 약의 품질도 좋다. 풀이나 나무의 뿌리와 싹도 그늘에서 말리면 다 나빠진다. 음력 9월 이전에 채취한 것은 다 햇볕에 말리는 것이 좋고, 음력 10월 이후에 채취한 것은 모두 그늘에서 말리는 것이 좋다."

《동의보감》의 설명대로 음력 9월 이전에 채취한 것은 상할 우려가 있기 때문에 햇볕이나 불에 신속하게 말려야 한다. 반면 음력 10월 이후에 채취한 것은 계절적으로 상할 가능성이 낮기 때문에 그늘에서 말려도 좋다.

약초를 건조시키는 또 하나의 원칙은 다음과 같다. 꽃을 사용하는 약초, 잎을 사용하는 약초, 식물 전체를 사용하는 약초, 휘발성 물질을 많이 함유하고 있는 약초는 20℃이하에서 말리는 것이 좋다. 반면 뿌리를 사용하는 약초, 나무의 껍질을 사용하는 약초는 20~60℃의 온도에서 말리는 것이 좋다.

뿌리를 사용하는 약초의 경우 겉껍질을 벗기지 않고 말리는 것이 좋다. 겉껍질을 벗기지 않으면 잘 마르지 않기 때문에 약초를 재배하는 사람들 입장에서는 어려움이 있을 것이다. 하지만 과일의 껍질에 식물성 약 성분(phytochemical)이 많은 것처럼, 약초의 겉껍질에 약 성분이 더 많다. 예를 들어 인삼은 고려시대 개성 지방에서 약성은 약하지만 곱게 보이려는 상업적인 부분 때문에 겉껍질을 벗겨 유통시켰다고 하는데, 인삼의 겉껍질에 사포닌이 더 많기 때문에 벗기지 않고 사용하는 것이 효과적이다.

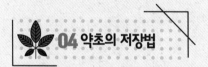

04 약초의 저장법

여름철에는 약초가 상해서 사용하지 못하는 경우가 많기 때문에 보관에 주의를 기울여야 한다. 약초를 대량으로 저장하는 곳에서는 방충제를 사용하지만, 가정집에서 소량으로 보관할 때는 햇볕이 잘 들고 통풍이 잘 되는 곳에 보관하거나 냉장 또는 냉동 보관하는 것이 좋다. 만약 잘 사용하지 않는 약초를 오랫동안 보관해야 한다면 자주 살펴서 변질을 막아야 한다. 다음은 충해(蟲害)가 심한 약초이므로 여름철에 특히 보관에 신경을 써야 한다.

"당귀, 천문동, 사삼, 독활, 백지, 길경, 방풍, 포황, 홍화, 대추, 의이인, 연자육, 겸인, 산조인, 구기자, 모과, 오미자, 산수유, 택사, 고본, 도인, 행인, 이 외에 씨앗을 사용하는 약초는 충해가 심하므로 주의해야 한다."

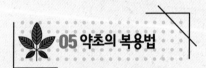

05 약초의 복용법

약초를 복용하는 방법은 질병의 종류와 경중(輕重), 나이에 따라 달라질 수 있다. 전통적으로 약초를 달여서 탕(湯)으로 복용하는 방법이 있고, 분말하여 가루[散]나 환(丸)을 만들어 복용하는 방법이 있다. 하지만 시대가 변하면서 약초를 응용하는 분야가 많아졌고, 일반인들도 개인의 기호에 따라 복용하는 방법을 달리하고 있다.

특히 최근에 효소 열풍이 대단한데, 약초를 담가 발효시키는 것에 대하여 연구자들 간에도 의견이 분분하므로 여기에서는 다루지 않는다.

■1 달여서 먹는 방법

● 달일 때는 깨끗한 물을 사용해야 하며 단맛이 나는 물이 좋다.
● 물의 양은 최소한 약초가 잠기는 정도가 되어야 하며, 모두 달인 후에도 약초가

물 위로 드러나서는 안 된다. 《동의보감》에서도 '적당히 짐작하여 붓는다'는 식으로 모호하게 표현하였는데, 이는 약을 복용하는 사람에 따라 다를 수 있기 때문이다. 아이는 많은 양의 탕약을 먹지 못하기 때문에 약초가 잠길 정도로 최소한의 물을 붓는 것이 좋을 것이고, 성인은 1회에 1컵(120mL) 정도의 탕약이 나올 정도로 물을 조절하면 된다. 예를 들어 200g의 약초를 달여 성인이 하루에 3번 복용해야 한다고 가정하여 계산하면 다음과 같다.

200(약초 무게)
+
200(약초에 흡수되는 물의 양)
+
1,000(증발되는 물의 양)
+
360(3회 복용량)
↓
이렇게 하면 총 1,760이 나온다.
즉 약초 200g을 달일 때
필요한 물의 양은 1,760mL이다.

● 약초를 달일 때는 강한 불을 사용하지 않는다. 《동의보감》의 표현을 빌리자면 '뭉근한 불'로 달여야 한다고 하였다.

- 달일 때는 사기그릇이나 유리그릇을 사용한다. 참고로 《동의보감》에서는 은이나 돌그릇을 사용하라고 하였다.
- 달이는 시간은 약초에 따라 차이가 있다. 땀을 나게 하는 약(감기약)이나 변비에 사용하는 약은 30~60분을 달인다. 그 외의 치료약은 1~2시간을 달이고, 보약은 2~3시간을 달인다.

② 가루나 환을 만들어 먹는 방법

- 약초를 분말하여 가루나 환을 만들면 휴대가 간편하고 쓴맛을 싫어하는 사람도 먹을 수 있다. 또한 물로 달일 때 완전히 추출되지 않는 성분, 높은 온도에 파괴되는 성분, 그리고 섬유질까지 모두 취하는 장점이 있다.
- 환의 크기에 대하여 《동의보감》은 다음과 같이 설명한다. '환의 크기는 질병의 위치에 따라 달라진다. 허리나 무릎, 자궁, 신장 등에 생긴 병을 치료하려면 환을 크게 만들어서 사용한다. 반면 위장이나 가슴의 병을 치료할 때는 그보다 작게 만들고, 머리와 두면부의 질환을 치료할 때는 극히 작게 만들어야 한다.' 이러한 구분이 하나의 기준이 될 수는 있지만 모든 경우에 해당되는 것은 아니다.
- 보통 환의 크기는 우황청심환처럼 4g 정도의 크기로 만드는 것도 있고, 녹두(綠豆) 크기로 만들어 한 번에 50~100개씩 먹기도 한다.
- 가루나 환의 1회 복용량은 4~10g이 일반적이지만, 병세가 급박하면 늘리고 그렇지 않으면 줄이도록 한다.

③ 꿀에 재우는 방법

신선한 약초의 즙을 꿀에 섞거나 건조된 약초를 곱게 분말하여 꿀에 섞어서 먹으면 맛도 좋고 장기간 보관하면서 복용할 수 있다. 특히 위장이 약하고 기력이 없는 사람에게 적합한 방법이다.

④ 차로 먹는 방법

무게가 가벼운 잎이나 꽃을 사용하는 약초는 차로 달여 마시면 좋다. 특히 향기를 지닌 약초를 오래 달이면 약효가 줄어들기 때문에 차로 복용하는 것이 좋다. 가볍고 향기를 지닌 약초는 인체의 상부(上部)에 그 효능을 나타내는 경우가 많아서 이들 약초를 차로 복용하면 두통이나 어지럼증, 안구충혈, 여드름 등에 효과를 얻을 수 있다.

⑤ 음식으로 먹는 방법

약초를 음식으로 먹으려면 맛이 중요한 요소로 작용한다. 쓴맛이 강한 약초를 음식으로 사용하는 것은 무리이다. 다행히 음식으로 사용하는 약초는 대부분 몸을 보하는 약초이고, 이들의 맛은 담담하거나 단맛이 주류이다. 《동의보감》을 보면 왕세자들에게 처방되었던 연자죽, 세종대왕이 즐겨 먹었던 떡으로 전해지는 구선왕도고가 나온다. 연자죽은 만성 화병에 좋은 음식이고, 구선왕도고는 소화력이 약하고 기력이 없는 사람에게 좋은 음식이다. 이 외에도 책에 다양한 음식이 소개되어 있으므로 참고하기 바란다.

6 술에 담가서 먹는 방법

술은 기혈(氣血)의 순환을 촉진하여 약의 효능을 온몸에 퍼뜨리는 작용을 하므로 치료 효과를 높이는 데 도움이 되기도 한다. 하지만 필자는 약초를 술에 담가 먹는 방법을 추천하지는 않는다. 이유는 적절하게 복용하는 사람보다 과음하는 사람이 더 많기 때문이다. 혹을 떼기 위해 마신 약술이 혹을 붙이는 꼴이 될 수도 있다. 다음은 약술에 대한 《동의보감》의 설명이다.

"약술을 담글 때는 약을 모두 얇게 썰어 비단 주머니에 넣고 술을 부어 밀봉한 후 봄에는 5일, 여름에는 3일, 가을에는 7일, 겨울에는 10일을 두었다가 진하게 우러나면 걸러낸다. 맑은 것은 복용하고, 찌꺼기는 햇볕에 바짝 말려 거칠게 분말하여 다시 술에 담가 마신다. 보통 1병의 술에 거칠게 분말한 약초 120g을 담근다.

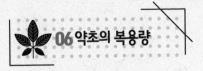

06 약초의 복용량

약초는 천연물이고 부작용이 강하게 나타나지 않기 때문에 복용량의 폭이 넓은 편이다. 복용의 최대량과 최소량에 표준이 있는 것은 아니며, 다음에 설명되는 조건들을 참고하면서 복용량을 결정해야 한다.

1 약초의 맛과 성질에 따라 결정

약초의 복용량을 결정하는 데 가장 큰 영향을 주는 요소는 맛과 성질이다. 맛과 성질이 강하지 않고 무독성인 약초는 처음부터 많이 먹어도 큰 해가 없다. 예를 들어 인삼이나 황기는 맛과 성질이 한쪽으로 치우치지 않기 때문에 많은 양을 복용해도 큰 해는 없다. 반면 맛과 성질이 강하고 독성이 있는 약초의 복용량은 소량으로 시작하여 반응을 보면서 증가시켜야 한다. 예를 들어 부자(附子)는 열(熱)이 아주 많은 약초이기 때문에 처음부터 많은 양을 사용해서는 안 된다. 또한 씨앗이나 뿌리처럼 질량이 높은 약초는 비교적 많은 양을 복용해야 하며, 꽃이나 잎처럼 질량이 낮은 약초는 적은 양을 복용해야 한다.

2 함께 사용하는 약초에 따른 결정

단일 약초를 복용할 경우에는 많은

양을 사용하지만, 다른 약초와 함께 사용할 때는 양을 줄이는 것이 보통이다. 단, 해당 약초가 주된 약초라면 많은 양을 사용해야 하고, 보조적인 약초라면 적게 사용해야 한다. 예를 들어 기운이 없고 소화가 안 되는 증상에 인삼과 백출을 사용할 경우, 기력을 높이는 것이 목적이라면 인삼의 양이 많아야 하고, 소화를 잘 되게 하는 것이 목표라면 백출의 양이 많아야 한다.

③ 질병에 따른 결정

약초의 복용량은 질병의 성질과 상태에 따라 다르다. 병세가 심하지 않거나 만성 질환이라면 복용량을 적게 유지해야 하며, 병세가 중하고 급성 질환일 경우에는 복용량을 증가시켜야 한다.

④ 체질에 따른 결정

체질이 강한 사람은 약한 사람보다 복용량이 많아도 되지만, 노인이나 소아의 복용량은 장년(壯年)보다 적어야 한다. 또한 여성의 복용량은 남성보다 적어야 한다. 노인과 소아, 여성은 간(肝)의 대사력이 다소 떨어지기 때문이다. 우리나라 사람들은 농축액을 좋아하는 편이라서 약초를 진하게 먹는 것이 무조건 좋다고 생각하지만, 간이 대사할 수 있는 양을 벗어나면 분명 해가 된다.

⑤ 계절과 지역에 따른 결정

인삼처럼 성질이 따뜻한 약초는 여름에 적게 사용하고, 겨울에 많이 사용해야 한다. 반대로 황련처럼 성질이 매우 차가운 약초는 여름에 많이 사용하고, 겨울에 적게 사용해야 한다. 또한 해남이나 진도처럼 겨울에도 비교적 따뜻한 지역에 사는 사람들에게는 차가운 약초의 양을 조금 증가시켜도 되지만, 강원도에 사는 사람에게 차가운 약초를 많이 복용시키는 것은 좋지 않다. 마찬가지로 강이나 바다 근처에 사는 사람들에게 습기(濕氣)를 제거하는 약초를 많이 사용하면 보약의 효과를 얻을 수 있지만, 건조한 지역 사람들에게는 독이 될 수 있다.

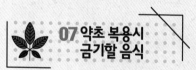

07 약초 복용시 금기할 음식

어떤 음식은 약초의 효능을 떨어뜨리기 때문에 약을 복용할 때는 섭취를 하지 않거나 대폭 줄일 필요가 있다. 또한 따로 설명하지는 않았으나 과식(過食)과 야식(夜食)은 절대 금해야 한다. 과식과 야식을 하면 위장이 쉬지 못하고 간도 과로를 해야 한다. 이런 상태에서 약이 들어가면 간은 혹사를 당하고, 몸 상태는 더욱 나빠진다. 병을 치료하기 위해서 약을

27

먹는 것인데, 도리어 병을 키울 수도 있으므로 주의해야 한다.

1 기름진 음식 고서(古書)에 약을 먹을 때는 돼지고기, 개고기, 고깃국, 생선회, 비늘 없는 생선 등을 먹지 말아야 한다는 말이 자주 나온다. 이러한 음식은 '막히게 하는 성질'이 있기 때문에 약효를 떨어뜨린다.

2 생채소 약초를 복용할 때 생채소를 먹지 않아야 하는 것은 몸이 냉한 사람에게 해당한다. 《동의보감》에 열이 많은 약초인 세신을 복용할 때 생채(生菜)를 먹지 말라는 설명이 나오는데, 이는 생채소가 보약이나 몸을 따뜻하게 하는 약초의 효과를 떨어뜨릴 수 있기 때문이다.

3 매운 음식 매운맛은 막힌 것을 뚫어주고 열을 내며 땀을 배출시키는 순작용을 한다. 하지만 너무 많이 먹으면 기를 소모시키는 역작용이 나타나기 때문에 약을 먹을 때는 섭취량을 줄이는 것이 좋다. 《동의보감》에서는 숙지황이 든 약을 복용할 때 파와 마늘을 먹지 말라는 조언을 하고 있다.

4 식초 신맛은 수렴(收斂)시키는 효능이 좋아서 물질을 몸 밖으로 나가지 못하게

한다. 소변을 자주 보는 증상, 설사, 유정(遺精), 대하증(帶下症) 등이 있을 때 신맛이 나는 약초를 사용하는 원리도 이와 같다. 《동의보감》에서 복령(茯笭)을 복용할 때 식초를 먹지 말라고 한 것은 복령이 이뇨제이기 때문이다.

5 피 죽은 동물의 혈액에는 노폐물과 독소가 많이 함유되어 있다. 따라서 피를 먹으면 독소를 해독하는 간에 부담이 된다. 《동의보감》에도 숙지황과 하수오를 복용할 때는 피를 먹지 말라고 했으며, 보골지(補骨脂, 정력제)라는 약초를 복용할 때는 특히 돼지의 피를 먹지 말라고 하였다.

6 밀가루 밀가루는 소화불량의 원인이기 때문에 금기해야 한다. 《동의보감》에 의하면 '밀가루는 장과 위를 튼튼하게 하고 기력을 세게 하며 오장(五臟)을 도우니 오래 먹으면 몸이 든든해진다'라고 하였다. 반면 '묵은 밀가루는 열과 독(毒)이 있고 풍(風)을 동(動)하게 한다'고도 하였다. 시중에 유통되는 밀가루는 묵은 것이며, 첨가제까지 포함되기 때문에 열과 독이 있을 수밖에 없다.

봄
약초

근골격계 질환 치료(관절염, 통풍, 타박상)

골담초

생약명 금작화(金雀花), 골담초근(骨膽草根)
사용부위 꽃, 뿌리
작용부위 심장, 비장, 폐 경락에 작용한다.

학명 *Caragana chamlagu* Lamarck. = [*Caragana sinica* (Buchoz) Rehder]
이명 금계아(金鷄兒), 황작화(黃雀花), 양작화(陽雀花), 금작근(金雀根), 백심피(白心皮)
과명 콩과(Leguminosae)
개화기 4~5월
채취시기 꽃은 4~5월에, 뿌리는 연중 수시로 채취한다.
성분 뿌리에는 알칼로이드, 사포닌, 스티그마스테롤(stigmasterol), 브라시카스테롤(brassicasterol), 캄페스테롤(campesterol), 콜레스테롤, 스테롤(sterol) 배당체, 전분 등이 함유되어 있다.

성질과 맛 꽃은 성질이 평범하고, 맛은 달다. 뿌리는 성질이 평범하고, 맛은 맵고 쓰다.

생육특성

　중부·남부의 산지에서 자생하거나 재배하는 낙엽활엽관목으로, 높이가 1~2m 정도이며 줄기는 곧게 뻗거나 뭉쳐나고 작은 가지는 가늘고 긴데 변형된 가지가 있다. 잎은 짝수깃꼴겹잎이며, 작은 잎은 4개로 도란형에 잎끝은 둥글거나 오목하게 들어가고 돌기가 있는 것도 있다. 꽃은 4~5월에 황색으로 피는 데, 3~4일 지나면 적갈색으로 변한다. 암술 1개에 수술은 10개가 기부에서 합착되어 있으 며, 자방은 자루가 없고 암술대는 곧게 서 있 다. 열매는 협과로 꼬투리 속에 종자가 4~5개 씩 들어 있으나 결실이 잘되지 않는다.

봄

골담초_잎

골담초_꽃봉오리

골담초_꽃

골담초_꼬투리

골담초_수피

약효

꽃은 생약명이 금작화(金雀花)이며, 자음(滋陰), 화혈(和血), 건비(健脾), 소염, 타박상, 신경통, 저림, 마비 등을 치료하는데 쓴다. 뿌리는 생약명이 골담초근(骨膽草根)이며, 청폐, 활혈, 신경통, 관절염, 해수, 고혈압, 두통, 타박상, 급성 유선염, 백대하 등을 치료하는데 쓴다. 뿌리와 꽃으로 식혜를 만들어 신경통, 관절염의 치료에 사용한다.

용법과 약재

하루에 꽃 20~30g 또는 뿌리 50~80g을 사용하는데, 물 900mL를 붓고 반으로 달여 2~3회 매 식후 복용한다. 외용할 때는 꽃이나 뿌리를 짓찧어 환부에 붙인다.

골담초_꽃 약재품

골담초_뿌리 약재품

기능성과 효능에 관한 특허자료

미생물에 의한 골담초 발효 추출물의 제조 방법 및 이를 함유하는 화장료 조성물

본 발명은 미생물에 의한 골담초 발효 추출물의 제조 방법 및 이를 함유하는 화장료 조성물에 관한 것으로 골담초에 효모 또는 유산균, 곰팡이를 첨가, 배양하여 수득한 골담초 발효 추출물을 유효성분으로 포함하는 것을 특징으로 하는 피부 미백 효능 화장료 조성물은 피부에 자극이 없고 안전하여 피부질환 유발 문제가 없으며, 타이로시나아제의 활성을 억제하여 미백 효과를 나타낼 뿐 아니라, 항산화 효과를 나타내 피부 노화 방지 화장료 조성물로 사용할 수 있다.

〈공개번호 : 10-2011-0108029, 출원인 : (주)래디안〉

내분비계 질환 치료(당뇨, 간염, 타박상)

두릅나무

생 약 명	총목(楤木)
사용부위	수피, 근피
작용부위	간, 비장, 신장 경락에 작용한다.

학명 *Aralia elata* (Miq.) Seem.

이명 참두릅, 드릅나무, 둥근잎두릅, 둥근잎두릅나무

과명 두릅나무과(Araliaceae)

개화기 7~8월

채취시기 봄에 채취하여 가시는 제거하고 햇볕에 말린다.

성분 수피와 근피에는 강심 배당체, 사포닌(saponin), 정유 및 미량의 알칼로이드가 함유되어 있다. 뿌리에는 올레아놀산(oleanolic acid)의 배당체인 아랄로시드(araloside) A, B, C 등이 함유되어 있고 잎에는 사포닌이 들어 있으며 아글리콘(aglycon)은 헤데라게닌(hederagenin)이다.

성질과 맛 성질이 평범하고 독성이 조금 있으나 열을 가하면 없어지며, 맛은 맵다.

생육특성

전국의 산기슭 양지 및 인가 근처에 자라는 낙엽활엽관목으로, 높이는 2~4m이며 가지에 가시가 많이 나 있다. 잎은 마주나고 홀수 2~3회 깃꼴겹잎이며 가지끝에 모여 있다. 작은 잎은 난형 또는 긴 난형에 잎끝이 뾰족하고 밑부분은 둥글거나 넓은 설형 또는 심장형이며, 가장자리에는 넓은 톱니가 나 있다. 꽃은 7~8월에 흰색으로 피고 9~10월에 둥근 열매가 검은색으로 익으며, 종자는 뒷면에 알갱이 모양의 돌기가 약간 있다.

두릅나무_새순   두릅나무_잎   두릅나무_꽃

두릅나무_열매   두릅나무_수피

🌿 약효

수피와 근피는 생약명이 총목피(楤木皮)이며, 독성이 약간 있으나 열을 가하면 없어진다. 거풍, 안신, 보기, 활혈, 소염, 이뇨 등의 효능이 있으며 어혈, 신경 쇠약, 류머티즘에 의한 관절염, 신염, 간경변, 만성 간염, 위장병, 당뇨병 등을 치료한다. 두릅나무의 추출물에는 백내장 예방과 항산화 효과, 혈압 강하 효능이 있다는 연구결과가 나왔다.

🍵 용법과 약재

하루에 수피 또는 근피 50~100g을 물 900mL에 넣고 반으로 달여 2~3회 매 식후에 복용한다. 외용할 때는 근피, 수피를 짓찧어서 환부에 바른다.

봄

두릅나무_뿌리

두릅나무_속껍질 약재품

기능성과 효능에 관한 특허자료

두릅나무 추출물을 포함하는 혈압강하용 조성물

본 발명은 두릅나무 추출물을 포함하는 혈압강하용 조성물에 관한 것이다. 보다 구체적으로, 본 발명은 두릅나무를 물 또는 유기용매로 추출하여 수득한 두릅나무 추출물을 포함하는 것을 특징으로 하는 혈압강하용 조성물에 관한 것이다. 본 발명에 따른 혈압강하용 조성물은 고혈압 또는 고혈압 합병증과 같이 혈압이 비정상적으로 상승된 상태로 유지되는 것으로 인해 발생하는 질병의 치료 또는 예방에 매우 유용하게 사용될 수 있다.

〈공개번호 : 10-2002-0073456, 출원인 : (주)싸이제닉〉

거풍습 치료(거풍, 진해, 강장, 신체허약)

마가목

생 약 명	정공피(丁公皮), 마가자(馬家子)
사용부위	줄기껍질, 종자
작용부위	간, 비장, 폐, 신장 경락에 작용한다.

학명 *Sorbus commixta* Hedl.

이명 은빛마가목, 잡화추(雜花楸), 일본화추(日本花楸)

과명 장미과(Rosaceae)

개화기 5~6월

채취시기 수피는 봄에, 종자는 9~10월에 채취한다.

성분 마가목에는 루페논(lupenone), 루페올(lupeol), β-시토스테롤(β-sitosterol), 리그난(lignan),
소르비톨(sorbitol), 아미그달린(amygdalin), 플라보노이드류가 함유되어 있다.

성질과 맛 수피는 성질이 따뜻하며, 맛은 시고 약간 쓰다.

생육특성

남부·중부지방에 자라는 낙엽활엽소교목으로, 높이가 6~8m이며 작은 가지와 겨울눈에는 털이 없다. 잎은 깃꼴겹잎이며 서로 어긋나고 작은 잎은 9~13개에 피침형, 넓은 피침형 또는 타원상 피침형이고 양면에 털이 없이 잎 가장자리에 길고 뾰족한 톱니 또는 겹톱니가 있다. 5~6월에 흰색 꽃이 복산방꽃차례로 피고, 열매는 이과(梨果)로 9~10월에 붉게 익는다.

마가목_잎

마가목_꽃

마가목_열매

마가목_수피

봄

약효

수피는 생약명이 정공피(丁公皮)이며, 거풍, 진해, 강장의 효능이 있고 신체 허약, 요슬산통(腰膝酸痛), 풍습비통(風濕痺痛), 백발을 치료한다. 종자는 생약명이 마가자(馬家子)이며, 진해, 거담, 해독, 이수(利水), 지갈(止渴), 강장(强壯)의 효능이 있고 기관지염, 폐결핵, 수종(水腫), 위염, 신체허약 등을 치료한다. 연구결과 마가목의 추출물은 해독작용을 하는 것으로 밝혀졌다.

용법과 약재

하루에 수피와 종자 40~80g을 물 900mL에 넣고 반으로 달여 2~3회 매 식후 복용하거나 술로 담가 복용한다.

마가목_수피 약재품

마가목_목질 약재품

마가목_미완숙 열매

마가목_수피껍질 채취품

기능성과 효능에 관한 특허자료

마가목 열매를 이용한 차의 제조방법

본 발명은 마가목의 열매를 가공하여 차를 제조하는 방법에 관한 것으로, 잘 세척된 마가목 열매 100중량부에 대하여 400중량부 내지 500중량부의 물을 가하여 90분 내지 120분 동안 끓여 증숙시킨 다음 18메시체를 이용하여 추출액과 증숙된 마가목 열매를 분리하고, 증숙된 마가목 열매는 체위에서 적정의 압력을 가한 상태로 문질러서 표피 및 씨가 제거된 증숙된 과육 착즙물을 얻은 다음, 얻어진 착즙물과 추출액을 혼합하여 60메시의 체로 감압여과하여 고형물을 제거한 다음, 한천 0.15중량부 내지 0.25중량부와 솔스타 0.09 내지 0.10중량부를 첨가 혼합함을 특징으로 하는 마가목을 이용한 차의 제조방법을 제공한다.

〈공개번호 : 10-2002-0055831, 출원인 : 한국식품연구원〉

내분비계 질환 치료(당뇨, 이뇨, 강심)

맥문동

생 약 명	맥문동(麥門冬)
사용부위	덩이뿌리
작용부위	폐, 위장, 심장 경락에 작용한다

학명 *Liriope platyphylla* F. T. Wang & T. Tang

이명 알꽃맥문동, 넓은잎맥문동, 맥동(麥冬), 문동(門冬)

과명 백합과(Liliaceae)

개화기 5~7월

채취시기 반드시 겨울을 넘기고 봄(4월 하순~5월 초순)에 채취하여 건조하고, 포기는 다시 정리하여 분주묘(分株苗: 포기 나누기용 묘)로 이용한다. 폐와 위의 음기를 청양(淸養: 맑게 하고 길러 줌)하려면 맑은 물에 2시간 이상 담가서 물기를 흡수시켜 무르게 한 디음 거심(去心: 약새의 녹실무를 세거함)하여 사용한다. 자음청심(滋陰淸心: 음기를 기르고 심장의 열을 식힘)하려면 거심하여 서용하고, 자보(滋補)하는 약에 넣으려면 주침(酒浸 청주를 자작하게 부어서 충분히 스며들게 함)하여 거심하여 사용하고, 정신을 안정시키는 안신(安神) 약제에 응용하려면 주맥문동[朱麥門冬 속심을 제거한 맥문동을 대야에 담고 물을 조금 부려서 눅눅하게 한 다음, 여기에 부드러운 주사(朱砂) 가루를 뿌리면서 수시로 뒤섞어 맥문동의 겉면에 주사가 고루 묻게 하고 꺼내어 말린다. 맥문동 5kg에 주사 110g 사원을 만들이 사용하기도 한다.

성분 오피오포고닌 A~D(ophiopogonin A~D), β—시토스테롤(β-sitosterol),

　　　 스티그마스테롤(stigmasterol) 등이 함유되어 있다.

성질과 맛 성질이 약간 차며, 맛은 달고 조금 쓰다. 독은 없다.

🪷 생육특성

　　중부 이남의 산지에서 자라는 상록 여러해살이풀로, 반그늘 또는 햇볕이 잘 드는 나무 아래에서 자란다. 높이는 30~50cm이며, 줄기와 잎이 따로 구분되지 않는다. 짙은 녹색의 잎이 밑에서 모여나고 길이는 30~50cm, 폭은 0.8~1.2cm이며, 끝이 뾰족해지다가 둔해지기도 한다. 꽃은 5~7월에 자줏빛으로 피는데 한 마디에 여러 송이가 피며, 꽃대가 30~50cm로 자라 맥문동의 키가 된다. 열매는 10~11월에 푸른색으로 익고, 껍질이 벗겨지면 검은색 종자가 나타난다. 주변에 조경용으로 많이 심어져 있어 친숙한 식물로, 잎은 겨울에도 지상부에 남아 있기 때문에 쉽게 찾을 수 있다.

　맥문동_새싹　　　　　　맥문동_꽃　　　　　　맥문동_열매

🌿 약효

　　음기를 자양하고 폐를 윤활하게 하며, 심장의 기능을 맑게 하여 번다(煩多)증상을 제거하고, 위의 기운을 도와 진액을 생성하는 등의 효능이 있어서, 폐가 건조하여 오는 마른기침을 다스리고 토혈, 각혈, 폐의 기운이 위축된 증상. 폐옹(肺癰), 허로번열(虛勞傾熱), 소갈(消渴), 열병으로 진액이 손상된 증상, 인후부의 건조함과 입안이 마르는 증상, 변비 등을 치료한다.

🫖 용법과 약재

말린 덩이뿌리를 하루에 4~16g 정도를 사용하는데, 말린 약재 10g에 물 700ml 정도를 붓고 끓기 시작하면 불을 약하게 줄여서 200~300ml 정도로 달여 아침저녁 2회에 나누어 복용한다. 말린 맥문동을 인삼, 오미자 등과 함께 달여서 여름철 땀을 많이 흘린 후의 갈증과 기력 회복에 음용하기도 한다. 또한 위의 진액이 손상된 경우에는 이 맥문동에 사삼(沙蔘), 건지황(乾地黃), 옥죽(玉竹) 등을 배합하여 이용한다. 보통 정신 불안의 처방에는 맥문동을 쓰고, 유정(遺精), 강장(强壯) 등의 처방에는 천문동을 사용한다. 맥문동과 천문동을 배합하여 마른기침과 지나친 방사(성행위)로 인한 기침을 치료하는 데 이용하기도 한다.

※이 약재는 자니성(滋膩性 : 매끄럽고 끈적끈적 들러붙는 성질)이 약하지만 달고 습기가 많으며 약간의 찬 성질 등이 있기 때문에, 비위가 허하고 찬 원인으로 인하여 설사를 하거나 풍사(風邪)나 한사(寒邪)로 인하여 기침과 천식이 유발된 경우에는 모두 피해야 한다.

봄

맥문동_덩이뿌리 채취품

맥문동_거심한 덩이뿌리 약재품

기능성과 효능에 관한 특허자료

맥문동 추출물을 유효성분으로 포함하는 염증성 질환 치료 및 예방용 조성물

본 발명은 맥문동 추출물을 유효성분으로 포함하는 것을 특징으로 하는 염증성 질환 치료 및 예방용 조성물에 관한 것으로, 더욱 상세하게는 맥문동 추출물 중 악티게닌의 함량이 일정 범위로 포함되도록 규격화 및 표준화시키고 제제화하여 진통 억제, 급성 염증 억제 및 급성 부종 억제 등의 염증성 변화에 의하여 나타나는 제 증상의 억제 효과가 우수하게 발현되어 관절염 등의 염증성 변화에 의한 질환 치료 및 예방에 유용한 약재로 사용할 수 있는 맥문동 추출물에 관한 것이다. 〈등록번호 : 10-10937310000, 출원인 : (주)신도산업〉

근골격계 질환 치료(구허혈 해독, 소종, 타박상)

머위

생약명 봉두채(蜂斗菜), 봉두근(蜂斗根)
사용부위 잎과 새싹줄기 및 뿌리
작용부위 폐, 심 경락에 작용한다.

학명 *Petasites japonicus* (Siebold & Zucc.) Maxim.
이명 머구, 머웃대, 백채(白菜), 사두초(蛇頭草), 야남과(野南瓜)
과명 국화과(Compositae)
개화기 4~5월
채취시기 가을철에 근경(根莖: 뿌리줄기) 및 뿌리를 채취하여 햇볕에 말려 약으로 사용한다.
성분 뿌리의 정유에는 페타신(petasin) 50~55%와 카린(carene), 크레모필린(cremophilene), 티몰메틸에테르(thymolmethylether), 퓨라노어모필레인(furanoeremophilane), 리굴라론(ligularone), 페타살빈 (petasalbin), 알보프타신(albopeasin) 등이 함유되어 있다. 특히 비타민 A가 많다.

성질과 맛 성질이 시원하며, 맛은 쓰고 맵다.

생육특성

여러해살이풀로 중남부 지방에 주로 분포하며 햇볕이 잘 드는 습한 곳을 좋아한다. 높이는 5~45cm이고, 굵은 땅속줄기가 옆으로 뻗으며 줄기 끝에서 잎이 나온다. 잎은 지름이 15~30cm로 표면에 구부러진 털이 있으나 자라면서 없어지고, 가장자리에 불규칙한 치아 모양의 톱니가 있다. 뿌리에서 난 근생엽은 콩팥 모양이고 잎자루가 길다. 4~5월에 꽃이 피며 암꽃은 백색, 수꽃은 황백색이다. 꽃은 지름이 0.7~1cm로 여러 개가 뭉쳐서 달리고 포가 밑부분을 둘러싸고 있다. 6월경에 길이 3.5mm, 지름 0.5mm의 원통형 열매가 열리는데, 곁에 백색 갓털이 달린다.

머위_잎

머위_꽃

머위_열매

머위_줄기

약효

전초를 봉두채, 꽃을 봉두화, 뿌리를 봉두근이라 하여 약용한다. 어혈과 독을 풀어 주고 종기를 없애는 효능이 있어서 타박상, 인후염, 편도염, 기관지염, 옹종(癰腫), 암종(癌腫), 뱀에 몰린 상처 등의 치료에 이용한다.

용법과 약재

가을에 잎을 따서 그늘에 말린 것은 항산화 효과가 뛰어나며, 꽃봉오리나 잎 모두 식욕을 증진하고 가래를 없애는 데 효과적이다. 말린 것으로 하루에 10~20g을 사용하는데, 15g에 물 700ml 정도를 붓고 끓기 시작하면 약한 불로 줄여서 200~300ml로 달여서 3회로 나누어서 식사전에 마시거나, 양치액으로 쓴다. 염좌에는 생잎을 불에 약간 구워서 부드럽게 만들어 환부에 온습포를 하면 통증이 가라앉고 빨리 낫는다. ※시원하고 쓰고 매운 성질이 있으므로 비위가 허하고 찬 사람은 주의하여 사용해야 한다. 민간에서는 머위의 꽃봉오리를 '관동화(款冬花)'라는 약재의 대용품으로 쓰기도 하는데, 대한약전에 수재된 관동화는 관동(Tussilago farfara L.)이라는 식물의 꽃봉오리를 말린 것으로, 혼동해서는 안 된다.

머위_생뿌리 채취품

머위_뿌리 약재품

기능성과 효능에 관한 특허자료

머위 추출물을 함유하는 뇌 기능 개선용 약학적 조성물

본 발명은 혈뇌장벽을 통과하여 뇌 기능 보호 작용 및 기억력의 증강활성을 갖는 뇌 기능 개선을 위한 새로운 약물 소재인 머위 추출물에 관한 것이다. 또한 본 발명은 상기 머위 추출물을 유효성분으로 함유하는 뇌 기능 개선용 약학적 조성물에 관한 것이다. 본 발명의 머위 추출물은 청소년, 성인 및 노인층의 광범위한 계층까지 뇌 기능 보호 작용 및 기억력 증강 효과를 기대힐 수 있다. 〈공개번호 : 10-2005-0001419, 특허권자 : (주)케이티앤지〉

소화기계 질환 치료(건위, 해열, 소염, 이뇨)

민들레

생 약 명 포공영(蒲公英)
사용부위 뿌리를 포함한 전초
작용부위 간. 위장 경락에 작용한다.

학명 *Taraxacum platycarpum* Dahlst.

이명 안질방이, 부공영(凫公英), 포공초(蒲公草), 지정(地丁)

과명 국화과(Compositae)

개화기 4~5월

채취시기 봄과 여름에 꽃이 피기 전이나 후에 채취하여 흙먼지나 이물질을 제거하고 가늘게 썰어서 말린
후 사용한다

성분 전초에 타락사스테롤(taraxasterol), 타락사롤(taraxarol), 타락세롤(taraxerol)이 함유되어 있고, 잎에는
루테인(lutein), 비올라크산틴(violaxanthin), 플라스토퀴논(plastoquinone), 꽃에는 아르니디올
(arnidiol), 루테인, 플라보크산틴(flavoxanthin)이 함유되어 있다.

성질과 맛 성질이 차고 맛은 쓰며 달다. 독성은 없다.

생육특성

여러해살이풀로 전국 각지에 분포하며, 경남 의령과 강원 양구에서 많이 재배한다. 높이는 30cm 정도이며, 원줄기가 없이 잎이 뿌리에서 모여 나 옆으로 퍼진다. 잎의 길이는6~15cm, 폭은 1.2~5cm이고, 뾰족하다. 잎몸은 무 잎처럼 깊게 갈라지는데 갈래는 6~8쌍이며, 가장자리에 톱니가 있다. 4~5월에 노란색 꽃이 잎과 같은 길이의 꽃줄기 위에 달리며, 지름은 3~7cm이다. 또한 토종 민들레는 꽃받침이 그대로 있지만 서양민들레는 아래로 처진다. 5~6월경에 검은색 종자를 맺는데, 종자에 하얀색이나 은색 날개 같은 깃털이 붙어 있다. 종자는 공처럼 둥글게 뭉쳐 있는데, 이것이 바람에 날려 사방으로 퍼져 번식한다. 뿌리는 육질로 길며, 생명력이 강하여 뿌리를 잘게 잘라도 다시 살아난다. 유사종인 서양민들레는 3~9월에 꽃이 핀다.

민들레_잎

민들레_꽃

민들레_씨앗

민늘레_뿌리

약효

생약명은 포공영이며, 열을 내리고 독을 풀어 주며 종기를 없애고 기가 뭉친 것을 흩어지게 하며, 이뇨작용을 도와준다. 또한 종기, 종창(腫脹), 유옹(乳癰), 연주창, 눈이 충혈되고 아픈 데, 목구멍의 통증, 폐와 장의 농양, 습열황달(濕熱黃疸) 등을 치료하는 효과가 있다.

용법과 약재

말린 것으로 하루에 12~20g을 사용하는데, 보통 말린 약재 15g에 물 700mL 정도를 붓고 끓기 시작하면 불을 약하게 줄여서 200~300mL 정도로 달여 아침저녁 2회에 나누어 복용한다. 녹차처럼 가볍게 덖어서 우려 마시기도 하며, 티백이나 환으로 만들어 복용하기도 한다.

※ 쓰고 찬 성미로 인하여 열을 내리고 습사를 다스리는 청열이습(淸熱利濕) 작용이 있으므로 실증이 아니거나 음달(陰疸)인 경우에는 신중하게 사용해야 한다.

봄

민들레_전초 약재품

민들레_말린 뿌리 약재품

기능성과 효능에 관한 특허자료

포공영 추출물을 함유하는 급만성 간염 치료 및 예방용 조성물

본 발명은 급만성 간염 치료 및 예방 효과를 갖는 포공영 추출물 및 이를 함유하는 조성물에 관한 것으로서, 각종 식이 방법에 의해 유발된 증가된 GOT 및 GPT 수치를 유의적으로 억제하여 급만성 간염의 예방 및 치료에 효과적이고 안전한 의약품 및 건강기능식품을 제공한다. 〈공개번호 : 10-2005-0051629, 출원인 : 학교법인 인제학원〉

내분비계 질환 치료(이뇨, 이담, 해열, 간염, 황달)

사철쑥 (인진호)

생 약 명	인진(茵蔯)
사용부위	전초
작용부위	비장, 위장, 간, 담낭 경락에 작용한다.

학명 *Artemisia capillaris* Thunb.

이명 마선(馬先), 면인진(綿菌蔯), 인진호(茵蔯蒿), 인진(茵蔯)

과명 국화과(Compositae)

개화기 8~9월

채취시기 4~6월에 부드러운 잎을 채취하여 햇빛에 말린다. 과실은 10월에 채취한다.

성분 정유로서 주성분 캐필린(capillin), 캐필렌(capillene), 캐필론(capillone), 캐필라린(capillarin) 등을 함유하고 있으며 담즙 분비 촉진제로 디메틸에스쿨레틴(dimethylaesculetin)을 많이 함유하고 있다.

성질과 맛 성질이 약간 차고(서늘하다고도 함) 맛은 쓰고 매우며 독이 없다.

생육특성

여러해살이풀로 전국의 산야에 자생하고 약용으로도 많이 재배하고 있다. 줄기 높이는 30~60cm이며 잎은 2회 우상(羽狀)으로 깊게 갈라졌고 갈라진 잎은 선형(線形)에 끝이 날카로운 털 모양이다. 경엽(莖葉)은 어긋나게 호생(互生)하고 잎자루와 털이 없다. 8~9월에 노란색 꽃이 총상꽃차례로 핀다.

사철쑥_잎

사철쑥_꽃봉오리

사철쑥_꽃

사철쑥_열매

약효

생약명은 인진호 또는 인진쑥이며, 전초를 채집하여 말려서 약용한다. 담즙분비를 항진시켜 소장 내의 소화를 도와준다. 건위 이담제로서 해열과 이뇨작용을 겸하여 복수 부종, 방광 부종 등의 이뇨제로 이용한다. 주성분인 캐필린은 피부 병원성 사상균의 발육을 억제하므로 연기를 피워서 뜸질을 계속하면 잘 낫는다.

용법과 약재

말린 사철쑥 20g에 물 300mL 정도를 붓고 달여서 수시로 마시면 좋다.

사철쑥_전초 말린 것

사철쑥_전초 약재품

거풍습 치료(거풍, 진통, 신경통, 류머티즘)

수양버들

생약명	유지(柳枝)
사용부위	가지,잎,수피 및 근피
작용부위	가지는 간, 심장, 폐, 신장 경락에 작용한다. 잎은 간, 신장, 폐 경락에 작용한다.

학명 *Salix babylonica* L.

이명 참수양버들, 수류(垂柳)

과명 버드나무과(Salicaceae)

개화기 3~4월

채취시기 잎은 봄여름에, 가지와 수피 · 근피는 연중 수시로 채취한다.

성분 가지와 뿌리에는 살리신이 함유되어 있어 이것을 염산이나 황산과 함께 달이면 가수 분해되어 살리게닌 (saligenin), 살리실알코올(salicylalcohol)과 포도당이 된다. 살리신은 고미제로 되어 위에 국소작용을 일으키고, 흡수된 뒤에 일부기 곧 가수 분해되어 살리실산(salicylic acid)으로 변하면서 해열 및 진통의 약효를 발휘한다. 잎과 수피 또는 뿌리의 인피(靭皮)에는 살리신과 타닌이 함유되어 있다.

성질과 맛 가지는 성질이 차고, 맛은 쓰다. 잎과 수피 · 근피는 성질이 차고, 맛은 쓰며 독이 없다.

생육특성

전국 각지에 분포하는 낙엽활엽교목으로, 높이는 10~20m이다. 가지가 아래로 길게 늘어지고 작은 가지는 갈색에 털이 없으나 어린 가지에는 털이 조금 있다. 잎은 피침형 또는 선상 피침형에 가장자리에는 가는 톱니가 있고, 윗면은 녹색이며 아랫면은 백색을 띠고 있다. 3~4월에 잎보다 먼저 녹색의 꽃이 피는데 꽃은 자웅이 가이며, 삭과인 열매는 4~5월에 익는다.

수양버들_잎

수양버들_꽃

수양버들_열매

수양버들_수피

약효

가지는 생약명이 유지(柳枝)이며, 거풍, 이뇨, 진통의 효능이 있고 종기, 임병(淋病), 전염성 간염, 풍종(風腫), 단독(丹毒), 충치, 치통 등을 치료한다. 잎은 생약명이 유엽(柳葉)이며, 청열, 이뇨, 해독의 효능이 있고 유선염, 갑상선종, 단독, 화상, 치통 등을 치료한다. 수피 및 근피는 생약명이 유백피(柳白皮)이며, 거풍, 진통, 이습(利濕)의 효능이 있고 류머티즘에 의한 통증, 황달, 임탁(淋濁), 유선염, 치통, 화상, 종기 등을 치료한다.

용법과 약재

가지 1일량 100~150g에 물 900mL를 붓고 반으로 달여 2~3회 매 식후 복용한다. 외용할 때는 달인 액으로 씻거나 발라 주거나 술을 담가 온습포를 한다. 잎 1일량 30~50g에 물 900mL를 붓고 반으로 달여 2~3회 매 식후 복용한다. 외용할 때는 달인 액으로 씻거나 발라 주거나 가루 내어 기름에 섞어서 도포한다. 수피 및 근피 1일량 15~30g에 물 900mL를 붓고 반으로 달여 2~3회 매 식후 복용한다

수양버들_잎

수양버들_가지

기능성과 효능에 관한 특허자료

수양버들 추출물을 함유하는 자연분말치약

본 발명은 가정에서 식품으로 사용하는 한번 구운 천일염과 해체뿌리, 해대뿌리 송진을 주원료로 하여 분말화된 자연분말치약을 제공하는 자연분말치약의 제조방법에 관한 것이다. 본 발명은 한 번 구운 천일염을 400메시 이하의 분말로 성형한 30중량%의 한 번 구운 분말 천일염과 해체뿌리. 해대뿌리 1.1로 혼합한 것을 400메시 이하 분말하여 30중량%에 채취하고 송진 200메시 이하의 분말로 성형한 송진 분말 30중량% 채취하며 무해한 한약새 계피. 수양버들 잎 1:1로 혼합하여 400메시 이하의 분말로 성형한 계피 5중량% 수양버들 잎 5중량% 합한 한약재 10 중량%로 이루어짐을 특징으로 하여 요약한 것이다.

〈공개번호 : 10-2009-0059653, 출원인 : 재단법인 서울보건연구재단〉

이기혈 치료 (온경지혈, 산한지통, 월경, 안태)

쑥

생 약 명 애엽(艾葉), 애실(艾實)
사용부위 전초
작용부위 비장, 신장, 간, 폐 경락에 작용한다.

학명 *Artemisia princeps* Pamp.

이명 약쑥, 애호(艾蒿), 사자발쑥

과명 국화과(Compositae)

개화기 9~11월

채취시기 꽃이 피지 않고 잎이 무성한 봄에서 여름 사이에 채취하여 햇볕이나 건조기에 건조한다. 식용으로 쓸 경우에는 이른 봄에 연한 잎을 채취하여 물에 삶아서 햇볕에 말려 두고 사용한다.

성분 잎에 약 0.02%의 정유가 함유되어 있는데, 그 주성분은 시네올(cineol)이 50%이고, 그 밖에 콜린(choline), 이눌린(inulin), 아데닌(adenine), 아밀라제, 세스퀴테르펜(sesquiterpene), 약간의 비타민도 들어 있다.

성질과 맛 성질이 따뜻하고, 맛은 맵다.

54

생육특성

전국 각지의 들에서 자라는 여러해살이풀로, 뿌리줄기나 종자로 번식한다. 옆으로 뻗는 뿌리줄기의 군데군데에서 싹이 나와 군생하는 줄기는 높이가 60~120cm이고 털이 있으며 가지가 갈라진다. 잎은 어긋나고 깃 모양으로 갈라져 있다. 잎의 앞면은 푸르고 뒤에는 우윳빛의 솜털이 있으며 향기가 난다. 7~10월에 잎 사이에서 나온 꽃대 위에 연분홍의 작은 꽃이 이삭 모양으로 모여 피며 열매는 9~10월에 익는다.

쑥_잎

쑥_꽃

쑥_줄기

약효

복통, 토사, 자궁 출혈, 비혈(鼻血) 등에 효과가 좋으며 신경통, 신장염, 감기, 인후염을 치료하고 통경제, 일반 정장제로서도 유효하므로, 일반 가정에서 상비약으로 쑥을 채취해 두고 사용한다. 생잎을 즙을 내어 칼에 베인 데나 타박상에 바르며, 씨를 달인 물로 눈을 씻어 시력을 강하게 하는 데 응용한다. 기혈을 다스리고 한습(寒濕)을 좇으며, 자궁을 따뜻하게 하고 모든 출혈을 멎게 해 준다. 복부를 따뜻하게 하고 경락을 고르게 하며 태아를 편하게 한다. 또 복통, 생리, 곽란으로 사지가 뒤틀리는 것을 다스린다.

용법과 약재

쑥 10~15g을 1컵 정도의 물과 함께 달여 하루에 3회로 나누어, 식후 2시간 정도 지난 공복에 마시면 열을 내리는 데 효과적이다.

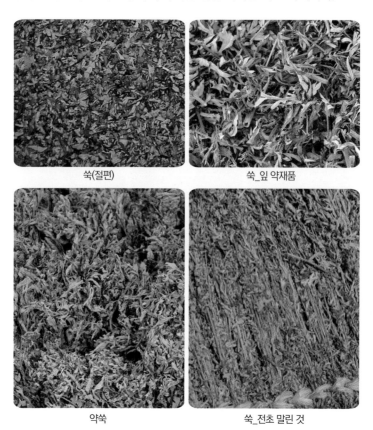

쑥(절편)

쑥_잎 약재품

약쑥

쑥_전초 말린 것

부인병 치료(자궁염, 종기, 유선염)

왕고들빼기

생 약 명	산와거(山萵苣)
사용부위	어린순, 전초(뿌리 포함)
작용부위	심장, 폐 경락에 작용한다.

학명 *Lactuca indica* L.

이명 고채(苦菜), 백룡두(白龍頭)

과명 국화과(Compositae)

개화기 7~9월

채취시기 이른 봄에서 여름까지 어린순과 잎을 채취하여 식용하고, 뿌리를 포함한 전초를 채취하여 신선한
것을 먹거나 햇볕에 말려 약으로 사용한다.

성분 β-아미린(β-amyrin), 타락사스테롤(taraxasterol), 게르마니콜(germanicol) 등의 트리테르페노이드
(triterpenoid) 및 스티그마스테롤(stigmasterol), β-시토스테롤(β sitosterol)를 함유한다.

성질과 맛 성질이 차고 맛은 쓰다.

생육특성

　전국의 산과 들에 분포하는 1~두해살이풀로, 반그늘이나 양지에서 자생하며 키는 1~2m까지 자란다. 잎은 앞면은 녹색, 뒷면은 분백색이며 길이 10~30cm, 폭 1~5cm의 타원형이고 끝이 뾰족하다. 7~9월에 연한 노란색 꽃이 원가지에서 여러 개 갈라져 원추꽃차례로 피는데, 꽃줄기는 길이 20~40cm, 지름 2cm에 작은 꽃들이 여러 개 달린다. 9월경에 수과인 열매가 검은색으로 달리며, 종자의 갓털은 길이가 7~8mm이다.

왕고들빼기_잎　　　　왕고들빼기_꽃　　　　왕고들빼기_열매

왕고들빼기_전초　　　　　　　왕고들빼기_줄기

약효

봄에서 여름 사이에 뿌리를 달여 마시면 열을 내리게 하고 감기, 편도염, 인후염, 유선염, 자궁염, 산후 출혈, 종기 등의 치료에 효과가 있다. 동양 의학에서는 건위(健胃), 소화제, 해열제로 쓴다. 생즙에는 진정작용과 마취작용이 있으며 줄기와 잎을 달여서 복용하면 해열에 효과적이다.

용법과 약재

하루에 15~30g을 사용하는데, 물 1L 정도를 붓고 달여서 2~3회에 나누어 복용하거나 즙을 내서 복용하기도 한다. 외용할 때는 짓찧어서 환부에 붙인다.

※비위가 허하고 찬 사람은 신중하게 복용한다. 두메고들빼기(*Lactuca triangulata*)는 동속 근연 식물이지만, 고들빼기(*Crepidiastrum sonchifolium*)는 속(屬)이 다른 식물이므로 구분해야 한다

왕고들빼기_전초 어린순

왕고들빼기_전초 채취품

왕고들빼기

봄

내분비계 질환 치료(항암, 당뇨, 진해구어혈, 통경)

화살나무

생 약 명	귀전우(鬼箭羽)
사용부위	가지에 붙은 날개 모양의 코르크질
작용부위	심장 경락으로 작용한다

학명 *Euonymus alatus* (Thunb.) Siebold

이명 흔립나무, 홋잎나무, 참빗나무, 참빗살나무, 챔빗나무, 위모(衛矛), 귀전(鬼箭), 사능수(四稜樹), 파능압자(巴稜鴨子)

과명 노박덩굴과(Celastraceae)

개화기 5~6월

채취시기 가지의 날개를 연중 수시 채취한다.

성분 잎에는 플라보노이드로 류코시아니딘(leucocyanidin), 류코델피니딘(leucodelphinidin)), 퀘르세틴(quercetin), 캠페롤(kaempferol), 에피프리에델란올(epifriedelanol), 프리에델린(friedelin), 둘시톨(dulcitol) 등이 함유되어 있다. 열매에는 알칼로이드로 에보닌(evonine), 네오에보닌(neoevonine), 알라타민(alatamine), 윌포르딘(wilfordine), 알라투시닌(alatusinine), 네오알라타민(neoalatamine) 등이 함유되어 있다. 그 밖에 카르데놀라이드(cardenolide)로서 아코베노시게닌 A(acovenosigenin A),

에우오니모시드 A(euonymoside A), 에우오니무소시드 A(euonymusoside A) 등이 함유되어 있다. 가지의 날개에 들어있는 카르데놀라이드계 성분인 아코베노시게닌 A(acovenosigenin A), 3-O-α-L-람노피라노사이드(3-O-α-L-rhamnopyranoside)와 에우오니모시드 A, 에우오니무소시드 (euonymusoside) A는 몇 종류의 암세포주에 대해서 세포 독성을 나타낸다.

성질과 맛   성질이 차고, 맛은 쓰다.

🪷 생육특성

전국 각지의 산과 들에 분포하는 낙엽활엽관목으로, 높이가 3m 전후로 자란다. 가지는 많이 갈라지고 작은 가지는 보통 사각에 녹색을 띠고 있다. 굵은 가지는 납작하고 가느다란 코르크질의 날개가 붙어 있으며, 넓이가 대개 1cm 정도에 다갈색이다. 잎은 홑잎이 비스듬히 나는데, 도란형 또는 타원형으로 양 끝이 뾰족하고 밑부분에 작은 톱니가 있다. 잎의 앞면은 윤기 있는 녹색이고 뒷면은 담녹색에 잎자루가 2mm 정도이다. 옅은 황록색 꽃이 취산꽃차례로 피고 타원형의 삭과인 열매가 맺는다. 9~10월에 열매가 익으면 담갈색의 열매껍질이 벌어지고 그 속에서 빨간 종자가 나온다.

화살나무_잎

화살나무_꽃

화살나무_열매

화살나무_수피

약효

가지에 날개 모양으로 달린 코르크질은 약용하는데 생약명이 귀전우(鬼箭羽)이며, 산후 어혈, 충적복통, 피부병, 대하증, 심통, 당뇨병, 통경, 자궁 출혈 등을 치료한다. 화살나무의 추출물은 항암 활성 및 항암제 보조용으로 사용한다.

용법과 약재

가지의 날개 1일량 20~30g을 물 900mL에 넣고 반으로 달여 2~3회 매 식후 복용한다. 외용할 때는 가지와 날개(귀전우)를 짓찧어 참기름과 혼합하여 환부에 바른다.

※임산부는 복용을 금지한다.

화살나무_가지

화살나무_가지의 코르크질 날개 약재품

기능성과 효능에 관한 특허자료

화살나무 수용성 추출물 및 이의 용도

본 발명은 화살나무 수용성 추출물 및 이의 용도에 관한 것으로서, 더욱 상세하게는 화살나무를 유기용매로 처리하여 유기용매 용해성 분획을 제거한 후 남은 잔사를 물로 추출하여 기존의 화살나무 수추출불과는 다른 새로운 수용성 추출물을 얻고, 이 수용성 추출물이 항암 활성을 가지고, 또한 항암제의 보조제 역할로 항암제의 독성 완화 및 활성을 증강시키는 등의 효능이 강하고 독특한 생리활성을 밝힘으로써 이를 이용한 항암 및 항암제 보조용의 기능성 건강식 품의 제조에 관한 것이다.

〈공개번호 : 10-2004-0097446, 출원인 : (주)동성제약·이정호〉

여름

약초

호흡기계 질환 치료(청폐, 진해, 거담, 피부)

갯방풍

생 약 명	해방풍(海防風)
사용부위	뿌리
작용부위	폐, 비장 경락에 작용한다.

학명 *Glehnia littoralis* F. Schmidt ex Miq.

이명 갯향미나리, 북사삼, 해사삼(海沙蔘)

과명 산형과(Umbelliferae)

개화기 6~7월

채취시기 늦가을에 뿌리를 수확하여 이물질을 제거하고 씻어서 말린 다음 그대로 이용한다. 프라이팬에
약한 불로 노릇노릇하게 덖어서 사용하기도 한다.

성분 뿌리에 정유가 함유되어 있으며 소랄렌(psoralen), 임페라토린(imperatorin), 베르갑텐(hergapten) 등
14종의 쿠마린(coumarin) 및 쿠마린 배당체가 함유되어 있다.

성질과 맛 성질이 시원하고, 맛은 달고 쓰다.

생육특성

여러해살이풀로 전국의 해안가 모래땅에 자생하고, 재배도 한다. 높이는 10~30cm 정도로 자라며 줄기 전체에 흰색 털이 빽빽하게 나 있고 원뿌리는 원기둥형으로 가늘고 길다. 6~7월에 흰색 꽃이 겹산형꽃차례로 피고 7~8월에 열매를 맺는다. 뿌리에서 바로 올라오는 근생엽은 잎자루가 길며, 삼각형 또는 난상 삼각형이고, 2~3회 깃꼴로 갈라진다.

갯방풍_잎

갯방풍_꽃

갯방풍_열매

갯방풍_줄기 어린순

약효

폐의 기운을 맑게 하고 가래를 없애며 기침과 갈증을 멎게 하는 등의 효능이 있어서, 폐에 열이 있어 오는 마른기침, 결핵성 해수, 기관지염, 감기, 입안이 마르는 증상, 인후부가 마르는 증상, 피부의 가려움증 등을 다스리는 데 이용한다.

용법과 약재

말린 것으로 하루에 9~18g을 사용하는데, 보통 말린 약재 10~15g에 물 600~700mL를 붓고 끓기 시작하면 불을 약하게 줄여서 200~300mL로 달여 복용한다. 또는 물 2L를 붓고 2시간 정도 끓여서 거른 뒤 기호에 따라 가미하여 차로 마신다. 환 또는 가루로 만들어 아침저녁으로 따뜻한 물에 한 스푼씩 복용하기도 한다.

※이 약재는 성미가 차기 때문에 풍사(風邪)와 한사(寒邪 : 보통 땀 흘리고 난 후 찬바람을 쐬었을 때 나타나는 증상)로 인한 해수에는 사용을 금하며, 비위가 허하고 찬 사람은 사용하면 좋지 않다. 일부에서 갯방풍을 방풍의 대용으로 이용하는 사람들도 있으나 이것은 잘못된 것이다

갯방풍_생뿌리 채취품

갯방풍_약재

기능성과 효능에 관한 특허자료 **갯방풍 추출물을 유효성분으로 포함하는 관절염 예방 또는 치료용 조성물**

본 발명에 따른 갯방풍 추출물은 염증성 사이토카인 IL-17, IL-6 또는 TNF-의 활성을 감소 또는 억제시키는 활성이 우수하고, 파골세포 분화를 감소시키는 효과가 우수하여 관절염 또는 골다공증의 예방 또는 치료할 수 있는 조성물로 유용하게 사용할 수 있다. 또한 세포독성이 일어나지 않으며, 약물에 대한 독성 및 부작용도 없어 장기간 복용 시에도 안심하고 사용할 수 있으며, 체내에서도 안정한 효과가 있다.

〈공개번호 : 10-2014-0089315, 출원인 : 가톨릭대학교 산학협력단〉

이기혈 치료(활혈, 지혈, 이뇨, 진정, 소종)

기린초

생 약 명	백삼칠(白三七), 비채(費菜)
사용부위	어린순, 전초
작용부위	간, 심장 경락에 작용한다.

학명 *Sedum kamtschaticum* Fisch. & Mey.
이명 넓은잎기린초, 각시기린초
과명 돌나물과(Crassulaceae)
개화기 6 ~ 8월
채취시기 4월경에 새순을 채취하고, 전초는 꽃이 필 때 채취하여 햇볕에 말린다.
성분 애스쿨린(aesculin), 미리시트린(myricitrin), 하이페린(hyperin), 이소미리시틴린(isomyricitrin), 고시페틴(gossypetin), 고시핀(gossypin), 케르세틴(quercetin), 캠페롤(kaempferol) 등을 함유하고 있다.

성질과 맛 성질이 평하고, 맛은 시다.

생육특성

중부 이남의 산지에 분포하는 여러해살이풀로, 산의 바위틈이나 과습하지 않은 곳에서 자생한다. 키는 20~30cm이며, 잎은 넓은 난형으로 길이 3~5cm, 폭 3~4cm이고 잎 가장자리에 작은 톱니 같은 것이 있다. 6~8월에 노란색 꽃이 상층부 한 줄기에 5~7개 정도 뭉쳐서 핀다. 9~10월경에 5갈래로 갈라진 검은색 열매가 달리고, 안에는 갈색의 작은 종자가 먼지처럼 들어 있다. 잎 모양이 다육 식물처럼 두툼하면서 육질이 좋기 때문에 식용으로도 많이 이용되며, 남부지방에서 겨울에도 고사하지 않고 잘 자라는 몇 안 되는 식물 중 하나이다.

기린초_잎   기린초_꽃   기린초_열매

약효

혈액순환을 원활하게 하고, 지혈, 이뇨, 진정, 소종 등의 효능이 있으며, 토혈, 변혈, 코피, 붕루(崩漏: 월경기가 아닌 때 갑자기 대량의 자궁 출혈이 멎지 않고 지속되는 병증), 심계 항진(心悸亢進), 히스테리, 타박상 등의 치료에 사용한다.

용법과 약재

하루에 6~12g을 사용하는데, 물 1L 정도를 붓고 달여서 2~3회로 나누어 복용한다. 생즙을 내어 먹거나 짓찧어서 환부에 붙이기도 한다.

순환기계 질환 치료(고혈압, 항암, 항균)

꿀풀

생 약 명 하고초(夏枯草)
사용부위 이삭 또는 전초
작용부위 간 담낭, 방광 경락에 작용한다.

학명 *Prunella vulgaris* var. *lilacina* Nakai

이명 꿀방망이, 가지골나물, 가지래기꽃, 석구(夕句), 내동(乃東)

과명 꿀풀과(Labiatae)

개화기 5~7월

채취시기 여름철에 이삭이 반쯤 말라서 흥갈색을 띨 때(이런 특성 때문에 하고초라는 이름이 붙여짐)에 이삭을 채취하여 이물질을 제거하고 잘게 썰어서 말린 다음 사용한다.

성분 전초에 트리테르페노이드 사포닌(triterpenoid saponin)이 함유되어 있고, 그 사포게닌(sapogenin)은 올레아놀산(oleanolic acid)이다. 화수(花穗)에는 안토시아닌인 델피니딘(delphinidin)과 시아니딘(cyanidin) 그리고 d-캠퍼(d-camphor), d-펜촌(d-fenchone), 우르솔산(ursolic acid)이 함유되어 있다.

성질과 맛 성질이 차고, 맛은 맵고 쓰며 독이 없다.

🪷 생육특성

전국 각지의 산이나 들에 분포하는 여러해살이풀로, 산기슭이나 들의 양지 바른 곳에서 뭉쳐난다. 높이는 20~30cm이며, 잎은 길이 2~5cm의 긴 타원상 피침형으로 마주나며, 줄기는 네모지고 전체에 짧은 털이 있다. 5~7월에 붉은색을 띤 보라색 꽃이 피는데, 길이는 3~8cm이고 줄기 위에 층층이 모여 달리며 앞으로 나온 꽃잎은 입술 모양이다. 열매는 7~8월경에 황갈색으로 익고 꼬투리는 마른 채 가을에도 남아 있다. 유사종으로는 흰꿀풀, 붉은꿀풀, 두메꿀풀이 있다.

꿀풀_잎

꿀풀_꽃

꿀풀_열매

꿀풀_줄기

약효

간을 깨끗하게 하고 맺힌 기를 흩어지게 하는 효능이 있으며, 나력(瘰癧), 영류(癭瘤), 유옹(乳癰), 유방암 등을 치료한다. 그 밖에도 밤에 안구에 통증이 있을 때, 두통과 어지럼증, 구안와사(口眼喎斜), 근골 동통(筋骨疼痛), 폐결핵, 급성 황달형 전염성 간염, 여성의 혈붕(血崩)과 대하 등의 치료에도 이용한다.

용법과 약재

건조한 약재로 하루 12~20g을 사용하는데, 주로 간열(肝熱)을 풀어 눈을 밝게 하거나 머리를 맑게 하는 데 이용한다. 보통 말린 약재 15g에 700mL 정도의 물을 붓고 끓기 시작하면 약한 불로 줄여서 200~300mL로 달인 액을 아침저녁 2회에 나누어 복용한다. 향부자, 국화, 현삼, 박하, 황금, 포공영(蒲公英) 등을 배합하여 방법으로 차로 우려내거나 달여서 마시기도 한다.

※ 성미가 찬 약재이므로 비위가 허약한 사람은 신중하게 사용해야 한다.

여름

꿀풀_꽃 약재품

꿀풀_전초 약재품

기능성과 효능에 관한 특허자료

꿀풀 추출물을 함유하는 항암제 조성물

본 발명은 꿀풀의 메탄올 추출물을 유효성분으로 함유하는 항암 조성물 및 이를 포함하는 건강식품에 관한 것이다. 본 발명에 따른 꿀풀 추출물은 자궁암, 결장암, 전립선암 및 폐암 세포주에 대한 증식 억제 활성을 나타내면서도, 정상세포에는 낮은 증식 억제 활성을 가지기 때문에 상기 암 질환 치료에 큰 노움이 될 수 있으리라 기내된다.

〈공개번호 : 10-2010-0054599, 출원인 : 한국생명공학연구원〉

내분비계 질환 치료(진통, 진해, 소종)

노루귀

생 약 명	장이세신(獐耳細辛)
사용부위	잎, 전초
작용부위	간, 폐, 대장 경락에 작용한다.

학명 *Hepatica asiatica* Nakai

이명 뾰족노루귀, 섬노루귀

과명 미나리아재비과(Ranunculaceae)

개화기 4~5월

채취시기 이른 봄에 어린잎을 채취하고, 전초를 여름에 채취하여 햇볕에 말린다.

성분 뿌리에는 사포닌, 잎에는 배당체인 헤파트릴로빈(hepatrilobin). 사카로스(saccharose). 인베르틴(invertin) 등이 함유되어 있다.

성질과 맛 성질이 평하고, 맛은 달고 쓰다.

전국 각지의 산지에 분포하는 여러해살이풀로, 양지바르고 토양이 비옥한 나무 밑에서 자란다. 키는 9~14cm이고, 비후한 뿌리줄기가 비스듬히 옆으로 뻗으며 마디에서 많은 뿌리가 난다. 잎은 길이가 5cm에 세 갈래로 갈라져 있으며, 끝이 둔한 난형이고 솜털이 많이 나 있다. 4~5월에 흰색, 분홍색, 청색의 꽃이 피는데, 꽃줄기 위로 한 송이가 달리고 지름은 1.5cm 정도이다. 열매는 6월에 달린다. 꽃이 피고 나면 잎이 나기 시작하는데, 그 모습이 노루의 귀를 닮았다고 하여 이 이름이 붙여졌다.

노루귀_잎

노루귀_꽃

여름

노루귀_열매

노루귀_줄기

약효

진통, 진해(鎭咳), 소종(消腫)의 효능이 있어 두통, 치통, 복통, 해수, 장염, 설사 등을 치료한다.

용법과 약재

하루에 6~18g을 사용하는데, 물 1L 정도를 붓고 달여서 2~3회에 나누어 복용하거나, 말린 약재일 경우 1회에 2~6g씩 200mL 정도의 물로 달여서 복용한다. 외용할 때는 짓찧어 환부에 붙인다.

※발산하는 성질이 있으므로 음허(陰虛), 혈허(血虛), 기허다한(氣虛多汗) 등에는 피한다.

노루귀_뿌리 채취품

노루귀_전초 체취품

노루귀_어린줄기

노루귀_어린잎

근골격계 질환 치료(관절통, 신경통)

노루발

생 약 명	녹제초(鹿蹄草)
사용부위	뿌리를 포함한 전초
작용부위	간, 비장, 신장 경락 으로 작용한다.

학명 *Pyrola japonica* Klenze ex Alef.

이명 노루발물, 녹포초(鹿飽草), 녹수초(鹿壽草), 녹함초(鹿含草)

과명 노루발과(Pyrolaceae)

개화기 6~7월

채취시기 연중 채취가 가능하지만 6~7월 개화기에 채취하는 것이 가장 좋다. 채취한 약물은 햇볕에서 잎이
연하고 부드럽게 쓰늘쓰를할 정도로 밀러(약 60~80%) 두었다기 잎의 양면이 자홍색이ㅏ 자갈색
으로 변하면 다시 햇볕에 완전히 말려 보관한다.

성분 피롤라틴(pirolatin), 알부틴(arbutin), 퀘르세틴(quercetin), 키마필린(chimaphilin), 모노트로페인
(monotropein), 우르솔산(ursolic acid), 헨트리아콘탄(hentriacontane), 올레아놀산(oleanolic acid)
등이 함유되어 있다

성질과 맛 성질이 평하고, 맛은 달고 쓰다.

생육특성

전국 각지의 산지에 분포하는 상록 여러해살이풀로, 반그늘의 낙엽수 아래에서 자란다. 높이는 26cm 내외이고, 잎은 밑동에서 뭉쳐 나며 길이 4~7cm, 폭 3~5cm이고 넓은 타원형이다. 6~7월에 흰색 꽃이 피는데, 꽃대 윗부분에 2~12개 정도의 꽃이 무리 지어 달린다. 꽃 대는 길이 10~25cm, 지름 1.2~1.5cm이며 능선이 있고 1~2개의 비늘잎이 있다. 열매는 9~10월경에 흑갈색으로 익어 이듬해까지 남아 있다. 잎에 광택이 있으며 한겨울에도 잎이 고사하지 않는다.

노루발_잎

노루발_꽃

노루발_열매

무늬 노루발

약효

몸을 튼튼하게 하며 신장의 기운을 북돋우고, 이습(利濕), 양혈(凉血), 진통, 해독 등의 효능이 있다. 경계(驚悸: 놀라서 가슴이 두근거리거나 가슴이 두근거리면서 놀라는 증세로서 심계보다는 경한 증상), 고혈압, 요도염, 조루, 발기 부전, 음낭 아랫부분이 축축한 증상, 월경과다, 타박상, 뱀에 물린 상처 등을 치료하는 데 이용한다. 특히 풍사와 습사를 없애며, 근육을 강화하고 뼈를 튼튼하게 하는 등의 효능이 뛰어나므로 풍습성 관절통을 비롯하여 각종 신경성 동통(疼痛), 근육과 뼈가 위축되고 약해지는 증상, 신장 기능이 허약하여 오는 요통, 발목과 무릎의 무력 증세 등의 병증을 다스리는 데 유용하다.

용법과 약재

말린 것으로 하루에 12~24g을 사용하는데, 보통 전초 15g에 물 700mL 정도를 붓고 끓기 시작하면 약한 불로 줄여서 200~300mL로 달여 아침저녁 2회에 나누어 복용한다. 술을 담가서 마시기도 하는데, 발효주를 담글 때는 고두밥을 지을 때 함께 넣고, 침출주를 담글 때는 30% 소주 3.6L에 약재 말린 것 20~50g을 넣고 100일 정도 두었다가 걸러서 반주로 한 잔씩 마신다

여름

노루발 전초

노루발_말린 것

기능성과 효능에 관한 특허자료

항산화 및 세포 손상 보호 효능을 갖는 노루발풀 추출물 및 이를 함유하는 화장료 조성물

본 발명은 항산화 및 세포 보호 효능을 갖는 노루발풀 추출물 및 이를 함유하는 화장료 조성물에 관한 것으로, 세포에 독성이 없고, 피부에 자극을 유발하지 않을 뿐만 아니라, 산화적 스트레스로부터 세포 손상 보호 효능을 가지며, 자유 라디칼(Free Radical) 소거능을 통한 항산화 효과를 나타내는 피부 노화 방지 화장료 조성물로 사용할 수 있다.

〈공개번호 : 10-2012-0004884, 출원인 : (주)래디안〉

부인병 치료(어혈, 월경불순, 통풍)

능소화

생 약 명	능소화(凌霄花), 자위근(紫葳根), 자위경엽(紫葳莖葉)
사용부위	꽃, 뿌리, 잎
작용부위	간, 심장 경락에 작용한다.

학명 *Campsis grandiflora* (Thunb.) K.Schum.

이명 능소화나무, 금등화, 릉소화, 등라화(藤羅花), 타태화(墮胎花), 자위(紫葳), 발화(茇華)

과명 능소화과(Bignoniaceae)

개화기 8~9월

채취시기 꽃은 7~9월, 뿌리는 연중 수시, 잎과 줄기는 봄여름에 채취한다.

성분 이리도이드(iridoid) 배당체, 플라보노이드류, 알칼로이드, β-시토스테롤(β-sitosterol) 등을 함유하고 있다.

성질과 맛 꽃은 성질이 약간 차고 독성이 있으며, 맛은 시다. 뿌리는 성질이 차며, 맛은 달고 시다. 잎과 줄기는 성질이 평하고, 맛은 쓰다.

생육특성

중국 원산으로 우리나라 중부와 남부지방에 분포하는 낙엽덩굴성 목본이다. 덩굴은 길이 10m 내외로 뻗어 나가고 줄기는 황갈색이다. 잎은 홀수깃꼴겹잎으로 잎끝은 뾰족하며 가장자리에는 톱니가 있고 작은 잎자루가 달린 부분에 담황갈색의 털이 있다. 8~9월에 적황색 꽃이 피는데 가지 끝에 원추꽃차례로 5~15개가 달리며, 삭과인 열매는 9~10월에 익는다.

능소화_잎　　　능소화_꽃봉오리　　　능소화_꽃

능소화_열매　　　　능소화_줄기

여름

약효

꽃은 생약명이 능소화(凌霄花)이며, 어혈을 풀어 주고 월경불순이나 여성의 산후 여러 질환과 한열에 의하여 마르고 쇠약해지는 증상을 치료한다. 뿌리는 생약명이 자위근(紫葳根)이며, 거풍(祛風), 양혈의 효능이 있고 어혈, 혈열생풍(血熱生風), 피부 가려움증, 풍진, 인후종통, 손발 저림과 나른하고 아픈 증상을 치료한다. 잎과 줄기는 생약명이 자위경엽(紫葳莖葉)이며, 양혈(凉血)의 효능이 있고 피부가려움증, 어혈, 풍진, 손발 저림, 인후종통, 혈열생풍, 종독(腫毒) 등을 치료한다. 능소화 추출물은 당뇨합병증의 치료 및 예방 또는 개선을 위하여 사용될 수 있다는 연구결과도 나왔다.

용법과 약재

꽃 1일량 10~20g을 물 900mL에 넣고 반으로 달여 2~3회 매 식후 복용한다. 뿌리 1일량 20~30g을 물 900mL에 넣고 반으로 달여 2~3회 매 식후 복용한다. 잎과 줄기 1일량 30~50g을 물 900mL에 넣고 반으로 달여 2~3회 매 식후 복용한다.

※꽃에는 독성이 약간 있으므로 취급에 주의를 요하며, 임산부는 복용을 금한다.

능소화 꽃

능소화_뿌리 약재

기능성과 효능에 관한 특허자료

능소화 추출물을 포함하는 당뇨 합병증 치료 또는 예방용 조성물

본 발명은 능소화 추출물을 유효성분으로 포함하는 당뇨합병증 치료 또는 예방용 조성물에 관한 것이다. 상기 능소화 추출물은 항산화 활성과 알도스 환원효소 억제 활성 및 소르비톨 생성 억제능이 우수한 것으로 확인되었을 뿐만 아니라, 천연물 추출물이므로 부작용과 안전성 관련 문제가 거의 없으므로, 이를 유효성분으로 포함하는 상기 약학조성물 또는 건강기능성식품 조성물은 당뇨합병증의 치료, 예방 또는 개선을 위하여 사용될 수 있다.

〈공개번호 : 10-2011-0087435, 출원인 : 한림대학교 산학협력단〉

피부계 · 비뇨기계 질환 치료(이뇨, 단독, 학질, 대하)

닭의장풀

생 약 명	압척초(鴨跖草), 죽엽채(竹葉菜)
사용부위	지상부 전초
작용부위	간, 심장, 비장, 신장 경락에 작용한다.

학명 *Commelina communis* L.

이명 닭의밑씻개, 닭개비, 계설초(鷄舌草), 죽근채(竹根菜), 압자초(鴨仔草)

과명 닭의장풀과(Commelinaceae)

개화기 /~8월

채취시기 여름과 가을에 지상부를 채취, 이물질을 제거하고 절단하여 햇볕에 말린다.

성분 지상부에 아워바닌(awobanin), 코멜린(commelin), 플라보코멜리틴(flavocommelitin) 등이 함유되어 있다.

성질과 맛 성질이 차고, 맛은 달고 쓰며, 독이 없다.

생육특성

전국 각지의 들이나 길가에서 흔히 볼 수 있는 한해살이풀로, 양지바른 곳이나 반그늘에서 자란다. 높이는 15~50cm이며, 잎은 어긋나고 길이 5~7cm, 폭 1~2.5cm의 난상 피침형으로 뾰족하다. 7~8월에 하늘색 꽃이 피는데, 잎겨드랑이에서 나온 꽃대 끝의 포에 싸여 있다. 넓은 심장형의 포는 길이가 2cm로 안으로 접히고 끝이 뾰족해지며 겉에 털이 없거나 약간 있다. 줄기에는 세로주름이 있고 대부분 분지되어 있으며 수염뿌리가 있다. 9~10월경에 타원형 열매가 달린다. 유사종으로 큰닭의장풀, 흰꽃좀닭의장풀, 자주닭개비 등이 있다.

닭의장풀_새싹

닭의장풀_잎

닭의장풀_꽃

닭의장풀_열매

약효

소변을 잘 통하게 하고 몸의 열을 식히며, 피를 맑게 하고 독을 풀어 주는 등의 효능이 있어 수종(水腫)과 소변불리(小便不利), 풍열로 인한 감기, 단독(丹毒), 황달 간염, 학질, 코피, 혈뇨, 혈붕(血崩), 백대하, 인후종통(咽喉腫痛), 옹저(癰疽), 종창 등을 치료한다.

용법과 약재

하루에 말린 것은 10~15g, 생것은 60~90g을 복용하며, 대제(大劑)에는 150~200g까지도 사용 가능하다. 보통 말린 전초 15g에 물 700mL 정도를 붓고 끓기 시작하면 약한 불로 줄여서 200~300mL가 될 때까지 달인 액을 아침저녁 2회에 나누어 복용한다. 민간에서는 독사에 물렸을 때도 이용하는데, 주로 반변련(半邊蓮) 등을 배합하여 달여 먹거나 외용한다.

※ 열을 식히는 청열작용이 있으므로 비위가 허한(虛寒)한 경우에는 신중하게 사용하여야 한다.

닭의장풀_줄기 약재품

닭의장풀_약재 전형

기능성과 효능에 관한 특허자료

혈당 강하 작용을 갖는 닭의장풀 추출물

본 발명은 탄수화물 대사에 필수적인 효소군인 α-글루코시다아제 효소들의 가수분해 작용을 억제하여 인체와 동물에서 탄수화물 대사를 조절함으로써 식후 혈중 포도당 농도의 급격한 상승을 조절하여 당뇨병, 비만증 및 고지방증과 같은 질환의 치료 및 합병증 조절에 유효한 닭의장풀 추출물 및 이의 제조방법에 관한 것이다.

〈공개번호 : 10-1997-0061260, 출원인 : 일동홀딩스(주), 한국과학기술연구원〉

근골격계 질환 치료^(혈압, 근골 강화, 이뇨)

근골격계 질환 치료(혈압, 근골 강화, 이뇨)

두충

생 약 명 두충(杜沖), 면아(櫛芽)
사용부위 수피, 잎(어린잎)
작용부위 간, 신장 경락으로 작용한다.

학명 *Eucommia ulmoides* Oliv.
이명 두중나무, 목면수(木綿樹), 석사선(石思仙)
과명 두충과(Eucommiaceae)
개화기 4~5월
채취시기 수피는 4~6월, 잎은 처음 나온 어린잎을 채취한다.
성분 수피에는 구타페르카(guttapercha)가 함유되어 있고 그 밖에 배당체, 알칼로이드, 펙틴, 지방, 수지,
유기산, 비타민 C, 클로로겐산(chlorogenic acid), 알도스(aldose), 케토스(ketose) 등이 함유되어 있다.
수피의 배당체 중에는 아우쿠빈(aucubin)이 있다. 수지 중에는 사과산. 주석산, 푸마르산(fumaric acid)
등이 들어 있다. 종자에 함유된 지방유를 구성하는 지방산은 리놀렌산(linolenic acid), 리놀산(linolic acid),
올레인산, 스테린(sterin), 팔미트산(palmitic acid)이다. 잎에는 구타페르카, 알칼로이드, 글루코시드
(glucoside), 펙틴, 케토스, 알도스, 비타민 C, 카페인산, 클로로겐산, 타닌이 함유되어 있다.

성질과 맛 수피는 성질이 따뜻하고, 맛은 달고 약간 맵다. 잎은 성질이 따뜻하고, 맛은 달다.

생육특성

전국 각지에서 재배하는 낙엽활엽교목으로, 높이가 20m 내외이며 작은 가지는 미끄럽고 광택이 난다. 수피, 가지, 잎 등에는 미끈미끈한 교질(膠質)이 함유되어 있다. 잎은 타원형이거나 난형에 서로 어긋나고, 잎끝은 날카로우며 밑부분은 넓은 설형에 가장자리에는 톱니가 있다. 꽃은 자웅이가로 4~5월에 잎과 같이 또는 잎보다 약간 먼저 피며, 열매는 익과로 난상 타원형에 편평하고 끝이 오목하게 들어가 있으며 9~10월에 익는데, 그 안에 종자가 1개 들어 있다.

두충_잎

두충_꽃

두충열매

두충_수피

여름

약효

수피는 생약명이 두충(杜沖)이며, 이뇨 보간, 보신, 근골 강화, 안태의 효능이 있어 고혈압, 요통, 관절 마비, 잔뇨, 음부 가려움증 등을 치료한다. 어린잎은 생약명이 면아(棉芽)이며, 풍독각기(風毒脚氣)와 구적풍냉(久積風冷), 장치하혈(腸痔下血) 등을 치료한다. 두충의 추출물은 신경계 질환, 기억력 장애, 치매, 피부 노화, 골다공증, 류머티즘성 관절염 등의 치료 효과가 있는 것으로 연구결과 밝혀졌다

용법과 약재

수피 1일량 30~50g을 물 900mL에 넣고 반으로 달여 2~3회 매 식후 복용하거나 술로 담가서 복용하기도 한다. 어린잎 1일량 20~30g을 물 900mL에 넣고 반으로 달여 2~3회 매 식후 복용하거나 건조 후 분말로 만들어 온수에 타서 복용한다.

두충_잎 약재품

두충_수피 약재품

기능성과 효능에 관한 특허자료

두충 추출물을 포함하는 경조직 재생 촉진제 조성물

본 발명은 두충 추출물을 포함하는 경조직 재생 촉진제 조성물에 관한 것으로, 두충의 물, 저급 알코올 또는 유기용매 추출물을 포함하는 본 발명의 조성물은 알칼리성 포스파타아제의 활성을 유도함으로써 조골세포의 분화와 미네랄화를 촉진하고, 콜라겐의 합성을 증가시킴으로써 경조직의 기질을 견고히 하며, 조골세포의 ERK2(Extracellular signal-Regu-lated Kinase 2)를 활성화시켜 조골세포의 증식이나 분화작용을 유도할 수 있을 뿐만 아니라, 조골세포의 성장을 농도 의존적으로 증가시키므로 골다공증, 치조골 파손과 같은 경조직 질환 또는 치주 질환과 같은 골 대사 질환의 예방 및 치료제로 유용하다.

〈공개번호 : 10-2002-0086109, 출원인 : 김성진〉

항문 질환 치료(치질, 타박상, 수렴, 항산화)

뜰보리수

생약명 목반하(木半夏)
사용부위 뿌리 및 근피, 열매
작용부위 심장, 비장 경락으로 작용한다.

학명 *Elaeagnus multiflora* Thunb.
이명 녹비늘보리수나무, 사월자(四月子), 야앵도(野櫻桃)
과명 보리수나무과(Elaeagnaceae)
개화기 6~7월
채취시기 뿌리, 근피는 9~10월, 열매는 가을에 채취한다.
성분 뿌리와 근피는 약효 및 성분이 아직 밝혀지지 않았지만 민간약으로 사용되고 있다. 익은 열매에는 사과
산과 과당, 서당 등 당류가 많이 함유되어 있다.

성질과 맛 성질이 따뜻하고, 맛은 담백하고 떫다.

정원이나 뜰에 심어 가꾸는 낙엽활엽관목으로, 높이가 3m 내외이며 가지는 많이 갈라져 있고 가시가 없으며 작은 가지는 홍갈색에 인편이 밀생해 있다. 잎은 타원형의 막질로 서로 어긋나고 잎 가장자리는 밋밋하며 밑부분은 넓은 설형이거나 원형이다. 4~5월에 은백색 꽃이 피는데, 잎겨드랑이에 1~2개가 달리고 수술은 4개, 암술은 1개이다. 6~7월에 긴 타원형 열매가 홍색으로 익는다.

뜰보리수_잎

뜰보리수_꽃

뜰보리수_열매

뜰보리수_수피

약효

뿌리 또는 근피는 생약명이 목반하근(木半夏根)이며, 보허, 행기, 활혈의 효능이 있고 타박상 치질, 치창(痔瘡)을 치료한다. 열매는 생약명이 목반하(木半夏)이며, 수렴, 소종, 활혈, 행기의 효능이 있고 타박상, 천식, 이질, 치질, 치창을 치료한다. 열매의 추출물은 항산화, 항염, 피부 질환 치료에 효과가 있는 것으로 밝혀졌다

용법과 약재

뿌리 또는 근피 1일량 40~70g을 물 900mL에 넣고 반으로 달여 2~3회 매 식후 복용하거나 술로 담가 아침저녁으로 복용한다. 외용할 때는 근피 달인 물로 항문을 씻어 준다. 열매 1일량 30~50g을 물 900mL에 넣고 반으로 달여 2~3회 매 식후 복용한다.

뜰보리수_뿌리 채취품

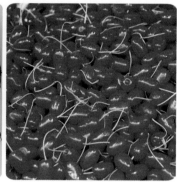
뜰보리수_열매

여름

기능성과 효능에 관한 특허자료

뜰보리수 과실 추출물을 유효성분으로 함유하는 항산화, 항염 및 미백용 조성물
본 발명은 항산화, 항염 및 미백 활성을 갖는 뜰보리수 과실 추출물을 유효성분으로 함유하는 피부 외용 약학조성물 및 화장료 조성물에 관한 것으로, 본 발명의 뜰보리수 과실 추출물은 탁월한 DPPH 자유 라디칼 억제 활성, 환원력, 크산틴 산화효소 서해력, 혈소판 응집 억제 활성, 아질산염 생성 억제 활성 및 티로시나아제 억제 활성을 나타내므로 산화적 스트레스로 인한 피부 질환 및 염증 질환의 예방 및 치료에 유용하게 사용할 수 있다.
〈출원번호 : 10-2006-0055830, 출원인 : 대구한의대학교 산학협력단〉

소화기계 질환 치료(지사, 정장, 항균, 이질)

매실나무

학명: *Prunus mume* Siebold & Zucc.

이명 매화나무, 매화수(梅花樹), 육판매(六瓣梅), 천지매(千枝梅)

과명 장미과(Rosaceae)

개화기 2~3월

생약명	매엽(梅葉), 백매화(白梅花), 오매(烏梅), 매핵인(梅核仁), 매경(梅莖), 매근(梅根)
사용부위	잎, 꽃봉오리, 덜 익은 열매, 종인, 가지, 뿌리
작용부위	폐, 대장, 비장 경락으로 작용한다.

채취시기 꽃봉오리는 꽃 피기 전 2~3월, 열매·종인은 6~7월, 잎·가지는 여름, 뿌리는 언중 수시 채취한다.

성분 열매에는 구연산, 사과산, 호박산, 탄수화물, 시토스테롤(sitosterol), 납상물질(蠟狀物質), 올레아놀산(oleanolic acid) 등이 함유되어 있다. 꽃봉오리에 정유가 함유되어 있으며, 그중에 중요한 것은 벤즈알데하이드(benzaldehyde), 이소루게놀(isolugenol), 안식향산 등이다. 종자의 종인 속에는 아미그달린(amygdalin)이 함유되어 있다.

성질과 맛 꽃봉오리는 성질이 평하고 독이 없으며, 맛은 시고 떫다. 열매는 성질이 따뜻하고, 맛은 시다.

잎·가지는 성질이 평하고 독이 없으며, 맛은 시다. 종인은 성질이 평하고, 독성이 조금 있으며, 맛은 시다. 뿌리는 성질이 평하고, 맛은 시다.

생육특성

남부·중부지방에서 재배하는 낙엽활엽소교목으로, 높이 5m 정도로 자라고 수피는 담회색 또는 담녹색에 가지가 많이 갈라진다. 잎은 서로 어긋나고 잎자루 밑부분에 선형의 탁엽(턱잎)이 2개 있으며, 잎바탕은 난형에서 장타원상 난형에 양면으로 잔털이 있거나 뒷면의 잎맥 위에 털이 있고 가장자리에 예리한 긴 톱니가 있다. 꽃은 2~3월에 백색 또는 분홍색으로 잎보다 먼저 피고 방향성 향기가 강하며 꽃잎은 광도란형이다. 열매는 핵과로 둥글고 6~7월에 황색으로 익는다

매실나무_잎

매실나무_꽃

매실나무_열매

여름

약효

미성숙한 열매[靑梅]를 볏짚이나 왕겨 연기에 그슬려 검게 된 것을 생약명으로 오매(烏梅)라고 하는데, 맛은 시고 성질이 따뜻하며 수렴, 지사, 구충, 항균, 항진균 효능이 있고 이질, 해수, 혈변, 혈뇨, 혈붕(血崩), 복통, 구토, 식중독 등을 치료한다. 뿌리는 생약명이 매근(梅根)이며 담낭염을 치료한다. 잎이 달린 줄기와 가지는 생약명이 매경(梅莖)이며 유산 치료에 도움을 준다. 잎은 생약명이 매엽(梅葉)이며 곽란(霍亂)을 치료한다. 꽃봉오리는 생약명이 백매화(白梅花)이며 식욕 부진, 화담(化痰)을 치료한다. 열매 속 종인은 생약명이 매핵인(梅

核仁)이며, 청서(淸暑), 명목(明目), 진해거담의 효능이 있고 번열과 서기곽란(暑氣霍亂)을 치료한다. 매실의 추출물은 항알레르기, 항응고, 혈전용해, 화상 치료 등에 효과가 있다는 것이 연구결과 밝혀졌다

🍲 용법과 약재

덜 익은 열매 1일량 10~20g을 물 900mL에 넣고 반으로 달여 2~3회 매 식후 복용한다. 외용할 때는 강한 불로 태워서 가루를 내어 뿌리거나 연고기제에 배합하여 바른다. 뿌리 1일량 30~50g을 물 900mL 에 넣고 반으로 달여 2~3회 매 식후 복용한다. 잎이 달린 줄기아 가지 [梅莖] 1일량 20~30g을 물 900mL에 넣고 반으로 달여 2~3회 매 식 후 복용한다. 잎은 말려서 가루를 내어 1일량 10~20g을 2~3회 매 식 후 복용한다. 꽃봉오리 1일량 10~20g을 물 900mL에 넣고 반으로 달 여 2~3회 매 식후 복용한다. 열매 속 종인 1일량 10~20g을 물 900mL 에 넣고 반으로 달여 2~3회 매 식후 복용한다. 외용할 때는 짓찧어서 환부에 바른다.

매실나무_열매

매실나무_오매 약재품

기능성과 효능에 관한 특허자료 항응고 및 혈전용해 활성을 갖는 매실 추출물

천연물로부터 유래되어 인체에 안전할 뿐 아니라 항응고 및 혈전 용해효과가 뛰어난 매실 추출물의 유효성분을 함유하는 식품 및 의약 조성물을 제공한다.

⟨공개번호 : 10-2011-0036281, 출원인 : (주)정산생명공학⟩

순환기계 질환 치료(고혈압, 당뇨, 중풍, 이뇨)

메꽃

생약명 선화(旋花), 구구앙(狗狗秧)
사용부위 뿌리를 포함한 전초
작용부위 비장, 신장 경락으로 작용한다.

학명 *Calystegia sepium* var. *japonicum* (Choisy) Makino
이명 근근화(筋根花), 고자화(鼓子花)
과명 메꽃과(Convolvulaceae)
개화기 6~8월
채취시기 6~8월에 뿌리를 포함한 전초를 채취하여 흙먼지를 제거하고 햇볕에 말리거나 생것으로 사용
　　　　　하기도 한다.

성분 뿌리와 꽃에 캠페롤(kaempferol), 캠페롤-3-람노글루코시드(kaempferol-3- rhamnoglucoside),
　　　콜룸빈(columbin), 팔마틴(palmatine) 등이 함유되어 있나.

성질과 맛 성질이 따뜻하고, 맛은 달고 쓰다.

생육특성

전국 각지의 산과 들에서 자생하는 덩굴성 여러해살이풀로, 덩굴줄기는 1~2m 정도 뻗고, 땅속줄기가 사방으로 길게 뻗으면서 새순이 나온다. 잎은 타원상 피침형으로 끝이 둔한 편이고, 6~8월에 엷은 홍색 꽃이 피는데 열매는 잘 맺지 않는다. 어린순은 나물로 식용한다.

메꽃_잎

메꽃_꽃

메꽃_열매

메꽃_줄기

약효

기를 더해 주고 소변을 잘 통하게 하며, 혈당을 조절하는 등의 효능이 있어, 신체가 허약하고 기가 손상되었을 때나 소변불리(小便不利), 고혈압, 당뇨병 등의 치료에 이용할 수 있다. 뿌리와 싹을 짓찧어서 그 즙을 복용하면 단독과 소아열독을 치료한다. 뿌리는 근골을 접합시키고 칼 등의 금속에 베인 상처를 아물게 한다.

용법과 약재

말린 것으로 하루에 20~40g을 사용하는데, 보통 전초 말린 것 20g에 물 700mL 정도를 붓고 끓기 시작하면 불을 약하게 줄여서 200~300mL로 달여 아침저녁 2회에 나누어 복용한다. 신선한 식물체를 채취하여 생즙을 내어 복용하기도 한다.

※사용상 특별한 주의 사항은 없다.

메꽃_뿌리

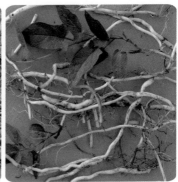

메꽃_전초 약재품

기능성과 효능에 관한 특허자료

메꽃 추출물을 유효성분으로 함유하는 당뇨병 예방 및 치료용 약학적 조성물

본 발명은 메꽃 추출물을 유효성분으로 함유하는 당뇨병 예방 및 치료용 약학적 조성물에 관한 것으로, 보다 상세하게는, 메꽃 추출물이 유의하게 α-글루코시나아제 활성저해효과를 나타내므로, 당뇨병 예방 및 치료용 약학적 조성물 또는 상기 목적의 건강식품 조성물로 유용하게 사용될 수 있다.

〈공개번호 : 10-2014-0125594, 출원인 : (주)화평디엔에프〉

소화기계 질환 치료(소화, 항염, 간염, 장염, 이질)

모감주나무

생 약 명	난화(欒花)
사용부위	꽃, 열매
작용부위	간, 신장 경락으로 작용한다.

학명 *Koelreuteria paniculata* Laxmann

이명 염주나무, 흑엽수(黑葉樹), 산황률두(山黃栗頭)

과명 무환자나무과(Sapindaceae)

개화기 6~7월

채취시기 꽃은 6~7월에 피었을 때, 열매는 9~10월에 채취한다.

성분 열매에는 스테롤, 사포닌, 플라보노이드 배당체, 안토시아닌, 타닌, 폴리우론산(polyuronic acid)이 함유되어 있다. 사포닌 중에는 난수 사포닌 A, B가 분리되어 있다. 건조된 종자에는 수분, 조단백, 레시틴, 인산, 전분, 무기 성분, 지방유가 함유되어 있다. 종인에는 지방유가 함유되어 있는데, 스테롤과 팜미트신(palmitic acid)으로 분해된다. 잎에는 몰식자산 메틸에스테르가 함유되어 있어 여러 종류의 세균이나 진균에 대해서 억제작용을 한다.

성질과 맛 꽃은 성질이 차고, 맛은 쓰다. 열매는 성질이 차고, 맛은 약간 달고 쓰다.

🌿 생육특성

　　전국의 절이나 마을 부근에 많이 자라는 낙엽활엽소교목 또는 관목으로, 높이는 10m 내외이다. 잎은 홀수깃꼴겹잎으로 서로 어긋나고 작은 잎은 7~15개이며 난형 또는 긴 난형에 불규칙한 둔한 톱니가 나 있다. 6~7월에 담황색 꽃이 원추꽃차례로 피는데, 중심부는 자색이며 꽃받침은 거의 5개, 꽃잎은 4개로 긴 털이 드문드문 나 있고, 수술은 8개, 암술은 1개이다. 삭과인 열매는 9~10월에 익는다.

모감주나무_잎

모감주나무_꽃

모감주나무_덜 익은 열매

여름

모감주나무_완숙 열매

모감주나무_수피

약효

꽃은 생약명이 난화(欒花)이며, 눈이 아파 눈물이 나거나 붉게 충혈이 되었을때 효과가 있고, 소화불량, 간염, 장염, 종통(腫痛), 요도염, 이질을 치료한다. 꽃의 추출물은 부종과 항염의 치료에도 효과적이다. 열매는 생약명이 난수자(欒樹子)이며, 청열, 소종, 활혈(活血), 해독, 진통, 이뇨의 효능이 있고 황달, 창독, 신경통, 단독, 하리등을 치료한다. 잎에는 여러 종류의 세균이나 진균에 대해서 억제작용이 있는 것이 확인된 바 있다.

용법과 약재

하루에 꽃 10~20g을 물 900mL에 넣고 반으로 달여 2~3회 매식후 복용한다.

※결명자는 상사(相使)이니 배합을 금한다.

모감주나무_꽃 재취품

모감주나무_종인

 기능성과 효능에 관한 특허자료 모감주나무의 꽃(난화) 추출물 또는 이의 분획물을 유효성분으로 함유하는 부종 또는 다양한 염증의 예방 또는 치료용 항염증 조성물

본 발명은 모감주나무의 꽃(난화) 추출물 또는 이의 분획물을 유효성분으로 함유하는 부종 또는 다양한 염증의 예방 또는 치료용 항염증 조성물에 관한 것으로서, 본 발명의 모감주나무의 꽃(난화) 추출물 또는 이의 분획물은 염증성 매개체인 사이토카인 및 케모카인의 생산 또는 분비를 억제하며, 염증성 부종을 억제하므로, 이를 유효성분으로 함유하는 조성물은 부종 또는 다양한 염증의 예방, 치료 또는 개선을 위한 의약품, 건강기능식품 또는 화장품에 유용하게 사용될 수 있다. 〈공개번호 : 10-2010-0066076, 특허권자 : 한국한의학연구원〉

내분비계 질환 치료(종기, 해독, 활혈, 타박상, 청열)

박태기나무

생약명 자형피(紫荊皮), 자형근피(紫荊根皮), 자형목(紫荊木), 자형화(紫荊花), 자형과(紫荊果)

사용부위 수피, 근피, 목부, 꽃, 열매

작용부위 심장, 간 경락에 작용한다.

학명 *Cercis chinensis* Bunge

이명 소방목, 밥태기꽃나무, 구슬꽃나무, 나지수(裸枝樹), 자형목(紫荊木), 소방목(蘇方木)

과명 콩과(Leguminosae)

개화기 4~5월

채취시기 꽃은 4~5월, 열매는 8~9월, 수피는 7~8월, 근피는 가을 · 겨울, 목부는 연중 수시 채취한다.

성분 박태기나무에는 타닌이 함유되어 있고, 종자에는 미량의 유리 리신(lysine)과 아스파라긴산이 함유되어 있다.

성질과 맛 꽃 · 열매는 성질이 평하고, 맛은 약간 쓰다. 수피는 성실이 평하고, 맛은 쓰다. 근피 · 목부는 성질이 평하고 독이 없으며, 맛은 쓰다.

여름 **99**

생육특성

전국의 정원이나 인가에 자라는 낙엽활엽관목으로, 높이는 3~
5m이며 작은 가지에는 피목(皮目, 껍질눈)이 많고 속은 사각형 비슷하
다. 잎은 서로 어긋나고 홑잎에 심장형 가죽질이며 표면에 윤기와 광택
이 있다. 4~5월에 자홍색 꽃이 잎보다 먼저 피는데, 4~10개가 묵은 가
지에 모여 나며, 꽃받침은 종 모양이고 가장자리에 5개의 둔한 톱니가
있다. 열매의 꼬투리는 편평하고 8~9월에 익으며 종자는 타원형에 황
록색이다.

박태기나무_잎   박태기나무_꽃   박태기나무_열매

약효

수피는 생약명이 자형피(紫荊皮)이며, 해독, 활혈의 효능이 있
고 월경통, 월경 폐지, 임질, 종기, 옹종(癰腫), 개선(疥癬), 타박상, 사
충교상(蛇蟲咬傷)을 치료한다. 근피는 생약명이 자형근피(紫荊根皮)
이며, 해독, 활혈의 효능이 있고 어혈, 종기, 광견교상(狂犬咬傷)을 치
료한다. 목질은 생약명이 자형목(紫荊木)이며, 활혈, 통림(通淋)의 효
능이 있고 어혈, 복통, 임병을 치료한다. 꽃은 생약명이 자형화(紫荊花)
이며, 청열과 거풍, 해독, 양혈(凉血)의 효능이 있고 류머티즘에 의한
근골통 등을 치료한다. 열매는 생약명이 자형과(紫荊果)이며, 해수와
임산부의 심통을 치료한다. 박태기나무의 추출물은 항산화, 노화억제
작용을 한다는 것이 확인된 바 있다.

용법과 약재

수피 1일량 20~40g을 물 900mL에 넣고 반으로 달여 2~3회 매 식후 복용한다. 근피 1일량 20~40g을 물 900mL에 넣고 반으로 달여 2~3회 매 식후 복용한다. 외용할 때는 짓찧어서 환부에 붙인다. 목부 1일량 50~100g을 물 900mL에 넣고 반으로 달여 2~3회 매 식후 복용한다. 꽃 1일량 10~20g을 물 900mL에 넣고 반으로 달여 2~3회 매 식후 복용한다. 열매 1일량 20~40g을 물 900mL에 넣고 반으로 달여 2~3회 매 식후 복용한다.

※임산부는 복용을 금지한다.

박태기나무_꽃

박태기나무_수피 약재품

기능성과 효능에 관한 특허자료

항산화 및 노화 억제 활성을 가지는 박태기나무 추출물 및 이를 함유하는 항산화, 피부노화 억제 및 주름 개선용 화장료 조성물

본 발명은 항산화, 피부노화 억제, 피부탄력 유지 또는 주름억제용 박태기나무 추출물 및 이를 유효성분으로 함유하는 피부노화 억제 및 주름개선용 화장료 조성물에 관한 것으로서, 보다 상세하게는 자원 확보가 용이하고 기존에 항산화 활성 및 피부세포 노화 억제 활성에 관한 보고기 없었던 박태기나무의 알코올 조추출물을 용매 분획한 후, 항산화 활성을 보이는 에틸아세테이트 분획과 부탄올 분획으로부터 분리한 항산화 활성, 노화 억제 활성을 갖는 화학식 1내지 화학식 20으로 표시되는 화합물을 포함하는 박태기나무 추출물 및 이를 포함하는 피부노화 억제용 화장료 조성물에 관한 것이다. 본 발명의 박태기나무 추출물은 피부의 노화를 유발하는 산화적 스트레스를 억제하는 기능이 우수할 뿐만 아니라 노화와 관련된 텔로미어 길이의 단축 속도를 늦춤으로써 피부세포의 수명을 연장시킬 수 있으므로, 박태기나무 추출물을 포함하는 화장료 조성물은 피부노화 방지, 피부탄력 유지 또는 주름 완화를 위한 피부 외용 제형의 화장료로서 유용하게 이용될 수 있다. 〈공개번호 : 10-2004-0060729, 특허권자 : (주)한국신약〉

소화기계 질환 치료(소화, 위경련, 두통)

박하

생약명	박하(薄荷)
사용부위	전초
작용부위	폐, 간, 위장 경락에 작용한다.

학명 *Mentha piperascens* (Malinv.) Holmes

이명 털박하, 재배종박하, 소박하(蘇薄荷)

과명 꿀풀과(Labiatae)

개화기 7~9월

채취시기 여름과 가을에 잎이 무성하고 꽃이 세 둘레 정도 피었을 때 날씨가 맑은 날 채취하여 그늘에서 말리거나 건조기에 넣어서 건조한다. 묵은 줄기와 이물질을 제거하고 절단하여 사용한다.

성분 잎과 줄기에 정유 성분이 1% 내외로 함유되어 있는데. 주성분은 멘톨로서 70~90%에 달한다. 그 외에 멘톤(menthone), 캄펜(camphene), 리모넨(limonene), 이소멘톤(isomenthone), 피페리톤(piporitone), 폴레겐(pulegene) 등이 함유되어 있나.

성질과 맛 성질이 시원하고 독이 없으며, 맛은 맵다.

생육특성

전국 각지에 분포하는 여러해살이풀로, 습지나 냇가에 자라며 재배하기도 한다. 높이는 50cm 정도이며, 줄기는 곧게 서고 가지가 갈라진다. 줄기의 표면은 자갈색 또는 담녹색이고, 단면은 흰색으로 속이 비어 있다. 줄기 전체에 무성한 털이 있으며, 마디 사이의 길이는 2~5cm이다. 잎은 마주나고, 길이 2~7cm, 너비 1~3cm에 긴 타원형이으로 짧은 잎자루가 있으며 주름져 말려 있다. 잎끝이 뾰족하고 양면에 유점과 털이 있으며 가장자리에는 톱니가 있다. 7~9월에 연보라색 꽃이 윤산꽃차례로 피며, 윗부분과 가지의 잎겨드랑이에 모여 달려서 층을 이룬다. 땅속줄기를 뻗어 번식한다.

박하_잎

박하_꽃

박하_줄기

박하_뿌리

여름

약효

풍열을 흩어지게 하고, 머리와 눈을 맑게 하며, 발진이 잘돋아나게 하는 효능이 있어서 풍열감기와 두통, 목적(目赤), 후비(喉痺), 구창(口瘡), 풍진(風疹), 마진(麻疹, 홍역), 흉협창민(胸脇脹悶) 등을 치료한다.

용법과 약재

건조한 약재로 하루 1.5~9g를 사용할 수 있는데, 보통 전초 10g에 700mL 정도의 물을 붓고 끓기 시작하면 불을 약하게 줄여서 200~300mL로 달여 아침저녁 2회에 나누어 복용한다. 민간요법으로는 감기, 구내염, 결막염, 위경련 등의 치료에 이용한다.

※맛이 맵고 발산작용과 소간(疏肝: 간에 울체된 기운을 풀어줌) 작용을 하므로 표허(表虛: 외부를 보존하는 양기가 쇠약하여 나타나는 증후)로 인한 자한(自汗)과 음허혈조(陰虛血燥: 음기가 허하여 혈이 부족한 증상), 간양항성(肝陽亢盛: 간의 양기가 지나치게 충만한 증상) 등의 병증에는 맞지 않다. 유즙 분비가 줄어드는 부작용이 있으므로 수유 시에는 사용하면 안 된다.

박하_뿌리 채취품

박하_전초 약재품

기능성과 효능에 관한 특허자료

박하 등 생약혼합물의 추출물을 함유하는 스트레스 해소용 건강기능식품

본 발명은 감국, 하고초, 향유, 울금 및 박하를 포함하는 생약혼합물의 추출물을 함유하는 건강기능식품에 관한 것으로서, 상기 생약혼합물의 추출물을 함유하는 조성물은 스트레스 해소 효과가 우수하여 수험생, 직장인, 일상에 지친 현대인들의 스트레스 해소용 식품으로 용이하게 사용 가능하다.

〈등록번호 : 10-1450813-0000, 출원인 : 구미경〉

소화기계 질환 치료(반위, 위염, 오심, 구토)

반하

생 약 명	반하(半夏)
사용부위	알뿌리
작용부위	폐, 비장, 위장 경락에 작용한다.

학명 *Pinellia ternate* (Thunb.) Breit.

이명 끼무릇

과명 천남성과(Araceae)

개화기 5~7월

채취시기 가을에 알뿌리(구근)를 채취하여 껍질을 벗기고 햇볕에 말린다.

성분 정유, 소량의 지방, 전분, 점액질, 아스파라긴산, 글루타민(glutamine), 캄페스테롤(campesterol), 콜린(choline), 니코틴, 다우코스테롤(daucosterol), 피넬리아렉틴(pinellia lectin), β-시토스테롤(β-citosterol) 등이 한유되어 있다.

성질과 맛 성질이 따뜻하고 맛은 맵다. 독성이 있다.

생육특성

전국 각지에 분포하는 여러해살이풀로, 풀이 많고 물 빠짐이 좋은 반음지나 양지에서 자란다. 높이는 20~40cm이고, 지름 1cm의 구근에서 1~2개의 잎이 나온다. 잎은 3개의 작은 잎으로 된 겹잎이고, 길이 3~12cm, 너비 1~5cm에 가장자리가 밋밋한 긴 타원형이다. 잎몸은 길이가 10~20cm이고 밑부분 안쪽이나 끝에 1개의 눈이 달린다. 5~7월에 녹색 꽃이 피는데, 길이가 6~7cm이며 통부의 길이는 1.5~2cm이다. 꽃줄기 밑부분에 암꽃이 달리고 윗부분에는 1cm 정도의 수꽃이 달리며, 수꽃은 대가 없이 꽃밥만으로 이루어져 있고 연한 황백색이다. 열매는 녹색의 장과이며 8~10월경에 익는다.

반하_잎

반하_꽃

반하_열매

반하_알뿌리

약효

구토를 가라앉히고 기침을 멎게 하며 담을 없애는 효능이 있다. 또한 습사(濕邪)를 제거하고, 결린 데를 낫게 하고 뭉친 것을 풀어 주며, 종기를 가라앉히는 등의 효능이 있어서 오심(惡心), 구토, 반위(反胃: 음식물을 소화시켜 아래로 내리지 못하고 위로 올리는 증상으로 위암 등의 병증이 있을 때 나타남), 여러 가지 기침병, 담다불리(痰多不利:가래가 많고 이를 뱉어 내지 못하는 증세), 가슴이 두근거리면서 불안해하는 증상, 급성 위염, 어지럼증, 구안와사, 반신불수, 간질, 경련, 부스럼이나 종기 등을 치료한다.

용법과 약재

하루에 4~10g을 사용하는데, 물 1L 정도를 붓고 달여서 2~3회에 나누어 복용한다. 보통 처방에 따라서 조제 약제로 이용한다.

※독성이 있으므로 반드시 정해진 방법에 따라 포제를 하여야 하는데, 쪼개서 혀끝에 댔을 때 톡쏘는 마설감(麻舌感)이 없을 때까지 물에 담가서 독성을 제거하여 사용한다. 또는 생강 달인 물이나 백반을 녹인 물에 담가서 끓인 후 혀끝에 대어 마설감이 없도록 포제한 다음 사용하며, 사용할 때는 전문가의 지도를 받아야 한다.

여름

반하_약재품

반하_뿌리(절편건조)

기능성과 효능에 관한 특허자료

반하, 백출, 천마, 진피, 복령, 산사, 희렴 및 황련을 포함하는 한약제제 혼합물의 동맥경화 및 관련 질환의 예방 및 치료용 추출물과, 이를 유효성분으로 함유하는 동맥경화 및 관련 질환의 예방 및 치료용 약학 조성물

본 발명은 반하, 백출, 천마, 진피, 복령, 산사, 희렴 및 황련을 포함하는 한약제제 혼합물의 동맥경화 및 관련 질환의 예방 및 치료용 추출물과, 이를 유효성분으로 포함하는 약학 조성물에 관한 것으로, 본 발명에 따른 추출물은 동맥경화 및 관련 질환의 예방 및 치료용 제재로 유용하게 사용될 수 있다. 〈등록번호 : 10-0787174-0000, 출원인 : 동국대학교 산학협력단〉

내분비계 질환 치료(구토)

배초향

생 약 명	곽향(藿香)
사용부위	꽃을 포함한 지상부 전초
작용부위	폐, 비장, 위장 경락에 작용한다.

학명 *Agastache rugosa* (Fisch. & Mey.) Kuntze

이명 방앳잎, 토곽향(土藿香), 두루자향(兜婁姿香)

과명 꿀풀과(Labiatae)

개화기 7~9월

채취시기 꽃이 피기 직전부터 막 피었을 때까지인 6~7월에 꽃을 포함한 지상부 전초를 채취하여 햇볕에
말리거나 그늘에서 말려 보관한다. 약재로 쓸 때는 이물질을 제거하고 윤투(潤透: 습기를 약간
주어 부스러지지 않도록 하는 과정)시킨 다음 잘게 썰어 사용한다.

성분 지상부 전초에 정유 성분이 함유되어 있는네 주성분은 메틸카비콜(methyl chavicol)이고, 그 밖에도
아네톨(anethole), 아니스알데하이드(anisaldehyde), δ-리모넨 (δ-limonene), ρ-메톡시시남알데하이드
(ρ-methoxycinnamaldehyde), δ-피넨(δ-pinene) 등이 함유되어 있다.

성질과 맛 성질이 약간 따뜻하고, 맛은 맵다. 독은 없다.

생육특성

전국 각지의 산과 들에 분포하는 여러해살이풀로, 토양에 부엽
질이 풍부한 양지나 반그늘에서 자란다. 높이는 40~100cm 정도이고,
줄기 윗부분에서 가지가 갈라지며 네모져 있다. 줄기 표면은 황록색 또
는 회황색으로 잔털이 없거나 약간 있고, 단면의 중앙에는 흰색의 부드
러운 속심이 있다. 잎은 길이 5~10cm, 너비 3~7cm로 끝이 뾰족하고
심장형이다. 7~9월에 가지 끝의 원통형 꽃대에 자주색 입술 모양의 꽃
이 이삭 모양으로 촘촘하게 모여서 달린다. 열매는 10~11월에 익으며,
짙은 갈색으로 변한 씨방에 종자가 미세한 형태로 많이 들어 있다.

배초향_잎

배초향_꽃

배초향_열매

약효

방향화습(芳香化濕)의 효능이 있어 중초를 조화롭게 하며 구
토를 멎게 한다. 표사(表邪: 허약해진 체표를 통하여 들어온 열사, 한
사, 풍사 등이 몸 안에서 없어지지도 않고, 밖으로 배출되지도 못하면서
체표 아래 머물러 오한을 느끼게 하는 증상)를 흩어시게 하고 더위 먹은
것을 풀어 준다.

용법과 약재

말린 것으로 하루에 6~12g을 사용하는데, 보통 말린 약재 10g
에 물 700mL 정도를 붓고 끓기 시작하면 불을 약하게 줄여서 200~
300mL로 달여 아침저녁 2회에 나누어 복용한다. 환 또는 가루를 만들

어 복용하기도 한다. 민간요법으로 옴이나 버짐 치료에는 곽향 달인 물에 환부를 30분간 담근다. 또 입안에서 구취가 날 때는 곽향 달인 물로 양치를 하고, 그 밖에도 복부팽만, 식욕 부진, 구토, 설사, 설태가 두텁게 끼는 증상 등에 이용한다.

※진한 향과 따뜻하고 매운 성질 때문에 자칫 음기를 손상하고 기를 소모할 우려가 있기 때문에 혈허(血虛) 또는 무습(無濕)이나 음허(陰虛)인 경우에는 피한다. 비슷한 이름으로 꿀풀과의 여러해살이풀 광곽향[廣藿香, Pogostemon cablin (Blanco.) Benth.]이 있으나 식물 기원이 전혀 다르고, 정유 성분 또한 다르므로 혼용 또는 오용하면 안 된다.

배초향_열매(건조)

배초향_전초 약재품

기능성과 효능에 관한 특허자료

당뇨 질환의 예방, 치료용 배초향 추출물 및 이를 포함하는 치료용 제제

본 발명은 당뇨 질환의 예방, 치료용 배초향(방아, 곽향) 추출물 및 이를 포함하는 치료용 제제에 관한 것으로, 더욱 상세하게는 뻬르옥시좀 증식인자 촬성지 수용체 감마(PPARγ)의 활성화와 지방세포의 분화 조절, 인슐린 민감도의 증가를 일으키는 배초향 추출물에 관한 것이다. 〈공개번호 : 10-2011-0099369, 출원인 : 연세대학교 산학협력단〉

이기혈 치료(보신, 보간, 보정, 명목)

복분자딸기

생 약 명	복분자(覆盆子)
사용부위	열매, 뿌리, 줄기와 잎
작용부위	간, 신장, 비장 경락에 작용한다.

학명 *Rubus coreanus* Miq. = [*Rubus tokkura* Sieb.]

이명 곰딸, 곰의딸, 복분자딸, 복분자, 교맥포자(蕎麥抛子), 조선현구자(朝鮮懸鉤子), 호수묘(胡須苗), 삽전포(插田泡)

과명 장미과(Rosaceae)

개화기 5~6월

채취시기 열매는 익기 전인 7~8월, 뿌리는 연중 수시, 줄기와 잎은 봄부터 가을까지 채취한다.

성분 열매에는 필수 아미노산과 비타민 B_2, 비타민 E, 주석산. 구연산, 토리데르베노이드글리코시드 (triterpenoid glycoside), 카본산(carbonic acid) 및 소량의 비타민 C, 당류가 함유되어 있다. 뿌리 및 줄기와 잎에는 플라보노이드 배당체가 함유되어 있다.

성질과 맛 열매는 성질이 평하고, 맛은 달고 시다. 뿌리·줄기·잎은 성질이 평하고, 독이 없으며, 맛은 짜고 시다.

생육특성

남부·중부지방의 산기슭 계곡 양지에 자생 또는 재배하는 낙엽
활엽관목으로, 높이 3m 내외로 자라고 줄기는 곧게 서지만 덩굴처럼 휘
어져 땅에 닿으면 뿌리를 내린다. 줄기는 적갈색에 백분(白粉)으로 덮
여 있고 갈고리 모양의 가시가 있다. 잎은 홀수깃꼴겹잎이 어긋나고 잎
자루가 있으며, 작은 잎은 3~7개인데 5개인 것이 많다. 가지 끝 쪽에
붙어 있는 잎이 비교적 크고 난형으로, 잎끝은 날카롭고 가장자리에는
크고 날카로운 톱니가 불규칙하게 나 있다. 5~6월에 담홍색 꽃이 가지
끝이나 잎겨드랑이에 산방 또는 복산방꽃차례로 핀다. 작은 난형 열매
가 취합과로 달려 7~8월에 붉은색으로 익지만 나중에 검은색이 된다.

복분자딸기_잎

복분자딸기_꽃봉오리

복분자딸기_꽃

복분자딸기_열매

복분자딸기_수피

약효

미성숙 열매는 생약명이 복분자(覆盆子)이며, 보간(補肝), 보신(補腎), 명목(明目)의 효능이 있어 정력 감퇴, 양위(陽痿), 유정(遺精) 등을 치료한다. 뿌리는 생약명이 복분자근(覆盆子根)이며, 지혈, 활혈(活血)의 효능이 있어 토혈, 월경불순, 타박상 등을 치료한다. 줄기와 잎은 생약명이 복분자경엽(覆盆子莖葉)이며, 명목(明目), 지누(止淚), 습기수렴(濕氣收斂)의 효능이 있어 다누(多淚), 치통, 염창(臁瘡) 등을 치료한다. 복분자 추출물은 골다공증과 우울증 치료, 기억력 개선, 비뇨기 기능 개선, 치매의 예방 및 치료 효과도 인정되고 있다.

용법과 약재

열매 1일량 30~50g을 물 900mL에 넣고 반으로 달여 2~3회 매 식후 복용한다. 술을 담그거나 산제(散劑), 환제(丸劑), 고제(膏劑)로 사용하기도 한다. 뿌리 1일량 20~30g을 물 900mL에 넣고 반으로 달여 2~3회 매 식후 복용한다. 또 술을 담가 마시기도 한다. 외용할 때는 뿌리를 짓찧어서 환부에 붙인다. 줄기와 잎은 짓찧어서 즙을 내어 살균한 후 점안하거나 달인 액을 점안한다. 또는 가루를 내어 환부에 뿌린다.

여름

복분자딸기_열매 약재품

복부자딸기_뿌리 질단(건조)

기능성과 효능에 관한 특허자료

복분자 추출물을 함유하는 골다공증 예방 또는 치료용 조성물

본 발명의 조성물은 조골세포 활성 유도분만 아니라 파골세포 활성 억제효과를 동시에 나타내므로, 다양한 원인으로 인해 유발되는 골다공증의 예방 또는 치료에 유용하게 사용될 수 있다. 〈등록번호 : 10-0971039-0000, 출원인 : 한재진〉

순환기계 질환 치료(파혈, 지혈, 통혈)

부들

생 약 명	포황(蒲黃)
사용부위	꽃가루
작용부위	간, 심장, 방광 경락에 작용한다.

학명 *Typha orientalis* C. Presl
이명 향포(香蒲), 포화(蒲花), 감통(甘痛)
과명 부들과(Typhaceae)
개화기 6~7월
채취시기 꽃이 피어날 때 윗부분의 수꽃 이삭에서 꽃가루를 채취하고, 전초는 수시로 채취하여 말린다.
　　　　　이물질을 제거하여 쓰는데 혈을 잘 통하게 하며 어혈을 제거하는 행혈화어(行血化瘀)에는 그대로
　　　　　쓰고, 수렴지혈(收斂止血)에는 초탄(炒炭: 프라이팬에 넣고 가열하여 불이 붙으면 산소를 차단해서
　　　　　검은 숯을 만드는 포제 방법)하여 사용한다.

성분 꽃가루에 이소람네틴(isorhamnetin), β-시토스테롤(β-sitosterol), α-티파스테롤(α-typhasterol)
　　　　등이 함유되어 있다.

성질과 맛 성질이 평하고, 맛은 달며, 독은 없다.

🌿 생육특성

　중부와 남부지방에 분포하는 여러해살이풀로, 꽃은 6~7월에 원주형의 수상꽃차례를 이루며 피는데, 자웅동주이고 윗부분에 수꽃, 아랫부분에 암꽃이 달린다. 포는 없거나 일찍 떨어지며, 암꽃에 긴 꽃자루가 있고 수꽃은 수술만 2~3개이다. 꽃가루는 노란색인데, 개화기에 수시로 채취하여 말려서 사용한다. 가벼워서 물에 넣으면 수면에 뜨고, 손으로 비비면 매끄러운 느낌이 있으며 손가락에 잘 붙는다. 현미경으로 보면 4개의 꽃가루 입자가 정방형이나 사다리형으로 결합되어 있고 지름은 35~40㎛이다. 애기부들(Typha angustifolia L.) 및 동속 근연 식물의 꽃가루도 같은 약재로 사용한다

여름

부들_잎

부들_(암수)꽃

부들_종자

부들_뿌리

약효

출혈을 멎게 하고, 혈액순환을 원활하게 하며 어혈을 제거한다. 토혈과 육혈(衄血 : 코피), 각혈, 붕루(崩漏), 외상 출혈 등을 치료하고, 여성의 폐경이나 월경불순, 위를 찌르는 듯한 복통 등을 치료하는 데 이용한다. 짓찧어서 환부에 바르기도 한다.

용법과 약재

꽃가루 또는 전초를 말린 것으로 하루에 6~12g 정도 사용하는데, 10g에 물 700mL 정도를 붓고 끓기 시작하면 불을 약하게 줄여서 200~300mL로 달여 아침저녁 2회에 나누어 복용한다.

※ 자궁수축작용이 있으므로 임신부는 사용에 신중을 기한다.

부들_꽃(완숙)

부들_꽃가루 약재품(포항)

기능성과 효능에 관한 특허자료　부들 추출물을 포함하는 순환기 질환의 예방 및 치료용 조성물

본 발명은 부들 화분의 유기용매 추출물 및 이로부터 분리한 나린게닌 화합물에 관한 것으로, 이들은 혈관 평활근 세포의 증식을 억제하여 순환기 계통 질환의 예방 및 치료에 널리 이용될 수 있다. 〈등록번호 : 10-1039145-0000, 출원인 : 충남대학교 산학협력단〉

이기혈 치료(보정, 항산화, 시력)

비수리

생 약 명	야관문(夜關門)
사용부위	뿌리를 포함한 전목
작용부위	간, 신장, 폐 경락에 작용한다.

학명 *Lespedeza cuneata* G. Don
이명 철소파(鐵掃把), 철선팔초(鐵線八草), 야계초(野鷄草)
과명 콩과(Leguminosae)
개화기 8~9월
채취시기 8~9월에 꽃을 채취한다.
성분 피니톨(pinitol), 플라보노이드, 페놀(phenol), 타닌 및 β-시토스테롤(β-sitosterol)이 함유되어 있고,
플라보노이드에서는 퀘르세틴(quercetin), 캠페롤(kaempferol), 비텍신(vitexin), 오리엔틴(orientin)
등이 분리된다.

성질과 맛 성질이 시원하고, 맛은 쓰고 맵다.

생육특성

전국의 산야, 산기슭, 도로변 등에 자생하거나 재배하는 여러해살이풀 또는 낙엽활엽반관목으로, 전체에 섬모가 있다. 높이가 1m 전후이며, 줄기는 곧게 자라고 위쪽은 가지가 많이 갈라진다. 잎은 3출엽이며 서로 어긋나고, 작은 잎은 선상 도피침형으로 표면에는 털이 없고 뒷면에 잔털이 있다. 8~9월에 백색 꽃이 피는데 자색 반점줄이 있고, 꽃받침잎은 선상 피침형으로 밑부분까지 갈라져 있으며, 각 열편은 1개의 맥과 견모(絹毛)가 있다. 열매는 협과로 넓은 난형이며 10~11월에 익는다.

비수리_잎

비수리_꽃

비수리_열매

비수리_줄기

약효

뿌리를 포함한 전목은 생약명을 야관문(夜關門)이라 하는데, 이는 '밤에 문이 열린다'는 뜻으로 강정작용에 좋다는 것을 강조한 이름이다. 강정 효과 외에도 간장과 신장을 보하고 폐음(肺陰)을 보익(補益)하며 종기, 유정(遺精), 유뇨(遺尿), 백대(白帶), 위통, 하리, 타박상, 시력 감퇴, 목적(目赤), 결막염, 급성 유선염 등을 치료한다. 비수리의 추출물은 항산화작용, 세포 손상 보호, 피부 노화 방지 등의 효과가 있다

용법과 약재

하루에 전목 50~100g을 물 900mL에 넣고 반으로 달여 2~3회 매 식후 복용한다.

비수리_약재품

비수리_말린 전초

여름

기능성과 효능에 관한 특허자료

항산화작용을 갖는 비수리의 추출물을 포함하는 조성물

본 발명은 비수리 추출물을 유효성분으로 포함하는 항산화 조성물에 관한 것이다. 비수리 추출물은 1,1-디페닐-2-피크릴 하이드라질 라디칼 소거 활성 및 수산기 라디칼 소거 활성이 우수하고 강한 항산화 활성을 가져, 화장료 조성물, 약학조성물, 건강기능식품 등에 다양하게 이용할 수 있다.

〈공개번호 : 10-2012-0055476, 출원인 : 대한민국(산림청 국립수목원장)〉

호흡기계 질환 치료(기관지염, 천식)

비파나무

생 약 명	비파(枇杷), 비파엽(枇杷葉), 비파화(枇杷花)
사용부위	잎, 열매, 꽃
작용부위	폐, 위장, 방광 경락에 작용한다.

학명 *Eriobotrya japonica* (Thunb.) Lindl. = [*Mespilus japonica* Thunb.]

이명 비파

과명 장미과(Rosaceae)

개화기 10~11월

채취시기 열매는 6~7월, 잎은 연중 수시, 꽃은 10~11월에 채취한다.

성분 열매에는 수분, 질소, 탄수화물이 함유되어 있는데, 그중에서 환원당이 70% 이상을 차지하고 그 밖에 펜토산(pentosan)과 조섬유가 들어 있다. 과육에는 지방, 당류, 단백질, 셀룰로오스, 펙틴, 타닌이 들어 있고, 회분 중에는 나트륨, 칼륨, 철분, 인 등이 함유되어 있으며 비타민 B, C도 들어 있다. 또 크립토크산틴(cryptoxanthin), β-카로틴(β-carotene) 등의 색소가 함유되어 있으며, 열매의 즙에는 포도당, 과당, 서당, 사과산이 함유되어 있다. 잎에는 정유가 들어 있으며, 그 주성분은 네롤리돌(nerolidol)과 파르네솔(farnesol)이다. 그 밖에 α-피넨(α-pinene), β-피넨, 캄펜, 미르센(myrcene), p-시멘

(p-cymene), 리날로올(linalool), α-일란겐(α-ylangene), α-파르네센(α-farnesene), β-파르네센, 캄퍼(camphor), 네롤(nerol), 게라니올(geraniol), α-카디놀(α-cadinol), 에레몰(elemol), 산화 리날롤이 있다. 또 아미그달린(amygdalin), 우르솔산(ursolic acid), 올레아놀산(oleanolic acid), 주석산, 사과산, 타닌, 비타민 B, C, 소르비톨(sorbitol) 등이 함유되어 있다. 꽃에는 정유와 올리고당이 함유되어 있다.

성질과 맛　열매는 성질이 시원하고, 맛은 달고 시다. 잎은 성질이 시원하고, 맛은 쓰다. 꽃은 성질이 조금 따뜻하고, 맛은 담백하다.

🌿 생육특성

제주도 및 남부지방에서 과수 또는 관상용으로 재배하는 상록활엽소교목으로, 높이 10m 내외로 자란다. 작은 가지는 굵고 튼튼하며 가지가 많이 갈라지고 연한 갈색의 섬모로 덮여 있다. 잎은 서로 어긋나고 가죽질의 긴 타원형 또는 도란상 피침형에 잎끝이 짧고 뾰족하다. 잎의 윗면은 심녹색에 광택이 있고 밑면은 연한 갈색의 섬모가 밀생해 있으며, 잎 가장자리에는 톱니가 있다. 10~11월에 황백색 꽃이 피는데, 작은 꽃 수십 개가 한데 모여 원추꽃차례를 이룬다. 열매는 액상의 이과로 구형 또는 타원형에 가깝고 다음 해 6~7월에 황색 또는 등황색으로 익는다.

비파나무_잎　　　　　　비파나무_꽃　　　　　비파나무_열매

⚗️ 약효

열매는 생약명이 비파(枇杷)이며, 자양강장작용을 비롯하여 지갈(止渴), 윤폐(潤肺), 하기(下氣)의 효능이 있어, 해수, 토혈, 비혈, 조갈(燥渴), 구토를 치료한다. 잎은 생약명이 비파엽(枇杷葉)이며, 건

위, 청폐(淸肺), 강기(降氣), 화담(化痰), 진해, 거담의 효능이 있고 비출혈, 구토 등을 치료한다. 꽃은 생약명이 비파화(枇杷花)이며, 감기, 해수, 혈담(血痰)을 치료한다.

용법과 약재

열매 1일량 10~15개를 생것으로 2~3회 매 식후 복용한다. 또는 열매 10~15개를 물 900mL에 넣고 반으로 달여 2~3회 매 식후 복용한다. 잎 1일량 20~30g을 물 900mL에 넣고 반으로 달여 2~3회 매 식후 복용한다. 꽃 1일량 20~30g을 물 900mL에 넣고 반으로 달여 2~3회 매 식후 복용한다.

비파나무_잎 약재품

비파나무_열매 채취품

기능성과 효능에 관한 특허자료

비파잎차(불로장수 복복차)의 제조방법

본 발명은 비파잎차의 제조방법에 관한 것으로, 더욱 상세하게는 바다 부근 야산에서 서식하는 비파나무에서 산출되는 잎을 이용하여 맛과 향이 우수한 비파잎차를 제조하는 것으로, 비파잎을 채취하는 단계(A)와, 채취한 비파잎을 깨끗이 세척하는 단계(B)와, 세척된 비파잎을 2~3cm의 크기로 절단하는 단계(C)와, 절단된 비파잎을 소금물에 투입하는 단계(D)와, 소금물에 투입된 비파잎을 건져 물기를 제거하는 단계(E)와, 물기가 제거된 비파잎을 쪄내는 단계(F)와, 쪄낸 비파잎을 냉각시켜 털어서 엉킨 잎을 풀어주는 단계(G)와, 냉각된 비파잎을 높은 온도에서 낮은 온도로 덖는 단계(H)와, 덖어진 비파잎을 건조시키는 단계(I) 및 건조시킨 비파잎을 미세하게 마쇄하는 단계(J)를 포함하여 이루어지는 것을 특징으로 한다. 또한 본 발명은 분말화된 비파잎 분말 2~5중량%에 우유 90~96중량% 및 인삼 분말 2~5 중량%을 혼합하여 비파잎차 함유 음료를 세조림을 특징으로 한다

〈등록번호 : 10-0554449-0000, 출원인 : 오경자·신혜원·신희림〉

소화기계 질환 치료(건위, 소화불량, 식중독)

산사나무

생약명	산사(山査), 산사자(山査子)
사용부위	열매, 뿌리, 목부
작용부위	간, 비장, 위장 경락에 작용한다.

학명 *Crataegus pinnatifida* Bunge.

이명 아가위나무, 아그배나무, 찔구배나무, 질배나무, 동배, 애광나무, 산사, 양구자(羊仇子)

과명 장미과(Rosaceae)

개화기 4~5월

채취시기 열매는 가을에 익었을 때, 뿌리는 봄ㆍ겨울, 목재는 연중 수시 채취한다.

성분 열매에는 히페로시드(hyperoside), 퀘르세틴(quercetin), 안토시아니딘(anthocyanidin), 올레이놀산 (oleanolic acid), 당류, 산류 등이 함유되어 있고 비타민 C가 많이 들어 있다. 그 밖에 타닌, 히페린 (hyperin), 클로로겐산(chlorogenic acid), 아세틸콜린, 지방유, 시토스테롤(sitosterol), 주석산, 사과산 등도 함유되어 있다. 종자에는 아미그달린(amygdalin), 히페린, 지방유가 함유되어 있고, 수피 및 뿌리, 목부에는 에스쿨린(aesculin)이 함유되어 있다.

성질과 맛　열매는 성질이 조금 따뜻하고, 맛은 시고 달다. 뿌리는 성질이 평하고, 맛은 달다. 목부는 성질이 차고 독이 없으며, 맛은 쓰다.

생육특성

전국 각지의 산과 들, 촌락 부근에 자생하거나 심어 가꾸는 낙엽활엽교목으로, 높이는 6m 정도이며 가지에 털이 없고 가시가 나 있다. 잎은 서로 어긋나고 넓은 난형 또는 삼각상 난형에 새 날개깃처럼 깊게 갈라지며 가장자리에는 불규칙한 톱니가 있다. 4~5월에 백색 꽃이 피는데, 10~12개가 모여서 산방꽃차례를 이룬다. 열매는 이과(梨果)로 둥글며 백색 반점이 있고 9~10월에 붉게 익는다.

산사나무_잎　　　　산사나무_꽃　　　　산사나무_열매

약효

열매는 생약명이 산사자(山査子)이며, 혈압강하작용과 항균작용이 있고 식적(食積)을 가라앉히고 어혈을 풀어 주며 조충을 구제해 주고 위를 튼튼하게 하는 효능이 있어, 육적(肉積), 소화불량, 식욕부진, 담음(痰飮), 하리, 장풍(腸風), 요통, 선기(仙氣) 등을 치료한다. 뿌리는 생약명이 산사근(山査根)이며, 소적(消積), 거풍(袪風), 지혈의 효능이 있어 식적, 이질, 관절염, 객혈을 치료한다. 목부는 생약명이 산사목(山査木)이며, 심한 설사, 두풍(頭風), 가려움증을 치료한다. 최근에 산사 추출물이 지질 관련 대사성 질환과 건망증 및 뇌질환 치료에 유용한 약학 조성물이라는 연구결과가 발표되었다.

용법과 약재

열매 1일량 20~30g을 물 900mL에 넣고 반으로 달여 2~3회 매 식후 복용한다. 외용할 때는 열매 달인 액으로 씻거나 짓찧어서 붙인다. 뿌리 1일량 30~50g을 물 900mL에 넣고 반으로 달여 2~3회 매 식후 복용한다. 목부 1일량 50~60g을 물 900mL에 넣고 반으로 달여 2~3회 매 식후 복용한다.

※비위 허약자는 복용에 주의한다. 많이 오래 복용하면 치아가 손상될 수 있으니 주의한다.

여름

산사나무_건조열매

산사나무_열매 약재품

산사나무_생 열매

산사 추출물을 유효성분으로 함유하는 퇴행성 뇌질환 치료 및 예방용 조성물

본 발명은 장미과에 속하는 산리홍의 성숙한 과실인 산시지의 추출물을 유효성분으로 함유하는 건망증 개선 및 퇴행성 뇌 질환 치료용 약학조성물 또는 건강기능식품에 관한 것으로서, 상세하게는 본 발명의 산사자 추출물은 스코폴라민에 의해 유도된 기억력 감퇴 동물군에서 수동 회피 실험, 모리스 수중 미로 실험 및 Y 미로 실험에서 학습 증진 및 공간 지각 능력을 높은 수준으로 향상시키는 탁월한 효능을 나타내므로 건망증 개선 및 퇴행성 뇌질환 치료에 유용합 약학주성물 또는 건강기능식품을 제공한다.

〈공개번호 : 10-2011-0065151, 출원인 : 대구한의대학교 산학협력단〉

피부계 · 비뇨기계 질환 치료(정력 감퇴, 강장)

삼지구엽초

<table>
<tr><td>생 약 명</td><td>음양곽(淫羊藿)</td></tr>
<tr><td>사용부위</td><td>지상부 전초</td></tr>
<tr><td>작용부위</td><td>간, 신장 경락에 작용한다.</td></tr>
</table>

학명 *Epimedium koreanum* Nakai

이명 음양곽, 선령비(仙靈脾), 천량금(千兩金)

과명 매자나무과(Berberidaceae)

개화기 4~5월

채취시기 여름과 가을에 줄기와 잎이 무성할 때 채취하여 햇볕에 또는 그늘에서 말린다. 그대로 사용하거나 특별한 가공을 하여 사용하는데, 가공을 하면 약효를 높일 수 있다.

① 양지유(羊脂油) 가공 : 양지유를 녹이고 가늘게 절단한 음양곽을 넣어 약한 불로 볶다가 양지유가 충분히 흡수되어 겉면에 고르게 광택이 날 때 꺼내어 건조한 후 사용한다.

② 수유(酥乳) 가공 : 음양곽 무게 약 15%의 연유를 약한 불로 가열하여 완전히 녹인 뒤에 음양곽을 넣고 고르게 저어 주면서 볶아 낸다.

③ 술 가공 : 음양곽에 황주(막걸리)를 분사하여 충분히 스며들게 한 뒤에 볶아 준다. (황주 20~25%)

성분 지상부(잎과 줄기)는 이카리인(icariin), 세릴알코올(cerylalcohol), 헤니트리아콘탄(henitriaco
-ntane), 피토스테롤(phytosterol), 팔미트산(palmitic acid), 올레산(oleic acid) 등을 함유하며,
뿌리는 데스-O-메틸이카리인(des-O-methylicariin)을 함유한다.

성질과 맛 성질이 따뜻하고, 독이 없으며, 맛은 맵고 달다.

🌿 생육특성

　　강원도 등 경기도 이북의 산속이나 숲에서 자생하는 여러해살
이풀로, 높이는 30cm 정도이며, 줄기는 속이 비었고 약간 섬유성이다.
3갈래로 갈라진 가지에 각각 3개의 작은 잎이 달리는데, 끝이 뾰족하고
긴 난형에 밑부분은 심장형이며 조금 긴 작은 잎자루를 가진다. 작은 잎
은 길이 5~13cm, 너비 2~7cm이고, 앞면은 녹갈색이며 뒷면은 엷은
녹갈색이다. 잎의 가장자리에 잔톱니가 있다. 옆으로 난 작은 잎은 좌우
가 고르지 않고 질은 빳빳하며 부스러지기 쉽다. 4~5월에 황백색 꽃이
아래를 향하여 달리고, 삭과인 열매는 방추형이며 2개로 갈라진다. 중
국에서는 음양곽(E. brevicornum Maxim.), 유모음양곽(柔毛淫羊藿,
E. pubescens Maxim.)등을 사용한다.

여름

삼지구엽초_잎

삼지구엽초_꽃

삼지구엽초_열매

⚕️ 약효

　　신장을 보하고 양기를 튼튼하게 하며 풍사(風邪)와 습사(濕邪)
를 제거하는 등의 효능이 있어서, 양도가 위축되어 일어서시 않는 증상
을 치료한다. 또한 소변임력(小便淋瀝), 반신불수, 허리와 무릎의 무

력증, 풍사와 습사로 인하여 결리고 아픈 통증, 팔다리에 감각이 없는 증상, 갱년기 고혈압증 등을 치료하는 데 이용한다.

용법과 약재

말린 것으로 하루에 4~12g 정도를 사용하는데, 풍습을 제거하는 데는 말린 약재를 그대로 생용(生用)하고, 신장의 양기를 보하고자 할 때, 몸을 따뜻하게 하여 한사(寒邪)를 흩어지게 하고자 할 때에는 양지유로 가공하여 사용한다. 전통적으로 민간에서는 남성 불임에 음양곽 20g을 달여서 하루 동안 여러 차례 나누어 마신다. 또한 빈혈 치료, 여성의 냉병 치료 등에도 널리 이용하였다. 보통 약재 15g에 물 700mL 정도를 붓고 끓기 시작하면 불을 약하게 줄여서 200~300mL로 달여 아침저녁 2회에 나누어 복용한다.

※성미가 맵고 따뜻하면서 양기를 튼튼하게 하는 작용이 있으므로 음허(陰虛)로 상화(相火 : 스트레스)가 쉽게 발동하는 경우에는 사용을 피한다. 일부 민간에서 꿩의다리 종류를 삼지구엽초라고 잘못알고 이용하는 사람이 있으나 기원이 다르므로 주의해야 한다.

삼지구엽초_전초

삼지구엽초_잎 건조 약재품

기능성과 효능에 관한 특허자료

삼지구엽초 추출물을 포함하는 허혈성 뇌혈관 질환 예방 또는 개선용 조성물
본 발명은 삼지구엽초 추출물을 포함하는 허혈성 뇌혈관 질환 예방 또는 개선용 조성물에 관한 것으로, 보다 상세하게는 뇌허혈에 민감하다고 알려져 있는 해마조직 CA1 영역의 신경세포 손상을 효과적으로 예방할 뿐만 아니라, 인체에 부작용을 발생시키지 않는 무해한 삼지구엽초 추출물을 포함하는 허혈성 뇌혈관 질환 예방 또는 개선용 조성물을 제공할 수 있다. 〈공개번호 : 10-2007-0092497, 출원인 : (주)네추럴에프앤피〉

피부계 · 비뇨기계 치료(피부염, 신경통, 어혈)

생강나무

생 약 명	삼찬풍(三鑽風), 황매목(黃梅木)
사용부위	가는 가지 또는 수피
작용부위	심장, 폐 경락에 작용한다.

학명 *Lindera obtusiloba* Blume = [*Benzoin obtusiloboum* (Bl.) O. Kuntze.]

이명 아귀나무, 동백나무, 아구사리, 개동백나무, 삼각풍(三角楓), 향려목(香麗木), 단향매(檀香梅)

과명 녹나무과(Lauraceae)

개화기 3월

채취시기 수피를 연중 수시 채취한다.

성분 수피에는 시토스테롤(sitosterol), 스티그마스테롤(stigmasterol) 및 캄페스테롤(campesterol)이 함유
되어 있다. 가지와 잎에는 방향유가 함유되어 있으며 주성분은 린데롤(linderol)이다. 종자유에는 카프
르산(capric acid), 라우르산(lauric acid), 미리스트산(myristic acid), 린데르산(linderic acid), 동백산
(decan-4-oic acid), 추주산(tsuzuic acid), 올레산(oleic acid), 리놀레산(linoleic acid) 등이 함유되어
있다.

성질과 맛 성질이 따뜻하고, 맛은 맵다.

🌿 생육특성

　전국의 산기슭 계곡에 잘 자라는 낙엽활엽관목으로, 높이는 3m 정도이고 가지가 많이 갈라지며 꺾으면 생강 냄새가 난다. 잎은 서로 어긋나고 난형 또는 광난형에 윗부분은 3개로 갈라지며 가장자리는 톱니가 없이 밋밋하다. 잎의 윗면은 녹색이고 처음에는 단모(短毛)가 있으나 나중에 털이 없어지며 아랫면은 견모(絹毛)가 밀생하였거나 털이 없다. 3월에 황색 꽃이 잎보다 먼저 피는데, 자웅이주이며 꽃줄기가 없이 산형꽃차례를 이룬다. 열매는 핵과로 둥글고 9~10월에 검은색으로 익는다.

생강나무_잎 생강나무_꽃 생강나무_열매

생강나무_겨울눈 생강나무_수피

약효

수피는 생약명이 삼찬풍(三鑽風)이며, 종기를 가라앉히고 통증을 멎게 하며 혈액순환을 원활하게 하는 효능이 있어 타박상, 어혈종통(瘀血腫痛), 신경통, 염좌를 치료한다. 생강나무의 추출물은 아토피, 염증, 알레르기, 심혈관 질환의 치료와 피부 미백 등에도 효과도 있다.

용법과 약재

하루에 수피 20~30g을 물 900mL에 넣고 반으로 달여 2~3회 매 식후에 복용한다. 외용할 때는 생것을 짓찧어 환부에 붙인다.

생강나무_줄기 채취품

생강나무_약재품

여름

기능성과 효능에 관한 특허자료

생강나무 가지의 추출물을 포함하는 심혈관계 실환의 예방 및 치료용 조성물

본 발명은 생강나무 가지의 추출물을 포함하는 심혈관계 질환의 치료 및 예방을 위한 조성물에 관한 것으로서, 구체적으로 생강나무 추출물은 혈관 질환의 주요 원인인 NAD(P)H 옥시다제(oxidase)를 강력하게 저해하는 동시에, 혈관평활근의 수축과 이완을 조절하여 강력한 혈관 이완효과를 나타내어 혈압 조절 및 혈관 내피세포 기능장애를 개선시키므로, 이를 유효성분으로 함유하는 조성물은 심혈관계 질환의 예방 및 치료를 위한 의약품 또는 건강기능식품으로 유용하게 이용될 수 있다.

〈공개번호 : 10-2009-0079584, 출원인 : (주)한화제약〉

이기혈 치료(소화, 월경, 항산화)

생열귀나무

생약명 자매과(刺莓果), 자매과근(刺莓果根), 자매화(刺莓花)

사용부위 열매, 뿌리, 꽃

작용부위 간, 신장, 비장, 위장 경락에 작용한다

학명 *Rosa davurica* Pall. = [*Rosa willdenowii* Spreng.]

이명 범의찔레, 가마귀밥나무, 붉은인가목, 뱀찔레, 생열귀장미, 산자민(山刺玫), 산자매(山刺玫), 산자민화(山刺玫花)

과명 장미과(Rosaceae)

개화기 5월

채취시기 열매는 9월, 뿌리는 연중 수시, 꽃은 5월에 채취한다.

성분 열매에 β-카로틴과 비타민 C 등이 함유되어 있다.

성질과 맛 열매는 성질이 따뜻하고, 맛은 시다. 뿌리는 성질이 따뜻하고, 맛은 쓰다. 꽃은 성질이 평하고, 맛은 달다.

생육특성

중국, 극동 러시아와 우리나라 평안도와 함경도에서 강원도 백두 대간까지 분포하는 낙엽활엽관목으로, 높이는 1~1.5m이고, 뿌리는 굵고 길며 짙은 갈색이다. 가지는 암자색이며 털이 없고, 작은 가지와 잎자루 기부에 한 쌍의 가시가 있다. 잎은 어긋나며 긴 원형이거나 깃 모양으로 길이 10~35mm, 너비 5~15mm이다. 잎 윗면은 짙은 녹색이고 털이 없으며, 밑면은 회백색이고 짧고 부드러운 털이 있다. 5월에 홍자색 꽃이 피는데, 꽃은 새 가지 끝에 단생 또는 2~3개 달리며 지름이 약 4cm이다. 열매는 구형 또는 둥근 난형이며 9월에 붉은색으로 익는다. 열매 속에 종자가 24~30개 들어 있다.

여름

생열귀나무_잎

생열귀나무_꽃

생열귀나무_열매

생열귀나무_수피

약효

열매는 생약명이 자매과(刺苺果)이며, 양혈(養血), 건비(健脾)의 효능이 있어, 소화불량, 위통, 기체복사(氣滯腹瀉), 월경불순 등을 치료한다. 뿌리는 생약명이 자매과근(刺苺果根)이며, 월경부지(月經不止)를 치료하고 세균성 이질의 치료에도 효과가 있다. 꽃은 생약명이 자매화(刺苺花)이며, 월경 과다를 치료한다. 생열귀나무 추출물은 항산화, 항노화용 피부 화장료 및 건강 보조 식품에 이용할 수 있다.

용법과 약재

열매 1일량 20~30g을 물 900mL에 넣고 반으로 달여 2~3회 매 식후 복용한다. 뿌리 1일량 20~30g을 물 900mL에 넣고 반으로 달여 달걀을 1개 넣어서 2~3회 매 식후 복용한다. 꽃 1일량 10~20개를 물 900mL에 넣고 반으로 달여 2~3회 매 식후 복용한다

생열귀나무_꽃

생열귀나무_열매

기능성과 효능에 관한 특허자료 — 생열귀나무로부터 비타민 성분의 추출방법

생열귀나무 열매에 아스코르브산 및 β-카로틴 등의 비타민을 다량 함유하고 있는데 아스코르브산은 레몬보다 10배 이상 함유하고, β-카로틴은 당근보다 8~10배 많이 함유하고 있어 이늘 열매로부터 고수율로 비타민을 추출 분리하여 건강보조식품인 음료, 분말 및 주류 등의 제품에 사용할 수 있다. 〈공개번호 : 10-1996-0040363, 출원인 : 신국현 외〉

피부계 · 비뇨기계 질환 치료(요로 결석, 신장염, 기침)

세뿔석위

생 약 명	석위(石韋)
사용부위	잎
작용부위	폐, 방광, 경락에 작용한다.

학명 *Pyrrosia hastata* (Thunb. ex Houtt.) Ching

이명 석피(石皮), 석위(石葦), 석란(石蘭), 석자(石鞭), 석검(石劍), 금탕시(金湯匙)

과명 고란초과(Polypodiaceae)

개화기 포자번식

채취시기 연중 전초를 채취하여 뿌리줄기를 제거하고 햇볕에 잘 말린다. 사용 전에 잎 뒷면의 비늘을 깨끗이 닦아내고 잘게 썬다.

성분 전초에 안트라퀴논(anthraquinone), 플라보노이드, 사포닌, 타닌, 카페인산, 푸마르산(fumaric acid), 이소망기페린(isomangiferin) 등이 함유되어 있다.

성질과 맛 성질이 시원하고, 맛은 달고 쓰다.

생육특성

제주, 전남, 전북, 경남 지역에 분포하는 상록 여러해살이풀로, 반그늘 또는 양지의 습도가 높은 바위틈에서 자란다. 잎은 길이가 7~10cm, 폭은 2~3cm이며, 표면은 녹색이고 뒷면에는 붉은빛이 도는 갈색 털이 빽빽하게 있다. 토양이 마르거나 주변 습도가 높지 않으면 잎 가장자리가 뒤로 말린다. 잎몸은 두꺼우며 쌍날칼을 꽂은 창과 비슷한 모양으로 3~5개로 갈라진다. 포자는 잎 뒷면 전체에 붙는다.

세뿔석위_잎

세뿔석위_포자낭

세뿔석위_전초

세뿔석위_석부작

약효

소변을 잘 통하게 하고 폐의 기운을 맑게 하며 종기를 가라앉히는 등의 효능이 있어서 임질, 요로 결석, 신장염, 요혈(尿血), 자궁 출혈, 폐열로 인한 여러 가지 기침병, 기관지염, 화농성 피부 종양 등을 치료하는 데 이용한다.

용법과 약재

하루에 5~10g을 사용하는데 물 1L 정도를 붓고 달여서 2~3회에 나누어 복용하거나 가루를 내어 복용하기도 한다.

※ 음허(陰虛)와 습열(濕熱)이 없는 경우에는 사용을 피한다.

세뿔석위_완숙 잎 채취품

세뿔석위_줄기

세뿔석위_약재품

세뿔석위_잎 채취품

여름

순환기계 질환 치료(지혈, 천식, 고혈압, 장염)

쇠뜨기

생 약 명	문형(問莉)
사용부위	전초
작용부위	심장, 폐, 방광 경락에 작용한다.

학명 *Equisetum arvense* L.

이명 뱀밥, 쇠띠기, 즌솔, 토필(土筆), 필두채(筆頭菜), 마봉초(馬蜂草)

과명 속새과(Equisetaceae)

개화기 포자번식

채취시기 여름철에 전초를 채취하여 그늘에서 말린다. 더러 생식하기도 한다.

성분 전초에 에퀴세토닌(equisetonin), 에퀴세트린(equisetrin), 아르티쿨라틴(articulatin), 이소쿼르시트린(isoquercitrin), 갈루테올린(galuteolin), 포풀닌(populnin), 캠페롤-3-7-디글루코시드(kaempferol-3, 7-diglucoside), 아스트라갈린(astragalin), 팔루스트린(palustrine), 고시피트린(gossypitrin), 3-메톡시피리딘(3-methoxypyridine), 헤르바세트린(herbacetrin) 등이 함유되어 있다.

성질과 맛 성질이 시원하고, 맛은 쓰다.

생육특성

전국 각지에 분포하는 여러해살이풀로, 높이는 30~40cm이고, 땅속줄기가 옆으로 뻗으며 번식한다. 생식줄기는 이른 봄에 나와서 포자낭수(胞子囊穗: 이삭 모양의 홀씨주머니)를 형성하고, 마디에는 비늘 같은 잎이 돌려나며 가시는 없다. 포자낭수는 5~6월에 줄기의 맨 끝에 나며, 영양줄기는 생식줄기가 나온 뒤에 나오는데, 높이 30~40cm로 속이 비어 있고, 마디에는 비늘 같은 잎이 돌려난다. 쇠뜨기는 '소가 뜯는 풀'이라는 뜻이며, 연한 생식줄기는 나물로 식용하거나 약용하고 영양줄기는 이뇨제 등의 약재로 쓰인다.

여름

쇠뜨기_잎

쇠뜨기_포자낭

쇠뜨기_뿌리

쇠뜨기_집단

약효

양혈(凉血), 진해(鎭咳), 이뇨 등의 효능이 있고 토혈(吐血), 장 출혈, 코피, 해수, 기천(氣喘), 소변불리, 임질(淋疾) 등의 치료에 응용할 수 있다.

용법과 약재

말린 것으로 하루에 6~12g을 사용하는데, 약재 10g에 물 700mL 정도를 붓고 끓기 시작하면 불을 약하게 줄여서 200~300mL로 달여 아침저녁 2회에 나누어 복용한다. 생식줄기를 생즙을 내어 복용하기도 하며 짓찧어 환부에 붙이기도 한다.

※맛이 쓰고 성질이 서늘하기 때문에 비위가 차서 설사를 하는 사람은 신중하게 사용하여야 한다

쇠뜨기_전초

쇠뜨기_약재품

기능성과 효능에 관한 특허자료

이뇨작용을 갖는 천연식물의 음료 조성물

본 발명은 탁월한 이뇨작용을 갖고 있는 것으로 알려진 여러 천연식물의 추출물에 비타민 C, 감미료, 유기산 등을 첨가하여 맛의 신선함과 동시에 이러한 천연식물의 생리적 효능(이뇨작용)을 기대하는 새로운 음료 조성물 및 이에 함유되는 천연식물 추출액의 제조방법에 관한 것이다. 본 발명에 사용되는 천연식물들을 살펴보면 쇠뜨기, 등칡, 으름덩굴, 향오동, 동과, 호박, 백사, 갈 등으로서 우리나라 전역에서 쉽게 채취가 가능한 식물들이다.

〈등록번호 : 10-0177548-0000, 출원인 : 씨제이(주)〉

내분비계 질환 치료(해열, 산혈, 소염, 소종)

쇠비름

생 약 명	마치현(馬齒莧)
사용부위	전초
작용부위	간, 비장, 대장 경락에 작용한다.

학명 *Portulaca oleracea* L.

이명 돼지풀, 마현(馬莧), 오행초(五行草), 마치채(馬齒菜), 오방초(五方草)

과명 쇠비름과(Portulacaceae)

개화기 6~9월

채취시기 여름과 가을에 전초를 채취하여 물로 씻은 다음 약간 찌거나 끓는 물에 담갔다가 햇볕에 말린다. 이물질을 제거하고 절단하여 사용한다. 잘 마르지 않으므로 절단하여 열풍식 건조기에 건조하는 것이 효과적이다.

성분 전초에 칼륨염, 카테콜아민(catecholamines), 노르에피네프린(norepinephrine), 도파민, 비타민 A와 B, 마그네슘 등이 함유되어 있다.

성질과 맛 성질이 차고, 맛은 시며, 독은 없다.

생육특성

　전국 각지의 산과 들에 분포하는 한해살이풀로, 밭이나 밭둑, 나대지 등에 잡초로 많이 나며, 높이는 약 30cm이다. 줄기는 원주형으로 갈적색의 육질이며, 가지가 많이 갈라져 옆으로 비스듬히 퍼진다. 뿌리는 흰색이지만 손으로 훑으면 원줄기처럼 붉은색으로 변한다. 잎은 마주나거나 어긋나지만 밑부분의 잎은 돌려난 것처럼 보인다. 잎은 길이 1.5~2.5cm, 지름 0.5~1.5cm인 긴 타원형이며, 끝이 둥글고 밑부분은 좁아진다. 양성화인 꽃은 노란색으로 6월부터 가을까지 줄기나 가지 끝에 3~5개씩 모여서 핀다. 열매는 타원형이고 가운데가 옆으로 갈라져 많은 종자가 퍼진다.

쇠비름_잎

쇠비름_꽃

쇠비름_열매

쇠비름_줄기

약효

열을 식히고 독을 풀어 주며, 혈액의 열을 내리고 출혈을 멎게 하는 등의 효능이 있어서, 열독과 피가 섞인 설사(대부분 세균성 설사를 말함)를 치료한다. 또한 옹종(癰腫), 습진, 단독(丹毒), 뱀이나 벌레에 물린 상처를 치료한다. 또한 변혈(便血), 치출혈(痔出血), 붕루하혈(崩漏下血) 등을 낮게 하며, 눈을 밝게 하고 청맹(靑盲)과 시력 감퇴 등을 치료한다.

용법과 약재

말린 것으로 하루에 4~8g를 사용하는데, 말린 약재 4~8g에 물을 1L 정도 붓고 끓기 시작하면 불을 약하게 줄여서 200~300mL로 달여 아침 저녁 2회에 나누어 복용한다. 생즙을 내어 복용하기도 한다. 외용할 때는 짓찧어서 붙이거나, 태워서 재로 만들어 개어 붙이거나 물에 끓여서 세척한다. 민간에서는 무좀 치료에 이용하는데, 말린 쇠비름을 태운 재에 물을 부어 가라앉혔다가 위에 맑은 물이 생기면 이 물에 10~15분씩 발을 담근다.

※ 청열작용을 하기 때문에 비허변당(脾虛便糖: 비의 기운이 허하여 진흙처럼 무른 설사를 하는 증후) 또는 임신부의 경우에는 신중하게 사용하여야 한다.

여름

쇠비름_전초 건조하는 모습

쇠비름_전초 약재품

순환기계 질환 치료(편두통, 항암, 항산화)

순비기나무

생 약 명	만형자(蔓荊子), 만형자엽(蔓荊子葉)
사용부위	열매, 잎 또는 잎가지
작용부위	간, 신장, 폐 경락에 작용한다.

학명 *Vitex rotundifolia* L. f. = [*Vitex ovata* Thunb.]

이명 풍나무, 만형자나무, 만형, 단엽만형(單葉蔓荊), 대형자(大荊子), 백포강(白蒲姜)

과명 마편초과(Verbenaceae)

개화기 7~8월

채취시기 열매는 7~8월, 잎·가지는 6~9월에 채취한다.

성분 열매에 정유가 함유되어 있고 주성분은 캄펜(camphene)과 피넨(pinene)이며 미량의 알칼로이드와 비타민 A도 함유되어 있다. 그 외 비텍시카르핀(vitexicarpin), 카스티신(casticin), 아르테메틴(artemetin)도 함유되어 있다. 잎 또는 잎가지에는 정유가 함유되어 있으며, 기름에는 α-피넨, 캄펜, 테르피닐아세테이트(terpinylacetate), 디테르페알쿠올(diterpenc alcohol)이 함유되어 있고 잎 속에 카스티신, 루테올린-7-글루코시드(luteolin-7-glucoside)가 함유되어 있다.

성질과 맛　열매는 성질이 시원하고, 맛은 쓰고 맵다. 잎·가지는 성질이 약간 차고, 맛은 맵고 쓰다.

🪷 생육특성

　　제주도, 중부·남부지역에 분포하는 낙엽활엽관목으로, 높이가 약 3m 내외이며 그윽한 향기가 있다. 어린 가지는 네모지고 잔털이 밀생하지만 묵은 가지는 차차 둥글게 되면서 털이 없어진다. 잎은 서로 마주나며 홑잎으로 난형 또는 도란형에 잎끝은 뾰족하고 잎 가장자리는 밋밋하다. 잎 앞면은 녹색으로 잔털과 선점(腺點)이 있고, 뒷면은 백색에 잔털과 선점이 밀생하며 약 8쌍의 측맥이 있다. 7~8월에 연보라색 꽃이 피는데, 가지 끝에 달리며 꽃자루가 짧은 꽃이 많이 달려 수상원추 꽃차례를 이룬다. 액과인 열매는 구형으로 9~10월에 익는다.

여름

순비기나무_잎

순비기나무_꽃

순비기나무_열매

순비기나무_수피

약효

열매는 생약명이 만형자(蔓荊子)이며, 풍열을 없애 주며 머리를 맑게 하고 눈을 좋게 해 주는 효능이 있어, 풍열감기, 편두통, 두통, 치통, 눈의 충혈, 눈이 침침하고 눈물이 나는 증상, 관절염, 신경통으로 인하여 수족이 저린 증상 등을 치료한다. 잎은 생약명이 만형자엽(蔓荊子葉)이며, 타박상, 신경성 두통 등을 치료한다. 가지와 잎은 진통, 소종(消腫) 등의 효능이 있어 도상(刀傷)의 출혈, 타박상, 류머티즘 등을 치료한다. 순비기나무 추출물은 항암, 항산화 효과와 아토피 피부염 등을 예방·치료하는 효과가 있다

용법과 약재

열매 1일량 20~30g을 물 900mL에 넣고 반으로 달여 2~3회 매 식후 복용한다. 외용할 때는 짓찧어서 환부에 도포한다. 가지와 잎 1일량 20~30g을 물 900mL에 넣고 반으로 달여 2~3회 매 식후 복용한다. 또는 같은 양을 짓찧어서 즙을 내어 소주와 조금 혼합하여 1일 2~3회 매 식후 복용한다. 외용할 때는 짓찧어서 환부에 도포한다.

※초오, 부자는 금기 생약이다.

순비기나무_열매 약재품

순비기나무_가지

기능성과 효능에 관한 특허자료

순비기나무 유래 플라보노이드계 화합물을 함유하는 항암용 조성물

본 발명은 순비기나무 추출물 또는 그로부터 유래한 플라보노이드계 화합물 또는 이의 약제학적으로 허용 가능한 염 및 이를 유효성분으로 함유하는 암의 예방, 치료 또는 억제용 약학조성물을 제공한다.

〈등록번호 : 10-1125778-0000, 출원인 : 부경대학교 산학협력단〉

피부계 · 비뇨기계 질환 치료(월경, 산후 어혈 복통, 부종)

쉽싸리

생약명 택란(澤蘭), 지순(地筍)
사용부위 어린순, 뿌리를 포함한 전초
작용부위 간, 신장 경락에 작용한다.

학명 *Lycopus lucidus* Turcz. ex Benth.
이명 택란, 개조박이, 쉽사리, 털쉽사리
과명 꿀풀과(Labiatae)
개화기 7~8월
채취시기 4~5월에 새순을 채취하여 식용하고, 7~8월에 잎과 줄기가 무성해졌을 때 뿌리를 포함한 전초를
채취하여 햇볕에 말린다.
성분 3-에피마슬리닉(3-epimaslinic), 아카시인(acaciin), β-파르네센(β-farnesene), 베툴린산(betulinic
acid), 카르바크롤(carvacrol), 티몰(thymol), 토르멘트산(tormentic acid), β-피넨(β-pinene), 1,8-
시네올(1,8-cineole), 카리오필렌α-옥사이드 (caryophyllene α-oxide), 코로솔산(corosolic acid),
다우코스테롤(daucosterol), 올레아놀산(oleanolic acid), 스파툴레놀(spathulenol) 등을 함유한다.

성질과 맛 성질이 약간 따뜻하고 맛은 쓰고 맵다.

🪷 생육특성

　전국 각지의 산지에 분포하는 여러해살이풀로, 낙엽수가 있는 반그늘이나 양지 쪽에서 자란다. 키는 1m 정도로 비교적 크고, 잎은 마주나며 길이가 2~4cm, 폭이 1~2cm이고, 잎자루가 없이 옆으로 퍼진다. 7~8월에 흰색 꽃이 잎겨드랑이에서 윤산꽃차례로 피는데, 자웅이주의 단성화이다. 9~10월경에 사면형 열매가 달린다.

쉽싸리_잎

쉽싸리_꽃

쉽싸리_열매

쉽싸리_줄기

약효

활혈(活血), 이수(利水), 소종(消腫)의 효능이 있어서 월경불순, 폐경, 산후 어혈 복통, 수종(水腫), 타박상, 종기와 부스럼 등을 치료하는 데 이용한다.

용법과 약재

하루에 5~10g을 물 1L 정도에 넣고 달여 복용하거나 환(丸) 또는 가루를 만들어 복용한다. 외용할 때는 짓찧어 바르거나 달인 액으로 김을 쏘이며 씻어 낸다.

쉽싸리_뿌리 약재품

쉽싸리_약재품

내분비계 질환 치료(황달, 간경화, 해수, 위통)

애기똥풀

생약명 백굴채(白屈菜)

사용부위 뿌리를 포함한 전초

작용부위 간, 신장, 폐 경락에 작용한다.

학명 *Chelidonium majus* var. *asiaticum* (H. Hara) Ohwi

이명 까치다리, 젖풀, 씨아똥

과명 양귀비과(Papaveraceae)

개화기 5~8월

채취시기 전초는 꽃이 필 때 채취하여 통풍이 잘되는 곳에서 말리고, 뿌리는 여름에 채취하여 그늘에서 말린다.

성분 켈리도닌(chelidonine), 프로토핀(protopine), 켈레리트린(chelerythrine), 호모켈리도닌 (homochelidonine), 켈리돈산(chelidonic acid), 켈리도니올(chelidoniol), 상귀나린 (sanguinarine) 등을 함유한다.

성질과 맛 성질이 따뜻하고, 맛은 쓰고 맵다.

생육특성

전국 각지의 산지와 마을 인근에 분포하는 두해살이풀로, 양지 바른 곳 어디에서나 잘 자란다. 키는 30~70cm이고, 잎은 어긋나며 길이는 7~14cm, 폭은 5~10cm로 끝이 둥글고 가장자리에 둔한 톱니가 있다. 5~8월에 원줄기와 가지 끝에서 노란색 꽃이 피고, 꽃잎은 4장이며 길이는 1.2cm이고 꽃봉오리 상태에서는 많은 털이 나 있다. 열매는 9월경에 길이 3~4cm, 지름 2mm 정도의 좁은 원주형으로 달린다. 꽃 줄기를 자르면 노란 액체가 뭉쳐 있는 것을 볼 수 있는데, 그 모습이 마치 갓난아기의 똥과 같다고 하여 붙여진 이름이다.

애기똥풀_잎

애기똥풀_꽃봉오리

애기똥풀_꽃

여름

애기똥풀_열매

애기똥풀_줄기

약효

통증을 멎게 하고, 기침을 멈추게 하며, 소변을 원활하게 하고 독을 풀어 주며, 종기를 가라앉히는 효능이 있어서 위장동통, 해수, 백일해, 기관지염, 간염, 황달, 간경화, 옴, 염증이나 종양으로 인한 부기 등을 치료하고 벌레나 뱀에 물린 상처를 치료하는 데도 이용한다.

용법과 약재

하루에 3~6g을 사용하는데, 물 1L 정도를 붓고 달여서 2~3회에 나누어 복용하거나 짓찧어 즙액을 환부에 바른다.

※독성이 있으므로 신중하게 사용하여야 한다.

애기똥풀_줄기 황색 유액(독성)

애기똥풀_약재품

기능성과 효능에 관한 특허자료

애기똥풀의 잎으로부터 분리한 스틸로핀을 유효성분으로 함유하는 항염증제 조성물
본 발명은 애기똥풀의 잎으로부터 분리한 스틸로핀을 유효성분으로 하는 항염증제 조성물에 관한 것이다. 보다 상세하게는, 상기 조성물은 스틸로핀을 유효성분으로 함유하여 일산화질소, 프로스타글란딘 E2, 종양 괴사 인자-α, 인터류킨-1β 및 IL-6 생산, 유도성 일산화질소 합성효소 및 사이클로옥시게나아제-2 발현을 억제하여 항염증반응을 나타내는 것이다. 〈공개번호 : 10-2005-0080882, 출원인 : 정헌택, 장선일, 채규윤, 권태오〉

피부계 · 비뇨기계 질환 치료(임질, 대하, 부스럼)

약모밀

생 약 명	어성초(魚腥草), 중약(重藥)
사용부위	뿌리를 포함한 전초
작용부위	간, 폐 경락에 작용한다.

학명 *Houttuynia cordata* Thunb.

이명 즙채, 십약, 집약초, 십자풀, 자배어성초(紫背魚腥草)

과명 삼백초과(Saururaceae)

개화기 5~6월

채취시기 주로 여름철에 줄기와 잎이 무성하고 꽃이 많이 필 때, 때로는 가을까지 뿌리를 포함한 전초를
　　　　　채취하여 볕에 말린다. 이물질을 제거하고 절단하여 사용한다.

성분 지상부에 정유, 후투이니움(houttuynium), 데칸오일아세트알데히드(decanoyl acetaldehyde),
　　　쿼르시트린(quercitrin), 이소쿼르시트린(isoquercitrin) 등이 함유되어 있다.

성질과 맛 성질이 약간 차고(약간 따뜻하다고 함), 맛은 맵다.

생육특성

흔히 생약명인 어성초로 여러해살이풀로, 제주도, 남부 지방의 습지에서 잘자라며 중부 지방에도 분포하고 농가에서 재배도 하고 있다. 높이는 20~50cm이고, 줄기는 납작한 원주형으로 비틀려 구부러져 있다. 줄기 표면은 갈황색으로 세로줄이 여러 개 있고, 마디는 뚜렷하여 하부의 마디 위에는 수염뿌리가 남아 있으며, 질은 부스러지기 쉽다. 잎은 어긋나고 잎몸은 말려 있으며, 펴 보면 심장형으로 길이 3~8cm, 너비 3~6cm이다. 잎끝은 뾰족하고 가장자리는 톱니가 없이 매끈하며, 잎자루는 가늘고 길다. 5~6월에 흰색 꽃이 이삭 모양의 수상꽃차례로 줄기 끝에 달리는데, 삼백초와는 달리 꽃차례가 짧다. 잎을 비비면 생선 비린내가 난다고 하여 어성초(魚腥草)라는 이름이 붙여졌다.

약모밀_잎   약모밀_꽃   약모밀_종자

약효

열을 식히고 독을 풀어 주며, 염증을 없애고 종기를 가라앉히는 등의 효능이 있어 폐농양, 폐렴, 기관지염, 인후염, 수종(水腫), 자궁염, 대하, 탈항, 치루, 일체의 옹종(癰腫), 악창(惡瘡), 습진, 이질, 암종(癌腫) 등의 치료에 다양하게 이용되고 있다.

용법과 약재

말린 것으로 하루에 12~20g을 사용하는데, 그냥 사용하면 생선 비린내 때문에 복용하기 힘들다. 따라서 채취한 후 약간 말려서 시들시들할 때 술을 뿌려 시루에 넣고 쪄서 햇볕에 널어 말리고, 다시 술을 뿌려 찌고 말리는 과정을 비린내가 완전히 가시고 고소한 냄새가 날 때까지 반복하면 복용하기도 좋고 약효도 좋아진다. 민간에서는 길경, 황금, 노근 등을 배합하여 폐옹(肺癰)과 기침, 혈담을 치료하는 데 사용하고, 폐렴이나 급만성 기관지염, 장염, 요로 감염증 등의 치료에도 사용한다. 물을 부어 달여서 복용하기도 하고, 환(丸)이나 가루로 만들어 복용하기도 한다. 외용할 때는 짓찧어 환부에 바른다. 가정에서는 건조된 약재 15g에 물 700mL 정도를 붓고 끓기 시작하면 불을 약하게 줄여서 200~300mL로 달여 아침저녁 2회에 나누어 복용한다.

※ 이뇨작용이 있으므로 허약한 사람은 피한다.

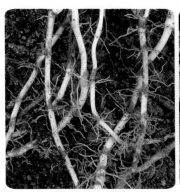
약모밀_뿌리 채취품

약모밀_약재품

기능성과 효능에 관한 특허자료 항당뇨 활성을 갖는 어성초 혼합 추출액

본 발명에 따른 어성초(약모밀 전초) 혼합 추출액은 당뇨 흰쥐의 체중 감소를 억제시키고 식이효율 저하를 방지하며, 간과 신장의 비대를 억제시킬 뿐만 아니라 혈당을 감소시키고 체내 지질 대사를 개선하는 효과가 있으며, 췌장 β-세포로부터의 인슐린 분비를 증진시킬 뿐만 아니라 췌장조직을 보호하는 효과가 있어 항당뇨 활성이 우수하다

〈공개번호 : 10-2010-0004328, 출원인 : 성숙경 외〉

순환기계 질환 치료(지혈, 고혈압, 항균, 항암)

엉경퀴

생 약 명 대계(大薊)
사용부위 어린순, 잎, 뿌리
작용부위 간, 심장, 비장 경락에 작용한다.

학명 *Cirsium japonicum* var. *maackii* (Maxim.) Matsum.
이명 가시엉경퀴, 가시나물, 항가새
과명 국화과(Compositae)
개화기 6~8월
채취시기 이른 봄이나 가을에 잎을 채취하고 가을에는 뿌리를 채취하여 햇볕에 말린다.
성분 리나린(linarin), 타락스아스테릴(taraxasteryl), 아세테이트, 스티그마스테롤(stigmasterol),
 α-아미린(α-amyrin) 등을 함유한다.

성질과 맛 성질이 시원하고 맛은 쓰고 달다.

생육특성

전국 각지의 산과 들에 분포하는 여러해살이풀로, 물 빠짐이 좋은 양지에서 자란다. 키는 50~100cm이고, 줄기는 곧게 서며 전체에 흰색 털이 있다. 잎은 길이가 15~30cm, 폭이 6~15cm 정도로 타원형 또는 뾰족한 타원형이며, 밑부분이 좁고 새의 깃털과 같은 모양으로 6~7쌍이 갈라진다. 잎 가장자리에는 결각상의 톱니와 가시가 있다. 꽃은 6~8월에 지름 3~5cm로 가지 끝과 원줄기 끝에 1개씩 피고 꽃부리는 자주색 또는 붉은색이며 길이는 1.9~2.4cm이다. 열매는 9~10월경에 달리고 흰색 갓털은 길이가 1.6~1.9cm이다.

엉겅퀴_잎

엉겅퀴_꽃봉오리

엉겅퀴_꽃

여름

엉겅퀴_열매

엉겅퀴_줄기

약효

혈액의 열을 내려 주고 출혈을 멎게 하며, 열을 내리고 종기를 가라앉히는 효능이 있어서 감기, 백일해, 고혈압, 장염, 신장염, 토혈, 혈뇨, 혈변, 산후 출혈 등 자궁 출혈이 지속되는 병증, 대하증, 종기를 치료하는 데 이용한다

용법과 약재

하루에 6~12g을 이용하는데, 물 1L 정도를 붓고 달여서 2~3회에 나누어 복용하거나 가루 또는 즙을 내서 복용하기도 한다. 외용할 때는 짓찧어서 환부에 붙인다.

※비위가 차고 허하면서 어혈과 적체가 없는 경우에는 사용을 피한다.

엉겅퀴_뿌리 재취품

엉겅퀴_약재품

기능성과 효능에 관한 특허자료

대계(엉겅퀴) 추출물을 포함하는 골다공증 예방 또는 치료용 조성물

본 발명은 골다공증 예방 또는 치료용 조성물에 관한 것으로서, 보다 상세하게는 대계(엉겅퀴) 추출물을 유효성분으로 함유하는 골다공증 예방 또는 치료용 약학적 조성물 및 건강식품에 관한 것이다. 본 발명의 대계 추출물을 포함하는 조성물은 파골세포 분화 및 관련 유전자 발현의 억제 효과가 뛰어나므로, 골다공증의 예방 및 치료용으로 유용하게 사용될 수 있다. 〈공개번호 : 10-2012-0044450, 출원인 : 한국한의학연구원〉

순환기계 질환 치료(간경화, 항산화, 항균, 건위)

월계수

생 약 명	월계자(月桂子), 월계엽(月桂葉)
사용부위	열매, 잎
작용부위	간, 비장, 폐 경락에 작용한다.

학명 *Laurus nobilis* L.
이명 계수나무, 월계(月桂), 감람수, 계수
과명 녹나무과(Lauraceae)
개화기 4~5월
채취시기 열매는 9~10월, 잎은 봄여름에 채취한다.

성분 열매는 정유, 지방을 함유하며 주성분은 라우르산(lauric acid), 팔미트산(palmitic acid), 올레산(oleic acid), 리놀레산(linoleic acid), 리놀렌산(linolenic acid) 등이다. 종자는 단백질 글루텐류와 글로불린류를 함유하고 잎은 정유를 많이 함유하는데, 그 주성분은 리날로올(linalool), 오이게놀(eugenol), 게라니올(geraniol), 1,8-시네올(1,8-cineol), 테르피네올(terpineol), 아세틸오이게놀, 메틸오이게놀, α-피넨(α-pinene), 펠란드렌(phellandrene) 등이며 세스퀴테르펜락톤(sesquiterpenlactone)이 게르마그리누리드(gormacranulide)와 루틴도 함유한다.

성질과 맛 성질이 따뜻하고 독이 없으며, 맛은 맵다.

🌿 **생육특성**

남부 지방에서 관상수로 심어 가꾸는 상록활엽교목으로, 높이는 9~12m이고 수피는 흑갈색이다. 잎은 서로 어긋나고 긴 타원형 또는 피침형에 가죽질이며 잎끝은 날카롭고 가장자리는 밋밋하거나 약간의 물결 모양이다. 꽃은 자웅이주이며, 4~5월에 노란색의 작은 꽃이 잎겨드랑이에서 산형꽃차례로 피고, 9~10월경 액과인 타원형 열매가 암자색으로 익는다.

월계수_잎

월계수_꽃

월계수_열매

월계수_어린나무 수피

약효

열매는 생약명이 월계자(月桂子)이며, 정유에 항균작용이 있어 어린이의 이창(耳瘡), 습진, 복어 중독, 가려움증을 치료한다. 잎은 생약명이 월계엽(月桂葉)이며, 방향성 건위약으로 쓰이고 류머티즘, 가려움증 등을 치료한다. 잎의 추출물에는 간경화및 간 섬유화, 파킨슨병과 뇌신경 질환, 항산화제 등의 치료 효과가 있다.

용법과 약재

열매 1일량 10~20g을 물 900mL에 넣고 반으로 달여 2~3회 매 식후 복용한다. 외용할 때는 가루를 내어 기름과 혼합하여 환부에 붙인다. 잎 1일량 15~30g을 물 900mL에 넣고 반으로 달여 2~3회 매 식후 복용한다. 외용할 때는 정유를 환부에 바른다.

월계수_열매(완숙)   월계수_잎 약재품

여름

기능성과 효능에 관한 특허자료

월계수 잎 추출물로 구성된 간경화 및 간 섬유화 치료 또는 예방용 조성물

본 발명은 월계수의 알코올 용매에 의한 알코올 추출물과 이를 분획한 클로로포름층으로 구성되어 간세포 독성을 유발하기 위한 Thioacetamide(TAA) 유도 간독성 모델을 이용하여 세포의 괴사와 사멸을 유도하여 간경화 및 간 섬유화를 유발하는 것을 억제하고 간성상세포의 증식 및 활성화를 억제함으로써, 간경화 및 간 섬유화를 저지할 수 있는 월계수 추출물로 구성된 간경화 및 간 섬유최 치료 또는 예방용 소성물에 관한 것으로, 월계수 알코올 추출물 및 클로로포름층에서 간세포 자가사멸을 방지하는 효능이 있고, 산화적 손상 또는 그 이외의 원인에 의한 간세포 손상을 방지하는 효능이 있고, 간경화 또는 간섬유화의 새로운 치료 방법 및 예방 방법으로 대두되고 있는 간 성상세포의 자가사멸을 유도하는 효능이 있어 간 보호용 또는 간경화 및 간 섬유화 치료 또는 예방용 조성물의 유효성분으로 이용될 수 있다. 〈공개번호 : 10-2009-0069720, 출원인 : (재)서울대학교 산학협력재단〉

근골격계 질환 치료(관절염, 신경통)

으아리

생 약 명 위령선(威靈仙)
사용부위 뿌리와 뿌리줄기
작용부위 간, 폐, 방광 경락에 작용한다.

학명 *Clematis terniflora* var. *mandshurica* (Rupr.) Ohwi

이명 큰위령선, 노선(露仙), 능소(能消), 철각위령선(鐵脚威靈仙)

과명 미나리아재비과(Ranunculaceae)

개화기 6~8월

채취시기 가을에 채취하여 이물질을 제거하고 가늘게 절단하여 말려서 사용한다.

성분 뿌리에 아네모닌(anemonin), 아네모놀(anemonol), 스테롤(sterol), 락톤(lactone), 프로토아네모닌 (protoanemonin), 사포닌 등이 함유되어 있다.

성질과 맛 성질이 따뜻하고, 맛은 맵고 짜며 독성은 없다.

생육특성

함경북도와 황해도, 백두 대간에 분포하는 낙엽활엽 만경목(덩굴 식물)으로, 주로 산기슭에서 자란다. 줄기는 2m 정도 뻗으며, 잎은 마주나고 보통 달걀형 또는 타원형의 작은 잎이 5개 달리는 깃꼴겹잎이다. 6~8월에 흰색 꽃이 줄기 끝이나 잎겨드랑이에 취산꽃차례로 피며, 수과인 열매는 9~10월에 익는다. 어린잎은 식용한다.

① 위령선(威靈仙) : 근경은 기둥 모양으로, 길이 1.5~10cm, 지름 0.3~1.5cm이다. 표면은 담갈황색이며, 끝부분에는 줄기의 기부가 남아 있고, 질은 단단하고 질기며, 단면은 섬유성으로 아래쪽에는 가는 뿌리가 많이 붙어 있다. 뿌리는 가늘고 긴 원주형으로 약간 구부러졌고 길이 7~15cm, 지름 0.1~0.3cm이다. 표면은 흑갈색에 가는 세로주름이 있으며, 피부(皮部)는 탈락되어 황백색의 목부(木部)가 드러나 있다. 질은 단단하면서 부스러지기 쉽고, 단면의 피부는 비교적 넓고, 목부는 담황색에 방형(方形)이며, 피부와 목부 사이는 항상 벌어져 있다.

② 면단철선연(棉團鐵線蓮) : 근경은 짧은 기둥 모양으로 길이 1~4cm, 지름은 0.5~1cm이고, 뿌리는 길이가 4~20cm, 지름 0.1~0.2cm이다. 표면은 자갈색 또는 흑갈색이며, 단면의 목부는 원형이다.

③ 동북철선연(東北鐵線蓮) : 근경은 기둥 모양으로 길이 1~11cm, 지름 0.5~2.5cm이며, 뿌리는 비교적 밀집되었고 길이 5~23cm, 지름 0.1~0.4cm이다. 표면은 자흑색으로, 단면의 목부는 원형에 가깝다.

여름

으아리_잎

으아리_꽃봉오리

으아리_꽃

으아리_종자 결실　　　　　　　으아리_줄기

약효

통증을 가라앉히고, 풍사와 습사를 제거하며, 경락을 잘 통하게 하는 등의 효능이 있어서 각종 신경통, 관절염, 근육통, 수족 마비, 언어 장애, 통풍, 각기병, 편도염, 볼거리, 간염, 황달 등의 치료에 유효하다.

용법과 약재

말린 것으로 하루에 4~12g을 사용 하는데, 보통 물 700mL 정도를 붓고 끓기 시작하면 불을 약하게 줄여서 200~300mL 정도로 달여 아침저녁 2회에 나누어 복용한다. 환(丸)이나 가루로 만들어 복용하기도 한다. 외용할 때는 짓찧어 환부에 붙인다. 민간에서는 구안와사, 류머티즘성 관절염, 편도염의 치료에 다음과 같이 이용한다.

① 구안와사 : 으아리 잎, 줄기, 뿌리 등 어떤 부위라도 마늘 한 쪽과 함께 찧어 중간 정도 크기의 조개껍질에 소복하게 채워서 팔목 관절에서 4cm 정도 손바닥 안쪽, 또는 엄지와 검지손가락 사이 합곡혈(合谷穴)에 붙이는데, 왼쪽으로 돌아가면 오른쪽 손에, 오른쪽으로 돌아가면 왼쪽 손에 붙인다. 하루에 7시간 정도 붙이고 있다가 불에 데인 자국처럼 물집이 생기면 떼어낸다.

② 류머티즘성 관절염 : 으아리 뿌리를 잘게 썰어 병에 넣고 푹 잠기게 술을 부어 마개를 꼭 막고 1주일 정도 두었다가 꺼내어 잘 말려서 부드럽게 가루를 낸 다음 꿀로 반죽하여 환을 만들어 하루에 3회, 한 번에 4~6g씩 식후에 먹는다. 또는 잘게 썬 으아리 뿌리 20g에 물 1L 정도를 붓고 절반 정도로 달여서

하루에 3회로 나누어 식후에 마시거나, 으아리 12g, 오가피 10g을 물에 달여 하루에 3회로 나누어 먹어도 좋다.

③ 편도염 : 으아리 줄기, 잎을 하루 30~60g씩 물에 달여 2~3회에 나누어 공복에 먹으면 염증을 가라앉히고 통증을 멈추는 작용을 한다.

※약성이 매우 강하여 기혈을 소모시킬 우려가 있으므로, 기혈이 허약한 사람이나 임산부는 신중하게 사용해야 한다.

으아리_생뿌리   으아리_전초

으아리_약재품

기능성과 효능에 관한 특허자료

으아리 추출물을 유효성분으로 포함하는 피부상태 개선용 조성물

본 발명은 으아리 추출물을 유효성분으로 포함하는 피부상태 개선용 화장료, 약제학적 및 식품 조성물에 관한 것이다. 본 발명의 조성물은 콜라겐 합성을 증대시키고 콜라겐을 분해시키는 효소인 콜라게나아제의 활성을 억제시켜 우수한 주름 개선 및 피부재생 효능을 가진다. 또한 활성산소에 의하여 손상된 세포의 재생을 촉진시켜 우수한 피부 노화 반지 효능을 가진다. 〈공개번호 : 10-2014-0117055, 출원인 : (주)바이오스펙트럼〉

여름

근골격계 질환 치료(관절염, 신경통)

음나무

생 약 명 해동피(海桐皮), 해동수근(海桐樹根)
사용부위 수피, 뿌리
작용부위 간, 심장, 비장 경락에 작용한다.

학명 *Kalopanax septemlobus* (Thunb.) Koidz. = [*Kalopanax pictus* (Thunb.) Nakai.]

이명 개두릅나무, 당엄나무, 당음나무, 멍구나무, 엉개나무, 엄나무, 해동목(海桐木)

과명 두릅나무과(Araliaceae)

개화기 8월

채취시기 수피는 연중 수시, 뿌리는 늦여름부터 가을 사이에 채취한다.

성분 수피에는 트리테르펜사포닌(triterpene saponin)으로 칼로파낙스사포닌 A, B, G, K(kalopanaxsap
-onin A, B,G, K), 페리카르프사포닌 P13(pericarpsaponin P13), 헤데라사포닌 B(hederasaponin
B), 픽토시드 A(pictoside A)가 함유되어 있고 리그난(lignan)으로 리리오덴드린(liriodendrin)이 함유
되어 있으며 페놀 화합물로 코니페린(coniferin), 칼로파낙신 A, B, C(kalopanaxin A, B, C), 기타 폴
리아세틸렌 화합물, 타닌, 플라보노이드, 쿠마린(coumarin), 글루코시드, 알칼로이드류, 정유, 수지,
전분 등이 함유되어 있다. 뿌리에는 글루칸(glucan), 펙틴질 등의 다당류가 함유되어 있고, 갈락투론

산(galacturonic acid), 포도당, 아라비노오스(arabinose), 갈락토오스 등으로 가수 분해 된다.

성질과 맛   수피는 성질이 평하고, 맛은 쓰고 맵다. 뿌리는 성질이 시원하고 독이 없으며, 맛은 쓰다.

생육특성

전국 각지에 분포하는 낙엽활엽교목으로, 산기슭 양지쪽 길가에 자란다. 높이는 20m 내외이며, 줄기와 가지에 굵은 가시가 많이 나 있다. 잎은 긴 가지에는 서로 어긋나고 짧은 가지에는 모여나며, 손바닥 모양으로 5~7갈래로 찢어져 잎끝은 길게 뾰족하고 가장자리에는 톱니가 있다. 7~8월에 황록색 꽃이 산형꽃차례로 피는데, 꽃잎은 윤기가 있으며 다섯으로 갈라진다. 열매는 공 모양에 가깝고 9~10월에 익는다.

음나무_새순

음나무_잎

음나무_꽃

음나무_열매

음나무_수피

약효

수피는 생약명이 해동피(海桐皮)이며, 수렴, 진통약으로 거풍습, 살충, 활혈(活血)의 효능이 있고 류머티즘에 의한 근육 마비, 근육통, 관절염, 가려움증 등을 치료한다. 또 황산화작용을 비롯해서 항염, 항진균, 항종양, 혈당 강하, 지질저하작용 등이 있다. 뿌리 또는 근피는 생약명이 해동수근(海桐樹根)이며, 거풍, 제습(除濕), 양혈(凉血)의 효능이 있고 어혈, 장풍치혈(腸風痔血), 타박상, 류머티즘에 의한 골통 등을 치료한다. 음나무 추출물은 HIV 증식 억제 활성을 갖고 있어 AIDS(후천성 면역 결핍증)치료, 퇴행성 중추 신경계 질환 개선 등의 효과를 나타낸다.

용법과 약재

수피 1일량 30~50g을 물 900mL에 넣고 반으로 달여 2~3회 매 식후 복용한다. 외용할 때는 달인 액으로 환부를 씻거나 짓찧어서 붙이거나 또는 가루를 내어 기름에 섞어서 환부에 붙인다. 뿌리 1일량 20~40g을 물 900mL에 넣고 반으로 달여 2~3회 매 식후 복용한다. 외용할 때는 짓찧어서 환부에 붙인다.

음나무_수피(건조)채취품

음나무_약재품(해동피)

기능성과 효능에 관한 특허자료

HIV 증식 억제 활성을 갖는 음나무 추출물 및 이를 유효성분으로 함유하는 AIDS 치료제

본 발명은 HIV 억제 활성을 갖는 음나무 추출물 및 이를 유효성분으로 함유하는 AIDS 치료제에 관한 것이다. 본 발명의 음나무 추출물은 HIV 역전사효소 활성 억제, 프로테아제 활성 억제, 글루코시다제 활성 억제 및 HIV 증식 억제 활성이 뛰어나므로 AIDS를 치료하고 진행을 억제시키며 감염을 억제하는 데 유용하게 사용될 수 있다.

〈공개번호 : 10-2005-0045117, 특허권자 : 유영법·최승훈·심범상·안규석〉

168

부인병 치료(월경불순, 산후복통)

익모초

생 약 명	익모초(益母草)
사용부위	잎, 줄기 및 종자
작용부위	간, 신장, 심장, 비장 경락에 작용한다.

학명 *Leonurus japonicus* Houtt.

이명 임모초, 개방아, 충울(茺蔚), 익명(益明), 익모(益母)

과명 꿀풀과(Labiatae)

개화기 7~8월

채취시기 여름철에 줄기와 잎이 무성하고 꽃이 피기 전에 채취하여 이물질을 제거하고 절단하여 그늘에서 말려 두고 사용한다.

성분 레오누린(leonurine) , 스타키드린(stachydrine), 레오누리딘(leonuridine), 레오누리닌(leonurinine), 루테인, 벤조산(benzoic acid), 라우르산(lauric acid), 스테롤, 비타민 A, 아르기닌, 스타키오스 (stachyose) 등을 함유한다.

성질과 맛 성질이 약간 차고, 독이 없으며, 맛은 쓰고 맵다.

생육특성

전국 각지의 들에서 자생하는 두해살이풀로, 높이는 1~2m이다. 줄기는 곧게 서며 참깨 줄기처럼 모가 나있다. 잎은 서로 마주나는데, 뿌리에서 난 잎은 약간 둥글고 깊게 갈라져 있으며 꽃이 필 때 없어진다. 줄기에 달린 잎은 3갈래의 깃 모양으로 갈라져 있다. 7~8월에 홍자색 꽃이 잎겨드랑이에 뭉쳐서 피며, 꽃받침은 5갈래로 갈라진다. 열매는 광란형의 분과로 8~9월에 익는다. 충울자(茺蔚子)라고 부르는 종자는 3개의 능각이 있어서 단면이 삼각형처럼 보이며 검게 익는다. 여성의 부인병을 치료하는 데 효과가 있어 익모초(益母草)라는 이름이 붙었으며, 농가에서 약용 작물로 재배하거나 관상용으로 심어 가꾸기도 한다.

익모초_잎 익모초_꽃봉오리 익모초_꽃

익모초_열매 익모초_줄기

약효
혈액순환을 도와 어혈을 풀어주고 월경을 잘 통하게 하며, 이수와 자궁 수축 등의 효능이 있어서 월경불순, 오로불하(惡露不下), 어혈복통, 월경통, 붕루(崩漏), 타박상, 소화불량, 급성 신염, 소변불리, 혈뇨, 식욕 부진 등을 치료하는 데 유용하다.

용법과 약재
말린 것으로 하루에 12~20g 정도를 사용하는데, 채취한 익모초를 그늘에서 말려서 가루를 내고 한 번에 5g 정도를 물 700mL 정도에 넣고 끓기 시작하면 불을 약하게 줄여서 200~300mL 정도로 달여 아침저녁 2회에 나누어 복용한다. 민간에서는 이 방법으로 여성의 손발이 차고 월경이 고르지 못한 증상을 치료하거나 대하증을 치료하는 데 이용하였다. 산후에 배앓이를 치료할 때는 꽃이 필 무렵 채취하여 깨끗이 씻은 다음 짓찧어 즙을 내서 한 번에 익모초즙 1큰술에 술을 약간씩 섞어서 하루 3회 복용한다. 또한 여름에 더위를 먹고 토하면서 설사를 할 때는 익모초를 짓찧어 즙을 내서 한 번에 1~2큰술씩 자주 복용한다.

※ 혈이 허하고 어혈이 없을 때는 사용을 금한다.

여름

익모초_종자

익모초_약재품

기능성과 효능에 관한 특허자료

익모초 추출물을 함유하는 고혈압의 예방 및 치료용 약학 조성물

본 발명은 익모초 추출물을 함유하는 조성물에 관한 것으로, 본 발명의 익모초 추출물은 ACE(안지오텐신 전환효소)를 저해함으로써 안지오텐신 전환효소의 작용으로 발생하는 혈압상승을 효과적으로 억제할 뿐만 아니라, 인체에 대한 안전성이 높으므로, 이를 함유하는 조성물은 고혈압의 예방 및 치료용 약학 조성물 및 건강기능식품으로 유용하게 이용될 수 있다. 〈등록번호 : 10-0845338-0000, 출원인 : 동국대학교 산학협력단〉

소화기계 질환 치료(지사, 정장, 이질, 소염)

인동덩굴

생 약 명	금은화(金銀花), 인동등(忍冬藤)
사용부위	덩굴과 잎, 꽃봉오리
작용부위	심장, 폐 경락에 작용한다.

학명 *Lonicera japonica* Thunb. = [*Lonicera acuminata* var. *japonica* Miq.]

이명 인동, 눙박나무, 능박나무, 털인동덩굴, 우단인동, 덩굴섬인동, 금은등(金銀藤), 이포화(二苞花), 노옹수, 금채고

과명 인동과(Caprifoliaceae)

개화기 6~7월

채취시기 덩굴과 잎은 가을·겨울, 꽃봉오리는 5~6월에 채취한다.

성분 잎과 덩굴줄기에는 로니세린(lonicerin), 루테올린(luteolin) 등의 플라보노이드류가 함유되어 있으며, 줄기에는 타닌, 알칼로이드가 함유되어 있다. 그 밖에 로가닌(loganin), 세코로가닌(secologanin), 트리테르펜사포닌(triterpene saponin)의 로니세로시드 A~C(loniceroside A~C) 등도 함유되어 있다.

꽃봉오리에는 루테올린, 이노시톨(inositol), 로가닌, 세코로가닌, 로니세린, 사포닌 중에 헤데라게닌(hederagenin), 클로로겐산(chlorogenic acid), 긴놀(ginnol), 오로크산틴(auroxanthin) 등이 함유되어 있다.

성질과 맛 성질이 차고, 맛은 달다.

생육특성

전국 각지의 산기슭이나 민가의 울타리 근처에 자생하는 덩굴성 반상록활엽관목으로, 덩굴줄기는 오른쪽으로 감아 올라가 3m 내외로 뻗어 나간다. 줄기 속은 비어 있으며 작은 가지는 적갈색에 털이 빽빽하게 나 있다. 잎은 마주나며 난원형 또는 장난형에 잎끝이 뾰족하고 밑부분은 둥글거나 심장형에 가깝고 가장자리는 밋밋하다. 꽃은 6~7월에 백색으로 피어 3~4일이 지나면 황금색으로 변하며, 꽃잎은 입술 모양에 위쪽 꽃잎은 4개로 얕게 갈라져 바깥면은 부드러운 털로 덮여 있다. 꽃이 처음 필 때는 흰빛을 띠는 은빛이었다가 3~4일이 지나면 황금색으로 변해 금은화(金銀花)라는 이름이 붙었다고 한다. 열매는 액과로 둥글고 9~10월에 검은색으로 익는다.

여름

인동덩굴_잎   인동덩굴_꽃   인동덩굴_열매

약효

덩굴줄기와 잎은 생약명이 인동등(忍冬藤)이며, 달인 액이 항색 포도상 구균과 대장균 등의 생장을 억제하는 항균작용과 항염증작용이 있다. 또한 에탄올 추출물에는 고지혈증의 치료 효과가 있으며, 메탄올 추출물은 암세포주에 대하여 세포 독성을 나타내고 감기 몸살에 대한 해열 작용이 있다. 또한 이뇨·소염약으로 종기이 부종을 가라앉히고 버섯 중독의 해독제로도 사용되며 전염성 간염의 치료에도 도움을

준다. 꽃은 생약명이 금은화이며, 꽃봉오리를 약용한다. 또한 알코올 추출물은 살모넬라균, 티프스균, 대장균 등의 생장을 억제하는 항균작용이 있고, 인플루엔자 바이러스에 대한 항바이러스작용도 있다. 특히 전염성 질환의 발열에 대한 치료 효과가 있고 청열, 해독의 효능이 있으며 감기 몸살의 발열, 해수, 장염, 종독, 세균성 적리, 귀밑샘염, 염증, 패혈증, 외상 감염, 종기, 창독 등을 치료한다. 인동덩굴의 추출물은 성장 호르몬 분비 촉진, 자외선에 의한 세포 변이 억제 효과가 있다고 알려졌다.

용법과 약재

줄기와 잎 1일량 50~100g을 물 900mL에 넣고 반으로 달여 2~3회 매 식후 복용한다. 외용할 때는 달인 액으로 씻거나 달인 액을 조려서 고제(膏劑)를 만들어 붙이거나 가루를 내어 기름과 섞어서 붙인다. 꽃봉오리 1일량 10~30g을 물 900mL에 넣고 반으로 달여 2~3회 매 식후 복용한다

인동덩굴_잎줄기(건조)

인동덩굴_꽃 약재품

기능성과 효능에 관한 특허자료

자외선에 의한 세포 변이 억제 효과를 갖는 인동 추출물, 그 추출 방법 및 인동 추출물을 포함하는 조성물

본 발명에서는 인동을 이용하여 자외선에 의한 세포 손상 또는 세포 변이에 따른 질환을 방지, 억제할 수 있는 추출물 및 그 추출 방법을 제안한다. 본 발명에 따라 얻어진 인동 추출물은 예를 들어 자외선 노출로 인한 세포 계획사, 세포막 변이, 세포분열 정지, DNA 변이와 같은 핵 성분의 파괴 등을 억제할 수 있음을 확인하였다.

〈공개번호 : 10-2009-0001237, 출원인 : 순천대학교 산학협력단〉

이기혈 치료(활혈통경, 거풍, 경폐, 통경)

잇꽃

생 약 명	홍화(紅花)
사용부위	꽃잎, 종자
작용부위	꽃잎(홍화)은 심장, 간 경락에 작용하고,
	종자(홍화자)는 심장, 비장 경락에 작용한다.

학명 *Carthamus tinctorius* L.

이명 이꽃, 황람, 오람, 자홍화, 연지

과명 국화과(Compositae)

개화기 7~8월

채취시기 꽃잎은 6~7월경 꽃이 황색에서 홍적색으로 변할 때 채취하여 햇볕이나 그늘에서 건조시킨다.
종자는 성숙한 후에 채취하여 햇볕에 건조시킨다.

성분 꽃의 홍색소는 카르타몬(carthamon)이 주성분으로, 황색 물질의 전구 물질인 카르타민(carthamin)의
산화에 의해 생성된 것이고, 그 밖에 무색의 배당체 네오카르타민(neocarthamin)을 포함하고 있다.
종자에는 지방유가 함유되어 있는데 대부분이 리놀레산(linoleic acid)이다.

성질과 맛 꽃은 맛이 맵고 성질은 따뜻하며, 종자는 맛이 달고 성질이 따뜻하다.

생육특성

이집트 원산의 한해살이풀로, 우리나라에서는 관상용으로 심어 가꾼다. 높이가 1m 정도이며, 줄기는 전체에 털이 없다. 잎은 어긋나고 난형 또는 넓은 피침형이며, 가시처럼 뾰족한 톱니가 있다. 7~8월에 홍색 또는 홍황색 꽃이 원줄기 끝과 가지 끝에 1개씩 피는데, 잔꽃은 가는 통형이며 전체 생김새가 엉겅퀴와 비슷하다. 열매는 수과이며 길이 6mm 정도에 백색으로 짧은 관모가 있다. 꽃은 '홍화'라 하여 약용하고, 씨로는 기름을 짜며, 공업용 원료로도 이용한다.

잇꽃_잎

잇꽃_꽃봉오리

잇꽃_꽃

잇꽃_열매

잇꽃_줄기

약효

꽃잎은 혈액순환을 원활하게 하고 어혈을 풀어 주며, 통증을 멎게 하고 자궁을 수축하는 등의 효능이 있고, 종자는 활혈(活血)과 해독의 효능이 있다. 홍화는 예로부터 홍색 염료, 입술연지 원료 및 식품의 홍색 착색제 등으로 쓰였으며, 종자에 함유된 지방유에는 리놀산(linolic acid)이 함유되어 콜레스테롤 대사를 정화하는 작용이 있어서 동맥 경화의 예방약 또는 치료약 제제(製劑) 원료로 이용되고 있다. 잇꽃은 여성의 월경을 잘 통하게 약으로 널리 쓰이며, 특히 성인병 예방을 비롯하여 골다공증 예방과 치료에 효과가 높고, 각종 사고로 인해 절골, 파골된 환자에게 유합(癒合) 치유와 조직 생성이 잘되게 하는 것으로 보고되었다. 종실은 중국, 일본, 미국 등지에서도 생산되지만 우리나라 토종이 약효 면에서 월등히 뛰어난 것으로 알려져 있다.

용법과 약재

잇꽃은 주로 민간요법에 쓰는데, 꽃봉오리를 말린 것으로 술을 담가서 월경불순을 치료하는 데 쓰고 달여서 산후풍이나 산후 어혈에 사용하며, 타박상 등에 쓰면 혈류를 잘 통하게 해 준다. 《본초서(本草書)》에 잇꽃은 산후 어지러운 증상에 쓰며, 산후 어혈로 인한 복통과 태아의 자궁내 사산을 치료한다고 하였다. 또 매일 한두 잔씩 차처럼 마시면 오래된 위장병과 대장염 등에 효과가 좋다. 적당히 쓰면 충혈 작용이 있고 혈류를 좋게 해 주지만, 너무 많이 먹으면 혈을 파괴하는 작용이 있으므로 주의해야 한다. 한방에서는 월경폐색증(月經閉塞症)이나 복부 창만에 홍화, 당귀, 적작약, 도인, 우슬, 현호색, 소목(蘇木), 자위화(紫威花, 능소화 꽃), 유기노(劉寄奴, 기호의 전초) 각4g, 청피(靑皮), 향부자 각 2g, 자교(雌校) 1.5g을 넣고 홍화탕을 만들어 복용한다. 잇꽃 말린 것 3~4g에 뜨거운 물을 부어서 우려 마시기도 한다.

잇꽃_열매 약재품(절단)

잇꽃_꽃잎(건조)

잇꽃_약재품

순환기계 질환 치료(안신, 건망, 불면)

자귀나무

<table>
<tr><td>생 약 명</td><td>합환피(合歡皮), 합환화(合歡花)</td></tr>
<tr><td>사용부위</td><td>수피, 꽃과 꽃봉오리</td></tr>
<tr><td>작용부위</td><td>수피는 간, 심장 경락으로, 꽃은 심장, 비장 경락으로 작용한다.</td></tr>
</table>

학명 *Albizia julibrissin* Durazz.

이명 합혼피(合昏皮), 합환목, 애정목, 합환수

과명 콩과(Leguminosae)

개화기 6~7월

채취시기 수피는 여름·가을, 꽃·꽃봉오리는 6~7월에 채취한다.

성분 수피에는 사포닌, 타닌이 함유되어 있으며, 새로 난 어린 잎에는 비타민 C가 많이 함유되어 있다.

성질과 맛 성질이 평하고, 맛은 달다.

생육특성

전국 각지에 분포하는 낙엽활엽소교목으로, 높이는 3~5m이며 관목상으로 자란다. 줄기는 굽거나 약간 누우며, 작은 가지는 털이 없고 능선이 있다. 잎은 2회 깃꼴겹잎으로 서로 어긋나며, 작은 잎은 원줄기를 향해 낫처럼 굽어 좌우가 같지 않은 긴 타원형으로 양면에 털이 없거나 뒷면 맥 위에 털이 있으며 밤에는 잎이 접힌다. 6~7월에 담홍색 꽃이 가지 끝에 두상꽃차례로 피고, 열매는 편평한 두과이며, 꼬투리 안에 들어 있는 5~6개의 타원형 종자가 9~10월에 갈색으로 익는다.

자귀나무_잎

자귀나무_꽃

자귀나무_열매

자귀나무_수피

약효

수피는 생약명이 합환피(合歡皮)이며, 심신 불안을 안정시키고 근심, 걱정을 덜어 주며 마음을 편안하게 하여, 우울, 불면, 근골절상, 옹종, 종독, 신경 과민, 히스테리 등을 치료한다. 꽃은 생약명이 합환화(合歡花)이고, 꽃봉오리는 생약명이 합환미(合歡米)이며, 불안, 초조, 불면, 건망, 옹종, 타박상, 동통 등을 치료한다. 자귀나무 추출물은 항암작용이 있다.

용법과 약재

수피 1일량 15~30g을 물 900mL에 넣고 반으로 달여 2~3회 매 식후 복용한다. 외용할때는 가루를 내어 기름과 섞어서 환부에 붙인다. 꽃, 꽃봉오리 1일량 10~20g을 물 900mL에 넣고 반으로 달여 2~3회 매 식후 복용한다. 외용할 때는 가루를 내어 기름과 섞어서 환부에 붙인다.

자귀나무 수피(건조)

자귀나무_약재품

자귀나무 추출물을 포함하는 항암 또는 항암 보조용 조성물

본 발명은 자귀나무 껍질 추출물을 포함하는 항암 또는 항암 보조용 조성물에 관한 것이다. 본 발명에 따른 자귀나무껍질 추출물은 천연식물로부터 유래하여 소비자에게도 안전하며, 기존의 항암제와의 병용 투여 시 기존 항암제를 적은 용량으로 투여하는 경우에도 약물의 상승효과가 나타나 항암 활성이 극대화되므로, 적은 투여용량이 기존 항암제를 사용함으로써 항암제 투여에 따른 독성 및 부작용은 줄일 수 있는 항암 또는 항암 보조용 조성물에 관한 것이다. 〈공개번호 : 10-2012-0090118, 출원인 : 학교법인 동의학원〉

내분비계 질환 치료(생진, 이뇨, 청열제번, 지갈)

조릿대

생 약 명 | 죽엽(竹葉)
사용부위 | 잎
작용부위 | 심장, 폐, 담낭 경락에 작용한다.

학명 *Sasa borealis* (Hack.) Makino

이명 기주조릿대, 산대, 산죽, 신우대, 조리대

과명 벼과(Gramineae)

개화기 5~7월

채취시기 연중 수시로 채취 가능하나, 여름에 작은 눈엽(嫩葉: 새로 나온 어린잎)을 채취하여 햇볕이나 그늘에 말려서 사용한다. 죽엽은 생장하여 1년이 된 것으로 어리고 탄력이 있으며 신선한 잎이 좋다.

성분 항암 활성 물질이 있는 것으로 알려져 있다. 잘게 썬 마른 잎 1kg을 물로 씻고 생석회 포화 용액 18L에 염화 칼슘 1.5g을 넣고 2시간 정도 끓인 다음 걸러 낸 액에 탄산 가스를 통과시켜 탄산 칼슘의 앙금이 완전히 가라앉도록 하룻밤 두었다가 거른다. 거른 액을 1/20로 졸이고 앙금이 생기면 다시 거른다. 거른 액을 졸여서 말리면 8~11%의 노란빛을 띤 밤색 물질을 얻을 수 있는데, 이것이 강한 항암 활성 물질이다.

이 물질은 총당 43%, 질소 약 1%로 이루어져 있다.

성질과 맛   성질이 차고, 독이 없으며, 맛은 달고 담담하다.

생육특성

　　조릿대는 상록활엽관목으로 제주도와 울릉도를 제외한 한반도 전역에 자생한다. 조릿대는 대나무 종류 중에서 줄기가 매우 가늘고 키가 작으며 잎집이 그대로 붙어 있다는 특징이 있다. 높이는 1~2m 정도로 자라는데, 지름이 3~6mm인 가느다란 녹색 줄기는 털이 없으며 구형의 마디는 도드라지고 그 주위가 약간 자주색을 띤다. 잎은 긴 타원상 피침형으로 가지 끝에서 2~3장씩 나는데 길이는 10~25cm이며 잎 가장자리에 가시 같은 잔톱니가 있다. 꽃차례는 털과 흰 가루가 덮여 있으며 아랫부분이 검은빛을 띤 자주색 포로 싸여 있는데, 어긋나게 갈라지며 원뿔처럼 된 꽃대가 나와 그 끝마다 10개 정도의 이삭 같은 꽃이 달린다. 열매는 꽃이 핀 해 5~6월에 작고 긴 타원형의 열매가 회갈색으로 익는다. 유사종인 섬조릿대, 제주조릿대, 섬대 등의 잎도 약재로 이용하고 있다. 민간에서 조릿대를 담죽엽(淡竹葉)이라고도 부르지만 담죽엽은 여러해살이풀인 조릿대풀(Lophatherum gracile Brongn.)의 생약명으로, 혼동의 우려가 있으므로 구분하여 사용해야 한다.

조릿대_잎

조릿대_꽃

조릿대_줄기

약효

열을 내리고 번조(煩躁)를 없애며, 소변을 잘 통하게 하고 갈증을 멎게 하며 진액을 생성하는 등의 효능이 있어서 열병과 번갈(煩渴), 소아경풍(小兒驚風: 어린이가 놀라는 증상), 정신 불안, 소변불리, 구건(口乾), 해역(咳逆: 기침을 하며 기가 위로 거스르는 증상) 등의 치료에 이용한다.

용법과 약재

말린 것으로 하루에 6~15g을 사용하는데, 민간요법으로는 만성 간염, 땀띠, 여드름, 습진치료 등에 이용한다. 만성 간염에 조릿대 잎과 줄기 말린 것 10~20g을 잘게 썰어 물 700mL를 붓고 끓기 시작하면 불을 약하게 줄여서 200~300mL 정도로 달여 하루 3회 식전에 마시면 입맛이 없고 몸이 노곤하며 소화가 잘 안 되고 헛배가 부르며 머리가 아프고 간 부위가 붓고 아픈 증상을 치료한다. 또 말린 조릿대 잎 100g에 물 5~6L를 붓고 2~3시간 약한 불로 끓여서 그 물을 욕조에 붓고 찌꺼기는 베주머니에 넣어 욕조 속에 넣은 다음 그 물로 목욕을 하면 땀띠, 여드름, 습진을 치료하는 데 효과적이다. 또한 민간에서는 봄철에 채취한 조릿대 잎을 잘게 썰어 그늘에서 말려 5년쯤 묵혀두었다가 오랫동안 달여 농축액을 만들어 약용하는데, 이렇게 하면 조릿대의 찬 성질이 없어지고 조금씩 먹으면 면역 기능을 강화하는 데 좋다.

※담죽엽(淡竹葉)의 기원 식물로서, 초본인 '조릿대풀'과 혼동하지 않도록 주의한다.

조릿대_어린잎 채취 시기

조릿대_약재품

호흡기계 질환 치료(감기, 비색, 천식)

족도리풀

생약명 · 세신(細辛)
사용부위 · 뿌리 또는 뿌리를 포함한 전초
작용부위 · 폐, 신장, 위장 경락에
　　　　　작용한다.

학명 *Asarum sieboldii* Miq.

이명 족두리풀, 세삼, 소신(小辛, 少辛), 세초(細草)

과명 쥐방울덩굴과(Aristolochiaceae)

개화기 4~6월

채취시기 5~7월에 전초를 뿌리째 채취하여 이물질을 제거하고, 부스러지지 않도록 습기를 주어 부드럽게
　　　　　한 다음 절단하고 햇볕에 말려서 사용한다. 또는 봄가을에 뿌리만을 채취하여 같은 방법으로 가공
　　　　　한다.

성분 뿌리에 메틸오이게놀(methyleugenol), 아사릴케톤(asarylketone), 사프롤(safrol), 1,8-시네올
　　　　(1,8-cineol), 오이카르본(eucarvone), 아사리닌(asarinin), 히게나민(higenamine) 등을 함유한다.

성질과 맛 성질이 따뜻하고, 맛은 맵고, 독은 없다

생육특성

전국 각지의 산지에 분포하는 여러해살이풀로, 토양이 비옥한 반그늘 또는 양지에서 잘 자란다. 높이는 15~20cm이며, 뿌리줄기는 마디가 많고 옆으로 비스듬히 기며 마디에서 뿌리가 내린다. 줄기는 자줏빛을 띠고, 잎은 줄기 끝에서 2장이 나며 폭이 5~10cm이고 심장형이다. 잎의 표면은 녹색이고 뒷면에는 잔털이 많다. 꽃은 4~6월에 검은 홍자색으로 피는데, 끝이 3갈래로 갈라진 항아리 모양이다. 잎 사이에서 꽃대가 올라오기 때문에 쌓여 있는 낙엽들을 살짝 걷어 내면 그 속에 꽃이 숨어 있다. 8~9월경에 두툼하고 둥근 열매를 맺는다.

족도리풀_잎

족도리풀_꽃봉오리

족도리풀_꽃

약효

풍사(風邪)를 없애고 한사(寒邪)를 흩어지게 하며, 구규(九竅: 인체의 9개 구멍으로 눈, 코, 귀, 입, 요도, 항문을 가리키며, 오장육부의 상태나 병증을 나타내는 창문 역할을 하는 것으로 봄)를 통하게 하고 통증을 멎게 하며, 폐기를 따뜻하게 하고 음식을 잘 소화시키는 등의 효능이 있어서, 풍사와 한사로 인한 감기를 낫게 하고, 두통, 치통, 코막힘, 풍습비통(風濕痺痛)과 담음천해(痰飮喘咳: 가래와 천식, 기침)를 치료한다.

용법과 약재

말린 것으로 하루에 1.5~4g을 사용하는데, 물을 붓고 달이거나 환 또는 가루로 만들어 복용한다. 가루를 코 안에 뿌리기도 한다. 매운맛이 강하여 차나 음료로 이용하기는 부적당하며, 약재로 사용한다. 추위나 바람에 노출되어 얻은 감기로 인한 오한발열(惡寒發熱), 두통, 코막힘 등의 병증을 치료하는데, 특히 주로 두통이 심한 감기 증상에 효과가 좋다.

※발산작용이 있는 약재이므로 음허(陰虛), 혈허(血虛), 기허다한(氣虛多汗: 기가 허하여 땀을 많이 흘리는 경우), 음허양항두통(陰虛陽亢頭痛: 음기가 부족하면서 양기가 항성하여 오는 두통), 음허폐열해수(陰虛肺熱咳嗽) 등에는 모두 사용하면 안되며, 가루약의 사용량이 너무 많지 않도록 주의한다. 안면 홍조나 어지럼증, 다한 등을 일으킬 수 있고, 심하면 가슴이 답답해지고, 오심, 구토, 심계(心悸) 등의 증상을 일으킬 수 있다.

족도리풀_잎 약재품

족도리풀_줄기 약재품

기능성과 효능에 관한 특허자료

족도리풀 추출물을 함유하는 구강청정제 및 그 제조방법

본 발명은 구강청정제 및 그 제조방법에 관한 것으로서, 보다 상세하게는 족도리풀의 추출물을 함유시킴으로써 이 족도리풀 추출물의 광범위한 항균작용으로 잇몸 질환, 충치, 구취 등의 원인균을 제거하고 플라크가 없어지도록 하여, 각종 구강질환 및 잇몸질환을 치료 및 예방하는 효과가 있는 구강청정제 및 그 제조방법에 관한 것이다.

〈공개번호 : 10-2001-0007646, 출원인 : (주)바이오썸〉

거풍습 치료(거풍, 요슬통, 반신불수)

진득찰

생약명 희렴(豨薟), 희첨(豨簽)

사용부위 전초(주로 꽃받침을 포함한 꽃을 훑어서 쓴다)

작용부위 심장, 신장, 간 경락에 작용한다.

학명 *Sigesbeckia glabrescens* (Makino) Makino

이명 민진득찰, 진동찰, 찐득찰, 화렴, 호렴, 점호채, 풍습초

과명 국화과(Compositae)

개화기 8~9월

채취시기 6~8월경 개화하기 시작할 무렵에 전초를 채취하여 그늘에서 말린다. 돼지 분변(糞便) 냄새가 나기 때문에 술을 부려서 시루에 찌고 말리는 과정을 반복하여 냄새를 제거하고 사용한다.

성분 다루틴-비테르(darutin-bitter)와 알칼로이드를 함유한다. 또 키레놀(kirenol), 17-하이드록시-16α-카우란-19-오익산(17-hydroxy-16α-kauran-19-oic acid)과 각종 에스테르도 함유한다.

성질과 맛 성질이 차고, 맛은 쓰다.

생육특성

전국 각지의 들이나 밭 주변에 분포하는 한해살이풀로, 높이는 40~100cm이다. 원줄기는 곧게 서고 원주형이며, 전체에 부드러운 털이 있다. 자갈색 가지는 마주 갈라지고, 잎은 마주나며 난상 삼각형에 끝이 뾰족하고 톱니가 나 있다. 8~9월경에 노란색 꽃이 가지 끝과 원줄기 끝에 산방꽃차례로 핀다. 수과(瘦果)인 열매는 10월경에 익는다.

진득찰_잎

진득찰_꽃

여름

신늑찰_열매

진득찰_줄기

약효

풍사(風邪)와 습사(濕邪)를 제거하고 통증을 멎게 하며, 혈압을 내리고, 종기를 가라앉히는 등의 효능이 있어서 풍습진통(風濕鎭痛),

사지 마비(四肢痲痺), 허리와 무릎의 냉통 또는 무력증, 류머티즘성 관절염, 고혈압, 간염, 황달, 창종(瘡腫 : 부스럼과 종기), 반신불수 등에 이용하는데, 일반적으로 습열(濕熱)에 의한 병증에는 생용(生用)하고, 사지 마비, 반신불수 등에는 술로 포제하여 사용한다

용법과 약재

　　말린 것으로 하루에 12~24g을 사용하는데, 진득찰은 효과가 좋으므로 단제로 사용하기도 하지만 다른 처방에 배합하여 사용하기도 한다. 전초 말린 것 20g에 물 700mL 정도를 붓고 끓기 시작하면 불을 약하게 줄여서 200~300mL 정도로 달여 아침저녁 2회에 나누어 복용한다. 보통 술을 뿌려서 시루에 찌고 햇볕에 말리는 작업을 9번 반복한 진득찰 가루를 꿀로 버무려 환(희첨환)을 만들어 복용하면 중풍의 구안와사, 언어건삽(言語蹇澁 : 언어가 정확하지 못한 증상), 반신불수 등을 치료할 수 있다.

※풍사와 습사를 제거하는 작용이 있으므로 풍습이 아닌 경우에는 신중하게 사용하고, 음혈이 부족한 경우에는 사용을 피한다. 생용을 하거나 대량으로 사용할 때는 구토를 일으킬 수 있다.

진득찰_종자 약재품

진득찰_꽃봉오리 약재품

기능성과 효능에 관한 특허자료

천연 식물 추출물을 포함하는 항균 조성물

본 발명은 음나무나 진득찰 또는 두 종의 식물의 추출물을 포함하는 항균 조성물에 관한 것이다. 본 발명의 항균 조성물은 광범위한 항균 스펙트럼을 나타낼 뿐만 아니라 항산화능을 지니며 인체에 독성을 나타내지 않으므로, 의약품을 포함하여 항균 활성이 필요한 다양한 분야에 적용하여 우수한 항균 효과를 얻을 수 있다.

〈등록번호 : 10-0855314-0000, 출원인 : 스킨큐어(주)〉

내분비계 질환 치료(부종, 수종, 황달)

질경이

생약명 차전자(車前子), 차전(車前)

사용부위 전초, 종자

작용부위 전초는 간, 심장, 폐, 비장 경락에, 종자는 간, 신장, 폐, 방광 경락에 작용한다.

학명 *Plantago asiatica* L.

이명 길장구, 빼뿌쟁이, 길짱귀, 차전초(車前草)

과명 질경이과(Plantaginaceae)

개화기 6~8월

채취시기 전초는 여름에 잎이 무성할 때 채취하여 물에 씻고 햇볕에 건조하여 그대로 썰어서 사용한다. 종자는 가을에 성숙할 때 채취하여 말린 다음 이물질을 제거하고 살짝 덖어서 이용하거나 소금물에 침지한 후 볶아서 사용한다.

성분 전초에는 헨트리아콘탄(hentriacontane), 플란타긴-인(plantagin-in), 우르솔산(ursolic acid), 아우쿠빈(aucubin), β-시토스테롤(β-sitosterol)이 함유되어 있다. 종자에는 숙신산(succinic acid), 콜린(choline), 팔미트산(palmitic acid), 올레산(oleic acid) 등이 함유되어 있다.

성질과 맛 전초와 종자 모두 성질이 차고, 맛은 달며, 독은 없다.

🌿 생육특성

전국 각지의 들이나 길가에 흔하게 분포하는 여러해살이풀로, 높이는 10~50cm 정도로 자란다. 수염뿌리가 있으며, 원줄기가 없고 많은 잎이 뿌리에서 뭉쳐나 비스듬히 퍼진다. 잎은 난형 또는 타원형에 길이 4~15cm, 너비 3~8cm이고, 잎끝은 날카롭거나 뭉툭하며 잎맥이 5~7개 정도 나타나 있다. 6~8월에 흰색 꽃이 수상꽃차례로 피며, 꽃받침은 4개로 갈라진다. 삭과인 열매가 익으면 옆으로 갈라지면서 6~8개의 흑갈색 종자가 나온다. 마차가 지나간 바퀴자국 옆에 잘 자란다고 하여 차전초(車前草) 또는 차과로초(車過路草)라는 이름이 붙었으며, 종자는 차전자(車前子)라고 하여 약용한다.

질경이_잎   질경이_꽃   질경이_열매

🌿 약효

① 차전 : 소변을 원활하게 하고 간의 독을 풀어 주며, 열을 내리고 담을 제거하는 효능이 있어, 소변불리, 수종(水腫), 혈뇨, 백탁(白濁), 간염, 황달, 감기, 후두염, 기관지염, 해수, 대하, 이질 등의 치료에 이용한다.

② 차전자 : 소변을 원활하게 하고 간의 기운을 보하며, 기침을 멎게 하고 담을 제거하는 효능이 있어, 소변불리, 복수, 임탁(淋濁: 소변이 자주 나오면서 탁하고 음경이 아픈 병증), 방광염, 요도염, 해수, 간염, 설사,

고혈압, 변비 등의 치료에 이용한다.

 용법과 약재

말린 것으로 하루에 12~20g 정도를 사용하는데, 민간요법으로 비만인 경우 약한 불에 덖은 차전자와 율무를 1:3으로 섞어서 하루 2~3회 1큰술씩 따뜻한 물에 복용한다. 현재 제약업계에서는 변비 치료제로 주목하고 있다.

※성질이 차고 심한 설사를 일으킬 수 있으므로, 양기가 하함(下陷: 기가 아래로 내려감. 주로 비기가 허약하여 수렴하지 못하고 조직이 느슨해져서 장기 탈수 등의 병증이 발생)하거나 신장 기능이 허하여 오는 유정(遺精) 및 습열(濕熱)이 없는 경우에는 사용을 피한다. 특히 이수(利水)하면서 기가 함께 빠져나가기 때문에 반드시 기를 보충하는 대책을 세워 주어야 한다. 비만인이 차전자를 사용할 경우 율무를 함께 사용하는 것은 이러한 원리이다.

질경이_씨앗 약재품

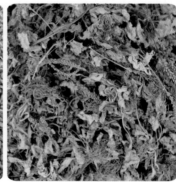

질경이_약재품

여름

기능성과 효능에 관한 특허자료 항암 기능을 가진 질경이 추출물

본 발명은 질경이가 가지는 탁월한 암세포 억제 성분(항암성분)을 인체에 적절하게 적용할 수 있도록 하여 각종 암 예방은 물론 그 치료까지도 기대할 수 있는 항암 효능을 가진 질경이 추출물에 관한 것이다.

〈공개번호 : 10-2002-0036807, 출원인 : 학교법인 계명대학교〉

내분비계 질환 치료(항암, 지혈, 건위)

짚신나물

생약명	용아초(龍芽草)
사용부위	전초
작용부위	심장, 폐, 대장, 신장, 비장, 위장, 담낭, 간, 방광 경락에 작용한다.

학명 *Agrimonia pilosa* Ledeb.

이명 선학초(仙鶴草), 등골짚신나물, 산짚신나물, 시주용아초(施州龍牙草), 황룡미(黃龍尾)

과명 장미과(Rosaceae)

개화기 6~8월

채취시기 여름철 줄기와 잎이 무성할 때, 개화 직전에 전초를 채취하여 이물질을 제거하고 물을 뿌려
습기를 준 후에 절단하여 사용한다.

성분 전초에 함유된 성분은 대부분 정유이며, 아그리모닌(agrimonin), 아그리모놀라이드(agrimonolide),
루테올린-7-글루코시드(luteolin-7-glucoside), 아피게닌-7-글루코시드(apigenin-7-glucoside),
타닌, 탁시폴린(taxifolin), 바닐산(vanillic acid), 아그리모놀(agrimonol), 사포닌 등을 함유한다.

성질과 맛 성질이 평하고, 맛은 쓰며 독은 없다.

생육특성

전국 각지의 산과 들에 흔하게 자생하는 여러해살이풀로, 높이는 30~100cm이며 줄기 전체에 흰색의 부드러운 털이 나 있다. 줄기의 하부는 지름이 4~6mm인 원주형으로 홍갈색이며, 상부는 4면이 약간 움푹한 방주형(方柱形)으로 녹갈색이며, 세로 골과 능선이 있고 마디가 있다. 질은 단단하나 가볍고 절단하기 쉬우며, 단면은 가운데가 비어 있다. 잎은 어긋나고 깃꼴겹잎으로 어두운 녹색이며, 쭈그러져 말려 있고 질은 부서지기 쉽다. 잎몸은 크고 작은 2종이 있는데, 꼭대기의 소엽은 비교적 크고, 작은 잎은 난형 또는 긴 타원형으로 잎끝이 뾰족하고 잎 가장자리에는 톱니가 있다. 6~8월경에 노란색 꽃이 총상꽃차례로 피며, 꽃잎은 5장이다. 열매는 수과로 8~9월경에 익는데, 갈고리 같은 털이 있어 옷이나 짐승의 몸에 잘 달라붙는다. 이 털 때문에 옛날에 짚신이나 버선에 열매가 잘 달라붙어 이런 이름이 붙었다는 이야기도 전한다.

짚신나물_잎

짚신나물_꽃

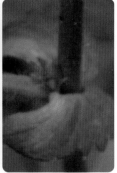
짚신나물_줄기와 탁엽

 약효

기혈이 밖으로 흘러 나가는 것을 막고 안으로 거두어들이며, 설사를 멈추게 하고 독을 풀어 주는 등의 효능이 있어서 각종 출혈과 붕루(崩漏), 대하(帶下), 위궤양, 심장 쇠약, 장염, 적백리(赤白痢), 토혈, 힉질, 혈리(血痢) 등을 치료한다.

용법과 약재

　말린 것으로 하루에 8~16g 정도를 사용하는데, 건조한 약재 10g에 물 700mL 정도를 붓고 끓기 시작하면 불을 약하게 줄여서 200~300mL 정도로 달여 아침저녁 2회에 나누어 복용한다. 가루 또는 생즙을 내어 복용하기도 한다. 외용할 때는 짓찧어 환부에 붙인다. 민간에서는 전초를 항암제로 사용하고 있다. 특히 항균 및 소염작용이 뛰어나서 예로부터 민간에서 많이 애용해왔다. 말린 약재를 달여 마시거나, 생초를 짓찧어 환부에 붙이는 방법으로 이용한다.

짚신나물_전초 약재품

짚신나물_약재품

기능성과 효능에 관한 특허자료　선학초(짚신나물) 추출물을 유효성분으로 함유하는 장출혈성 대장균 감염증의 예방 또는 치료용 약학 조성물

본 발명은 선학초(짚신나물) 추출물을 유효성분으로 함유하는 장출혈성 대장균 감염증의 예방 또는 치료용 약학 조성물에 관한 것이다. 본 발명에 따른 선학초 추출물은 장출혈성 대장균 O157:H7에 대한 항균활성을 우수하게 나타냄으로써, 장출혈성 대장균 감염증의 예방 또는 치료에 유용하게 사용될 수 있다.

〈공개번호 : 10-2013-0096093, 출원인 : 경희대학교 산학협력단〉

호흡기계 질환 치료(기관지, 신체허약, 안신)

참나리

생약명 백합(百合)
사용부위 인경의 인편
작용부위 심장, 비장, 폐, 경락에 작용한다.

학명 *Lilium lancifolium* Thunb.
이명 백백합(白百合), 산뇌과(蒜腦瓠)
과명 백합과(Liliaceae)
개화기 7~8월
채취시기 가을에 인경을 채취하여 끓는 물에 약간 삶아서 인편(鱗片 : 비늘조각)을 햇볕에 말린다.

성분 전분, 당류, 카로티노이드(carotenoid), 콜히친(colchicine) 등을 함유한다.

성질과 맛 성질이 평하고, 독이 없으며, 맛은 달고 약간 쓰다.

![생육특성] **생육특성**

　전국 각지에 분포하는 숙근성 여러해살이풀로, 높이는 1~2m 이다. 줄기는 곧게 자라며 흑자색이 감돌고 어릴 때는 흰 털이 있다. 둥근 알뿌리 모양의 인경(鱗莖)이 원줄기 아래에 달리고, 그 밑에서 뿌리가 난다. 잎은 어긋나고 피침형이며 잎겨드랑이에는 자갈색의 주아(珠芽)가 달린다. 7~8월경에 황적색 바탕에 흑자색 점이 퍼진꽃이 아래를 향해 피는데, 가지 끝과 원줄기 끝에 4~20개 달린다. 땅에 떨어진 주아가 발아하여 번식하는데, 지상에서는 2년 후 봄에 싹이 튼다.

참나리_새순 올라오는 모습

참나리_잎

참나리_꽃봉오리

참나리_꽃

참나리_열매　　　　　　　참나리_줄기(주아)

여름

약효

폐의 기운을 윤활하게 하고 기침을 멎게 하며, 심장의 열을 내리고 정신을 안정시키며, 몸을 튼튼하게 하는 등의 효능이 있어서, 폐결핵, 해수, 정신 불안, 신체 허약 등의 치료에 이용하며, 폐나 기관지 관련 질환에 널리 응용할 수 있다.

용법과 약재

말린 것으로 하루에 10~30g 정도를 사용하는데, 약재 20~30g에 물 1L 정도를 붓고 끓기 시작하면 불을 약하게 줄여서 200~300mL 정도로 달여 아침저녁 2회에 나누어 복용한다. 죽을 쑤어 먹기도 한다. 양심안신(養心安神: 심장의 기운을 길러 주면서 정신을 안정시킴) 작용이 있는 산조인(酸棗仁), 원지(遠志) 등을 배합하여 신경 쇠약이나 불면증 등을 치료하기도 한다.

① 생용(生用) : 심열을 내리고 정신을 안정시키는 효능이 있어서 열병 후에 남은 열이 완전히 제거되지 않아 정신이 황홀하고 심번(心煩: 번열이 나면서 가슴이 답답함)한 등의 증상에 적용할 때는 그대로 사용한다.

② 밀자(蜜炙) : 폐를 윤활하게 하여 기침을 멎게 하는 효능이 증강되므로 윤기가 허해서 오는 마른기침을 치료하는 데는 건조한 약재에 꿀물을 흡수시켜

낮은 온도에서 덖어서 사용한다. 이때 꿀의 양은 보통 약재 무게의 20% 정도를 사용하는데, 밀폐 용기에 약재를 넣고 꿀에 물을 섞어서 부은 뒤 충분히 흔들어 약재 속에 꿀물이 충분히 스며들게 하고, 약한 불로 예열한 프라이팬에 넣고 손에 찐득찐득한 꿀의 기운이 묻어나지 않을 정도까지 볶아 낸다.

※달고 차며 활설(滑泄)한 특성이 있으므로, 중초(中焦)가 차고 변이 무른 경우 및 풍사(風邪)나 한사(寒邪)로 인하여 담이 많고 기침이 많은 경우에는 사용을 피한다.

참나리_뿌리 채취품

참나리_인경 채취품

참나리_인경껍질 약재품

기능성과 효능에 관한 특허자료　참나리 추출물을 함유하는 염증성 질환 및 천식의 예방 및 치료용 약학적 조성물

본 발명은 참나리 인경 추출물을 유효성분으로 함유하는 염증 질환 또는 천식의 예방 또는 치료용 조성물에 관한 것이다. 본 발명의 조성물은 in vivo 및 in vitro에서 우수한 염증 억제 및 천식 억제 효과를 나타내며 세포독성은 없으므로, 염증 또는 천식 질환의 예방 또는 치료에 유용하게 이용될 수 있다.

〈공개번호 : 10-2010-0137223, 출원인 : 한국생명공학연구원〉

소화기계 질환 치료(건위, 지사)

창포

생약명 백창(白菖)
사용부위 잎, 뿌리
작용부위 간, 위장, 폐, 신장 경락에 작용한다.

학명 *Acorus calamus* L.
이명 장포, 향포, 왕창포
과명 천남성과(Araceae)
개화기 6~7월
채취시기 봄에서 겨울까지 뿌리를 채취하여 그늘에서 말린다.
성분 아사론(asarone), 아사릴알데히드(asarylaldehyde), 칼라메온(calameone), 칼라멘(calamene),
오이게놀(eugenol), 메틸오이게놀(methyleugenol) 등의 정유를 함유한다.

성질과 맛 성질이 따뜻하고, 맛은 쓰고 맵다.

 전국 각지의 호수나 연못가의 습지에서 나는 여러해살이풀로, 햇볕이 잘 드는 곳의 물웅덩이나 물이 잘 빠지지 않는 습지에서 잘 자란다. 키는 70cm 정도이고, 잎은 뿌리 끝에서 촘촘히 나오고 길이는 약 70cm, 폭은 1~2cm이며 가운데 뚜렷한 선이 있다. 꽃은 6~7월에 잎 사이에서 비스듬히 옆으로 올라오며 원주형에 흰색이다. 열매는 7~8월경에 달리고 긴 타원형의 장과로 붉은색이다.

창포_잎

창포_꽃

창포_열매

창포_줄기

약효

담을 제거하고 체내 기혈이 울체된 것을 뚫어 주며, 비장을 튼튼하게 하고 습사를 내보내는 등의 효능이 있어서 소화불량, 간질, 경계(驚悸)와 건망증, 신지불청(神志不淸: 정신이 맑지 못한 증상), 설사, 류머티즘성 동통, 종기, 옴 등을 치료하는 데 이용한다.

용법과 약재

하루 3~10g을 사용하는데, 물 1L 정도를 붓고 달여서 2~3회에 나누어 복용하거나 가루로 만들어 복용한다. 외용할 때는 달인 액으로 씻거나 가루를 물에 개어 환부에 붙인다. 잎에서 강한 향이 나므로 욕실용 향수나 입욕제, 비누를 만드는 데 활용해도 좋다.

※따뜻하고 매운 성질이 있으므로 진액이 부족하고 음기가 부족한 상태에서 양기가 비정상적으로 오르는 경우에는 사용할 수 없다

창포_잎 약재품

창포_뿌리 약재품

여름

기능성과 효능에 관한 특허자료 **창포 잎의 수 추출물을 함유하는 항염증용 조성물**

본 발명은 창포 잎의 수(水) 추출물을 함유하는 항염증용 조성물에 관한 것으로서, 상기 항염승용 소성불을 함유한 화상료 조성물을 제공함으로써, 세포 독성이 없어 피부에 안전하며 염증성 사이토카인의 생성을 억제하는 항염증 효과에 의해 알레르기성 피부의 염증 질환을 예방 및 개선할 수 있다.

〈공개번호 : 10-2009-0108257, 출원인 : 전남대학교 산학협력단〉

근골격계 질환 치료(관절통, 해독, 이뇨, 혈관강화)

청미래덩굴

생 약 명 발계(菝葜), 발계엽(菝葜葉),
토복령(土茯苓)

사용부위 뿌리줄기, 잎

작용부위 간, 대장, 방광 경락에
작용한다.

학명 *Smilax china* L. = [*Coprosmanthus japonicus* Kunth.]

이명 망개나무, 명감나무, 매발톱가시, 종가시나무, 청열매덤불, 팔청미래

과명 백합과(Liliaceae)

개화기 5월

채취시기 뿌리줄기는 2, 8월에, 잎은 봄여름에 채취한다.

성분 뿌리줄기에는 사포닌, 알칼로이드, 페놀류, 아미노산, 디오스게닌(diosgenin), 유기산, 당류가
함유되어 있다. 잎에는 루틴(rutin)이 함유되어 있다.

성질과 맛 뿌리줄기는 성질이 따뜻하고, 맛은 달다. 잎은 성질이 따뜻하고 독이 없으며, 맛은 달다.

생육특성

일본, 중국, 필리핀, 인도차이나 등지와 우리나라 황해도 이남의 해발 1,600m 이하의 양지바른 산기슭이나 숲 가장자리에 자생하는 낙엽활엽덩굴성 목본이다. 줄기는 마디에서 굽어 자라고 덩굴 길이가 3m에 이르며 갈고리 같은 가시가 있어 다른 나무를 기어올라 덤불을 이룬다. 잎은 어긋나며, 넓은 타원형에 두껍고 광택이 난다. 꽃은 자웅이주로, 5월에 황록색 꽃이 잎겨드랑이에 산형꽃차례에 핀다. 둥근 열매가 붉은색으로 한곳에 5~10개씩 달려 9~10월에 붉은색으로 익으며, 종자는 황갈색이다.

청미래덩굴_잎

청미래덩굴_꽃봉오리

청미래덩굴_꽃

청미래덩굴_열매

청미래덩굴_줄기와 가시

약효

뿌리줄기는 생약명이 발계(菝葜) 또는 토복령(土茯苓)이며, 이뇨, 해독의 효능이 있고 부종, 수종(水腫), 풍습, 소변불리, 종독, 관절통, 근육 마비, 설사, 이질, 치질 등을 치료한다. 특히 수은이나 납 등 중금속 물질의 해독에 효과적이다. 잎은 생약명이 발계엽(菝葜葉)이며, 종독(腫毒), 풍독(風毒), 화상 등을 치료한다. 청미래덩굴의 추출물은 혈관질환을 예방·치료하는 데 효과적이라고 한다.

용법과 약재

뿌리줄기 1일량 30~50g을 물 900mL에 넣고 반으로 달여 2~3회 매 식후 복용하거나 술에 담가 우려 먹는다. 환이나 가루로 만들어 먹어도 된다. 잎 1일량 40~60g을 물 900mL에 넣고 반으로 달여 2~3회 매 식후 복용한다. 외용할 때는 짓찧어서 환부에 붙이거나 가루를 내어 뿌린다.

청미래덩굴_뿌리 채취품

청미래덩굴_뿌리(절면) 약재품

기능성과 효능에 관한 특허자료

청미래덩굴 추출물을 함유하는 혈관질환의 예방 또는 치료용 약학 조성물

본 발명은 청미래덩굴 잎 추출물을 함유하는 약학조성물에 관한 것이다. 보다 구체적으로 본 발명의 청미래덩굴 잎 추출물은 혈관 이완과 항염증 인자 저해 효능을 가지므로 이를 함유하는 약학 조성물은 혈관질환의 예방 또는 치료를 위한 약학조성물 및 건강기능식품으로 유용하게 이용될 수 있다.

〈공개번호 : 10-2012-0059832, 출원인 : 동국대학교 경주캠퍼스 산학협력단〉

소화기계 질환 치료(건위, 황달, 이뇨, 거담)

탱자나무

생약명 지실(枳實), 지근피(枳根皮), 구귤엽(枸橘葉)

사용부위 열매, 뿌리·근피, 잎

작용부위 비장, 위장, 대장, 신장 경락에 작용한다.

학명 *Poncirus trifoliata* (L.) Raf.

이명 야등자(野橙子), 취길자(臭桔子), 취극자(臭棘子), 지수(枳樹), 동사자(銅楂子)

과명 운향과(Rutaceae)

개화기 5~6월

채취시기 열매는 익기 전인 8~9월, 뿌리·근피는 연중 수시, 잎은 봄여름에 채취한다.

성분 열매에는 폰시린(poncirin), 헤스페리딘(hesperidin), 로이폴린(rhoifolin), 나린진(naringin), 네오헤스피리딘(neohespiridin) 등의 플라보노이드가 함유되어 있으며 알칼로이드의 스킴미아닌(skimmianine)도 함유되어 있다. 과피에 함유되어 있는 정유의 성분은 α-피넨(α-pinonc), β-피넨, 미브센(myrcene), 리모넨(limonene), 캄펜, γ-테르피넨(γ-terpinene), p-시멘(p-cymene), 카리오필렌(caryophyllene) 등이 함유되어 있다. 뿌리 및 근피에는 리모닌(limonin), 마르메신(marmesin), 세셀린(seselin), β-시토스테롤(β-sitosterol), 폰시트린(poncitrin)이 함유되어 있다. 잎에는 폰시린, 네오폰시린(neoponcirin),

나린진, 적은 양의 로이폴린이 함유되어 있고 꽃에는 폰시티린(poncitirin)이 함유되어 있다.

성질과 맛　열매는 성질이 따뜻하고, 맛은 맵고 쓰다. 뿌리·잎은 성질이 따뜻하고, 맛은 맵다.

🌿 생육특성

중부·남부지방의 마을 근처, 과수원, 울타리 등에 심어 가꾸는 낙엽활엽관목으로, 높이는 3m 내외로 자란다. 줄기와 가지가 많이 갈라지고 약간 편평하며, 3~5cm 정도의 가시가 서로 어긋나 있다. 잎은 3출 겹잎에 서로 어긋나고 작은 잎은 타원형 또는 난형에 가죽질이며 가장자리에는 톱니가 있고 잎자루에는 좁은 날개가 붙어 있다. 5~6월에 흰색 꽃이 가지 끝이나 잎겨드랑이에 1개씩 피고, 장과인 둥근 열매는 9~10월에 황색으로 익는다.

탱자나무_잎

탱자나무_꽃

탱자나무_열매

탱자나무_가지

탱자나무_수피

🌿 약효

덜 익은 열매는 생약명이 구귤(枸橘) 또는 지실(枳實)이며, 진통과 건위작용이 있어 소화불량, 식욕 부진, 변비, 식적(食積), 위통, 위하수, 자궁 하수, 치질, 타박상, 주독 등을 치료한다. 뿌리 및 근피는 생약명이 지근피(枳根皮)이며, 치통, 치질을 치료한다. 잎은 생약명이 구귤엽(枸橘葉)이며, 거풍(祛風), 제독(除毒)에 도움을 준다. 탱자나무의 추출물은 B·C형 간염 치료와 항염, 항알레르기, 살충 등의 효능이 있다.

🍵 용법과 약재

덜 익은 열매 1일량 20~30g을 물 900mL에 넣고 반으로 달여 2~3회 매 식후 복용한다. 외용할 때는 달인 액으로 씻거나 달인 농축액을 환부에 바른다. 뿌리 및 근피 1일량 20~30g을 물 900mL에 넣고 반으로 달여 2~3회 매 식후 복용한다. 외용할 때는 달인 액을 입에 머금어 치료하고 치질에는 자주 씻어 준다. 잎 1일량 30~50g을 물 900mL에 넣고 반으로 달여 2~3회 매 식후 복용한다.

여름

탱자나무_열매 약재품 (지실)

탱자나무_약재품 (절편)

기능성과 효능에 관한 특허자료

탱자나무 추출물을 함유하는 B형 간염 치료제

본 발명은 간염 바이러스의 증식을 특이적으로 지해하며 간세포에 내한 독성이 적은 탱자나무의 추출물을 함유하는 B형 간염 치료제에 관한 것이다. 본 발명의 탱자나무 추출물을 유효성분으로 함유하는 B형 간염 치료제는 HBV-P에 대한 선택적이고 강한 저해작용이 있으며 HBV의 증식을 억제할 뿐만 아니라 인체에는 독성이 매우 적기 때문에 간염 치료제로서 매우 유용하다. 〈공개번호 : 10-2002-0033942, 특허권자 : (주)내비켐〉

순환기계 질환 치료 (지혈, 지사, 신경통, 해독)

할미꽃

생 약 명 백두옹(白頭翁)
사용부위 뿌리
작용부위 위장, 폐, 대장 경락에 작용한다.

학명 *Pulsatilla koreana* (Yabe ex Nakai) Nakai ex Mori

이명 노고초, 조선백두옹, 할미씨까비, 야장인(野丈人), 백두공(白頭公)

과명 미나리아재비과(Ranunculaceae)

개화기 4월

채취시기 가을에서 이듬해 봄철 개화 전에 뿌리를 채취하여 이물질을 제거하고 햇볕에 말린다. 약재로 가공할 때는 윤투(潤透: 습기를 주어 부드럽게 함)시킨 다음 얇게 썰어 건조하여 사용한다.

성분 뿌리에 사포닌 9%가 함유되어 있고, 아네모닌(anemonin), 헤데라게닌(hederagenin), 올레아놀산 (oleanolic acid), 아세틸올레아놀산(acetyloleanolic acid) 등이 함유되어 있다.

성질과 맛 성질이 차고 맛은 쓰며 독이 조금 있다.

생육특성

전국 각지의 산과 들에 분포하는 여러해살이풀로, 주로 양지쪽에 자란다. 꽃대의 높이는 30~40cm이고, 전체에 긴 털이 밀생하며 흰빛이 돈다. 잎은 뿌리에서 뭉쳐나며, 5개의 작은 잎으로 된 깃꼴겹잎이다. 4월에 적자색 꽃이 피는데, 꽃대 끝에 1개가 달려 밑을 향하고 있다. 열매는 장난형의 수과로 겉에 백색 털이 있다. 약재로 사용하는 뿌리는 원주형에 가깝거나 원추형으로 약간 비틀려 구부러졌고, 길이 6~20cm, 지름 0.5~2cm이다. 표면은 황갈색 또는 자갈색에 불규칙한 세로주름과 세로 홈이 있으며, 뿌리의 머리 부분은 썩어서 움푹 들어가 있다. 뿌리의 질은 단단하면서도 잘 부스러지고, 단면의 껍질부는 흰색 또는 황갈색이며, 목부는 담황색이다

할미꽃_잎

할미꽃_꽃

여름

할미꽃_열매

할미꽃_줄기

약효

열을 내리고 독을 풀어 주며, 염증을 가라앉히고 유해한 균을 죽이는 등의 효능이 있어, 설사, 열독, 혈변, 음부의 가려움증과 대하를 치료하고, 그 밖에 아메바성 이질, 말라리아 등을 치료하는 데에도 이용한다.

용법과 약재

말린 것으로 하루에 6~20g를 사용하는데, 말린 전초 15g에 물 700mL 정도를 붓고 끓기 시작하면 불을 약하게 줄여서 200~300mL 정도로 달여 아침저녁 2회에 나누어 복용한다. 가루 또는 환으로 만들어 복용하기도 한다. 외용할 때는 전초를 짓찧어 환부에 바른다. 민간에서는 만성 위염에 잘 말려 가루 낸 할미꽃 뿌리를 2~3g씩 하루 3회 식후에 복용한다. 15~20일간을 1주기로 하여 듣지 않으면 7일간 쉬었다가 다시 한 주기를 반복해서 복용한다. 그 밖에도 여성의 냉병이나 질염 치료에도 요긴하게 사용하는데, 말린 약재 5~10g에 물 700mL 정도를 붓고 끓기 시작하면 불을 약하게 줄여서 200~300mL로 달여 하루 2회에 나누어 복용하거나, 말린 약재를 변기에 넣고 태워서 그 김을 쏘이기도 한다. ※독성이 있으므로 전문가와 상의해서 사용하는 것이 좋다. 또한 이 약재는 성질이 찬 약재이므로 허한(虛寒)에서 오는 설사에는 사용할 수 없다. 강력한 피부 점막 자극으로 발포, 눈물, 재채기를 유발하기도 한다. 관상용으로 심을 때는 꽃가루 알레르기가 있는 사람은 피하는 것이 좋다.

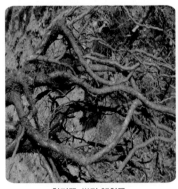

할미꽃_뿌리 채취품

할미꽃_약재품

내분비계 질환 치료(당뇨, 항산화, 항암, 월경)

해당화

생 약 명	매괴화(玫瑰花)
사용부위	꽃
작용부위	간, 담낭, 심장, 소장, 비장, 위장, 폐, 대장, 신장, 방광 경락에 작용한다.

학명 *Rosa rugosa* Thunb.

이명 해당나무, 해당과(海棠果)

과명 장미과(Rosaceae)

개화기 5~6월

채취시기 5~6월에 막 피어난 꽃을 채취한다.

성분 신선한 꽃에는 정유가 함유되어 있고, 그 주요 성분은 시트로넬롤(citronellol), 게라니올(geraniol), 네롤(nerol) 오이게놀(eugenol), 페닐에틸알코올(phenylethyl alcohol) 등이며, 그 밖에 퀘르세틴 (quercetin), 타닌, 시아닌(cyanin) 고미질, 황색소, 유기산, 지방유, β-카로틴이 함유되이 있다.

성질과 맛 성질이 따뜻하고 독이 없으며, 맛은 달고 약간 쓰다.

생육특성

전국의 바닷가 및 산기슭에 자생하는 낙엽활엽관목으로, 높이가 1.5m 내외로 자란다. 굵고 튼튼한 줄기에 가시와 자모(刺毛) 및 융모(絨毛)가 있으며, 가시에도 융모가 있다. 잎은 어긋나고 홀수깃꼴겹잎이며, 5~9개의 작은 잎은 타원형 또는 타원상 도란형에 잎끝이 뾰족하거나 둔하고 끝부분은 원형 또는 쐐기형에 가장자리에는 가는 톱니가 있다. 5~6월에 백색 또는 홍색 꽃이 새로운 가지 끝에 원추꽃차례를 이루며 피고, 편구형 열매는 8~9월에 등홍색 또는 암적색으로 익는다.

해당화_잎

해당화_꽃봉오리

해당화_꽃

해당화_열매

해당화_수피

약효

꽃은 관상용, 공업용, 밀원용으로 기르거나 약용하는데 생약명이 매괴화(玫瑰花)이며, 기를 다스려 우울한 정신을 맑게 해 주고 어혈을 풀어 주며 혈액순환을 원활하게 하는 효능이 있다. 또 치통, 관절염, 토혈, 객혈, 월경불순, 적대하, 백대하, 이질, 종독 등을 치료한다. 잎차는 당뇨의 예방과 치료 및 항산화 효과가 있고, 줄기추출물은 항암 효과 특히 호르몬 수용체 매개암, 예를 들어 전립선 암의 예방, 개선 또는 치료에 뛰어난 효과가 있다는 연구결과도 나왔다

용법과 약재

하루에 꽃 20~30g을 물 900mL에 넣고 반으로 달여 2~3회 매 식후 복용한다

해당화_꽃 약재품

해당화_뿌리 약재품

기능성과 효능에 관한 특허자료

항당뇨와 항산화 효능이 있는 해당화 잎차 제조 방법

본 발명은 해당화 잎을 이용하여 옥록차를 제조하는 방법에 있어서, 해당화의 독성을 현저히 감소시키고 항당뇨, 항산화 및 항지질 효과를 지닌 기능성 성분이 증가되며 해당화 특유의 향과 맛이 어우러진 새로운 형태의 해당화 옥록차를 제공하는 것에 관한 것이다.

〈등록번호 : 10-1006375-0000, 출원인 : 전라남도〉

순환기계 질환 치료(소염, 항균, 항염, 콜레스테롤)

황벽나무

생약명 황백(黃柏), 황벽(黃蘗), 황벽피(黃蘗皮)

사용부위 수피

작용부위 간, 위장, 대장, 신장, 방광 경락에 작용한다.

학명 *Phellodendron amurense* Rupr.

이명 황경피나무, 황병나무, 황병피나무

과명 운향과(Rutaceae)

개화기 5~6월

채취시기 10년 이상 된 나무의 수피를 3~6월에 채취한다.

성분 수피에 알칼로이드가 함유되어 있으며, 주성분은 베르베린(berberine)과 팔미틴(palmitin), 자트로르리진(jatrorrhizine), 펠로덴드린(phellodendrine), 칸디신(candicine), 메니스페르민(menispermine), 마그노플로린(magnoflorine) 등이고, 푸로퀴놀린(furoquinoline) 타입 알칼로이드로서 딕탐닌(dictamnine), γ-파가린(γ-fagarine), 스킴미아닌(skimmianine), 리모노이드(limonoid) 고미질로서 오바쿠논(obacunone), 리모닌(limonin) 등이고 피토스테롤(phytosterol)로서 캄페스테롤(campesterol), β-시토스테롤(β-sitosterol), 플라보노이드로서 펠로덴신 A~C(phellodensin A~C), 아무렌신

(amurensin), 퀘르세틴(quercetin), 캠페롤(kaempferol), 펠라무레틴(phellamuretin), 펠라무린(phellamurin) 등이며, 쿠마린(coumarin)으로서는 펠로데놀A~C(phellodenol A~C) 등이 함유되어 있다.

성질과 맛   성질이 차고, 맛은 쓰다.

🪷 생육특성

전국에 분포하는 낙엽활엽교목으로, 높이 10m 내외로 자란다. 수피는 회색이며 두꺼운 코르크층이 발달하여 깊이 갈라지고 내피는 황색이다. 잎은 마주나고 홀수깃꼴겹잎으로, 작은잎은 5~13개에 난형 또는 피침상 난형이고, 잎끝은 뾰족하며 밑부분은 좌우가 같지 않고 가장자리는 가늘고 둥근 톱니가 있거나 밋밋하다. 꽃은 자웅이주로, 5~6월에 황색 또는 황록색 꽃이 원추꽃차례를 이루며 피고, 액과상(液果狀) 핵과인 열매는 9~10월에 검은색 또는 자흑색으로 익는다.

황벽나무_잎

황벽나무_꽃봉오리

황벽나무_열매

황벽나무_수피

약효

수피 중 외피의 코르크질을 제거하고 내피는 약용하는데, 생약명이 황백(黃柏) 또는 황백피(黃柏皮)이며, 건위, 지사, 정장작용이 뛰어나 고미 건위약으로 쓰고, 위장염, 복통, 황달 등의 치료제로도 쓴다. 또한 신경통이나 타박상에 외용하기도 한다. 한편 약리 실험에서는 항균, 항진균, 항염작용 등이 밝혀지기도 했으며, 그 밖에 약리 효과는 미약하지만 고혈압, 근수축력 증강작용, 해열, 콜레스테롤 저하작용 등도 밝혀졌다. 수피와 지모(知母)를 혼합하여 물로 추출한 추출물은 소염, 진통 효과가 있고, 수피 추출물은 약물 중독 예방 및 치료 효과가 있다.

용법과 약재

하루에 수피 20~30g을 물 900mL에 넣고 반으로 달여 2~3회 매 식후 복용한다. 외용할 때는 짓찧어서 환부에 도포한다.

※비장이 허하여 설사를 하는 사람이나 위가 약하고 식욕이 부진한 사람은 사용을 금하는 것이 좋다.

황벽나무_껍질 속

황벽나무_약재품

기능성과 효능에 관한 특허자료 황백을 이용한 약물 중독 예방 및 치료를 위한 약제학적 조성물

본 발명은 황백에서 추출한 물질로서, 중독성 약물의 반복 투여에 따라 증가되는 도파민의 작용을 억제시키는 물질을 유효성분으로 포함하는 황백을 이용한 약물 중독 예방 및 치료를 위한 약제학적 조성물을 제공한다.

〈공개번호 : 10-2004-0097425, 출원인 : 심인섭〉

내분비계 질환 치료(보간, 천식, 수렴, 항암)

후박나무

생약명	한후박(韓厚朴), 홍남피(紅楠皮)
사용부위	근피와 수피
작용부위	위장, 대장 경락에 작용한다

학명 *Machilus thunbergii* Siebold & Zucc.

이명 왕후박나무, 홍남(紅楠), 저각남(猪脚楠), 상피수(橡皮樹), 홍윤남(紅潤楠)

과명 녹나무과(Lauraceae)

개화기 5~6월

채취시기 여름에 근피·수피를 채취한다.

성분 수피와 근피에는 타닌과 수지, 다량의 점액질이 함유되어 있으며, 리그난(lignan)의 아쿠미나틴 (acuminatin), 세사민(sesamin), 갈벨긴(galbelgin), 마칠린 A~I(machilin A~I), 리카린(licarin) A와 R, 부탄올리드(butanolide)에는 리트세놀라이드 A2, B1, B2(litsenolide A2, B1, B2), 플라보노이드에는 나린제닌(naringenin), 쿼르세틴(quercetin), 캠페롤(kaempferol), 알칼로이드 등이 함유되어 있다.

성질과 맛 성질이 따뜻하고, 맛은 맵고 쓰다.

생육특성

남부지방에 분포하는 상록활엽교목으로, 높이가 20m 내외로 자란다. 잎은 어긋나고 도란상 타원형 또는 도란상 긴 타원형에 길이는 7~15cm이며 잎끝은 뾰족하고 가장자리는 밋밋하다. 5~6월에 황록색 양성화가 잎겨드랑이에서 원추꽃차례로 피고, 열매는 다음 해 7~8월에 흑자색으로 익는다.

후박나무_잎   후박나무_꽃   후박나무_열매

약효

근피 및 수피는 생약명이 한후박(韓厚朴) 또는 홍남피(紅楠皮)이며, 간세포 보호작용과 해독작용으로 간염 치료에 도움을 주고, 정장, 지사, 수렴의 효능이 있어 위장병의 복부 팽만감, 소화불량, 변비, 습진, 궤양, 타박상 등을 치료한다.

용법과 약재

하루에 근피 및 수피 20~30g을 물900mL에 넣고 반으로 달여 2~3회 매 식후 복용한다. 외용할 때는 생것을 짓찧어서 환부에 도포한다.

후박나무_수피 약재품

가을
약초

내분비계 질환 치료(자양, 강장, 익신고정)

가시연꽃

생약명 검인(芡仁), 검실(芡實), 계두실(鷄頭實),안훼실(雁喙實)
사용부위 종인
작용부위 비장, 신장 경락에 작용한다.

학명 *Euryale ferox* Salisb.

이명 개연, 가시연, 가시련, 칠남성

과명 수련과(Nymphaeaceae)

개화기 7~8월

채취시기 늦가을이나 초겨울에 익은 열매를 채취, 껍질을 제거하고 씻은 후 다시 겉껍질을 제거하여
햇볕에 말린다. 이물질을 제거하고 약한 불에 옅은 황색이 되도록 덖어서 사용하거나 밀기울과
함께 덖은후 밀기울은 버리고 사용한다.

성분 씨에 녹말을 비롯한 탄수화물(32%), 단백질(4.4%), 지방(0.2%), 정유(0.2%) 등이 함유되어 있다

성질과 맛 성질이 평하고, 맛은 달고 떫으며 독은 없다.

![생육특성] **생육특성**

　　중부 이남에 자생하는 한해살이 수초로, 물이 고여 있는 늪지와 연못 같은 곳에서 자란다. 종자가 발아하여 수면 위로 처음 올라오는 잎은 작고 화살 같지만 타원형을 거쳐 점차 큰 잎이 나오며, 완전히 자라면 약간 파인 원반 모양을 이루고 가시가 달린 잎자루가 잎 한가운데에 달린다. 잎의 지름은 작게는 20cm부터 큰 것은 2m에 이르기까지 크기가 다양하고, 잎 앞면과 뒷면에 가시가 있다. 7~8월에 잎 사이로 또는 잎을 뚫고 가시가 있는 긴 꽃줄기가 자라 그 끝에 지름 약 4cm의 자색 꽃이 한개 달린다. 꽃은 오후 2~3시경에 피었다가 밤에 닫힌다. 장과인 열매는 10~11월에 익으며, 지름 5~7cm의 구형으로 표면에 가시가 있다. 종자는 꽃대가 형성될 때 이미 익어 점차 성숙하고 검은색이며 딱딱하다.

가시연꽃_잎

가시연꽃_꽃봉오리

가을

가시연꽃_꽃

가시연꽃_열매

약효

신장 경락의 기운을 더하고 정력을 강하게 하며, 비장의 기능을 보하고 설사를 멈추게 하는 등의 효능이 있어서, 습사(濕邪)와 정체된 기를 제거하는 효과가 있다. 또 몽정(夢精)과 유정(遺精), 활정(滑精) 등을 낫게 하고 유뇨(遺尿)와 빈뇨(頻尿)를 치료 한다. 또한 비장의 기능이 허하여 오래된 설사나 오줌이 뿌옇게 나오는 증상, 여성의 대하(帶下)를 치료한다. 따라서 생식과 관련된 기능과 소화, 배설 및 부인과 질환 등에 유용하게 이용할 수 있다.

용법과 약재

종인은 말린 것으로 하루에 9~20g을 사용한다. 덖은 약재(종인) 10~15g에 물 600~700mL를 붓고 끓기 시작하면 불을 약하게 줄여서 3분의 1 정도로 줄 때까지 뭉근하게 달여 복용한다.

※ 떫은맛이 있으므로 소변이나 대변이 잘 나가지 않는 사람은 지나치게 많이 복용하지 않도록 주의한다.

가시연꽃_종인

가시연꽃_씨앗 약재품

순환기계 질환 치료(거풍습, 강근골, 이수소종)

가시오갈피

생약명 자오가(刺五加), 오가엽(五加葉), 오가피(五加皮)

사용부위 근피, 수피, 열매, 잎

작용부위 폐, 신장, 경락에 작용한다.

학명 *Eleutherococcus senticosus* (Rupr. & Maxim.) Maxim. = [*Acanthopanax senticosus*]

이명 가시오갈피나무, 민가시오갈피, 왕가시오갈피, 왕가시오갈피나무, 자화봉(刺花棒), 자노아자(刺老鴉子), 자괴봉(刺拐棒), 자침(刺針)

과명 두릅나무과(Araliaceae)

개화기 7월

채취시기 근피는 가을 이후, 수피는 봄부터 초여름, 열매는 가을(11월), 잎은 여름에 채취한다.

성분 다종(多種)의 배당체를 함유하는데, 그중에 시린진(syringin), 다우코스테롤(daucosterol), 세사민(sesamin), 다당류도 함유되어 있다. 그 밖에 강심 배당체, 사포닌, β-시토스테롤(β-sitosterol), 글루코시드(glucoside), 정유, 4-메틸살리실알데히드(4-methyl salicylaldehyde), 타닌, 팔미트산(palmitic acid), 리놀렌산(linolenic acid), 비타민 A·B, 사비닌(savinin) 등을 함유하고 있다. 그리고 시린가레시놀(syringaresinol), 아칸토사이드 B, D(acantoside B, D), 엘레우테로사이드(eleuther-oside) E·I·K·L~M·B1, 안토사이드(antoside), 캠페리트린(kaempferitrin), 캠페롤-7-람노시드(kaempferol-7-rhamnoside), 이소퀘르시트린(isoquercitrin), 클로로겐산(chlorogenic acid), 코니페린(coniferin), 코니페릴알코올(coniferyl alcohol), 카페산(caffeic acid) 등이 함유되어 있다.

성질과 맛　성질이 따뜻하고, 맛은 맵다.

🪷 생육특성

전국 각지의 산지에 분포하는 낙엽활엽관목으로, 높이는 2~3m이다. 가지는 적게 갈라지고, 전체에 가늘고 긴 가시가 밀생하며 회갈색이다. 잎은 손바닥처럼 생긴 겹잎에 서로 어긋나고, 작은 잎은 3~5개로 타원상 도란형 또는 긴 타원형이며 가장자리에는 뾰족한 겹톱니가 있다. 잎자루는 3~8개 정도로 가시가 많이 있다. 7월에 자황색 꽃이 가지 끝에 1개씩 달리거나 밑부분에서 갈라지며 산형꽃차례로 피고, 둥근 열매는 10~11월에 검은색으로 익는다.

가시오갈피_새잎　　가시오갈피_잎　　가시오갈피_꽃

가시오갈피_열매　　　　　가시오갈피_가지

약효

수피 및 근피는 생약명이 오가피(五加皮) 또는 자오가(刺五加)이며, 주된 효능은 강장작용인데 인삼이나 오갈피나무보다 효과가 큰 것으로 알려져 있다. 또한 심근경색을 예방하고 혈당 강하작용으로 당뇨병의 혈당을 조절하며 면역증강작용으로 질병에 대한 저항력을 높여준다. 그 밖에 항염, 항암, 강심, 진경, 진정, 해열, 진통, 보간, 보신, 강정의 효능이 있어 중풍, 고혈압, 신경통, 관절염 등을 치료한다. 열매는 생약명이 오가과(五加果)이며, 차(茶)를 끓여 마신다. 잎은 생약명이 오가엽(五加葉)이며, 종기, 타박상, 종통(腫痛) 등을 치료한다.

용법과 약재

하루에 수피 및 근피 20~30g을 물 900mL에 넣고 반으로 달여 2~3회 매 식후 복용한다. 잎은 외용하는데, 생것 적당량을 짓찧어서 환부에 붙여 치료한다.

가시오갈피_뿌리 약재

가시오갈피_수피 약재품

기능성과 효능에 관한 특허자료

가시오갈피 추출물을 함유하는 당뇨병의 예방 및 치료용 조성물

본 발명은 가시오갈피 추출물을 함유하는 당뇨병의 예방 및 치료용 조성물에 관한 것으로, 본 발명의 가시오갈피 추출물은 고지방 식이 유도 고혈당 마우스에서 혈당 상승 억제 활성, 인슐린 저항성 개선 활성 및 경구 당부하 실험에서 혈중 포도당 및 혈중 인슐린 농도를 떨어뜨리는 활성을 나타내므로, 당뇨병의 예방 및 치료용 의약품 및 건강 기능 식품으로 사용할 수 있다. 〈공개번호 : 10-2005-0080810, 출원인 : (주)한국토종약초연구소〉

호흡기계 질환 치료(감기, 몸살)

감국

생 약 명	감국(甘菊)
사용부위	꽃
작용부위	간, 위장, 폐 경락에 작용한다.

학명 *Dendranthema indicum* (L.) DesMoul. = [*Chrysanthemum indicum* L.]

이명 국화, 들국화, 선감국, 황국

과명 국화과(Compositae)

개화기 9~11월

채취시기 잎자루와 꽃자루를 제거하고 사용한다. 9~11월 사이의 개화기에 채취하여 그늘에서 말리거나 건조기에 넣어서 건조하고, 훈증한 후 햇볕에 널어 말리기도 한다.

성분 아피게닌글루코시드(apigenin glucoside), 비타민 A와 B1, 크리산테민(chrysanthemin), 알칼로이드, 사포닌, 아데닌(adenine), 스타키드린(stachydrine), 콜린(choline) 등이 함유되어 있다. 특히 꽃에는 정유 0.13%, 탄수화물, 아데닌, 콜린 등이 함유되어 있다.

성질과 맛 성질이 약간 차고, 독이 없으며, 맛은 달고 쓰다.

![로고](생육특성 로고) **생육특성**

　전국 각지의 산과 들에 분포하는 여러해살이풀로, 양지 또는 반
그늘의 풀숲에서 자란다. 키는 30~80cm이고, 줄기는 모여나며 전체에
잔털이 있다. 잎은 어긋나고 길이 3~5cm, 폭 2.5~4cm에 새의 깃 모
양으로 깊게 갈라지며 가장자리에 톱니가 있다. 9~11월에 노란색 꽃이
줄기와 가지 끝에 두상꽃차례로 뭉쳐 달리며 지름은 2.5cm 정도이다.
수과인 열매는 12월경에 달리는데, 안에 작은 종자들이 많이 들어 있다.

감국_잎

감국_꽃

감국_줄기

감국_흰꽃

감국_열매

가을

약효

풍사와 열사를 흩어지게 하며, 간의 기운을 기르고 눈을 맑게 하며, 열을 내리고 독을 풀어 주는 효능이 있으며, 감기와 풍열(風熱), 두통과 어지럼증, 눈이 빨갛게 충혈되고 부어오르면서 아픈 증상, 눈이 침침해지는 증상, 염증이나 종양으로 인해 피부가 부어오르는 종창(腫瘡)과 종독(腫毒)을 치료한다.

용법과 약재

말린 것으로 하루에 6~12g을 사용하는데, 건조한 감국 5~10g에 물 600~700mL를 붓고 끓기 시작하면 불을 약하게 줄여서 200~300mL 정도로 달여 복용하거나, 물 2L를 붓고 2시간 정도 끓여서 거른 뒤 기호에 따라 꿀이나 설탕을 가미하여 차로 복용하기도 한다. 그 밖에 가루를 내어 쓰거나 술을 담가서 마시기도 하는데, 보통 술을 빚을 때는 누룩과 고두밥에 함께 섞어 넣고 술이 익으면 걸러서 마신다. 꽃을 잘 말려서 베갯속에 넣어 사용하면 두통을 없애 준다고 하여 민간에서 애용한다.

※성질이 차기 때문에 기가 허하고 위장이 찬 사람, 또는 설사를 하는 사람은 많이 사용하면 안 된다.

감국_꽃봉오리 약재품

감국_꽃 약재

기능성과 효능에 관한 특허자료

감국 추출물을 함유하는 당뇨병, 당뇨 합병증의 예방 및 치료용 약학 조성물

본 발명은 감국 추출물을 포함하는 당뇨병, 당뇨 합병증의 예방 및 치료용 조성물에 관한 것이다. 본 발명의 당뇨병, 당뇨 합병증의 예방 및 치료를 위한 조성물은, 조성물 총중량에 대하여 감국 추출물을 0.5~50중량%로 포함한다.

〈공개번호 : 10-2009-0106700, 출원인 : 김성진〉

이기혈 질환 치료(건위, 소염, 해독)

감초

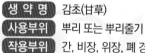

생 약 명 감초(甘草)
사용부위 뿌리 또는 뿌리줄기
작용부위 간, 비장, 위장, 폐 경락에 작용한다.

학명 *Glycyrrhiza uralensis* Fischer et D.C.
이명 우랄감초, 만주감초, 국로(國老), 첨초(甛草)
과명 콩과(Leguminosae)
개화기 7월
채취시기 가을에 채취하여 적당히 잘라 햇볕에 말린다.
성분 주성분은 감미 성분인 글리시르리친(glycyrrhizin)이며, 서당, 포도당, 능금산, 플라보노이드의 리퀴리틴
(liquiritin), 리퀴리토사이드(liquiritoside), 리퀴리티게닌(liquiritigenin), 아스파라긴, 리코리시딘
(licoricidin) 등을 함유한다

성질과 맛 성질이 평하고, 독이 없으며, 맛은 달다.

생육특성

감초는 콩과의 여러해살이풀이지만 줄기가 자라면서 기부(基部)가 목질화하여 가지가 많이 생기므로 이 책에서는 '목본류'에 포함시켰다. 전주(全株)에 가는 털이 밀생하고, 잎은 깃꼴겹잎이며 장난원형에 끝이 뾰족하다. 7월경에 담자색 꽃이 피고 열매는 꼬투리로 맺히며 주로 뿌리를 약용한다. 주 산지는 중국, 러시아, 스페인이며 근래에는 우리나라에서도 재배하고 있다. 스페인감초, 러시아감초, 우랄감초 등 여러 종류가 있다.

감초_잎	감초_꽃	감초_열매

감초_줄기	감초_뿌리

약효

비장의 기능을 보하고 중초(소화기관)를 조화롭게 하며, 기를 더해주고 모든 약성을 조화롭게 하며, 진통, 진해, 해독, 소종 등의 효능이 있다. 예부터 '약방의 감초'라는 말이 있는데, 이는 감초가 약재로 아주 흔히 쓰이고 있다는 뜻이다. 감초는 다른 생약에 비해서 현대 과학적 약리작용의 연구가 많이 보고되어 있다. 그중 중요한 것 몇 가지만 소개하여 보면, 글리시르리친은 일종의 사포닌 배당체로서 분해되어 글루쿠론산(glucuronic acid)을 생성하여 간장에서 유독물질과 결합, 해독작용을 하기 때문에 간장 기능을 회복시켜 주며 약물중독, 간염, 두드러기, 피부염, 습진 등에 유효하다. 그리고 진해 거담 작용과 항히스타민, 항아세틸콜린 작용도 있다. 근육이나 조직이 급격하게 긴장하여 생기는 통증을 풀어주고 체중 증가, 백혈구 증가, 이뇨작용, 항염증작용 등의 효능이 있으며, 특히 리퀴리틴, 리퀴리티게닌 등의 성분은 소화성 궤양의 발생을 억제한다. 이에 대한 치료효과는 독일, 일본 등지의 학자에 의하여 많이 연구되었으며, 최근에 소화성 궤양 치료제로 나오는 신약의 성분에 감초말(末)이나 글리시르리친이 들어 있는 것이 많은 것은 이런 이유 때문이다. 《동의보감(東醫寶鑑)》에 보면, 감초는 모든 약의 독성을 해소하며 72종의 석약(石藥 : 광물성약)과 1,200종의 초약(草藥) 등을 서로 조화시켜 약효가 잘 나타나게 하는 작용이 있으므로 별명을 국로(國老)라 했다고 한다. 국로라고 하면 나라의 원로라는 뜻이며, 감초는 약 중의 원로급이 된다는 뜻이다.

용법과 약재
물 1L에 건조한 뿌리 15g을 넣고 반으로 달여서 아침저녁 2회에 나누어 복용한다

감초_약재전형

감초_뿌리줄기(절편) 약재품

근골격계 질환 치료(관절염, 신경통)

강활

생 약 명 강활(羌活)
사용부위 뿌리
작용부위 심장, 폐 경락으로 작용한다.

학명 *Ostericum koreanum* (Max.) Kitagawa

이명 강청(羌靑), 호강사자(護羌使者), 호왕사자(胡王使者), 강활(羌滑)

과명 산형과(Umbelliferae)

개화기 7~8월

채취시기 가을에 잎과 줄기가 마른 뒤에 채취하여 햇볕이나 건조기에 말린다.

성분 정유 및 쿠마린(coumarin) 유도체, 베르갑텐(bergapten), 크산토실(xanthosyl), 이소임페라토린(isoimperatorin), 옥시포이세다닌(oxypeucedanin), 프란골라린(prangolarine), 임페라토린(imperatorin)이 알려져 있고 그 밖에 서당을 함유한다. 열매에는 임페라토린, 베르갑텐 등이 함유되어 있다.

성질과 맛 성질이 따뜻하고, 맛은 맵고 쓰며, 독은 없다.

생육특성

중국 원산의 여러해살이풀로, 한국, 일본 등지에 분포하며 중북부 산간 지대 서늘한 곳이 기후상 적당하여 많이 재배하고 있다. 사양(斜陽)이 드는 곳이나 습기가 적은 곳에서는 생육이 좋지 못하다. 잎은 세운 깃 모양으로 갈라졌고, 갈라진 잎은 도란형 또는 긴 타원형에 끝이 뾰족하며 가장자리에 톱니가 있다. 7~8월에 작은 흰꽃이 우산을 펼쳐 놓은 듯한 겹산형꽃차례로 모여 핀다. 경엽(莖葉)은 백지와 거의 같으나 약간 작은 편이고, 잎이 거세지 않고 연해 보이며 뿌리는 묵은 뿌리가 개화 결실 후 썩어 없어져도 뿌리 옆에서 나는 싹, 즉 노두가 새로 생겨서 다시 자란다. 이 뿌리를 약용한다.

강활_잎

강활_꽃

강활_열매

강활_줄기

가을

약효

강활은 신경통, 관절염 등의 구풍(驅風) 요약으로 해열, 진통 등에 쓰인다. 전신통, 하지통 등으로 몸이 무겁고 권태증을 일으킬 때 달여 먹으면 기분이 상쾌해지고 몸이 아주 가벼워진다. 발한, 해열, 진통, 진경(鎭痙), 거풍(祛風), 경신(輕身) 등의 효능이 있어 감기, 두통, 각종 신경통, 풍습으로 인하여 결리고 아픈 통증, 풍습성 관절염, 중풍 등에 이용한다. 신경통과 하지신경통 등에 대강활탕(大羌活湯 : 강활, 승마 각5g, 독활 3.75g, 창출, 방기, 위령선, 백출, 당귀, 적복령, 택사, 감초 각 3g)을 복용한다.

용법과 약재

물 1L에 건조한 뿌리 15g을 넣고 반으로 달여서 하루 2~3회로 나누어 복용한다.

사용상의 주의사항 : 해열, 두통 등에 효과가 있으나, 빈혈증으로 인한 두통에는 복용을 해서는 안 된다.

강활_생뿌리 채취품

강활_약재품

강활_건조장면

청열 질환 치료(청간, 명목)

개맨드라미

생 약 명　청상자(靑箱子)
사용부위　종자
작용부위　간, 심장 경락에 작용한다.

학명 *Celosia argentea* L.

이명 초결명(草決明)

과명 비름과(Amaranthaceae)

개화기 7~8월

채취시기 가을철 과실 성숙기에 채취하여 햇볕에 말린다.

성분 개맨드라미의 줄기와 잎에 함유된 성분은 다량의 옥살산으로, 아직 연구가 미진하다. 종자에는 지방유와 황산 칼륨, 니코틴산이 함유되어 있다.

성질과 맛 성질이 약간 차며, 맛은 쓰고 독은 없다.

생육특성

들맨드라미라고도 한다. 인도 원산의 한해살이풀로, 우리나라에 들어와 제주도와 남부지방의 길가나 밭, 인가 근처에 자생하고 있으며, 가정의 정원이나 화분 등에 관상용으로 심어 가꾸기도 한다. 높이가 60~80cm이며, 줄기는 곧게 서고 녹색 또는 적자색에 가지가 여러 갈래로 갈라져 있다. 잎은 서로 어긋나고 피침형 또는 타원상 피침형에 잎끝이 뾰족하며 가장자리는 밋밋하다. 7~8월에 작은 꽃들이 밀생하여 원주형 또는 원추형의 수상꽃차례를 이루는데, 처음에는 담홍색으로 피어 차츰 은백색으로 변한다. 종자는 8~9월에 익으며 편원형에 검은색으로 윤택이 나면서 반질반질하다.

개맨드라미_잎

개맨드라미_꽃

개맨드라미_열매

개맨드라미_줄기

약효

풍사를 없애고 간열을 맑게 하며 염증을 가라앉히는 등의 효능이 있어 안질환, 풍열로 인한 피부의 소양(瘙痒), 목적(目赤), 종통(腫痛), 예장(翳障:시력장애가 있는 안질), 창양(瘡瘍:종기와 부스럼), 고혈압 등의 치료에 이용한다. 종자는 생약명이 청상자이며, 음(陰)에 속하는 소염 수렴약(消炎收斂藥)으로 결막염, 망막 출혈, 악창(惡瘡) 등을 치료한다. 한방의 고방(古方)에는 모든 열병에 많이 이용하고 치안명목(治眼明目)은 결명자와 비슷하다고 하였다. 꽃은 생약명이 청상화이며, 눈을 밝게 해주고 혈액순환을 원활하게 하며 월경불순, 두풍, 백대하, 혈붕(血崩)을 치료한다.

용법과 약재

한방에서 안질환(眼疾患)에 청상자환(靑箱子丸 : 청상자·생지황 각 70g, 토사자·충울자·방풍·현삼·시호·택사·차전자·복령 각 38g, 오미자·세신 각 12g)을 처방하여 복용한다. 민간약으로는 여름에 더위를 먹어 기운이 없고 나른하여 만사가 귀찮을 때 개맨드라미를 채취하여 열탕으로 달여서 아침저녁으로 마신다.

개맨드라미_마른 열매

개맨드라미_종자 약재품

소화기계 질환 치료(개위, 명목, 강장)

개암나무

생약명 진인(榛仁), 진자(榛子)
사용부위 종인
작용부위 간, 비장 경락에 작용한다

학명 *Corylus heterophylla* var. *thunbergii* BL.
이명 개얌나무, 물개암나무, 깨금나무, 난퇴물개암나무, 쇠개암나무, 난티잎개암나무, 진수(榛樹),
　　　산백과(山白果), 진율(榛栗), 진자수(榛子樹)
과명 자작나무과(Betulaceae)
개화기 3~4월
채취시기 가을철(9~10월)에 잘 익은 열매를 채취한다.
성분 종인에는 탄수화물, 단백질, 지방, 회분이 함유되어 있으며 열매에는 전분, 잎에는 타닌이
　　　함유되어 있다.
성질과 맛 성질이 평하고, 맛은 달다.

생육특성

전국 각지의 산기슭이나 산야에 자생하는 낙엽활엽소교목 또는 관목으로, 높이는 5m 내외이며 수피는 회갈색이고 작은 가지에 털이 있다. 잎은 어긋나고 도란상 긴 타원형 또는 장원형으로 잎 뒷면에 털이 있으며 측맥은 5~7쌍이고 가장자리에 불규칙한 겹톱니가 있다. 자웅동주로 3~4월에 꽃이 피는데, 수꽃은 2~7개가 전년도 가지에 총상으로 달리고 암꽃은 겨울눈 같은 붉은 암술대가 나온다. 열매는 구형의 견과로 2~6개가 모여 달리거나 1개씩 달리며 9~10월에 갈색으로 익는다.

개암나무_잎

개암나무_꽃

개암나무_열매

개암나무_수피

가을

약효

장의 기운을 돋우며 비위를 튼튼하게 하고 눈을 밝게 하는 등의 효능이 있어 신체 허약, 비위 허약, 식욕 부진, 안정(眼睛)의 피로, 목혼(目昏) 등의 치료에 이용한다.

용법과 약재

하루에 종인 30g을 물 900mL에 넣고 반으로 달여서 2~3회 매 식후 복용하거나 생것으로 또는 가루를 내어 복용해도 된다.

개암나무_열매 채취품

개암나무_열매(성숙) 채취품

개암나무_종인

피부계·비뇨기계 질환 치료(이뇨, 소종, 신장염)

개오동

생 약 명	재백피(梓白皮), 재엽(梓葉), 재실(梓實)
사용부위	근피 및 수피, 열매, 잎
작용부위	재실은 신장 경락으로, 재백피는 간, 담낭, 폐, 위장 경락으로 작용한다.

학명 *Catalpa ovata* G.Don

이명 노나무, 개오동나무, 향오동, 재수(梓樹)

과명 능소화과(Bignoniaceae)

개화기 5~6월

채취시기 근피·수피는 연중 수시, 열매는 8~9월 과실 성숙기에, 잎은 여름에 채취한다.

성분 근피에는 이소페룰산(isoferulic acid), 시토스테롤(sitosterol), 수피에는 p-쿠마르산(p-coumaric acid), 페룰산(ferulic acid), 재목에는 카탈파락톤(catalpalactone)이 함유되어 있다. 열매에는 카탈포사이드(catalposide), p-하이드록시벤조산(p-hydroxybenzoic acid), 열매의 종자에는 β-시토스테롤(β-sitosterol) 등이 함유되어 있으며, 잎에는 p-쿠마르산, p-하이드록시벤조산이 함유되어 있다.

성질과 맛 근피·수피는 성질이 차고, 맛은 쓰다. 열매는 성질이 평하고, 독이 없으며 맛은 달다. 잎은 성질이 차고, 맛은 쓰다.

생육특성

전국 각지에 자생하거나 농가에서 심어 가꾸는 낙엽활엽교목으로, 높이는 10~15m이고 어린가지는 항상 매끈매끈하게 광택이 나며 자색을 띤다. 잎은 마주나거나 3개로 돌려나고, 광난형에 대개 3~5갈래로 갈라지며 갈라진 열편은 끝이 뾰족하고 밑부분은 심장형에 가장자리는 밋밋하다. 5~6월에 황백색 꽃이 가지 끝에 원추꽃차례로 피는데, 안쪽에 자색 반점이 있고 5개의 수술과 1개의 암술이 있다. 삭과인 열매는 긴 원추형으로 10월에 익으면 심갈색이 된다.

개오동_잎

개오동_꽃

개오동_열매

개오동_익은 열매

개오동_수피

약효

근피와 수피는 생약명이 재백피이며, 청열, 해독, 살충 등의 효능이 있고 황달, 메스꺼움, 피부 가려움증을 치료한다. 민간에서 근피와 수피를 항암 치료제로 사용했다고도 전한다. 열매는 생약명이 재실(梓實)이며, 이뇨와 항산화 작용이 있고 종기, 만성 신염 부종, 단백뇨 등을 치료한다. 종자도 이뇨제로 사용된다. 잎은 생약명이 재엽(梓葉)이며, 세균 억제작용이 있고 피부 가려움증을 치료한다.

용법과 약재

하루에 수피와 근피 15~30g을 물 900mL에 넣고 반으로 달여서 2~3회 매 식후 복용한다. 외용할 때는 가루를 내어 고루 바르거나 달인 액으로 씻는다. 열매, 잎은 수피, 근피와 동일 용법으로 사용한다.

개오동_수피 채취품

개오동_약재품

가을

기능성과 효능에 관한 특허자료

개오동 추출물을 함유하는 숙취 예방 또는 해소용 조성물

개오동 추출물을 유효 성분으로 포함하는 알코올성 숙취 예방 또는 숙취 해소용 약학 조성물; 개오동 추출물을 포함하는 숙취 해소용 식품 조성물 및 알코올 대사 활성화작용이 우수한 개오동의 추출물 및 분획물의 제조 방법이 제공된다.

〈공개번호 : 10-2015-0027930, 출원인 : 한국과학기술연구원〉

순환기계 질환 치료(중풍, 해열, 발한, 진통)

갯기름나물

생약명	식방풍(植防風)
사용부위	뿌리
작용부위	간, 폐 경락에 작용한다.

학명 *Peucedanum japonicum* Thunb.

이명 개기름나물, 목단방풍

과명 산형과(Umbelliferae)

개화기 6~8월

채취시기 봄과 가을에 꽃대가 나오지 않은 것을 채취하여 수염뿌리와 모래, 흙 등 이물질을 제거하고
햇볕에 말려서 사용한다.

성분 뿌리 50g에 정유가 0.5mL 이상 함유되어 있고, 퓨신(peucin), 베르갑텐(bergapten), 아세틸안젤로
일켈락톤(acetylangeloylkhellactone), 퍼세다롤(percedalol), 움벨리페론(umbelliferone) 등도 함유
되어 있다.

성질과 맛 성질이 따뜻하고 맛은 쓰고 매우며 독이 조금 있다.

생육특성

바닷가 또는 냇가 근처에 자생하는 숙근성 여러해살이풀로, 높이는 60~100cm이고 줄기가 곧게 자란다. 줄기 끝부분에 짧은 털이 있으며, 그 밖의 부분은 넓고 평평하다. 뿌리는 굵고 목질부에 섬유가 있다. 잎은 어긋나고 2~3회 깃꼴겹잎이며, 잎자루는 길고 회록색에 흰 가루를 칠한 듯하다. 6~8월에 흰색 꽃이 가지 끝과 원줄기 끝에 겹산형꽃차례를 이루며 피고, 꽃차례는 10~20개의 소산편으로 갈라져서 끝에 각각 20~30개의 꽃이 달린다. 가을에 지상부는 시들지만 뿌리는 살아남아서 이듬해 다시 싹이 난다.

갯기름나물_새싹 올라오는 모습

갯기름나물_잎

갯기름나물_꽃

갯기름나물_줄기

발한, 해열, 진통의 효능이 있어서 감기 발열, 두통, 신경통, 중풍, 안면 신경마비, 습진 등의 치료에 응용할 수 있다.

갯기름나물_약재품(절편)

갯기름나물_채취품

용법과 약재

사용하는 용도에 따라서 전처리, 즉 포제(炮製: 약재를 이용 목적에 맞게 가공하는 방법으로서 찌고, 말리고, 볶아주는 등의 처리 과정)를 해주어야 하는데, 가려움증이나 종기 등을 치료하는 데는 꿀물을 흡수시켜 볶아주고[밀자(蜜炙)], 두창에는 술로 씻어서[주세(酒洗)] 사용하며, 설사를 멈추고자 할 때는 볶아서 사용한다[초용(炒用)]. 말린 식방풍 6~12g을 물 600~700mL를 붓고 끓기 시작하면 불을 약하게 줄여서 200~300mL로 줄 때까지 달여서 복용하거나, 물 2L를 붓고 끓기 시작하면 불을 약하게 줄여 2시간 정도 끓여서 거른 뒤 기호에 따라서 가미하여 차로 복용한다. 민간요법으로 방풍과 구릿대[백지(白芷)]를 1:1로 섞어서 가루 내어 적당량의 꿀을 섞고 콩알 크기로 환을 만들어 1회에 20~30알씩 하루 3회, 식후 1시간 정도에 따뜻한 물과 함께 먹어 두통을 치료하기도 한다.

※풍을 흩어지게 하고 습사를 다스리는 효능이 있으므로 몸 안의 진액(津液: 몸 안의 체액을 통틀어서 말함. 혈액, 임파액, 조직액, 정액, 땀, 콧물, 눈물, 침, 가래, 장액 등)이 고갈되어 화기가 왕성한 음허화왕(陰虛火旺)의 증상, 혈이 허하여 발생된 경기(驚氣)에는 사용을 피한다.

갯기름나물_전초 채취품

갯기름나물_생뿌리 채취품

갯기름나물_말린뿌리

갯기름나물_뿌리(절편) 약재품

 기능성과 효능에 관한 특허자료 갯기름나물 추출물을 유효 성분으로 포함하는 스트레스 또는 우울증의 예방 또는 치료용 약학적 조성물

본 발명의 갯기름나물 추출물을 포함하는 조성물은 항스트레스 및 항우울 활성을 가지고, 인체에 부작용을 발생시키지 않으므로, 스트레스 또는 우울증과 같은 정신 질환을 예방, 치료 또는 개선하기 위한 의약품 또는 건강 기능 식품에 효과적으로 적용하여 이용할 수 있다.

〈공개번호 : 10-2015-0004159, 출원인 : 경희대학교 산학협력단〉

소화기계 질환 치료(변비, 고혈압, 당뇨, 시력)

결명자

생 약 명	결명자(決明子)
사용부위	종자
작용부위	간, 신장, 대장 경락에 작용한다.

학명 *Cassia tora* L.

이명 긴강남차, 결명차, 초결명

과명 콩과(Leguminosae)

개화기 6~8월

채취시기 가을철 종자 성숙기에 전초를 베어 햇볕에 말린 뒤, 종자를 털어 정선한 다음 다시 햇볕에 말린다.

성분 에모딘(emodin), 옵투신(obtusin), 토라크리손(torachryson), 옵투시폴린(obtusifolin), 크리소옵투신(chrysoobtusin), 크리소파놀(chrysophanol), 아우란티오옵투신(aurantioobtusin), 알로에에모딘(aloeemodin), 단백질, 지방유, 점액질 등이 함유되어 있음이 확인되었고, 에모딘 성분은 완하작용(緩下作用)이 있음이 현대 약리학적으로 밝혀졌을 뿐 아직 명목에 대해서는 입증되지 않았다.

성질과 맛 성질이 차고 맛은 달고 쓰며, 독은 없다.

생육특성

북아메리카 원산의 한해살이풀로, 전국 각지의 산야에 자생하고 있으며 농가에서도 재배하고 있다. 높이는 1.5m 정도이며, 줄기 전체에 짧은 털이 나 있다. 잎은 어긋나고, 짝수깃꼴겹잎으로 2~4쌍의 작은 잎이 달린다. 작은 잎은 도란형이고 잎끝이 뭉툭하거나 약간 볼록 내밀었으며 밑은 날카롭거나 원형으로 되어 있다. 하부의 작은잎 한 쌍 사이에 긴 선채가 있다. 6~8월에 노란색 꽃이 잎겨드랑이에서 피고, 열매는 활 모양 협과를 맺는데 그 안에 종자가 일렬로 배열되어 있다. 황갈색 종자를 완전히 말려서 약이나 차로 쓰고, 부드러운 잎은 나물로 만들어 먹는다.

결명자_잎

결명자_꽃

결명자_열매

가을

결명자_익은 열매

약효

민간에서는 야맹증, 녹내장 등에 사용하는데 어떤 성분의 효능인지는 아직 밝혀지지 않았다. 또한 가정에서 흔히 차로 끓여 마시는데 건위, 정장, 이뇨 작용이 있으며 변비증에도 좋아 인도에서는 오래전부터 커피 대신 음료수로 사용하고 있다. 결명자차(茶)를 애용하는 일본에서는 변비, 만성 위장병, 소화불량, 위하수, 위산과다, 위경련, 구내염, 황달, 신장염, 신우신염, 심장병, 각기, 당뇨병, 부인병, 폐결핵, 늑막염, 신경통, 안질 등에 효과가 있다고 여겨진다. 그런데 이 모든 병에 특효약이 된다는 뜻이 아니라 좋은 음료가 될 수 있다는 정도로 풀이하는 것이 옳을 것이다. 《본초서(本草書)》에는 결명자가 녹내장 및 눈이 충혈되고 아프며 눈물이 나는 것을 다스린다고 되어 있고, 결명자를 베개에 넣어 늘 베고 자면 눈이 밝아진다고 하였다. 잎사귀도 눈을 밝게 하며 오장을 이롭게 하니 나물이나 국을 끓여 먹으면 아주 좋다고 하였다.

용법과 약재

물 1L에 종자 10g을 넣고 달여서 하루 2~3회로 나누어 마신다.
※성질이 차서 장기 복용하면 위장이 허랭한 사람에게는 좋지 않으므로, 차를 끓이기 전 프라이팬에 약한 불로 오랫동안 덖어서 사용하면 좋다.

결명자_결실 열매

결명자_약재품

소화기계 질환 치료(충수염, 장염, 이질, 치질)

고들빼기

생 약 명	고접자(苦蝶子), 포엽고매채(抱葉苦賣菜)
사용부위	어린순, 뿌리
작용부위	심장, 간 경락에 작용한다.

학명 *Crepidiastrum sonchifolium* (Bunge) Pak & Kawano

이명 참꼬들빽이, 빗치개씀바귀, 씬나물, 좀두메고들빼기, 애기볕줄씀바귀

과명 국화과(Compositae)

개화기 7~9월

채취시기 이른 봄에 어린순을 채취하고, 가을에 뿌리를 채취한다.

성분 당류, 탄수화물, 회분, 지방, 식물 스테롤, 플라보노이드, 아미노산 등을 함유한다.

성질과 맛 성질이 차고, 맛은 쓰다.

![생육특성] **생육특성**

　전국 각지의 산과 들에서 자라는 두해살이풀로, 양지 또는 반그늘에서 자란다. 키는 20~80cm이며 잎은 길이 2.5~5cm, 너비 1.4~1.7cm에 표면은 녹색, 뒷면은 회청색이고 잎끝은 빗살처럼 갈라진다. 7~9월에 연황색 두상화가 가지 끝에 산방상으로 달리고, 꽃줄기는 2~3개이며 길이는 5~9mm이다. 열매는 9~10월경에 검은색으로 익는데, 길이 3mm 정도의 편평한 원추형이며, 길이 3mm 정도의 흰색 갓털이 붙어 있다.

고들빼기_잎　　　　고들빼기_꽃　　　　고들빼기_열매

고들빼기_뿌리

고들빼기_완숙 열매   고들빼기_전초 (재배종)

약효

충수염, 장염, 이질, 각종 화농성 염증, 토혈, 비출혈, 건위, 치통, 흉통, 복통, 황수창(黃水瘡: 피부에 생기는 일종의 전염성 질병), 치창(痔瘡: 치핵이나 치질) 등에 사용한다.

용법과 약재

어린순을 나물로 먹고, 가을에 뿌리를 채취하여 떫은맛을 없앤 후 먹는다. 최근에는 전초를 이용하여 김치를 담가 먹기도 한다.
※속이 냉한 사람은 지나치게 많이 먹지 않도록 주의한다. 식물명이 유사한 왕고들빼기(Lactuca indica)와는 속이 다른 식물이므로 혼동하면 안 된다.

가을

고들빼기_채취품   고들빼기_뿌리 채취품 (재배종)

호흡기계 질환 치료(감기, 몸살)

고본

생 약 명	고본(藁本)
사용부위	뿌리
작용부위	간, 대장 경락으로 작용한다.

학명 *Angelica tenuissima* Nakai

이명 고번

과명 산형과(Umbelliferae)

개화기 8~9월

채취시기 봄에서 가을까지 뿌리를 채취하여 말린다.

성분 β-시토스테롤(β-sitosterol), 이소임페라토린(isoimperatorin), 수크로스(sucrose), 크니딜라이드(cnidilide) 등을 함유하고 있다.

성질과 맛 성질이 따뜻하고, 맛은 매우며 독이 없다.

생육특성

가야산, 대둔산, 지리산, 제주, 경기(광릉, 천마산), 평북, 함남, 함북 일대의 깊은 산과 산기슭에서 자생하는 여러해살이풀로, 공중 습도가 높은 곳의 바위틈이나 경사지의 반그늘에서 자라며 물 빠짐이 좋고 부엽질이 많은 곳에서 자란다. 키는 30~80cm이고, 줄기는 전체에 털이 없고 향기가 강하다. 잎은 어긋나고, 3회 깃꼴겹잎으로 갈라지며 열편은 선형이다. 근생엽과 밑부분 잎은 잎자루가 길고 경엽에는 잎집이 있다. 8~9월에 흰색 꽃이 원줄기 끝과 가지 끝에 겹산형꽃차례로 피고, 꽃잎은 5개이며 안으로 굽은 도란형이다. 씨방은 녹색에 길이가 0.5~1.5cm인 타원형이고, 수술은 5개이며 꽃밥은 자주색이다. 열매는 9~10월경에 익는데, 가장자리에 날개가 있는 길이 약 0.4cm의 편평한 타원형이다.

고본_잎

고본_꽃

고본_열매

고본_종자

고본_줄기

가을

약효

표사(表邪)를 흩어지게 하고 풍을 제거하며 통증을 멈추게 하는 효능이 있다. 신경통, 풍사와 한사로 인한 풍한두통(風寒頭痛), 머리 정수리에 오는 두정통(頭頂痛), 한사와 습사로 인하여 배가 아픈 한습복통(寒濕腹痛), 설사, 풍사와 한사가 하초에 뭉쳐서 생기는 산가(疝瘕: 전립선염), 풍사와 습사로 인하여 아프고 가려운 풍습통양(風濕痛痒), 머리가 아프고 눈에 종기가 나는 두통목종(頭痛目腫)에 사용하고, 달인 액은 피부 진균 억제작용을 한다. 민간에서는 전초를 신경통에 사용한다.

용법과 약재

하루에 3~12g을 복용하는데 물 1L 정도를 붓고 달여서 3회로 나누어 복용한다. 외용할 때는 뿌리를 달인 액으로 환부를 씻는다.

※맵고 따뜻하여 온조(溫燥)한 성질이 있으므로 혈허(血虛) 또는 열증(熱症)에 속한 두통에는 사용할 수 없다.

고본_생뿌리 채취품

고본_약재품

기능성과 효능에 관한 **특허자료**

신경 보호 활성을 갖는 고본 추출물 또는 이로부터 분리된 스코폴레틴 유도체를 함유하는 조성물

본 발명은 고본 추출물 또는 이로부터 분리된 스코폴레틴(scopoletin) 유도체 화합물을 함유하는 신경 보호 활성을 갖는 조성물에 관한 것으로서, 본 발명의 화합물은 허혈성 신경계 질환을 유의성 있게 차단하여 중풍 또는 뇌졸중 등의 신경계 질환의 예방 및 치료에 유용한 의약품 및 건강 기능 식품으로 제공할 수 있다.

〈공개번호 : 10-2005-0008324, 출원인 : 경희대학교 산학협력단〉

소화기계 질환 치료(소화, 식욕부진, 황달)

고삼

생 약 명 고삼(苦蔘)
사용부위 뿌리
작용부위 간, 위장, 폐, 대장, 신장 경락으로 작용한다.

학명 *Sophora flavescens* Aiton
이명 도둑놈의지팡이, 수괴(水槐), 지괴(地槐), 토괴(土槐), 야괴(野槐), 천삼(川蔘)
과명 콩과(Leguminosae)
개화기 6~8월
채취시기 봄과 가을에 채취하여 이물질을 제거하고, 남아 있는 줄기도 제거한 다음 흙을 깨끗이 씻어 버리고
물에 적셔서 수분이 잘 스미게 한 다음, 얇게 잘라서 햇볕에 말리거나 건조기에 말려서 사용한다.

성분 뿌리에 알칼로이드류인 마트린(matrine), 옥시마트린(oxymatrine), 트리테르페노이드(triterpenoid)류인
소포라플라비오사이드(sophoraflavioside)와 소야사포닌(soyasaponin), 플라보노이드류인 쿠라놀
(kurarnol)과 비오카닌(biochanin), 그리고 퀴논(quinone)류인 쿠쉔퀴논(kushenquinone)등이 함유
되어 있다.

성질과 맛 성질이 차고, 맛은 쓰며 독이 없다.

생육특성

전국 각지에 분포하는 여러해살이풀로, 높이 1m 정도이고 줄기는 곧게 자란다. 잎은 어긋나고, 홀수깃꼴겹잎으로 긴 타원형 또는 장난형에 가장자리가 밋밋하다. 6~8월에 연노란색 꽃이 원줄기 끝과 가지 끝에 총상꽃차례로 피고, 꽃잎은 기판의 끝이 위로 구부러진다. 약재로 사용하는 뿌리는 긴 원주형으로 하부가 갈라져 있고, 길이 10~30cm, 지름 1~2cm이다. 뿌리의 표면은 회갈색 또는 황갈색으로 가로 주름과 세로로 긴 피공(皮孔)이 있다. 외피는 얇고 파열되어 반대로 말려 있으며 쉽게 떨어지고 떨어진 곳은 황색으로 넓다. 질은 단단하여 절단하기 어렵고, 단면은 섬유질이다.

고삼_잎　　　　　　고삼_꽃　　　　　　고삼_열매

약효

위를 튼튼하게 하고 열을 내려주며, 습(濕)을 말려주고 풍을 제거하며 충(蟲)을 죽이는 효능이 있어 소화불량, 식욕 부진, 신경통, 간염, 황달, 감적(疳積:어린이의 영양 장애로 인한 소화불량), 소변불리, 편도염, 폐렴, 이질, 대장 출혈, 치루, 탈항, 악창, 개선(疥癬:옴), 습진(濕疹) 등의 치료에 이용한다.

용법과 약재

말린 것으로 하루에 6~12g을 사용하는데, 건조한 고삼 5~10g에 물 600~700mL 정도를 붓고 끓기 시작하면 약한 불로 줄여 200~300mL 정도가 될 때까지 달여서 2회에 나누어 복용하거나, 가루 또는 환(丸)을 만들어 복용한다. 맛이 쓰기 때문에 차로 이용하기는 부적합하다. 고삼(苦蔘)은 이름처럼 매우 쓴 약재이다. 따라서 고삼을 사용할 때는 먼저 찹쌀의 진한 쌀뜨물에 하룻밤 재워두고 이튿날 아침 비린내와 수면 위에 뜨는 것이 없어질 때까지 깨끗한 물로 여러 차례 헹구어 잘 말린 다음 얇게 썰어서 사용한다.

※ 성미가 쓰고 차서 비위가 허하고 찬 경우에는 사용을 삼가고, 여로(黎蘆: 박새)와는 상반작용(相反作用: 두 가지 이상의 약재를 함께 사용할 때 약성이 나빠지거나 부작용이 심하게 나타나는 현상)을 하므로 함께 사용하면 안 된다.

고삼_생뿌리 채취품

고삼_약재품

가을

기능성과 효능에 관한 특허자료

고삼 추출물을 유효 성분으로 포함하는 면역 증강용 조성물

본 발명은 화학식 1 내지 8로 표시되는 화합물, 또는 이들을 포함하는 고삼 추출물, 이의 분획물을 유효 성분으로 포함하는 인터페론 베타 발현 유도를 통한 면역 증강용 조성물, 이를 포함하는 사료 첨가제, 사료용 조성물, 약학적 조성물, 식품 조성물, 의약외품 조성물 및 상기 조성물의 투여를 통한 면역 증강 방법에 관한 것이다.

〈공개번호 : 10-2012-0031861, 출원인 : 한국생명공학연구원〉

내분비계 질환 치료(지갈, 지사, 수렴)

고욤나무

생 약 명	군천자(君櫏子), 소시(小柿)
사용부위	열매, 잎
작용부위	심장, 비장, 폐, 대장 경락으로 작용한다.

학명 *Diospyros lotus* L.

이명 고양나무, 민고욤나무, 고욤나무, 우내시(牛嬭柿), 야시자(野柿子), 정향시(丁香柿)

과명 감나무과(Ebenaceae)

개화기 5~6월

채취시기 가을(10~11월)에 열매가 익었을 때 채취한다.

성분 열매에는 타닌이 함유되어 있고 뿌리에는 나프토퀴논(naphthoquinone)류의 성분, 즉 7-메틸유글론 (7-methyljuglone), 마메가키논(mamegakinone), 이소디오스피린(isodiospyrin) 등이 함유되어 있다. 또 트리테르페노이드(triterpenoid)류의 성분, 즉 베툴린(betulin), 베툴산(betulic acid), β-시토스테롤 (β-sitosterol) 등이 함유되어 있다.

성질과 맛 성질이 차고, 맛은 달고 떫다.

생육특성

경기도 이남에 야생으로 자라거나 심어 가꾸는 낙엽활엽교목으로, 높이가 10m 전후로 자라고 작은 가지에 회색 털이 있으나 차츰 없어진다. 잎은 서로 어긋나고 타원형 또는 긴 타원형에 가장자리에는 톱니가 없다. 자웅이주이며, 5~6월에 연녹색 꽃이 잎겨드랑이에 달리고 수꽃은 2~3개씩 모여 있으며 수술이 16개이고, 암꽃은 꽃밥이 없는 8개의 수술과 1개의 암술로 되어 있다. 장과인 열매는 10~11월에 황색에서 검은색으로 익는다.

고욤나무_잎

고욤나무_꽃봉오리

고욤나무_열매

고욤나무_수피

가을

약효

열매는 생약명이 군천자(君櫏子)이며, 갈증을 멎게 하고 번열(煩熱)을 없애주며 몸을 윤택하게 한다. 또한 수렴작용이 있으며 지사, 습진, 궤양, 가래 등의 치료에 이용한다.

용법과 약재

열매 적당량을 물 900mL에 넣고 반으로 달여 하루에 2~3회 매 식후 복용한다. 외용할때는 짓찧어서 환부에 도포한다.

※ 열매를 과식하면 지병이 생기기 쉽고 냉기를 돋우어 해수(咳嗽)를 일으키므로 주의를 요한다.

고욤나무_열매(약재로 사용)

기능성과 효능에 관한 특허자료 **고욤나무 추출물을 유효 성분으로 함유하는 항비만용 조성물**

본 발명은 고욤나무 잎 추출물을 유효 성분으로 함유하는 항비만용 조성물에 관한 것으로, 고욤나무 잎 추출물은 체중 증가 억제, 간 손상 억제 및 혈중 지질 함량 증가 억제 효과가 우수하며, 식물로부터 추출된 물질이므로 부작용을 일으키지 않고, 비만 및 체형 개선용 조성물 또는 건강식품으로 유용하게 사용될 수 있다.

〈등록번호 : 10-1464337-0000, 출원인 : (주)아토큐앤에이〉

부인병 치료(혈붕, 양혈, 지혈, 청열)

관중

<table>
<tr><td>생약명</td><td>관중(貫中)</td></tr>
<tr><td>사용부위</td><td>뿌리줄기와 잎자루의 밑부분</td></tr>
<tr><td>작용부위</td><td>간, 심장, 위장 경락으로 작용한다.</td></tr>
</table>

학명 *Dryopteris crassirhizoma* Nakai

이명 호랑고비, 면마(綿馬), 관중(管仲)

과명 면마과(Dryopteridaceae)

개화기 포자번식

채취시기 가을에 뿌리째 채취하여 잎자루와 수염뿌리를 제거한 다음 이물질을 제거하고 씻어서
햇볕에 말린다. 말린 것을 그대로 쓰거나 초탄(炒炭: 까맣게 태움)해서 사용한다.

성분 뿌리에 함유된 플로로글루시놀(phloroglucinol)계 성분은 촌충을 구제하는 물질이고, 이 중 필미콘
(filmaron)이 가장 강하나. 플라바스피드산 AB(flavaspidic acid AB), 플라바스피드산 PB
(flavaspidic acid PB)는 충치균에 대한 항균작용이 강하며, 그 외에도 오고닌(wogonin), 바이칼린
(baicalin), 바이칼레인(baicalein) 등의 플라보노이드계 성분이 함유되어 있다.

성질과 맛 성질이 시원하고, 맛은 쓰며 독이 약간 있다.

생육특성

전국 각지에 분포하는 숙근성 양치식물인 여러해살이풀로, 높이는 50~100cm이고 굵은 뿌리줄기는 끝에서 잎이 모여난다. 잎은 길이 1m 내외, 너비 25cm정도이며 잎몸은 깃 모양으로 깊게 갈라지고 깃조각은 대가 없다. 건조한 약재는 길이 10~20cm, 지름 5~8cm으로 긴 원추형에 윗부분은 무딘 원형이고 아랫부분은 약간 뾰족하며 구부러져 있다. 표면은 황갈색 또는 검은빛을 띠는 진한 갈색으로 비늘잎이 밀포되어 있다. 질은 단단한데 횡단면은 약간 편평하고 갈색이며 유관속 5~7개가 황백색의 점상을 이루고 둥그런 환을 형성하면서 배열되어 있다.

관중_어린순   관중_잎   관중_잎 뒷면의 포자

약효

회충, 조충, 요충을 죽이며, 열을 내리고 독을 풀어주며, 혈액을 맑게 하고 출혈을 멈추게 하는 등의 효능이 있어서 풍열감기(풍사와 열사로 인한 감기)를 낫게 하고, 토혈이나 코피, 혈변을 치료하는 데 요긴하게 사용될 수 있고 여성들의 혈붕(血崩)이나 대하(帶下)를 치료한다.

말린 것으로 하루에 5~12g 정도 사용하는데, 말린 뿌리줄기 5 ~10g에 물 600~700mL 정도를 붓고 끓기 시작하면 약한 불로 줄여서 200~300mL 정도가 되도록 달여 2회로 나누어 복용하거나, 가루 또는 환(丸)으로 만들어 복용한다. 시력 장애나 혈뇨, 혼수, 실명 등의 우려가 있으므로 과다 복용하면 안 되며, 비위가 약한 사람이나 임산부는 복용 하면 안 된다. 또한 귤피(橘皮), 백출 등과 배합하여 관중환(貫中丸)을 만들어 복용하면 기(氣)를 이롭게 하고 비장을 튼튼하게 하여 기와 혈을 잘 돌려주는 작용이 있다.

※성미가 쓰고 차므로 음허내열(陰虛內熱: 음적인 에너지 소스가 부족하면서 허열이 있는 증상), 비위(脾胃)가 허한(虛寒)한 경우에는 사용을 삼간다.

관중_잎자루 약재품

관중_뿌리 약재품

가을

기능성과 효능에 관한 특허자료 | 관중 추출물로부터 분리되는 화합물을 유효 성분으로 함유하는 후천성 면역 결핍증의 예방 및 치료용 조성물

본 발명은 관중 추출물로부터 분리된 화합물을 유효 성분으로 함유하는 후천성 면역 결핍증의 예방 및 치료용 조성물에 관한 것으로, 본 발명의 화합물은 HIV-1 단백질 분해 효소의 활성에 대한 강력한 저해 효과를 나타내므로, 후천성 면역 결핍증의 예방 및 치료용 약학 조성물 및 건강 기능 식품으로 유용하게 이용될 수 있다.

⟨공개번호 : 10-2010-0012927, 출원인 : 이지숙⟩

내분비계 질환 치료(당뇨, 고혈압, 양혈)

구기자나무

생약명	구기자(拘杞子), 지골피(地骨皮), 구기엽(拘杞葉)
사용부위	열매, 근피, 잎
작용부위	간, 비장, 신장 경락으로 작용한다.

학명 *Lycium chinense* Mill. = [*Lycium rhombifolium* (Moench) Dippel.]

이명 감채자(甘菜子), 구기자(拘杞子), 구기근(拘杞根), 구기근피(拘杞根皮), 지선묘(地仙苗), 천정초(天庭草), 구기묘(拘杞苗), 감채(甘菜)

과명 가지과(Solanaceae)

개화기 6~9월

채취시기 열매는 가을에 열매가 익었을 때, 근피는 이른 봄, 잎은 봄여름에 채취한다.

성분 열매에는 카로틴, 리놀레산(linoleic acid), 비타민 B₁, B₂, 비타민 C, β-시토스테롤(β-sitosterol) 등이 함유되어 있고, 근피에는 계피산 및 다량의 페놀류 물질, 베타인(betaine)이 함유되어 있다. 뿌리에는 비타민 B₁의 합성을 억제하는 물질이 함유되어 있지만 그 억제작용은 시스테인(cystein) 및 비타민 E에 의해서 해제된다. 근피에는 β-시토스테롤(β-sitosterol), 멜리스산(melissic acid), 리놀레산, 리놀렌산(linolenic acid) 등도 함유되었다. 잎에는 베타인, 루틴(rutin), 비타민 E, 이노신(inosine), 히포크산틴

268

(hypoxanthine), 시티딜산(cytidylic acid), 우리딜산(uridylic acid), 극히 소량의 숙신산(succinic acid), 피로글루탐산(pyroglutamic acid), 옥살산(oxalic acid) 및 다량의 글루탐산(glutamic acid), 아스파르트산(aspartic acid), 프롤린(proline), 세린(serine), 티로신(tyrosine), 아르기닌(arginine) 등이 함유되어 있다.

성질과 맛　열매는 성질이 평하고, 독이 없으며, 맛은 달다. 근피는 성질이 차고, 맛은 달다. 잎은 성질이 시원하고, 맛은 쓰고 달다.

🪷 생육특성

　　전국의 울타리나 인가 근처 또는 밭둑에서 자라거나 재배하는 낙엽활엽관목으로, 높이가 1~2m 정도로 줄기가 많이 갈라지고 비스듬하게 뻗어나가며 다른 물체에 기대어 3~4m 이상 자라는 것도 있다. 줄기 끝이 밑으로 처지고 가시가 있으며, 잎은 서로 어긋나거나 2~4개가 짧은 가지에 모여나는데 광난형 또는 난상 피침형에 가장자리는 밋밋하고 잎자루 길이가 1cm 정도이다. 6~9월에 꽃이 피는데, 1~4개씩 단생하거나 잎겨드랑이에서 나오고 꽃부리는 자주색이다. 열매는 장과로 난상 타원형이며 7~10월에 선홍색으로 익는다.

구기자나무_잎

구기자나무_꽃

구기자나무_열매

🌿 약효

　　열매는 간장, 신장을 보함으로써 허로손상을 도와 주는 효능이 있다. 허약해 어지럽고 정신이 없으며 눈이 침침할 때 눈을 밝게 하며 정력을 왕성하게 해준다. 또한 음위증과 유정, 관절통, 몸이 지끈지끈

아플 때, 신경 쇠약, 당뇨병, 기침, 가래 등을 치료한다. 구기자 엑기스는 피부 미용, 고지혈증, 고콜레스테롤증, 기억력 향상 등의 약효가 있는 것으로 밝혀졌다. 근피는 생약명이 지골피(地骨皮)이며, 땀과 습기를 다스리고 열을 내리며 자양 강장, 해열, 소염 등의 효능이 있어 신경통, 타박상, 고혈압, 당뇨병, 폐결핵 등의 치료에 효과적이다. 잎은 생약명이 구기엽(拘杞葉)이며, 보허, 익정, 청열, 소갈, 거풍, 명목의 효능이 있고 허로발열, 번갈, 충혈, 열독창종 등을 치료한다.

🍵 용법과 약재

열매 1일량 20~30g을 물 900mL에 넣고 반으로 달여 2~3회 매 식후에 복용한다. 근피 1일량 20~30g을 물 900mL에 넣고 반으로 달여 2~3회 매 식후에 복용한다. 외용할 때는 근피를 가루 내어 참기름에 혼합하여 환부에 도포한다. 잎 1일량 20~30g을 물 900mL에 넣고 반으로 달여 2~3회 매 식후에 복용한다.

※ 버터류와 치즈류의 유락(乳酪, 우유로 만든 식품)과는 상오(相惡:서로 싫어하여 약효를 떨어뜨리는 작용)이므로 배합을 금한다.

구기자나무_열매 약재품

구기자나무_뿌리약재품(지골피)

기능성과 효능에 관한 특허자료 **구기자 추출물을 포함하는 식품 조성물**

본 발명의 구기자 추출물은 천연물에서 유래한 것으로, 부작용이 없으며 고지혈증, 고콜레스테롤증을 현저하게 개선하므로 관련 질환의 치료용 식품 성분으로 이용할 수 있다.
⟨공개번호 : 10-2007-0112546, 출원인 : 동신대학교 산학협력단⟩

거풍습 치료(편두통, 거풍, 진통, 조습)

구릿대

생 약 명	백지(白芷)
사용부위	뿌리
작용부위	비장, 위장, 폐 경락으로 작용한다.

학명 *Angelica dahurica* (Fisch. ex Hoffm.) Benth. & Hook. f. ex Franch. & Sav.

이명 구리때, 백채, 방향, 두약, 택분, 삼려, 향백지

과명 산형과(Umbelliferae)

개화기 6~8월

채취시기 가을에 파종한 것은 이듬해 가을 9~10월경 잎과 줄기가 다 마른 뒤에, 그리고 봄에 파종한 것은 그해 가을 9~10월에 채취하여 이물질을 제거하고 햇볕에 말린다.

성분 비야크앙겔리신(byakangelicin), 비야크앙겔리콜(byakangelicol), 임페라토린(imperatorin), 옥시포이세다닌(oxypeucedanin), 마르메신(marmecin), 스코폴레틴(scopoletin), 크산토톡 신(xanthotoxin) 등이 함유되어 있다.

성질과 맛 성질이 따뜻하고, 맛은 맵다.

🪷 생육특성

　전국 각지의 산골짜기에 자생하거나 농가에서 재배하는 2~3년생 풀로, 1~2m 정도로 곧게 자라며, 줄기는 원주형이고 뿌리는 굵고 거친데 뿌리 부근은 자홍색을 띤다. 근생엽은 잎자루가 길며, 2~3회 우상으로 갈라지고 끝부분의 소엽은 다시 3개로 갈라진다. 깃 조각은 긴 타원형 또는 난상 긴 타원형으로 가장자리에 톱니가 있고 끝이 뾰족하다. 6~8월에 흰색 꽃이 꽃대 끝에 산형꽃차례를 이루며 피고, 열매는 9~10월에 익는다.

구릿대_잎

구릿대_꽃

구릿대_열매

구릿대_줄기

약효

풍을 제거하고 통증을 멈추게 하며, 몸 안의 습사(濕邪)를 제거하고 종기를 가라앉히는 등의 효능이 있어서 두통, 편두통, 목통(目痛), 치통, 각종 신경통, 복통, 비연(鼻淵), 적백대하(赤白帶下), 대장염, 치루(痔漏), 옹종(癰腫) 등을 치료한다. 웅황(雄黃)이나 유황(硫黃)의 독성을 해독하는 데에도 유효하다.

용법과 약재

말린 것으로 하루에 3~9g을 사용하는데, 보통 말린 뿌리 5~10g에 물 600~700mL 정도를 붓고 200mL로 달여서 아침저녁 2회에 나누어 복용한다. 또는 가루나 환으로 만들어 복용하기도 한다.

※성미가 맵고 따뜻하며 건조하고 열이 있는 약재이므로 혈허(血虛)하며 열이 있는 경우, 음허양항(陰虛陽亢: 음적인 에너지 소스는 부족한데 헛된 양기가 항진된 증상으로서 음허화왕과 같은 의미)의 두통에는 사용을 삼간다.

구릿대_생뿌리 채취품

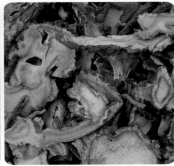

구릿대_약재품

기능성과 효능에 관한 특허자료

백지 추출물을 유효 성분으로 함유하는 척수 손상 치료용 조성물

본 발명은 척수 신경 손상 후 세포 내에서의 항산화 및 항염증 효과, 소교 세포 활성화 억제 효과, 희소 돌기 아교 세포의 사멸 억제 효과 및 운동 기능 회복 효과를 나타내는 백지 추출물의 효능을 이용한 척수 손상 예방 및 치료용 조성물에 관한 것이다. 또한 본 발명의 백지 추출물을 유효 성분으로 포함하는 조성물은 산화적 스트레스 및 염증을 수반하는 중추 신경계 염증성 질환에 대한 예방 및 치료제로 사용될 수 있고, 아울러 척수 속상 및 중추 신경계 염증성 질환의 예방 및 개선용 건강 식품으로 사용될 수 있다.

〈공개번호 : 10-2011-0093128, 출원인 : 경희대학교 산학협력단〉

부인병 치료(월경불순, 불임, 건위)

구절초

생약명	구절초(九折草), 구절초(九節草)
사용부위	뿌리를 포함한 전초
작용부위	심장, 비장, 위장 경락으로 작용한다.

학명 *Dendranthema zawadskii* var. *latilobum* (Maxim.) Kitam.

이명 서흥구절초, 넓은잎구절초, 낙동구절초, 선모초, 찰씨국

과명 국화과(Compositae)

개화기 9~10월

채취시기 구절초(九節草)는 9월에 채취하는 것이 약효가 우수하다는 뜻으로 붙여진 이름이다. 따라서 개화 직전에 채취하여 말려두고 사용하면 좋다.

성분 리나린(linarin), 카페산(caffeic acid), 3,5-디카페오일퀸산(3,5-dicaffeoyl quinic acid), 4,5-O-디카페오일퀸산(4,5-O-dicaffeoyl quinic acid) 등이 함유되어 있다.

성질과 맛 성질이 따뜻하고, 맛은 쓰다.

전국 각지의 산과 들에 분포하는 숙근성의 여러해살이풀로, 높이는 50cm 정도로 곧게 자라고 땅속의 뿌리줄기가 옆으로 길게 뻗으며 번식한다. 잎은 어긋나고 난형 또는 광난형에 우상으로 깊게 갈라지며 갈라진 잎 조각은 다시 몇 갈래로 갈라지거나 끝이 둔한 톱니가 있다. 9~10월에 원줄기와 가지 끝에 흰색 또는 연분홍색꽃이 한 송이씩 핀다. 수과인 열매는 긴 타원형이며 종자는 10~11월에 익는다.

구절초_잎

구절초_꽃봉오리

구절초_꽃

가을

구절초_열매

구절초_줄기

약효

소화 기능을 담당하는 중초(中焦)를 따뜻하게 하고 여성의 월경을 조화롭게하며, 음식물을 잘 소화시키는 효능이 있으며, 월경불순, 자궁 냉증, 불임증, 위랭(胃冷), 소화불량 등을 치료하는 데 응용한다.

용법과 약재

말린 것으로 하루에 30~60g을 사용하는데, 보통 전초 50g에 물 1.5L 정도를 붓고 끓기 시작하면 약한 불로 줄여서 200~300mL가 되도록 달여 2회에 나누어 복용한다. 민간요법으로 가을에 꽃이 피기 전에 채취하여 햇볕에 건조한 후 환으로 만들거나 엿을 고아서 장기간 복용하면 월경이 정상적으로 유지되고 임신하게 된다. 특히 오랫동안 냉방기를 사용하는 곳에서 근무하거나, 차가운 곳에서 생활하여 몸이 냉해져서 착상이 되지 않는 착상 장애 불임에 효과적이다.

구절초_전초건조

구절초_약재품

기능성과 효능에 관한 특허자료

구절초 추출물을 포함하는 신장암 치료용 조성물 및 건강 기능성 식품

본 발명은 구절초 에탄올 추출물을 유효 성분으로 함유하는 신장암 예방 및 치료용 조성물 및 식품학적으로 허용 가능한 식품 보조 첨가제를 포함하는 구절초 에탄올 추출물을 유효 성분으로 함유하는 신장암 예방용 기능성 식품에 관한 것이다. 본 발명에 따른 신장암 치료용 조성물 및 기능성 식품은 신장암 세포의 성장을 억제하고 세포 사멸을 유도하는 효과가 있어 신장암 치료 및 예방에 효과적으로 사용할 수 있다.

〈공개번호 : 10-2012-0111121, 출원인 : (주)한국전통의학연구소〉

부인병 치료(편두통, 월경불순, 혈뇨)

궁궁이

생 약 명	토천궁(土川芎)
사용부위	어린순, 뿌리
작용부위	간, 담낭, 심장 경락으로 작용한다.

학명 *Angelica polymorpha* Maxim.

이명 천궁, 개강활, 제주사약채, 백봉천궁, 토천궁

과명 산형과(Umbelliferae)

개화기 8~9월

채취시기 이른 봄에 어린순을 채취하고, 가을에 시든 줄기를 제거한 후 뿌리를 채취하여 햇볕에 말린다.

성분 천궁산(川芎酸), 크니디움락톤(cnidium lacton), 네오크니딜라이드(neocnidilide), 리구스틸라이드(ligustilide), 쿠마린(coumarin), 만니톨(mannitol) 등을 함유한다.

성질과 맛 성질이 따뜻하고, 맛은 맵다.

생육특성

　전국 각지의 밭에서 재배되는 여러해살이풀로, 원산지는 중국이며 우리나라에는 약용 재배 식물로 들어왔지만 현재는 그 씨앗이 많이 퍼져 야산에서 자생하는 경우가 많다. 키는 80~150cm이며, 줄기에 털이 없고 곧게 자란다. 잎은 당근 잎처럼 갈라져서 나오고 잎끝은 뾰족하며 가장자리에 톱니가 있다. 8~9월에 흰색 꽃이 겹산형꽃차례로 피는데, 20~40개 정도의 작은 꽃들이 줄기 끝에 뭉쳐 달린다. 10~11월경에 납작한 타원형 열매를 맺는데 길이는 0.4~0.5cm이고 날개가 달려 있다.

궁궁이_잎

궁궁이_꽃봉오리

궁궁이_꽃

궁궁이_열매

궁궁이_줄기

약효

통증을 멎게 하고 경련을 진정시키며, 풍사를 제거하고 기혈의 순환을 도우며 혈액순환을 원활하게 하는 효능이 있어서 풍한두통, 편두통, 월경불순, 모든 풍병(風病), 기병(氣病), 허로증(虛勞症), 혈병(血病) 등을 치료한다. 또한 오래된 어혈을 풀어주고 조혈을 도우며 토혈, 코피, 혈뇨 등을 멎게 한다. 궁궁이 싹을 강리(江籬)라고 부르는데, 풍사(風邪), 두풍(頭風), 현기증에 사용하며 사기(邪氣), 악기(惡氣)를 물리치고 고독(蠱毒 : 기생충의 감염으로 발생하는 병)을 없애며 삼충(三蟲 : 장충, 적충, 요충)을 죽이는 데 약재로 쓴다

용법과 약재

하루에 6~12g을 사용하는데, 물 1L 정도를 붓고 달여서 2~3회에 나누어 복용한다. 또는 환이나 가루로 만들어 복용하기도 한다. 주요 한약재로서 여러 가지 처방에 들어간다.

※토천궁은 물에 담가서 휘발성 정유 성분을 우려내야(거유, 祛油) 두통을 방지할 수 있다.

궁궁이_뿌리 채취품

궁궁이_약재품

기능성과 효능에 관한 특허자료 궁궁이 뿌리 추출물을 포함하는 항암제 조성물

본 발명은 궁궁이의 추출물을 유효 성분으로 함유하는 항암제 조성물 및 이를 포함하는 건강 기능성 식품 조성물에관한 것이다.

〈공개번호 : 10-2012-0000240, 출원인 : 한림대학교 산학협력단〉

호흡기계 질환 치료(감기, 기관지염, 중풍)

기름나물

생 약 명   석방풍(石防風)

사용부위   어린순, 뿌리

작용부위   심장, 폐, 대장 경락으로
작용한다.

학명   *Peucedanum terebinthaceum* (Fisch.) Fisch. ex DC.

이명   참기름나물

과명   산형과(Umbelliferae)

개화기   7~9월

채취시기   4~5월경에 어린순을, 가을에서 겨울에 걸쳐 뿌리를 채취한 후 깨끗이 씻어 햇볕에 말린다.

성분 β-시토스테롤(β-sitosterol), 베르갑텐(bergapten), 움벨리페론(umbelliferone) 등이 함유되어 있고
뿌리와 열매에는 마르메신(marmesin), 노다케닌(nodakenin) 등이 들어 있다.

성질과 맛   성질이 시원하고, 맛은 쓰고 맵다.

생육특성

전국 각지의 산지에 분포하는 여러해살이풀로, 물이 잘 빠지고 햇볕이 잘 드는 곳에서 자란다. 키는 50~90cm이며, 잎은 어긋나고 길이 5~10cm에 끝이 뾰족하고 넓은 난형이다. 작은 잎은 길이 3~5cm에 삼각형이며 아래쪽으로 처져 있다. 7~9월에 흰색 꽃이 원줄기와 가지 끝에 겹산형꽃차례를 이루며 피는데, 20~30개의 작은 꽃들이 10~15개의 가지에 뭉쳐 달린다. 열매는 길이 0.5cm 내외의 납작한 타원형이며 10월경에 익는다.

기름나물_잎

기름나물_꽃봉오리

기름나물_꽃

기름나물_줄기

가을

약효

열을 내리고 기침을 멎게 하며 풍사(風邪)를 없애서 풍을 치료
하는 효능이 있어 감기, 기관지염, 임신부의 해수, 풍사로 인하여 머리
가 어지럽고 통증이 있는 두풍현통(頭風眩痛), 가슴과 옆구리가 부풀
어 오르면서 아픈 흉협창만(胸脇脹滿), 천식, 중풍, 신경통 등을 치료
한다

용법과 약재

하루에 6~12g을 사용하는데, 물 1L 정도를 붓고 달여서 2~3
회로 나누어 복용한다.
※비위가 허약한 사람은 많이 먹지 않도록 주의한다.

기름나물_어린 잎

기름나물_생뿌리 채취품

기름나물_말린 뿌리 약재품

호흡기계 질환 치료(만성 기관지염, 편도염)

까마중

생 약 명	용규(龍葵)
사용부위	열매, 전초
작용부위	심장, 폐, 신장 경락으로 작용한다.

학명 *Solanum nigrum* L, var. *nigrum*

이명 가마중, 강태, 깜푸라지, 먹딸기, 먹때꽐, 까마종

과명 가지과(Solanaceae)

개화기 5~7월

채취시기 4~5월경에 어린순을, 가을에 전초를 채취하여 햇볕에 말린다.

성분 솔라닌(solanine), 솔라소닌(solasonine), 솔라마르긴(solamargine), 디오스게닌(diosgenin), 티고네닌(tigonenln), 팔미드산(palmitic acid), 스데아르산(stearic acid), 올레산(oleic acid), 리놀레산(linoleic acid), 2-아미노아디프산(2-aminoadipic acid), 12-β-히드록시솔라소딘(12-β-hydroxysolasodine), 클로로겐산(chlorogenic acid), 데스갈락토티고닌(desgalactotigonin), 이소히페로사이드(Isohyperoside), 이소퀘르시트린(Isoquercitrin), n-메틸솔라소딘(n-methylsolasodlne), 궤드세딘(quercetin), 시키로핀(saccharopine), 스플라마진(splamargine),

솔라노캅신(solanocapsine), 솔라소딘(solasodine), 토마티데놀(tomatidenol) 등을 함유한다.

성질과 맛 성질이 차고, 맛은 쓰다.

생육특성

전국 각지의 들이나 길가에 자생하는 한해살이풀로, 양지와 반그늘에서 자란다. 키는 20~90cm이며, 잎은 어긋나고 길이 6~10cm, 폭 4~6cm에 난형이며 가장자리가 밋밋하거나 파상 톱니가 있다. 5~7월에 흰색 꽃이 산형꽃차례로 피는데, 지름은 약 0.6cm이고 작은꽃줄기가 있으며 정상부에 3~8송이가 달린다. 장과인 열매는 9~11월경에 검게 익는다.

까마중_잎

까마중_꽃

까마중_덜익은 열매

까마중_줄기

약효

전초는 생약명이 용규(龍葵)이며, 열을 내리고 독을 풀어주며,

혈액순환을 원활하게 하고 종기를 가라앉히는 효능이 있어 기혈의 순환이 나빠 피부나 근육에 국부적으로 생기는 부스럼이나 종기, 화상과 같이 피부가 벌겋게 되면서 화끈거리고 열이 나는 데, 타박염좌(打撲捻挫), 만성 기관지염, 급성 신염(腎炎)을 치료한다. 뿌리는 생약명이 용규근(龍葵根)이며, 이질, 임탁(淋濁: 임질. 소변이 자주 나오면서 아프고 고름처럼 탁한 것이 나오는 병증), 백대(白帶), 타박상, 옹저종독(癰疽腫毒: 피부 화농증, 즉 종기로 인한 독성)을 치료한다. 종자는 생약명이 용규자(龍葵子)이며, 급성 편도염을 치료하고 눈을 밝게 한다.

용법과 약재

하루에 15~40g을 사용하는데, 물 1L 정도를 붓고 달여서 2~3회로 나누어 복용한다. 외용할 때는 짓찧어 환부에 바르거나 가루를 내어 고루 바른다.

※성질이 차므로 비위가 허약한 사람은 신중하게 사용한다

까마중_열매

까마중_전초 약재품

가을

기능성과 효능에 관한 특허자료

까마중 추출물과 자몽 추출물을 이용한 피로 회복 및 노화 억제에 좋은 음료의 제조 방법

본 발명은 까마중 추출물과 자몽 추출물을 이용한 피로 회복 및 노화 억제에 좋은 음료의 제조 방법에 관한 것으로, 더욱 상세하게는 피로 회복 및 노화 억제에 좋은 까마중 추출물과 자몽 추출물에 활성 산소에 대한 항산화 작용이 우수한 알칼리 이온수를 첨가하여 피로를 억제하며 인체에 유익한 건강 음료를 제조하는 것이다.

〈공개번호 : 10-2014-0134956, 출원인 : 장하진〉

소화기계 질환 치료(소화, 장염, 구내염, 안질)

깽깽이풀

생 약 명	선황련(鮮黃連)
사용부위	뿌리
작용부위	위장, 폐, 대장 경락으로 작용한다.

학명 *Jeffersonia dubia* (Maxim.) Benth. & Hook. f. ex Baker & S. Moore

이명 깽이풀, 황련, 조황련, 선황련

과명 매자나무과(Berberidaceae)

개화기 4~5월

채취시기 9~10월경에 전초를 채취하여 지상부와 수염뿌리를 제거하고 햇볕에 말린다.

성분 베르베린(berberine), 콥티신(coptisine), 자트로르리진(jatrorrhizine), 팔마틴(palmatine), 워레닌(worenine), 폴리베르베린(polyberberine), 마그노플로린(magnoflorine), 오바쿠논(obacunone), 오바쿠락톤(obaculactone) 등을 함유하고 있다.

성질과 맛 성질이 차고, 맛은 쓰다.

생육특성

전국 각지의 숲에 분포하는 여러해살이풀로, 비옥한 토양의 반그늘에서 자란다. 키는 20~30cm 정도이며, 원줄기가 없고 짧은 근경이 옆으로 자란다. 잎은 밑동에서 모여나고, 길이와 폭이 각 9cm에 원심형이며 가장자리가 조금 들어가 있다. 전체가 딱딱하며 연잎처럼 물에 젖지 않는다. 4~5월에 홍자색 꽃이 피는데, 1~2개의 꽃줄기가 잎보다 먼저 나오고 끝에 꽃이 1개씩 달려 핀다. 개화 후 꽃잎은 약한 바람에도 떨어지기 때문에 다른 꽃보다 빨리 꽃이 진다. 7월경에 넓은 타원형 열매가 달리고 종자는 검은색이다. 자생지를 가면 한 줄로 길게 자생하는 것을 볼 수 있는데, 이는 땅에 떨어진 종자를 개미와 같은 매개충이 옮기는 과정에서 일렬로 줄지어 이동하는 습성으로 인해 생겨난 현상으로 추정하고 있다. 또한 많은 자생지가 훼손된 것은 한약재의 중요 재료로 이용될 뿐만 아니라, '조황련' 또는 '선황련'이라 불리는 우리나라 깽깽이풀의 약성이 중국이나 일본에서 생산되는 것보다 월등히 우수하다는 데에 기인한다. 황련이라는 생약명은 꽃 모양이 연꽃을 닮았고, 뿌리줄기가 노란빛을 띠어 붙여진 것으로 보인다.

깽깽이풀_잎

깽깽이풀_꽃

깽깽이풀_열매

약효

위를 튼튼하게 하고 설사를 멎게 하며, 열을 내리고 독을 풀어 주는 효능이 있어 소화불량, 식욕 감퇴, 오심, 장염, 이질, 유행성 열병, 장티푸스, 가스가 차서 답답하고 구역질이 나오는 비만구역(痞滿嘔逆),

세균성 설사, 구내염, 안질 등의 치료에 이용한다.

깽깽이풀_새잎

깽깽이풀_줄기

 용법과 약재

하루에 6~12g을 사용하는데, 물 1L 정도를 붓고 달여서 2~3
회로 나누어 복용한다. 가루나 환으로 만들어 복용한다. 외용할 때는 끓
인 액으로 환부를 닦아낸다.

※성질이 차고 쓴 약재이므로 비위가 허하고 찬 사람은 신중하게 사용하여야 한다.

깽깽이풀_뿌리 채취품

깽깽이풀_약재품

근골격계 질환 치료(관절염, 신경통, 간염)

꼭두서니

생약명 천초근(茜草根)
사용부위 어린순, 전초
작용부위 간, 심장 경락으로 작용한다.

학명 *Rubia akane* Nakai
이명 꼭두선이, 가삼자리
과명 꼭두서니과(Rubiaceae)
개화기 7~8월
채취시기 이른 봄에 어린순을 채취하고, 가을에 전초를 채취하여 햇볕에 말린다.
성분 뿌리에 푸르푸린(purpurin), 문지스틴(munjistin), 루베리트르산(ruberythric acid) 등이 함유되어 있다.
성질과 맛 성질이 차고, 맛은 쓰다.

생육특성

　전국 각지에 분포하는 덩굴성 여러해살이풀로, 습지를 제외한 어디서나 잘자란다. 길이는 1m 정도이며, 원줄기는 네모나고 아래를 향한 가시가 있어 물체에 잘 달라붙는다. 잎은 줄기를 따라 4개씩 돌려나는데, 2개는 정상엽이고 2개는 탁엽이다. 길이 3~7cm, 폭 1~3cm에 심장형 또는 장난형이며 가장자리에는 잔가시가 있다. 7~8월에 연황색 꽃이 원줄기 끝에 원추꽃차례로 피며, 지름 0.4cm 정도이다. 장과인 열매는 10월경에 검게 익는다. 예전부터 쪽과 함께 염료 식물로 많이 이용되어 왔다.

꼭두서니_잎

꼭두서니_꽃

꼭두서니_열매

꼭두서니_줄기

약효

혈분의 열사를 제거하여 피를 맑게 하며 월경을 잘 통하게 하고, 출혈을 멎게 하며 종기를 가라앉히는 효능이 있어서 관절염, 신경통, 월경불순, 토혈, 코피, 변혈(便血), 자궁 출혈, 간염, 황달, 만성 기관지염, 종기나 부스럼 등을 치료하는 데 이용한다.

용법과 약재

하루에 9~15g을 사용하는데, 물 1L 정도를 붓고 달여서 2~3회로 나누어 복용한다. 가루나 환으로 만들어 복용하기도 하며 술을 담가 마시기도 한다.

※성질이 차고 쓰기 때문에 비위가 허하고 찬 사람은 신중하게 복용한다.

꼭두서니_전초

꼭두서니_어린순

기능성과 효능에 관한 특허자료

천초근(꼭두서니 뿌리) 추출물로부터 분리된 몰루긴을 유효 성분으로 함유하는 비만의 예방 및 치료용 조성물

본 발명은 천초근 추출물로부터 분리되는 몰루긴(mollugin)을 유효 성분으로 함유하는 조성물에 관한 것으로서, 상세하게는 몰루긴은 전지방 세포의 지방으로의 분화 억제 및 지방 세포, 성숙 지방 세포의 세포 사멸 효과를 나타내는 바, 비만의 예방 및 치료용 약학 조성물 및 분자 세포 생물학적 연구를 위한 약학 조성물로 유용하게 사용될 수 있다.

〈공개번호 : 10-2012-0021358, 출원인 : 경북대학교 산학협력단〉

소화기계 질환 치료(거담, 이뇨, 소종)

꽃무릇

생약명	석산(石蒜)
사용부위	알뿌리 모양의 인경(비늘줄기)
작용부위	간, 폐, 신장 경락으로 작용한다.

학명 *Lycoris radiata* (L'Her.) Herb.

이명 가을가재무릇, 꽃무릇, 오산(烏蒜), 독산(獨蒜)

과명 수선화과(Amaryllidaceae)

개화기 9~10월

채취시기 가을에 꽃이 진 뒤에 채취한 인경을 깨끗이 씻어서 그늘에서 말린다.

성분 인경에는 호모리코린(homolycorine), 리코레닌(lycorenine), 타제틴(tazettine), 리코라민(lycoramine), 리코린(lycorine), 슈도리코린(pseudolycorine), 칼라르타민(calarthamine) 등의 알칼로이드가 함유되어 있다. 그 밖에 20%의 전분, 식물의 생장 억제 및 항암작용이 있는 리코리시디놀(lycoricidinol)과 리코리시딘(lycoricidine)을 함유한다. 잎과 꽃에는 당류와 글리코시드가 함유되어 있다.

성질과 맛 성질이 따뜻하며, 맛은 맵고 독이 있다(상사화는 독이 없음).

생육특성

남부 지방에 주로 분포하는 여러해살이풀로, 습윤한 곳에서 잘 자란다. 꽃줄기는 높이가 30~50cm이고, 인경(鱗莖: 알뿌리 모양의 비늘줄기)은 타원형 또는 구형이며 외피는 자갈색이다. 잎은 모여나고, 줄 모양 또는 띠 모양이며 윗면은 청록색, 아랫면은 분록색(粉綠色)이다. 9~10월에 붉은색 꽃이 피는데, 잎이 없는 비늘줄기에서 나온 꽃줄기 끝에 산형꽃차례를 이룬다. 꽃이 떨어진 후에 짙은 녹색의 잎이 나오며 이듬해 봄에 시든다. 인경을 물에 담가서 알칼로이드를 제거하면 좋은 녹말을 얻을 수 있다. 꽃무릇을 상사화로 혼동하는 경우가 더러 있는데, 다른 식물이므로 혼동하지 않도록 주의를 요한다. 전북 고창 선운사와 전남 영광 불갑사 등의 군락지가 유명하다.

꽃무릇_잎

꽃무릇_꽃봉오리

꽃무릇_꽃

꽃무릇_열매

꽃무릇_줄기

가을

약효

가래를 제거하고 소변을 잘 나가게 하며, 종기를 가라앉히고 구토를 유발하는 등의 효능이 있어서 해수, 수종(水腫), 림프샘염 등의 치료에 이용한다. 또한 옹저(癰疽: 종기나 암종), 창종(瘡腫: 부스럼 등의 각종 피부병) 등의 치료에 이용하기도 한다.

용법과 약재

말린 것으로 하루에 1.5~3g을 사용하는데, 잘 말린 인경 2~3g에 물 700mL 정도를 붓고 끓기 시작하면 약한 불로 줄여서 200~300mL로 달인 액을 아침저녁 2회에 나누어 복용한다. 외용할 때는 생것을 짓찧어서 환부에 붙이거나 달인 물로 환부를 씻어낸다.

※독성이 있어서 함부로 복용하면 안 된다. 특히 신체가 허약한 사람, 실사(實邪)가 없고 구역질을 하는 사람은 복용을 금한다.

꽃무릇_새싹

꽃무릇_인경 채취품

기능성과 효능에 관한 특허자료

석산 추출물을 유효 성분으로 포함하는 항균용 조성물

본 발명의 석산 추출물은 식중독 병원균인 대장균, 녹농균, 살모넬라균 및 황색 포도상 구균에 대한 항균 활성을 나타낼 뿐만 아니라 헬리코박터 파일로리균에 대한 항균 활성도 우수하므로, 이를 유효 성분으로 포함하는 본 발명의 조성물은 항균 용도로 유용하게 사용될 수 있다.

〈공개번호 : 10-2013-0079282, 출원인 : 태극제약(주), 영광군, 충남대학교 산학협력단〉

294

소화기계 질환 치료(복통, 설사, 구토, 열병)

꽃향유

생약명 향유(香薷)
사용부위 전초
작용부위 위장, 폐 경락으로 작용한다.

학명 *Elsholtzia splendens* Nakai
이명 붉은향유
과명 꿀풀과(Labiatae)
개화기 9~10월
채취시기 여름에서 가을에 걸쳐 종자가 성숙하면 지상부를 절취하여 햇볕에 말리거나 그늘에서 말린다.
성분 엘숄치디올(elsholtzidiol), 엘숄치아케톤(elsholtziaketone), 나지나타케톤(naginataketone),
α-피넨(α-pinene), 시네올(cineole), p-시멘(p-cymene), 이소발레르산(isovaleric acid), 이소부틸-
이소발레레이트(isobutyl-isovalerate), α-β-나지나틴(α-β-naginatene), 리날로올(linalool), 장뇌,
게라니올(geraniol), n-카프로산(n-caproic acid), 이소카프로산(isocaproic acid), 올레산(oleic acid),
리놀레산(linoleic acid), α-테르피네올(α-terpineol), β-비사볼렌(β-bisabolene), 카르바크롤
(carvacrol), γ-테르피넨(γ-terpinene), 티몰(thymol) 등이 함유되어 있다.

가을 **295**

성질과 맛 성질이 따뜻하고, 맛은 맵다.

 생육특성

중부 이남에 자생하는 한해살이풀로, 양지 또는 반그늘의 습기가 많은 풀숲에서 자란다. 높이는 50cm 정도이고, 네모난 줄기가 뭉쳐나며 흰 털이 나 있다. 잎은 마주나고, 길이 8~12cm에 난형이며 가장자리에는 치아 모양의 둔한 톱니가 있다. 9~10월에 분홍빛이 도는 자주색 꽃이 줄기 한쪽 방향으로 빽빽하게 치우쳐 이삭 꽃차례를 이루며 핀다. 열매는 소견과로, 11월에 꽃이 떨어진 자리에 작은 씨가 많이 맺힌다.

꽃향유_잎

꽃향유_꽃

꽃향유_완숙 열매

꽃향유_줄기

약효

땀을 내보내고 열을 내리며, 소변이 잘 나가게 하고 위를 편안하게 하며 풍사를 제거하는 등의 효능이 있어 감기, 오한발열, 두통, 무한(無汗: 땀이 안 나는 증세), 복통, 구토, 설사, 전신 부종, 각기(脚氣), 창독(瘡毒: 부스럼) 등을 치료한다. 더운 여름에 끓여서 차 대신 마시면 열병을 낫게 하고 비위(脾胃)를 조정하며 위를 따뜻하게 한다. 또한 즙으로 양치질을 하면 구취가 없어진다.

용법과 약재

하루에 6~12g을 물 1L 정도에 넣고 달여서 2~3회로 나누어 복용하거나 가루를 내어 복용한다. 외용할 때는 짓찧어 환부에 붙이거나 달여서 환부를 닦아낸다.

꽃향유_전초 말린것   꽃향유_약재품

항산화 활성을 갖는 꽃향유 추출물

본원 발명에 따른 꽃향유 추출물은 낮은 농도에서는 활성 산소 종의 생성으로 세포 신호 전달을 자극하여 세포 성장을 촉진하는 효과가 있고, 높은 농도에서는 세포 성장을 유의성 있게 감소시키지 않으면서 활성 산소 종의 생성을 억제하였다. 또한, 본원 발명에 따른 꽃향유 추출물은 카탈라제와 CuZnSOD와 MnSOD mRNA 발현을 촉진하여 활성 산소 종을 제거하는 항산화 활성이 있다.

〈공개번호 : 10-2009-0062342, 출원인 : 덕성여자대학교 산학협력단〉

내분비계 질환 치료(간, 해독, 황달)

꽈리

생약명 산장(酸漿)

사용부위 전초와 열매

작용부위 간, 폐, 대장, 방광 경락으로 작용한다.

학명 *Physalis alkekengi* var. *francheti* (Masters) Hort.

이명 초장(醋漿), 한장(寒漿), 등롱초(燈籠草), 등롱아(燈籠兒), 산장초(酸漿草)

과명 가지과(Solanaceae)

개화기 7~10월

채취시기 여름에서 가을 사이에 채취하여 햇볕에 말리거나 생것으로 그대로 사용한다.

성분 열매에는 피살린 A, B, C(physalin A, B, C), 사포닌, 루테올린(luteolin), 루테올린-7-글루코시드
(luteolin-7-glucoside)등이 함유되어 있고, 뿌리에는 3α-티글로일록시트로판(3α-tigloyloxytropane)
이 함유되어 있다.

성질과 맛 성질이 차며, 맛은 시고 쓰다.

![생육특성 아이콘] **생육특성**

마을 근처 길가나 빈터에서 자라거나 심어 가꾸는 여러해살이 풀로, 높이는 40~100cm이고 줄기는 곧게 서며 땅속줄기가 옆으로 뻗어 번식한다. 잎은 어긋나고, 2개의 잎이 한 마디에서 나오는데 광난형에 잎끝이 뾰족하며 가장자리에 톱니가 있다. 7~10월에 흰색 꽃이 피고, 장과인 열매는 8~10월에 붉게 익는다. 열매는 식용하며 관상용으로 기르기도 한다.

꽈리_잎

꽈리_꽃

꽈리_열매

꽈리_밭

가을

약효

열을 내리고 소변이 잘 나가게하며 종기를 가라앉히는 등의 효능이있어 감기, 인후염, 편도염, 간염, 황달, 수종(水腫), 하리(下痢), 치질, 종독(腫毒)등의 치료에 이용한다.

용법과 약재

하루에 말린 약초 10~20g 정도를 사용하는데, 물 1L를 붓고 반으로 달여서 매식후에 마신다.

꽈리_열매(완숙)

꽈리_약재품

꽈리_약재품

꽈리_열매(완숙)

내분비계 질환 치료(항암, 진통, 거풍)

꾸지뽕나무

생약명 자목백피(柘木白皮)

사용부위 목부, 수피와 근피, 잎, 열매

작용부위 간, 심장 경락으로 작용한다.

학명 *Cudrania tricuspidata* (Carr.) Bureau ex Lavallee

이명 구지뽕나무, 굿가시나무, 활뽕나무, 자수(柘樹)

과명 뽕나무과(Moraceae)

개화기 5~6월

채취시기 목부와 수피·근피는 연중 수시, 잎은 봄여름, 열매는 9~10월에 채취한다.

성분 모린(morin), 루틴(rutin), 캠페롤-7-글루코시드(kaempherol-7-glucoside), 즉 포풀닌(populnin), 스타키드린(stachydrine) 및 프롤린(proline), 글루탐산(glutamic acid), 아르기닌(arginine), 아스파라긴산(asparaginic acid)이 함유되어 있다.

성질과 맛 목부는 성질이 따뜻하고 독이 없으며, 맛은 달다. 근피·수피는 성질이 평하고, 맛은 쓰다. 잎은 성질이 시원하고, 맛은 약간 달다. 열매는 성질이 평하고, 맛은 달고 쓰다.

가을 **301**

전국 각지의 산과 들에 자생하거나 재배하는 낙엽활엽소교목 또는 관목으로, 양지바른 산기슭이나 마을 근처에서 잘 자란다. 뿌리는 황색이고, 가지는 많이 갈라지며 검은 녹갈색에 억센 가시가 있다. 잎은 서로 어긋나며, 3갈래로 갈라진 것과 가장자리가 밋밋한 것이 있다. 난형 또는 도란형으로 가죽질에 가깝고 밑부분은 원형이며 잎끝이 뭉툭하거나 날카롭다. 윗면은 암녹색에 털이 있으나 성장하면서 중앙의 맥에만 조금 남고 그 외에는 털이 없어진다. 자웅 이주 단성화로, 5~6월에 황색 꽃이 두상 꽃차례를 이루며 핀다. 수과인 열매들이 모여 둥근 덩어리를 이루는데, 육질이며 9~10월에 홍색으로 익는다.

꾸지뽕나무_잎　　　꾸지뽕나무_꽃　　　꾸지뽕나무_가시

꾸지뽕나무_열매　　　꾸지뽕나무_수피

약효

목부는 생약명이 자목(柘木)이며, 여성의 붕중(崩中), 혈결(血結), 말라리아 등을 치료한다. 수피와 근피는 생약명이 자목백피(柘木白皮)이며, 요통, 유정(遺精), 객혈, 구혈(嘔血), 타박상을 치료하고 혈관강화와 아토피 치료에도 효과적이다. 특히 근래에는 항암 작용이 밝혀졌다. 줄기와 잎은 생약명이 자수경엽(柘樹莖葉)이며, 소염, 진통, 거풍, 활혈의 효능이 있고 습진, 유행성 귀밑샘염, 폐결핵, 만성 요통, 종기, 급성 관절의 염좌 등을 치료한다. 특히 잎의 추출물은 췌장암의 예방과 치료에 더욱 효과적이다. 열매는 생약명이 자수과실(柘樹果實)이며, 청열, 진통, 양혈(凉血)의 효능이 있고 타박상을 치료한다.

용법과 약재

목질부와 수피, 근피 1일량 100~150g을 물 1L에 넣고 반으로 달여 2~3회 매 식후 복용한다. 외용할 때는 수피나 근피를 짓찧어서 환부에 도포하거나 달인 액으로 환부를 씻어준다. 줄기와 잎 1일량 30~50g을 물 1L에 넣고 반으로 달여 2~3회 매 식후 복용한다. 외용할 때는 잎을 짓찧어서 환부에 도포한다. 열매 1일량 30~50g을 물 1L에 넣고 반으로 달여 2~3회 매 식후 복용한다. 외용할 때는 잘 익은 열매를 짓찧어서 환부에 붙인다

꾸지뽕나무_줄기(건조)

꾸지뽕나무_뿌리 약재품

꾸지뽕나무와 뽕나무

꾸지뽕나무와 뽕나무는 뽕나무과에 속하는 낙엽활엽수이며 잎이 양잠 누에의 먹이로 이용되다 꾸지뽕나무는 줄기와 가지에 억세고 딱딱한 가시가 돋아나 있고, 뽕나무의 햇가지에는 부드러운 털이 나 있다. 두 나무의 잎이나 가지를 자르면 우윳빛 유액이 흘러나온다. 뽕나무와 꾸지뽕나무는 약효 성분도 다르고 약효 적용도 다소 다르다. 뽕나무는 뿌리부터 가지, 잎, 목부, 열매, 나무껍질 등 나무 전체를 약용하며 혈압 강하, 혈당 강하, 항암, 항균, 항염 등의 효능이 있고, 꾸지뽕나무는 강력한 항암작용이 있다.

순환기계 질환 치료 ^(토혈, 번열, 종창, 습진)

꿩의비름

생 약 명	경천(景天)
사용부위	어린순, 전초(잎과 줄기)
작용부위	간, 심장, 폐 경락으로 작용한다.

학명 *Hylotelephium erythrostictum* (Miq.) H. Ohba

이명 큰꿩의비름(중)

과명 돌나물과(Crassulaceae)

개화기 8~9월

채취시기 4월 4일과 7월 7일에 전초(잎과 줄기)를 채취하여 그늘에 말린다.

성분 전초에 사과산, 칼슘, 세도헵툴로오스(sedoheptulose) 등이 함유되어 있다.

성질과 맛 성질이 차고, 맛은 쓰다.

생육특성

전국 각지의 산지에서 자라는 여러해살이풀로, 풀숲의 양지바른 곳이나 돌 틈에서 자란다. 높이는 30~90cm이고, 원줄기는 곧게 서며 원주형에 분백색이 돈다. 잎은 마주나거나 어긋나고, 길이 6~9cm에 긴 타원형이며 가장자리에 둔한 톱니가 있다. 8~9월에 흰색 바탕에 붉은빛이 도는 꽃이 원줄기 끝에 산방상 취산 꽃차례로 달리는데, 위쪽 꽃은 꽃줄기가 길고 아래쪽 꽃은 꽃줄기가 짧다. 골돌과인 열매는 10~11월에 달리며, 종자는 작은 꽃들 안에 먼지처럼 들어 있기 때문에 종자를 받을 때 주의해야 한다. 화분이나 지붕 위에 두면 불을 몰아낸다고 하여 신화초(愼火草)라고도 불린다.

꿩의비름_잎

꿩의비름_꽃봉오리

꿩의비름_꽃

꿩의비름_줄기

가을

약효

열을 내리고 독을 풀어주며 출혈을 멎게 하고 종기를 가라앉히는 효능이 있어서 발열, 토혈, 객혈, 종창(腫脹: 염증이나 종양으로 인한 부기), 종독(腫毒: 헌데 또는 종기의 독), 단독(丹毒), 유풍(柔風: 사지를 추스르지 못하고 몸을 젖히지 못하는 증상), 번열(煩熱), 풍진(風疹), 외상 출혈, 습진, 안질 등을 치료하고 옻독에도 효과적이다.

용법과 약재

하루에 20~30g의 약재를 물 1L 정도를 붓고 달여 2~3회로 나누어 복용하거나 즙을 내어 복용하기도 하며, 짓찧어 환부에 붙이거나 달여서 환부를 닦아내기도 한다.

꿩의비름_완숙 열매

꿩의비름_건조 열매 채취품

꿩의비름_재배지

소화기계 질환 치료(사하, 살충, 변비, 이뇨)

나팔꽃

생 약 명 흑축(黑丑), 백축(白丑), 견우자(牽牛子)
사용부위 열매
작용부위 폐, 대장, 신장 경락으로 작용한다.

학명 *Pharbitis nil* Choisy
이명 천가(天茄), 금령(金鈴), 흑견우(黑牽牛), 백견우(白牽牛), 초금령(草金鈴), 가군자(假君子)
과명 메꽃과(Convolvulaceae)
개화기 7~8월
채취시기 8~9월 과실 성숙기에 채취하여 햇볕에 말린다.
성분 종자에는 수지 배당체로 파르비틴(pharbitin)과 그 외 지방유로 올레인(olein), 팔미틴(palmitin),
스테아린(stearin)이 함유되어 있고 지상부의 색소에는 펠라르고닌(pelargonin), 페오닌(paeonin) 등의
성분이 함유되어 있다.

성질과 맛 성질이 차고 독이 없으며 맛은 쓰다.

생육특성

한국, 일본, 대만 등지에 분포하는 덩굴성 한해살이풀로, 인가의 울타리나 정원에서 흔히 볼 수 있다. 줄기는 길이가 2m 내외이고 왼쪽으로 감아 올라가며 식물체 전체에 거친 털이 나 있다. 잎은 어긋나고, 심장형에 잎끝이 3열로 갈라져 있으며 가장자리는 밋밋하고 톱니가 없다. 7~8월에 남자색, 백색 등 여러 빛깔의 꽃이 잎겨드랑이에서 나온 꽃대에 1~3송이씩 달린다. 삭과인 열매는 10월에 성숙하는데, 이 열매를 말린 것을 약용한다. 꽃잎의 생김새가 나팔과 흡사하여 나팔꽃이라는 이름이 붙여졌으며, 원산지가 열대 아시아, 중국 남서부나 히말라야 산기슭이라고도 하나 확실하지 않다. 1500년 전 중국 송(宋)나라 때에 이 씨앗을 약으로 썼는데, 우리나라에도 그 무렵 건너온 것으로 추측된다.

나팔꽃_잎

나팔꽃_꽃

나팔꽃_열매

나팔꽃_줄기

약효

강한 설사를 유발하고 소변이 잘 나가게 하며 기를 내려주는 등의 효능이 있어 대소변이 잘 나가지 않는 증상, 수종(水腫), 복수(腹水), 오래된 식체 등의 치료에 이용한다. 종자인 견우자는 완하약(緩下藥)으로 우수한 약효를 지니고 있어 대소변을 원활하게 하고, 수종, 각기, 부종, 독충 교상(咬傷)에는 생즙을 내어 사용한다. 검게 태운 견우자로 가루를 내어 참기름에 반죽하여 종기 태독(胎毒)에 사용하며, 전초를 달여서 복용하면 류머티즘에 효과적이다. 또한 신장염으로 인한 부종에 이뇨제로 쓰며 하초울열(下焦鬱熱)이나 허탈 증상에 견우자를 달여서 오래 복용하면 잘 낫고 천식 등에도 거담, 진해 작용이 있다.

용법과 약재

하루에 6~12g을 물 1L에 넣고 반으로 달여 2~3회로 나누어 복용한다. 한방에서는 소아낭종(小兒囊腫)이나 소변불리(小便不利)에 백견우산(白牽牛散: 견우자, 감초, 귤홍, 상백피, 목통 각 3.8g)을 처방하여 복용한다.

나팔꽃_종자 결실

나팔꽃_약재품

가을

근골격계 질환 치료(근골산통, 타박상)

노루오줌

생약명 | 소승마(小升麻), 적승마(赤升麻), 적소마(赤小麻), 낙신부(落新婦)

사용부위 | 어린순, 전초

작용부위 | 폐 경락으로 작용한다.

학명 *Astilbe rubra* Hook. f. & Thomson

이명 큰노루오줌, 왕노루오줌, 노루풀

과명 범의귀과(Saxifragaceae)

개화기 7~8월

채취시기 어린순은 채취하여 나물로 먹고, 전초는 가을에 채취하여 햇볕에 말린다.

성분 아스틸빈(astilbin), 베르게닌(bergenin), 퀘르세틴(quercetin) 등이 함유되어 있다.

성질과 맛 성질이 시원하고, 맛은 쓰고 맵다.

생육특성

전국 각지의 산지에 분포하는 여러해살이풀로, 숲 아래 물가나 습기가 많은곳에서 자란다. 높이는 60cm 내외이고, 줄기는 곧게 서며 굵은 뿌리줄기가 옆으로 짧게 뻗는다. 잎은 어긋나고 3개씩 2~3회 갈라지며, 작은잎은 길이 2~8cm에 장난형 또는 난상 긴 타원형으로 잎 끝이 길게 뾰족하고 가장자리에 톱니가 있다 이다. 7~8월에 연한 분홍색 꽃이 줄기 끝에 원추 꽃차례로 피며, 삭과인 열매는 9~10월에 갈색으로 익는데 안에는 미세한 종자가 많이 들어 있다. 외국에서는 많은 품종이 육종되어 '아스틸베(Astilbe)'라는 절화식물로 이용된다.

노루오줌_잎

노루오줌_꽃봉오리

노루오줌_꽃

가을

노루오줌_열매

노루오줌_줄기

약효

풍을 없애고 열을 내려주며, 기침을 멎게 하는 등의 효능이 있어서 감기로 인한 발열, 두통, 전신 통증, 해수 등을 치료한다. 또한 노상(勞傷: 과로, 칠정내상, 무절제한 방사 등으로 기가 허약하여 손상되는 증상, 노권이라고도 함), 근육과 뼈가 시큰하게 아픈 근골산통(筋骨痠痛), 타박상, 관절통, 위통(胃痛), 동통(疼痛), 독사교상(毒蛇咬傷: 독사에 물린 상처)을 치료한다.

용법과 약재

하루에 15~30g을 사용하는데, 물 1L 정도를 붓고 달여서 2~3회로 나누어 복용한다.

※위로 떠오르는 성질이 있으므로 음기가 부족하면서 양기만 위로 치솟는 음허양부(陰虛陽浮)인 경우나 마진(痲疹: 발진)에서 이미 투진(透疹)이 되었을 때 또는 천식이 심하여 기역(氣逆: 기가 거꾸로 치솟음)한 증상에는 피한다.

노루오줌_어린순

기능성과 효능에 관한 특허자료

노루오줌 추출물을 함유하는 퇴행성 뇌질환 예방 및 치료용 약학적 조성물

본 발명은 노루오줌 추출물을 유효 성분으로 함유하는 퇴행성 뇌질환 예방 및 치료용 약학적 조성물을 제공한다. 본 발명의 노루오줌 추출물은 뇌신경 세포 보호 효과를 가지며, 따라서 다양한 퇴행성 뇌질환을 예방 및 치료하는 작용 효과를 나타낸다.

〈공개번호 : 10-2013-0094065, 출원인 : 경희대학교 산학협력단〉

순환기계 질환 치료(거풍, 종기, 가려움증, 살균)

녹나무

생 약 명 장목(樟木)
사용부위 목재, 장뇌, 뿌리, 잎, 열매
작용부위 간, 심장, 비장 경락으로 작용한다.

학명 *Cinnamomum camphora* (L.) J.Presl = [*Laurus camphora* L.]
이명 장뇌수, 장뇌목(樟腦木), 향장수(香樟樹), 향장목(香樟木), 장목자(樟木子)
과명 녹나무과(Lauraceae)
개화기 5~6월
채취시기 목재는 겨울, 장뇌는 봄부터 가을, 뿌리는 2~4월, 잎은 수시로 채취한다.
성분 목재에는 장죄와 방향성 정유가 함유되어 있으며 이 정유를 감압 증류하면 시네올(cineol), α-피넨(α-pinene), 캄펜(camphene), 리모넨(limonene), 사프롤(safrol), 테르피네올(terpineol), 카르바크롤(carvacrol), 오이게놀(eugenol), 카디넨(cadinene), 비사볼렌(bisabolene), α-캄포렌(α-camphorene), 아줄렌(azulene) 등을 얻을 수 있다. 장뇌에는 캄펜, 펠란드렌(phellandren), α-피넨, 사프롤 등이 함유되어 있다. 뿌리에는 라우로리트신(laurolitsine), 레티쿨린(reticulin)이 함유되어 있으며 수피에는 프로피온산(propionic acid), 락산, 길초산, 카프로산(caproic acid), 카프릴산(caprylic acid), 카프르산

가을 **313**

(capric acid), 라우르산(lauric acid), 올레산(oleic acid) 등이 함유되어 있다. 잎에는 정유가 함유되어 있고 그중에는 리네올(lineol), 멘톨, 시네올(cineol), α-피넨, 보르네올(borneol), 사프롤 등이 함유되어 있다. 열매에는 정유가 다량 함유되어 있다.

성질과 맛   목질부는 성질이 따뜻하고 독이 없으며, 맛은 맵다. 장뇌는 성질이 따뜻하고, 맛은 맵다. 뿌리는 성질이 따뜻하고 독이 없으며, 맛은 맵다. 잎은 성질이 따뜻하고, 맛은 쓰고 맵다. 열매는 성질이 따뜻하고 독이 없으며, 맛은 맵다.

생육특성

제주도나 남부지방의 산기슭 양지에 자생 또는 식재하며 상록활엽교목으로 높이는 20~30m 정도로 자란다. 작은 가지는 황록색이고 윤택하며 가지 및 잎에서는 장뇌의 방향성 향기가 난다. 잎은 난형 또는 난상 타원형에 서로 어긋나고 잎끝이 뾰족하며 밑부분은 날카로운 모양에 가장자리에는 파상의 톱니가 있다. 꽃은 원추꽃차례로 5~6월에 새 가지의 잎겨드랑이에서 나오고 백색에서 황록색으로 피고 열매의 핵과는 둥글고 9~10월에 자흑색으로 익는다.

녹나무_잎   녹나무_꽃   녹나무_열매

약효

목재는 약용하는데 생약명을 장목(樟木)이라고 하며 맛이 맵고 약성은 따뜻하며 거풍, 거습, 심복통(心腹痛), 곽란, 각기, 통풍, 개선, 타박상을 치료한다. 뿌리, 목재, 가지, 잎 등을 증류하여 얻은 과립 결정체를 생약명으로 장뇌(樟腦)라고 한다. 장뇌는 국소 자극작용, 방부작용, 중추신경 흥분작용이 있으며 살충, 진통, 곽란, 치통, 타박상 등을 치료한다. 피부에 바르면 온화한 자극과 발적작용, 청량감, 진양, 구풍작용, 방부작용이 있다. 뿌리는 생약명을 향장근(香樟根)이라 하여 종기, 진통, 거풍습, 활혈, 구토, 하리, 심복장통, 개선 진양을 치료한다. 잎은 생약명을 장수엽(樟樹葉)이라 하여 거풍, 제습, 진통, 살충, 화담, 살균, 위통, 구토, 하리, 사지마비, 개선 등을 치료한다. 근래의 연구결과에 의하면 당뇨병의 예방 및 치료에도 사용할 수 있는 것으로 밝혀졌다. 녹나무의 추출물은 피부를 건조하지 않게 하고 탈모방지 및 발모촉진, 피부미백용으로도 사용한다.

용법과 약재

목재 1일량 30~50g을 물 900mL에 넣고 반으로 달여 2~3회 매 식후 복용한다. 외용할 때는 가루를 내어 연고기제와 혼합하여 도포한다. 장뇌 1일량 0.2~0.4g을 가루 내어 2~3회 매 식후 복용하며, 외용할 때는 0.5g을 물 100mL에 녹여 환부에 자주 바른다. 뿌리 1일량 20~30g을 물 900mL에 넣고 반으로 달여 2~3회 매 식후 복용한다. 외용할 때는 달인 액을 환부에 바른다. 잎 1일량 10~30g을 물 900mL에 넣고 반으로 달여 2~3회 매 식후 복용한다. 외용할 때는 달인 액을 환부에 바른다.
※ 임산부는 복용을 금한다.

녹나무_수피

녹나무_약재전형(목재)

순환기계 질환 치료(강심, 중풍, 치통, 림프샘)

놋젓가락나물

생 약 명	초오(草烏)
사용부위	어린순, 뿌리
작용부위	간, 심장, 위장, 대장 경락으로 작용한다.

학명 *Aconitum ciliare* DC.

이명 선덩굴바꽃

과명 미나리아재비과(Ranunculaceae)

개화기 8~9월

채취시기 봄에 부드러운 순을 삶아 말린다. 덩이뿌리는 늦가을에 줄기와 잎이 말랐을 때 채취하여 흙을 털어내고 햇볕이나 불에 쬐어 말린다.

성분 덩이뿌리에 맹독성의 알칼로이드인 아코니틴(aconitine), 메사코니틴(mesaconitine), 히파코니틴(hypaconitine), 제사코니틴(jesaconitine)이 함유되어 있다. 이 외에 아크모톰(acpmotome), 세옥시아코니틴(ceoxyaconitine), 데옥시아코니틴(deoxyaconitine), 베이우틴(beiwutine) 등이 함유되어 있다.

성질과 맛 성질이 덥고 맛은 맵다.

　전국 각자의 산지에 분포하는 덩굴성 여러해살이풀로, 물 빠짐이 좋은 숲속 나무 아래의 반그늘에서 자란다. 덩굴 길이는 약 2m이고, 다른 물체를 감아 올라가며 뻗는다. 잎은 어긋나고 손바닥 모양으로 3~5갈래로 갈라지며 갈라진 잎은 앞이 뾰족하다. 8~9월에 보라색과 자주색 꽃이 총상 꽃차례로 피는데, 꽃받침 조각이 꽃잎 같고 뒤쪽의 것은 투구 모양이다. 열매는 10~11월에 달리고 5개로 나누어진 씨방에는 많은 종자가 들어 있다.

놋젓가락나물_잎

놋젓가락나물_꽃

놋젓가락나물_열매

놋젓가락나물_뿌리

가을

약효

통증을 멎게 하고 경련을 진정시키며, 한사(寒邪), 풍사(風邪), 습사(濕邪)를 흩어지게 하고 종기를 가라앉히는 효능이 있어서 풍사와 습사로 인하여 결리고 아픈 증상, 관절동통, 치통, 중풍, 열병, 골절통(骨節痛), 두통, 신경통, 림프샘염을 치료한다. 또한 종기로 인한 부기를 가라앉히고 위와 배가 차고 아픈 증세를 치료한다. 아울러 심장의 기능을 강화하는 데 요긴한 약이다

용법과 약재

하루에 2~6g을 사용하는데, 물 1L 정도를 붓고 달여서 2~3회로 나누어 복용한다. 환(丸) 또는 가루로 만들어 복용하기도 한다. 외용할 때는 가루 내어 환부에 붙이거나 식초, 술과 함께 갈아서 바른다.

※독성이 강하므로 반드시 전문가의 처방에 따라 포제를 해서 복용해야 한다. 약재의 10배 정도의 물에 담가서 중심부까지 물이 스며들면 속의 백심(白心)이 없어지고 마설감(麻舌感: 혀가 오그라드는 느낌)이 사라질 때까지 10~14시간가량 끓여서, 마설감이 없으면 재차 약한 불로 물이 마를 때까지 가열하여 햇볕이나 불에 말린다.

놋젓가락나물_뿌리 채취품

놋젓가락나물_약재품

항문 질환 치료(치질, 고혈압)

느티나무

생 약 명 괴목(槐木)
사용부위 잎 및 수피
작용부위 심장, 간, 신장 경락으로 작용한다.

학명 *Zelkova serrata* (Thunb.) Makino

이명 긴잎느티나무, 둥근잎느티나무

과명 느릅나무과(Ulmaceae)

개화기 4 ~ 5월

채취시기 연중 수시로 채취한다.

성분 잎과 수피에 메틸펜토산(methylpentosan), 루틴(rutin), 프룩토오스(fructose)가 함유되어 있다.

성질과 맛 성질이 평하고, 독이 없으며, 맛은 쓰다.

생육특성

경기, 충북, 경북 및 전북, 함경도에 분포하는 낙엽활엽교목으로, 높이가 25m 내외로 자란다. 나무껍질은 평활하나 비늘처럼 떨어지고 굵은 가지는 끝으로 갈수록 가늘게 갈라지며, 1년생 가지는 가늘고 어린가지에는 잔털이 있다. 원뿌리와 곁뿌리가 잘 발달되어 있다. 잎은 서로 어긋나고, 긴 타원형 또는 난형에 표면이 매우 거칠며 가장자리에는 톱니가 있고 가을에 붉은색, 노란색으로 단풍이 든다. 자웅 동주이며, 4~5월에 담황록색 꽃이 취산 꽃차례로 피는데, 수꽃은 어린가지의 밑부분 잎겨드랑이에 달리고, 암꽃은 윗부분에 달린다. 핵과인 열매는 지름 4mm에 편구형이고 딱딱하며 10월에 익는다.

느티나무_잎

느티나무_꽃

느티나무_열매

느티나무_수피

약효

잎과 수피는 생약명이 괴목(槐木)이며, 완화, 강장, 안태, 안산, 이뇨, 지혈, 혈관강화, 치질 등의 효능이 있고 부종, 수종(水腫), 고혈압, 자궁 출혈, 중풍, 두통, 치통 등을 치료한다. 근래에는 느티나무 추출물의 암세포 사멸을 유도하는 작용이 밝혀져 항암 치료에 효과적인 것으로 알려져 있다.

용법과 약재

잎 1일량 15~30g을 물 900mL에 넣고 반으로 달여 2~3회 매 식후 복용한다. 수피 1일량 15~30g을 물 900mL에 넣고 반으로 달여 2~3회 매 식후 복용한다.

느티나무_수피 껍질 채취품

느티나무_완숙 열매

느티나무_새잎

느티나무_수피 약재품

가을

내분비계 질환 치료(당뇨, 소화, 기관지)

다래

생 약 명	연조자(軟棗子), 미후리(獼猴梨)
사용부위	뿌리와 잎, 열매
작용부위	간, 위장, 폐, 대장 경락으로 작용한다.

학명 *Actinidia arguta* (Siebold & Zucc.) Planch. ex Miq.

이명 다래나무, 참다래나무, 다래너출, 다래넝쿨, 참다래, 청다래년출, 다래년출, 청다래나무, 조인삼(租人蔘), 미후도(獼猴桃)

과명 다래나무과(Actinidiaceae)

개화기 5~6월

채취시기 뿌리는 가을·겨울, 잎은 여름, 열매는 9~10월에 채취한다.

성분 뿌리와 잎에는 악티니딘(actinidin)이 함유되어 있고, 열매에는 타닌, 비타민 A·C·P, 점액질, 전분, 서당, 단백질, 유기산 등이 함유되어 있다.

성질과 맛 뿌리와 잎은 성질이 평하고, 맛은 담백하고 떫다. 열매는 성질이 평하고, 맛은 달다.

생육특성

전국 각지의 산지나 계곡에 분포하는 낙엽 덩굴성 식물로, 덩굴 길이가 7~10m 정도이며 그 이상의 것도 있다. 새 가지에는 회백색 털이 드문드문 나 있고, 오래된 가지에는 털이 없으며 미끄럽다. 잎은 서로 어긋나고, 길이 6~13cm, 너비 5~9cm로 난형 또는 타원상 난형에 막질이며 잎끝은 급하게 뾰족하고 가장자리에 날카로운 톱니가 있다. 자웅 이주로, 5~6월에 백색 꽃이 잎겨드랑이에 취산 꽃차례를 이루며 핀다. 열매는 액과(液果)로 난상 원형에 표면은 반질거리며 9~10월경 녹색으로 익는다.

다래_새싹

다래_잎

다래_꽃

다래_열매

다래_수피

약효

뿌리와 잎은 생약명이 미후리(獼猴梨) 또는 미후도(獼猴桃)이며, 건위, 청열, 이습(利濕), 최유(催乳)의 효능이 있고 간염, 황달, 구토, 지사, 소화불량, 류머티즘, 관절통 등을 치료한다. 열매는 생약명이 연조자(軟棗子)이며, 당뇨의 소갈증, 번열, 요로결석을 치료한다. 다래의 추출물은 알레르기성 질환과 비알레르기성 염증 질환의 예방 및 치료, 탈모와 지루성 피부염의 예방 및 치료, 개선 등에도 사용할 수 있다는 연구결과가 있다.

용법과 약재

뿌리와 잎 1일량 50~100g을 물 900mL에 넣고 반으로 달여 2~3회 매 식후 복용한다. 열매 1일량 30~50g을 물 900mL에 넣고 반으로 달여 2~3회 매 식후 복용한다.

다래_열매 약재품

다래_잎 약재품

기능성과 효능에 관한 특허자료

다래 추출물을 함유한 탈모 및 지루성 피부 증상의 예방 및 개선용 건강 기능 식품

본 발명은 생약을 이용하여 제조한 탈모 및 지루성 피부 증상 예방 및 개선용 조성물에 관한 것이다. 본 발명의 생약조성물은 독성 등의 부작용이 없으면서 탈모 증상과 지루성 피부 증상에 대해 우수한 예방, 개선 및 치료 효과를 나타내는 건강 기능 식품으로 유용하게 사용될 수 있다. 〈공개번호 : 10-2004-0097716, 출원인 : (주)팬제노믹스〉

소화기계 질환 치료(사하, 소종, 복수)

대극

생 약 명	대극(大戟)
사용부위	뿌리
작용부위	폐, 신장 경락으로 작용한다.

학명 *Euphorbia pekinensis* Rupr.

이명 택경(澤莖), 공거(功鉅), 경대극(京大戟), 하마선(下馬仙), 파군살(破軍殺)

과명 대극과(Euphorbiaceae)

개화기 5~7월

채취시기 가을에서 이듬해 봄 사이에 채취하여 햇볕에 말린다.

성분 뿌리에 오이포르닌(euphornin) 약 0.7%(오이포르네틴과 포도당, 아라비노오스로 분해됨), 고무질, 수지가 함유되어 있다.

성질과 맛 성질이 차고, 맛은 맵고 쓰며 독이 있다

생육특성

산과 들에 자생하는 여러해살이풀로, 높이는 80cm 정도이고 뿌리는 굵고 곧게 자라며, 자르면 투명하고 흰 즙액이 나온다. 잎은 어긋나고, 타원형에 잎끝은 뭉뚝하거나 뾰족하며 가장자리에 톱니가 있다. 5~7월에 녹황색 꽃이 피는데, 줄기 끝에서 산형으로 갈라진다. 삭과인 열매는 9~10월에 성숙하며, 사마귀 같은 돌기가 있고 3개로 갈라진다. 종자는 넓은 타원형으로 밋밋하다. 등대풀, 개감수와 잎과 꽃이 유사하여 구분하기 어렵다.

대극_잎

대극_꽃

대극_열매

대극_줄기

약효

대소변을 통하게 하고, 종기를 가라앉히는 효능이 있어서 급만성 신장성 수종(水腫), 림프샘염, 옹종(擁腫), 종독(腫毒) 등의 치료에 이용한다. 진통, 이뇨 발한 등의 효능이 있어 당뇨병, 임질, 치통, 사독, 악성 종창, 백선 등의 치료에도 쓴다.

용법과 약재

뿌리는 물을 내보내고, 변을 통하게 하는 약으로 쓰이는데, 부기, 복강 내에 장점액이 괴는 병, 신장염, 복막에 생기는 염증 등에 1.5~3g 정도를 물 1L에 넣고 반으로 달여서 1일 2회 아침저녁으로 나누어 마신다. 병증에 따라 환이나 가루로 만들어 하루에 2~4g 정도 복용하기도 한다.

※독성이 강하므로 과다 복용은 피해야 한다.

대극_뿌리 채취품

대극_생뿌리

대극_뿌리 약재품

대극_뿌리(절단)약재품

가을

이기혈 치료(보비화위, 양혈, 완화)

대추나무

생 약 명 대조(大棗)
사용부위 열매, 뿌리, 수피, 잎
작용부위 간, 비장, 위장 경락으로 작용한다.

학명 *Zizyphus jujuba* var. *inermis* (Bunge) Rehder

이명 대추, 건조(乾棗), 미조(美棗), 양조(良棗), 홍조(紅棗)

과명 갈매나무과(Rhamnaceae)

개화기 5~6월

채취시기 가을(9~10월)에 잘 익은 열매를 채취하여 햇볕에 말린다. 뿌리는 연중 수시, 수피는 봄, 잎은 여름에 채취한다.

성분 열매에 단백질, 당류, 유기산, 점액질, 비타민 A, B_2 C, 칼슘, 인, 철분 등이 함유되어 있다. 뿌리에는 대추인이 함유되어 있다. 수피에는 알칼로이드가 함유되어 있으며 프로토핀(protopine), 세릴알코올(cerylalcohol) 등도 함유되어 있다. 잎에는 알칼로이드 성분으로 대추알칼로이드 A·B·C·D·E와 대추시클로펩타이드(daechu cyclopeptide)가 함유되어 있다.

성질과 맛   열매·수피는 성질이 따뜻하고 독이 없으며, 맛은 달다. 뿌리는 성질이 평하고, 독이 없
으며, 맛은 달다. 잎은 성질이 따뜻하고 독이 조금 있으며, 맛은 달다.

생육특성

전국의 마을 부근과 밭둑, 과수원 등에 식재하는 낙엽활엽관목
또는 소교목으로, 높이는 10m 내외이며 가지에는 가시가 있다. 잎은
서로 어긋나고, 난형 또는 난상 피침형에 잎끝은 뭉뚝하며 밑부분은 좌
우가 같지 않고 가장자리에 작은 톱니가 있다. 5~6월에 연한 황록색 꽃
이 잎겨드랑이에서 짧은 취산 꽃차례를 이루며 핀다. 열매는 핵과로 난
형 또는 타원형이고, 9~10월에 심홍색 또는 적갈색으로 익는다.

대추나무_잎

대추나무_꽃

대추나무_열매

내추나무_가지

대추나무_수피

약효

열매는 생약명이 대조(大棗)이며, 완화 작용과 강장, 이뇨, 진
경, 진정, 근육 강화, 간장 보호, 해독의 효능이 있고 식욕 부진, 타액

부족, 혈행 부진, 히스테리 등을 치료한다. 뿌리는 생약명이 조수근(棗樹根)이며, 관절통, 위통, 토혈, 월경불순, 풍진, 단독을 치료한다. 수피는 생약명이 조수피(棗樹皮)이며, 수렴, 거담, 진해, 소염, 지혈 등의 효능이 있고 이질, 만성 기관지염, 시력 장애, 화상, 외상 출혈 등을 치료한다. 잎은 생약명이 조엽(棗葉)이며, 유행성 발열과 땀띠를 치료한다

용법과 약재

열매 1일량 30~50g을 물 1L에 넣고 반으로 달여 2~3회 매 식후 복용한다. 뿌리 1일량 50~90g을 물 900mL에 넣고 반으로 달여 2~3회 매 식후 복용한다. 외용할 때는 열탕으로 달인액으로 환부를 씻고 발라준다. 수피 1일량 5~10g을 솥에 넣고 덖어서 가루 내어 2~3회 매 식후 복용한다. 외용할 때는 열탕에 달인 액으로 환부를 씻어주거나 덖어서 가루를 만들어 환부에 도포 한다. 잎 1일량 50~100g을 물 900mL에 넣고 반으로 달여 2~3회 매 식후 복용한다. 외용할 때는 열탕으로 환부를 씻는다.

대추나무_열매 채취품

대추나무_약재품

대추나무와 묏대추나무

갈매나무과에 속하는 대추나무와 묏대추나무는 꽃, 잎, 나무 등이 아주 비슷해서 구분하기 어렵다. 대추나무의 열매는 크고 묏대추나무의 열매는 아주 작은 것으로 구별할 수 있다. 또한 대추나무의 열매인 대추는 과일로서 식용 할 수 있으며, 묏대추나무의 열매인 묏대추는 열매의 과육이 빈약해서 과일로 식용하기보다는 약용한다. 묏대추의 딱딱한 씨 속의 종인은 산조인이라 하며 진정, 안정, 최면의 약효를 가지고 있는 반면, 대추는 완화, 강장약으로 각각 다른 약효를 지니고 있으며 성분 자체도 다르다.

피부계 · 비뇨기계 질환 치료(거풍, 지통, 피부풍진)

도꼬마리

생 약 명	창이자(蒼耳子)
사용부위	종자
작용부위	간, 비장, 폐 경락으로 작용한다.

학명 *Xanthium strumarium* L.

이명 이당(耳璫), 지매(地賣), 저이(猪耳), 창자(蒼子), 우슬자(牛虱子)

과명 국화과(Compositae)

개화기 8~9월

채취시기 음력 7월 7일에 줄기와 잎을 채취하고 음력 9월 9일에 열매를 따서 그늘에 말린 것이 약효가
가장 좋다고 하여 이 시기에 맞추어 채취하고 있으나, 이것은 과학적 근거라기보다는 이 시기가
성숙도의 절정기에 달한 것이기 때문이다.

성분 황색 무정형(無晶形)의 배당체 크산토스트루마린(xantostrumarin)과 그 밖에 유기산으로 리놀레산
(linoleic acid) 등이 함유되어 있고, 종자에는 지방유와 비타민 A 등이 다량 함유되어 있다.

성질과 맛 성질이 따뜻하고, 맛은 쓰고 달고 매우며, 독이 약간 있다.

생육특성

한국, 중국, 일본, 만주 등 아시아 전역에 분포하는 한해살이풀로, 전국 각지의 들이나 길가에 자라지만 북부 지방에 더 많아. 높이는 1m 정도이고 줄기는 곧게 서며 전체에 강모(强毛)가 빽빽하게 나 있다. 잎은 어긋나고, 넓은 삼각형에 3~5갈래로 얕게 갈라지며 잎끝이 뾰족하다. 잎 양면에 털이 있고 가장자리에는 거친 톱니가 있다. 8~9월에 황색 두상화(頭狀花)가 피는데, 수꽃은 줄기 끝에 달리고 암꽃은 아래쪽에 착생한다. 열매는 수과(瘦果)로 타원형이며 갈고리 모양의 가시가 많아서 다른 물체의 몸에 잘 달라붙는다. 어린잎은 식용하고 열매의 씨는 약용한다

도꼬마리_잎

도꼬마리_꽃

도꼬마리_열매(덜익은)

도꼬마리_열매(익은)

약효

종자는 생약명이 창이자(蒼耳子)이며, 발한, 해열, 진통, 진정의 효능이 있어 예로부터 민간약으로 종기, 독창(毒瘡) 등에 써 왔다. 줄기와 잎은 옴, 습진 등에 바르며 생즙은 개에 물린 데나 벌에 쏘인 환부에 바르면 지통약(止痛藥)이 된다. 또 온몸이 가려워서 바르기 곤란할 때는 열매를 물에 넣어 목욕을 하면 효과를 볼 수 있다. 통증을 멎게 하고 풍사를 흩어지게 하며, 습사를 제거하고 종기를 가라앉히는 등의 효능이 있어 두통, 치통, 사지동통, 풍한습비(風寒濕痺), 비연(鼻淵), 담마진 등의 치료에 이용한다.

용법과 약재

하루에 6~12g을 물 1L에 넣고 반으로 달여서 2~3회로 나누어 복용한다. 《본초서(本草書)》에서는 도꼬마리가 두풍(頭風), 한풍(寒風), 풍습(風濕), 사지의 마비통 등 일체의 풍(風)을 다스리며 골수를 메우고 허리와 무릎을 데워주며 음부의 가려움증 등을 다스린다고 하였다. 민간에서는 도꼬마리 씨를 살짝 덖어서 겉 부분의 강한 털 비슷한 가시를 태워버리고 차를 만들어 매일 마시면 눈이 밝아지고 허리 아픈 것이 풀린다고 한다. 《고방요법(古方療法)》에는 오래된 두통에 창이자와 천궁, 당귀를 등분하여 가루로 만들어 하루에 5g씩 물에 타서 마시면 효과를 볼 수 있다고 기록되어 있다.

가을

도꼬마리_약재품

도꼬마리_성숙 열매

근골격계 질환 치료(풍사, 한사, 요통, 관절통)

독활

생 약 명 독활(獨活)
사용부위 뿌리
작용부위 간, 폐, 방광 경락으로 작용한다.

학명 *Aralia cordata* var. *continentalis* (Kitag.) Y. C. Chu

이명 땅두릅, 강활(羌活), 강청(羌靑), 독요초(獨搖草)

과명 두릅나무과(Araliaceae)

개화기 7~8월

채취시기 뿌리는 가을에서 이듬해 봄 사이에 수시로 채취하여 이물질을 제거하고 2~5mm 두께로
절단하여 말린다.

성분 0.07%의 정유가 함유되었는데 주로 리모넨(limonene), 사비넨(sabinene), 미르센(myrcene),
후물렌(humulene) 등이다. 뿌리에는 디테르펜(diterpene) 계열의 화합물인 카우레노산
(kaurenoic acid)이 함유되어 있다.

성질과 맛 성질이 따뜻하고(약간 따뜻하다고도 함), 맛은 맵고 쓰며, 독은 없다.

생육특성

전국 각지에 분포하는 여러해살이풀로, 농가에서도 재배하는데 전북 임실이 주산지로서 전국 생산량의 60% 이상을 차지한다. 높이는 1.5m 정도이며 전체에 털이 약간 있다. 뿌리는 길이 10~30cm, 지름 0.5~2cm에 긴 원주형 또는 막대 모양이고 바깥 면은 회백색 또는 회갈색이며, 세로주름과 잔뿌리의 흔적이 있다. 꺾은 면은 섬유성이고 연황색 속심이 있으며, 질은 가볍고 엉성하다. 잎은 어긋나고 2회 깃꼴겹잎이며 난형 또는 타원형에 가장자리에는 톱니가 있다. 7~8월에 크고 연한 녹색 꽃이 가지와 원줄기 끝 또는 윗부분의 잎겨드랑이에 원추 꽃차례로 자라다가 총상으로 갈라진 가지 끝에 둥근 산형 꽃차례로 달린다. 장과인 열매는 소구형이며 9~10월에 검은색으로 익는다. 약재인 뿌리는 특유의 냄새가 있으며 맛은 처음에는 텁텁하고 약간 쓰다.

독활_잎

독활_꽃

독활_열매

독활_줄기

가을

약효

풍사(風邪)와 습사(濕邪)를 제거하고, 표사(表邪)를 흩어지게 하며 통증을 멎게 한다. 또한 풍사, 한사, 습사로 인한 심한 통증을 다스리고 허리와 무릎의 동통을 낫게 하며, 관절의 굴신(屈伸)이 어려운 것을 치료하고, 오한과 발열을 다스린다. 두통과 몸살을 치료하는 데 유용한 약재이다

용법과 약재

건조한 약재로 하루 4~12g을 사용하는데, 단제로 끓여서 복용할 때는 말린 독활 5~10g에 물 1L 정도를 붓고 끓기 시작하면 약한 불로 줄여서 200~300mL로 달인 액을 아침저녁 2회에 나누어 복용한다. ※맵고 따뜻한 약재로서 습사(濕邪)를 말리고 흩어지게 하는 효능이 있으므로 몸 안의 진액이 상할 우려가 있어 몸 안의 진액이 부족하고 음기가 허한 음허혈조(陰虛血燥)의 경우에는 사용하면 안 된다. 땃두릅나무(Oplopanax elatus)를 독활로 잘못 알고 혼용하는 경우가 있는데, 땃두릅나무는 초본인 독활과는 전혀 다른 식물(낙엽활엽관목)이므로 혼동하지 않도록 주의를 요한다. 일부 문헌에 독활의 기원으로 땃두릅나무를 기록한 데서 비롯된 오류이다.

독활_생뿌리 채취품

독활_약재품

기능성과 효능에 관한 특허자료

독활 추출물을 포함하는 췌장암 치료용 조성물 및 화장료 조성물

본 발명에 따른 췌장암 치료용 조성물 및 화장료 조성물은 췌장암 세포의 성장을 억제하고 세포 사멸을 유도하는 효과가 있어 췌장암 치료 및 예방에 효과적으로 사용할 수 있다. 〈공개번호 : 10-2012-0122425, 출원인 : (주)케미메디, 정경채, 황성연〉

순환기계 질환 치료(동맥 경화, 고혈압, 종독)

돈나무

생약명 칠리향(七里香)
사용부위 가지와 잎
작용부위 간, 신장 경락으로 작용한다.

학명 *Pittosporum tobira* (Thunb.) W.T.Aiton = [*Euonymus tobira* Thunb.]

이명 갯똥나무, 섬엄나무, 섬음나무, 음나무, 해동(海桐), 해동화(海桐花)

과명 돈나무과(Pittosporaceae)

개화기 5~6월

채취시기 가을부터 겨울 사이에 줄기, 잎, 껍질을 채취한다(연중 수시 가능).

성분 가지와 잎, 수피에는 트리테르페노이드(triterpenoid)류, 왁스, 팔미트산(palmitic acid), 올레산(oleic acid) 등의 지방산, β-시토스테롤(β-sitosterol), 카로티노이드(carotenoid)류, 폴리아세틸렌(polyacetylene)류, 플라보노이드류, α-피넨(α-pinene) 등의 정유가 함유되어 있다.

성질과 맛 성질이 차고, 맛은 시고 짜다.

생육특성

남부 해안 및 섬 지방에 분포하는 상록활엽관목으로, 바닷가의 산기슭에서 자란다. 높이는 2~3m이고, 가지는 밑동에서 여러 갈래로 모여난다. 잎은 서로 어긋나며 가지 끝에 모여 달리고, 긴 타원형 또는 도란형으로 잎끝이 날카로우며 밑부분은 쐐기 모양에 톱니가 없이 밖으로 약간 젖혀져 있다. 두꺼운 가죽질이고, 잎 표면은 짙은 녹색에 윤채가 난다. 5~6월에 백색 또는 황색 꽃이 가지 끝에 산방 꽃차례로 피는데, 꽃받침잎은 난형, 꽃잎은 주걱 모양이며 향기가있다. 열매는 삭과로 원형 또는 넓은 타원형이며, 9~10월에 익으면 3갈래로 갈라져 여러 개의 붉은색 종자가 나온다.

돈나무_잎	돈나무_꽃	돈나무_열매

돈나무_익은 열매	돈나무_수피

약효

가지와 잎, 수피는 생약명이 칠리향(七里香)이며, 혈압을 내려주고 혈액순환을 원활하게 하며 종기를 가라앉히는 등의 효능이 있어서 고혈압, 동맥 경화, 관절통, 습진, 종독(腫毒) 등을 치료한다.

용법과 약재

가지와 잎, 수피 1일량 30~60g을 물 1L에 넣고 반으로 달여 2~3회 매 식후 복용한다. 외용할 때는 가지와 잎, 수피를 달인 액으로 환부를 씻어내거나 생것을 짓찧어서 도포한다.

돈나무_잎 채취품

돈나무_줄기 채취품

가을

기능성과 효능에 관한 특허자료 | 피부 미백제 조성물

본 발명은 멜라닌 형성 자극제인 α-MSH로 자극된 멜라노마 세포인 B16F10에 처리될 때 멜라닌 생성 억제 활성을 가지는 돈나무 잎 추출물, 돈나무 열매 추출물, 인삼 홍국균 발효물, 인삼 효모 발효물, 홍삼 홍국균 발효물 또는 홍삼 효모 발효물을 이용한 피부 미백제 조성물을 개시한다. 〈공개번호 : 10-2014-0072815, 출원인 : 제주테크노파크·(재)진안홍삼연구소·경기도경제과학진흥원〉

호흡기계 질환 치료(천식 해수, 진통, 황달, 치질)

땅비싸리

생 약 명	산두근(山豆根)
사용부위	뿌리
작용부위	간, 폐, 대장 경락으로 작용한다.

학명 *Indigofera kirilowii* Maxim ex Palib. = [*Indigofera koreana* Ohwi.]

이명 논싸리, 땅비수리, 완도당비사리, 젓밤나무, 큰땅비싸리, 화목람(花木藍), 논싸리, 젓밤나무

과명 콩과(Leguminosae)

개화기 5~6월

채취시기 가을부터 이른 봄 사이에 뿌리를 채취한다.

성분 뿌리에는 알칼로이드(alkaloid)로서 마트린(matrine), 옥시마틴(oxymatine), 아나기린(anagyrine),
N-메틸시티신(N-methylcytisine)이 함유되어 있고 각종 플라본(flavone)과 유도체로는 소포라논
(sophoranone), 소포라딘(sophoradin), 소포라도크로멘(sophoradochromene), 게니스테인
(genistein), 프테로카르핀(pterocarpine),마키아인(maackiain), 루페올(lupeol), 카페산(caffeic acid)
등이 함유되어 있다.

성질과 맛 성질이 차고 독이 없으며, 맛은 쓰다.

생육특성

　전국 각지의 숲이나 길가에 분포하는 낙엽활엽성 소관목으로, 양지바른 산기슭에서 흔히 자란다. 높이는 1.5m 정도이며 뿌리에서 순이 많이 올라와 군생하는 것처럼 보이고, 작은 가지에 줄이 약간 있으며 처음에는 잔털이 있으나 점차 없어진다. 잎은 서로 어긋나고 홀수 1회 깃꼴겹잎이며, 길이는 1~4cm에 타원형 또는 광타원으로 양끝이 뭉툭하고 톱니가 없다. 5~6월에 연홍색 꽃이 잎겨드랑이에서 총상 꽃차례로 피고, 협과인 열매는 원주형이며 9~10월에 익는다.

땅비싸리_잎

땅비싸리_꽃봉오리

땅비싸리_꽃

땅비싸리_열매

땅비싸리_가지

약효

뿌리는 생약명이 산두근(山豆根)이며, 통증을 멎게 하고 독을 풀어주며 종기를 가라앉히는 등의 효능이 있어 화를 다스리고 후두염, 편도염, 구내염, 잇몸 염증, 종통, 천식 해수, 황달, 하리, 치질, 가려움증, 교상 등을 치료한다. 악성 종양에 대한 억제 작용이 있으며, 항균 시험에서는 황색 포도상 구균이나 칸디다 알비칸스(candida albicans)에 대하여 억제 작용이 있음이 밝혀졌다. 망상 내피 계통에는 흥분 작용이 있고 위산의 분비를 억제하며 궤양 조직에 뚜렷한 개선 작용이 있는 것도 확인되었다

용법과 약재

뿌리 1일량 30~50g을 물 1L에 넣고 반으로 달여 2~3회 매 식후 복용한다. 외용할 때는 달인 액으로 양치하거나 짓찧어서 도포한다.

땅비싸리_뿌리 채취품

땅비싸리_약재

땅비싸리와 싸리

땅비싸리는 높이가 1m 정도인 소관목이지만 초본 식물과 비슷하고, 싸리는 높이가 3m 정도인 관목으로 둘 다 콩과 식물이다. 땅비싸리는 5~6월에 담홍색 꽃이 피고, 싸리는 7~8월에 꽃이 피며 열매의 결실기는 모두 10월경이다. 땅비싸리와 싸리는 약효와 성분이 다른데, 땅비싸리는 악성 종양이나 황색 포도상구균에 대한 억제작용과 독사 교상의 해독 효과가 있으며, 싸리는 진통, 관절통, 타박상, 백일해, 해수 등의 치료에 사용한다.

근골격계 질환 치료(근골통, 진통, 거풍, 지혈, 통락)

마삭줄

생약명 낙석등(絡石藤)
사용부위 줄기와 잎, 열매
작용부위 간, 심장 경락으로 작용한다.

학명 *Trachelospermum asiaticum* var. *intermedium* Nakai

이명 마삭나무, 조선마삭나무, 왕마삭줄, 민마삭나무, 겨우사리덩굴, 왕마삭나무, 민마삭줄, 마삭덩굴, 마삭풀, 백화등(白花藤)

과명 협죽도과(Apocynaceae)

개화기 5~6월

채취시기 줄기와 잎은 가을, 열매는 8~9월에 덜 익었을 때 채취한다.

성분 줄기에는 아르크티인(arctiin), 마타이레시노사이드(matairesinoside), 트라켈로시드(tracheloside), 담보니톨(dambonitol), β-시토스테롤-글루코시드(β-sitocterol gluuuslde), 노르트라켈로시드 (nortracheloside), 시말로스(cymalose) 등이 함유되어 있다. 이 중 아르크티인은 혈관 확장, 혈압 강하를 유발하며 냉혈 및 온혈 동물에게 경련을 일으키고 또 실험동물인 쥐의 피부를 발적(發赤)시키 거나 설사를 일으킨다.

성질과 맛　성질이 시원하고, 맛은 쓰다.

생육특성

　　남부 지방의 산지나 울타리 가에서 자라는 상록 활엽 덩굴성 목본으로, 덩굴길이가 5m 이상이며 줄기에서 뿌리가 내려 다른 물체를 감아 올라간다. 잎은 서로 마주나고, 타원형, 난형 또는 긴 타원형에 가장자리가 밋밋하다. 잎의 앞면은 윤채가 있는 짙은 녹색이며 뒷면은 털이 있거나 없다. 5~6월에 백색 꽃이 줄기 끝이나 잎겨드랑이에 취산꽃차례를 이루며 피어 점차 황색으로 변한다. 열매는 꼬투리 모양으로 2개가 아래로 늘어지고 9~10월에 익는다.

마삭줄_잎　　　　마삭줄_꽃　　　　마삭줄_열매

마삭줄_가지　　　　　마삭줄_수피

약효

줄기와 잎은 생약명이 낙석등(絡石藤)이며, 풍사를 제거하고 경락을 통하게 하며, 혈열을 내려주고 어혈을 풀어주며 종기를 가라앉히는 등의 효능이 있어 풍사나 습사로 인하여 결리고 아픈 증상, 관절염, 근육과 뼈가 결리고 아픈 증상, 출산 후의 어혈동통, 타박상, 토혈, 외상 출혈, 후두염 등의 치료에 이용한다. 또한 지혈, 진통, 통경 등의 효능도 있다. 열매는 생약명이 낙석과(絡石果)이며, 근골통을 치료한다.

용법과 약재

줄기 또는 잎 1일량 30~50g을 물 1L에 넣고 반으로 달여 2~3회 매 식후 복용한다. 외용할 때는 가루를 내어 바르거나 또는 짓찧어서 즙을 내어 그 즙액으로 씻어낸다. 열매 1일량 20~50g을 물 1L에 넣고 반으로 달여 2~3회 매 식후 복용한다.

※두충(杜沖), 목단(牧丹), 창포(菖蒲), 패모(貝母) 등과 혼용을 금한다.

마삭줄_약재품

마삭줄_어린잎

마삭줄_진초

마삭줄_군락

가을

내분비계 질환 치료(항암, 이뇨, 소염)

마타리

생약명	패장(敗醬), 황화패장(黃花敗醬)
사용부위	뿌리
작용부위	간, 위장, 대장 경락으로 작용한다.

학명 *Patrinia scabiosaefolia* Fisch. ex Trevir.

이명 가양취, 미역취, 가얌취, 녹사(鹿賜), 녹수(鹿首), 마초(馬草), 녹장(鹿醬)

과명 마타리과(Valerianaceae)

개화기 7~8월

채취시기 여름부터 가을에 채취하여 이물질을 제거하고 두께 2~3mm로 가늘게 썰어서 사용한다.

성분 뿌리와 줄기에 모로니사이드(morroniside), 로가닌(loganin), 빌로사이드(villoside), 파트리노사이드 C, D(patrinoside C, D), 스카비오사이드 A~G(scabioside A~G) 등이 함유되어 있다.

성질과 맛 성질이 약간 차고, 맛은 맵고 쓰며, 독은 없다.

생육특성

전국 각지의 산과 들에 분포하는 여러해살이풀로, 높이가 60~150cm 정도이며 줄기는 곧게 자란다. 줄기는 지름이 2~8mm이고 원주형에 황록색 또는 황갈색으로 마디가 뚜렷하며 엉성한 털이 있다. 굵은 뿌리줄기는 옆으로 비스듬히 뻗고 마디가 있으며 마디 위에서 잔뿌리가 내린다. 질은 부서지기 쉽고, 단면의 중앙에는 부드러운 속심이 있거나 비어 있다. 잎은 마주나고 우상으로 깊게 갈라지며, 양면에 엉성한 털이 나 있고 가장자리에는 거친 톱니가 있다. 7~8월에 노란색 꽃이 산방꽃차례를 이루며 피고, 3개의 씨방 중 1개만 성숙하여 타원형 열매가 된다.

마타리_잎

마타리_꽃

마타리_종자 결실

약효

열을 식히고 독을 풀어주며, 종기를 가라앉히고 농을 배출하며, 어혈을 없애고 통증을 멎게 하는 효능이 있다. 또한 울결(鬱結)을 제거하며 소변을 잘 나오게 하고 부기를 가라앉히는 데 매우 효과적이다. 장옹(腸癰)과 설사, 적백대하(赤白帶下), 산후어체복통(産後瘀滯腹痛 : 산후에 어혈이 완전히 제거되지 않고 남아서 심한 복통을 유발하는 증상), 목적종통(目赤腫痛 : 눈에 핏발이 서거나 종기가 생기면서 아픈 증상), 옹종개선(癰腫疥癬 : 종양이나 옴) 등을 치료한다.

말린 것으로 하루에 8~20g 정도를 사용한다. 용도에 따라 적작약(청열소종), 율무(화농의 배설), 금은화(옹종 치료), 백두옹(설사) 등과 각각 배합하여 물을 붓고 끓여 복용하는데, 보통 약재가 충분히 잠길 정도의 물을 붓고 끓기 시작하면 불을 약하게 줄여서 약액을 1/3 정도로 달여서 복용한다. 또한 마타리는 열을 내리고 울결(鬱結 : 막히고 덩어리 진 것)을 제거하며 소변을 잘 나오게 하고 부기를 가라앉히며 어혈을 없애고 농(膿)을 배출시키는 데 아주 좋은 효과가 있다. 산후에 오로(惡露)로 인하여 심한 복통이 있을 경우에는 이 약재 200g을 물 7~8L에 넣고 3~4L가 되도록 달여서 한 번에 200mL씩 하루에 3회 복용한다.

※맛이 쓰고 차서 혈액순환을 활성화시키고 어혈을 흩어지게 하는 작용이 있으므로 실열(實熱)이나 어혈(瘀血)이 없는 경우에는 신중하게 사용할 것이며, 출산 후의 과도한 출혈이나 혈허(血虛), 또는 비위가 허약한 사람이나 임산부도 사용에 신중을 기해야 한다.

마타리_생뿌리 채취품

마타리_약재품

기능성과 효능에 관한 특허자료 황백피 식물과 마타리의 혼합 수추출물을 함유하는 면역 증강제 조성물

본 발명은 황백피 식물과 마타리의 혼합 수추출물을 유효 성분으로 함유하는 면역 증강제 조성물에 관한 것이다. 본 발명의 추출물은 우수한 면역 증강 작용을 가지고 있어서 항암 화학 요법이나 방사선 요법을 받는 환자에게서 손상된 면역기전을 부활 또는 증가시키고, 또한 면역 관련 백신을 사용할 때에 면역 보조제로서 사용함으로써 항체 생성 역가를 증가시키는 효과를 나타낸다. 〈공개번호 : 10-1998-0021297, 출원인 : (주)파마킹, 한영복〉

부인병 치료(거풍, 진통, 관절통, 월경불순)

만병초

생 약 명	석남엽(石南葉), 만병초(萬病草)
사용부위	잎
작용부위	간, 신장 경락으로 작용한다.

학명 *Rhododendron brachycarpum* D.Don = [*Rhododendron fauriae* Franch. var. rufescens Nakai]

이명 뚝갈나무, 들쭉나무, 붉은만병초, 큰만병초, 홍뚜갈나무, 홍만병초, 흰만병초

과명 진달래과(Ericaceae)

개화기 7~8월

채취시기 연중 수시 잎을 채취하여 햇볕에 말린다.

성분 잎에는 α-아미린(α-amyrin), β-아미린, 우르솔산(ursolic acid), 올레아놀산(oleanolic acid), 캄파눌린
(campanulin), 우바올(uvaol), 시미아레놀(simiarenol), β-시토스테롤(β-sitosterol), 쿼르세틴
(quercetin), 아비쿨라린(avicularin), 히페린(hyperin) 등의 플라보노이드류 등이 함유되어 있다.

성질과 맛 성질이 평하고, 맛은 쓰고 맵다.

생육특성

전국의 고산 지대에 자생하는 상록활엽관목으로, 배수가 잘되는 반그늘에서 자란다. 높이가 4m 내외이며 어린가지에는 회색 털이 밀생하다가 곧 없어지고 갈색으로 변한다. 잎은 서로 어긋나지만 가지 끝에서는 5~7개가 모여나고, 타원형 또는 타원상 피침형에 가죽질이며 가장자리에는 톱니가 없다. 잎의 앞면은 짙은 녹색이고 뒷면은 회갈색 또는 연한 갈색 털이 밀생한다. 7~8월에 흰색, 붉은색, 노란색 등의 꽃이 가지 끝에 10~20개씩 총상꽃차례로 달리고, 삭과인 열매는 9~10월에 익는다

만병초_잎

만병초_꽃봉오리

만병초_꽃

만병초_꼬투리

만병초_수피

약효

풍을 제거하고 통증을 멎게 하며, 원기를 북돋우고 정력을 강화
하며 소변이 잘 나가게 하는 등의 효능이 있어, 요배산통(腰背酸痛: 허
리와 등이 시리고 아픈 증상), 두통, 관절통, 신허요통(腎虛腰痛), 양
위(陽痿: 양도가 위축되는 증상), 월경불순, 불임증, 당뇨병, 비만 등의
치료에 이용한다.

 용법과 약재

하루에 잎 20~30g을 물 1L에 넣고 반으로 달여 2~3회 매 식
후 복용한다.

만병초_잎 채취품

만병초_약재품

가을

 기능성과 효능에 관한 특허자료 만병초로부터 분리된 트리테르페노이드계 화합물을 함유하는 대사성 질환의 예방 또는 치료용 조성물

본 발명은 만병초로부터 분리된 트리테르페노이드계 화합물을 함유하는 대사성 질환의 예방 또
는 치료용 조성물에 관한 것이다. 상기 만병초 유래의 화합물들은 단백질 타이로신 탈인산화 효
소 1B의 억제 활성이 우수하여 당뇨병 또는 비만의 예방 또는 치료용 조성물로 유용하게 사용
될 수 있다.

〈등록번호 : 10-1278273 0000, 출원인 : 충남대학교 산학협력단〉

이기혈 치료(보중익기, 생진양혈)

만삼

생약명	만삼(蔓蔘), 당삼(黨蔘)
사용부위	뿌리
작용부위	비장, 위장 경락으로 작용한다.

학명 *Codonopsis pilosula* (Fr.) Nannf.

이명 당삼(黨蔘), 황삼(黃蔘), 상당인삼(上黨人蔘)

과명 초롱꽃과(Campanulaceae)

개화기 7~8월

채취시기 가을에 채취하여 햇볕에 말린다.

성분 잎에는 α-스피나스테롤(α-spinasterol), α-스피나스테릴글루코시드(α-spinasterylglucoside), 타락세롤(taraxerol), 타락세릴아세테이트(taraxeryl acetate), 프리델린(friedelin), 히드록시메틸푸르알데히드(hydroxymethylfuraldehyde), 메톡시메틸푸르알데히드 (methoxymethylfuraldehyde) 등이 함유되어 있다.

성질과 맛 성질이 평하고, 맛은 달다.

생육특성

중부 지방의 산지에 분포하는 여러해살이풀로, 습윤한 반그늘에서 잘 자라며 재배하기도 한다. 뿌리는 긴 원주형으로 30cm이상 자라고 황색 또는 회갈색이다. 잎은 어긋나거나 마주나고, 광난형 또는 난상 타원형이며 양면에 잔털이 나 있다. 7~8월에 담자색(淡紫色) 꽃이 곁가지 끝에 하나씩 달리며, 삭과인 열매는 10월에 익는다.

만삼_잎

만삼_꽃

약효

비위를 튼튼하게 하고 원기를 북돋우며, 기를 더하고 진액을 생성하는 등의 효능이 있어 비위가 허약한데, 식욕 부진, 신체 허약, 기와 혈이 다 허한 증상, 빈혈, 사지 무력증, 폐결핵, 구갈(口渴), 설사, 탈항 등의 치료에 이용한다.

용법과 약재

잎 1일량 12~30g을 물 1L에 넣고 반으로 달여 2~3회 매 식후 복용한다. 환(丸) 또는 가루로 만들어 복용하기도 한다.

만삼_뿌리 약재 전형

만삼_약재품

호흡기계 질환 치료(기침, 가래)

모과나무

생 약 명	목과(木瓜), 명사(榠樝)
사용부위	열매
작용부위	간, 비장, 폐 경락으로 작용한다.

학명 Chaenomeles sinensis (Thouin) Koehne = [Pseudocydonia sinensis (Thouin) C. K. Schn.]

이명 모과, 산목과(酸木瓜), 토목과(土木瓜), 화이목(花梨木), 화류목(華榴木), 향목과(香木瓜), 대이(大李),
목이(木李), 목이(木梨)

과명 장미과(Rosaceae)

개화기 4~5월

채취시기 열매는 9~10월에 익었을 때 채취한다.

성분 열매에는 사과산, 주석산, 구연산, 말산(malic acid), 타르타르산(tartaric acid), 시트르산(citric acid)
등의 유기산, 아스코르브산 등이 함유되어 있다.

성질과 맛 성질이 평하고, 맛은 시다.

생육특성

중부와 남부 지방의 산과 들에 자생하고 과수로도 재배하는 낙엽활엽소교목 또는 교목으로, 높이 10m 내외로 자란다. 어린가지에는 가시가 없고 털이 있으며 2년째 가지는 자갈색으로 윤태가 있다. 잎은 서로 어긋나고, 타원상 난형 또는 긴 타원형에 양끝이 좁고 가장자리에는 뾰족한 잔톱니가 있다. 어린잎은 선상이고 뒷면에 털이 있으나 점차 없어진다. 4~5월에 연한 홍색 꽃이 가지 끝에 1개씩 피고, 열매는 이과(梨果)로 지름 8~15cm에 원형 또는 타원형이며, 9~10월경 황색으로 익어 그윽한 향기를 풍기지만 과육은 굳고 시큼하다.

모과나무_잎

모과나무_꽃

모과나무_덜익은 열매

모과나무_가지

모과나무_수피

약효

뭉친 근육을 풀어주고 간의 열을 내려주며, 위기(胃氣)를 조화롭게 하고 습사를 제거하며 혈액을 생성하는 등의 효능이 있어 신경통, 근육통, 습비통(濕痺痛), 각기, 수종, 해수, 빈혈 등의 치료에 이용한다.

용법과 약재

하루에 건조한 열매 10~30g을 물 1L에 넣고 반으로 달여 2~3회 매 식후 복용한다.

※많이 먹거나 오래 복용하면 치아나 뼈를 약하게 하고 손상시키므로 주의를 요한다.

모과나무_완숙열매 단면

모과나무_약재품

모과나무_열매

 기능성과 효능에 관한 특허자료

모과 열매 추출물을 유효 성분으로 함유하는 당뇨병의 예방 및 치료용 약학 조성물 및 건강식품 조성물

본 발명은 모과 열매의 용매 추출물을 유효 성분으로 함유하는 당뇨병의 예방 및 치료용 약학 조성물 및 건강 기능 식품에 관한 것이다.

〈공개번호 : 10-2011-0000323, 출원인 : 공주대학교 산학협력단〉

356

부인병 치료(월경불순, 진통, 타박상)

모란

생약명	목단피(牧丹皮)
사용부위	근피, 꽃
작용부위	간, 심장, 폐, 대장 경락으로 작용한다.

학명 *Paeonia suffruticosa* Andrews = [*Paeonia moutan* Sims.]

이명 목단(牧丹), 부귀화, 모단(牡丹)

과명 작약과(Paeoniaceae)

개화기 4~5월

채취시기 꽃은 4~5월에 피었을 때, 근피는 가을부터 이듬해 초봄(보통 4~5년생)에 채취한다.

성분 뿌리 또는 근피에는 페오놀(paeonol), 페오노시드(paeonoside), 페오니플로린(paeoniflorin)이
함유되어 있고 이 외에도 정유 및 피토스테롤(phytosterol) 등이 함유되어 있다. 꽃에는
아스트라갈린(astragalin)이 함유되어 있다.

성질과 맛 근피는 성질이 시원하고, 맛은 맵고 쓰다. 꽃은 성질이 평하고, 독이 없으며,
맛은 쓰고 담백하다.

생육특성

전국 각지에서 재배하는 낙엽활엽관목으로, 높이는 1~1.5m 정도이며 가지가 굵고 많이 갈라진다. 잎은 서로 어긋나고 3갈래로 갈라지는 2회 깃 꼴겹잎이며, 난형 또는 광난형에 앞면에는 털이 없고 뒷면에는 잔털이 있다. 4~5월에 진홍색, 홍색, 자색, 백색 등의 꽃이 새 가지 끝에 한 송이씩 피는데, 꽃잎의 지름은 15cm 이상이고 가장자리에 불규칙한 결각이 있다. 열매는 골돌과이며, 7~8월에 익으면 검은색 종자가 나온다.

모란_잎

모란_꽃

모란_열매

모란_수피

약효

근피는 생약명이 목단피(牡丹皮)이며, 해열, 진통, 진경, 양혈(凉血), 구어혈(驅瘀血), 통경(通經: 월경을 통하게 함), 소염(消炎) 등의 효능이 있어 각종 열성병의 항진기에 쓰고 골증로열(骨蒸勞熱), 경간(驚癎), 월경불순, 경폐(經閉), 타박상, 옹종 등의 치료에 이용한다. 꽃은 생약명이 목단화(牡丹花)이며, 월경을 고르게 하고 혈액순환을 원활하게 하는 효능이 있어 월경불순, 경행복통(徑行腹痛)을 치료한다.

용법과 약재

근피 1일량 15~30g을 물 900mL에 넣고 반으로 달여 2~3회 매 식후 복용한다. 꽃 1일량 10~20g을 물 900mL에 넣고 반으로 달여 2~3회 매 식후 복용한다.

※ 혈허한자(血虛寒者), 임산부, 월경 과다자는 주의를 요한다.

모란_뿌리 채취품

모란_뿌리 껍질 약재품

기능성과 효능에 관한 특허자료

모란꽃 식물 태좌 세포 배양 추출물을 함유한 항노화, 항염, 항산화 화장료 조성물

본 발명은 미나리아재비목 식물의 태좌 세포 배양물 또는 그 추출물을 함유하는 화장료 조성물에 관한 것으로, 너북 상세하게는, 모란꽃 식물의 태좌 세포 배양물 또는 그 추출물을 유효 성분으로 함유하는 피부 개선용 화장료 조성물에 관한 것이다. 본 발명에 따른 모란꽃 식물 세포 배양물 또는 그 추출물 함유 화장료 조성물은 피부 세포에 독성이 없으면서도 피부 콜라겐 합성능이 탁월하며, 모공 축소, 미백, 피지 분비 억제, 보습, 항염, 여드름 개선 효능을 가지고 있다.   〈공개번호 : 10-2015-0039187, 출원인 : (주)바이오에프디엔씨〉

신경계 질환 치료(진정, 최면, 안신)

묏대추나무

생 약 명 산조인(酸棗仁)

사용부위 열매, 종자, 뿌리 및 근피, 가시

작용부위 간, 심장, 비장 경락으로 작용한다.

학명 *Zizyphus jujuba* Mill. = [*Zizyphus vulgaris* var. *spinosus* Bunge]

이명 산대추나무, 멧대추, 산대추, 살매나무, 멧대추나무, 조인(棗仁)

과명 갈매나무과(Rhamnaceae)

개화기 5~6월

채취시기 열매·종자는 9~10월, 뿌리·근피는 가을부터 이듬해 봄, 가시는 여름부터 겨울에 채취한다.

성분 열매에 다량의 지방질과 단백질, 두 종의 스테롤이 함유되어 있다. 베툴산(betulic acid)과 베툴린 (betulin)의 트리테르페노이드(triterpenoid)가 보고된 바 있고 주주보시드(jujuboside)라는 사포닌이 들어 있으며 이것의 가수 분해물이 주주보게닌(jujubogenin)이다. 오래전에 우리나라에서는 사이클로펩티드 알칼로이드(cyclopeptide alkaloid)로서 산조이닌(sanjoinine), n-메틸아시밀로빈 (n-methyl asimilobine), 카아베린(caaverine) 등이 밝혀졌다. 잎에는 루틴(rutin), 베르베린 (berberine), 프로토핀(protopine), 세릴알코올(cerylalcohol), 비타민 C 및 사과산, 주석산 등이 함유되어 있다.

성질과 맛 열매·종자는 성질이 평하고, 맛은 시고 달며 독이 없다. 뿌리·근피는 성질이 따뜻하고, 맛은 떫다. 가시는 성질이 차고, 맛은 맵다.

생육특성

전국 각지에 분포하는 낙엽활엽관목 또는 소교목으로, 산비탈 양지나 인가 근처에 자생하거나 재배하기도 한다. 높이는 1~3m 정도이며, 묵은 가지는 갈색이고 햇가지는 녹색으로 가지 중간에 가시가 있다. 잎은 서로 어긋나고, 길이 2~6cm에 타원형 또는 난상 피침형으로 윤채가 나며 가장자리에 둔한 톱니가 있다. 5~6월에 황록색 꽃이 잎겨드랑이에 2~3개씩 달려 취산꽃차례를 이루며, 열매는 핵과로 타원형 또는 구형이며, 9~10월에 적갈색 또는 암갈색으로 익는데 과육이 적고 신맛이 있다

묏대추나무_잎   묏대추나무_꽃   묏대추나무_열매

약효

열매는 생약명이 산조실(酸棗實)이며, 과육이 적게 붙어 있지만 식용할 수 있고 자양 강장, 피로 해복의 효능이 있다. 열매의 종인은 생약명이 산조인(酸棗仁)이며, 진정, 최면, 신통, 혈압 강하, 수렴, 안신, 양간(養肝 : 간기를 기름) 등의 효능이 있고 경련, 불안, 초조, 번갈, 허한(虛汗 : 식은땀)을 치료한다. 특히 종인은 잠이 많이 올 때는 생으로 복용하고 불안, 초조, 불면에는 열을 가해 덖어서 사용해야 한다. 산조

인의 추출물은 성장 호르몬 분비 촉진, 우울증의 치료에 효과가 있다는 연구결과도 나왔다. 뿌리 및 뿌리껍질은 생약명이 산조근피(酸棗根皮)이며, 혈변, 화상, 고혈압, 유정(遺精), 임탁(淋濁), 백대(白帶), 출혈을 치료한다. 가시는 생약명이 극침(棘針)이며, 보신, 보정, 진통 등의 효능이 있고 옹종, 심복통, 혈뇨, 음위(陰痿), 정력 감퇴, 발기 불능, 유정(遺精), 요통(腰痛)을 치료한다.

용법과 약재

열매 1일량 20~30개를 2~3회로 나누어 매 식후 복용한다. 종인 1일량 20~50g을 물 900mL에 넣고 반으로 달여 2~3회 매 식후 복용한다. 뿌리 및 뿌리껍질 1일량 50~100g을 물 900mL에 넣고 반으로 달여 2~3회 매 식후 복용한다. 외용할 때는 열탕으로 달인 액을 조려서 환부에 바른다. 가시 1일량 10~20g을 물 900mL에 넣고 반으로 달여 2~3회 매 식후 복용한다. 외용할 때는 달인 액을 환부에 바른다.

묏대추나무_열매

묏대추나무_종인 약재품

기능성과 효능에 관한 특허자료 산조인 추출물 또는 베툴린산을 유효 성분으로 함유하는 성장 호르몬 분비 촉진용 조성물

본 발명의 산조인 추출물 또는 베툴린산은 성장 호르몬 분비량을 현저하게 증가시키므로 소인증, 왜소증, 소아의 발육부진 및 성장 저하와 같은 성장 질환의 예방 및 치료에 유용하게 사용될 수 있다. 〈공개번호 : 10-2007-0093573, 출원인 : 한국한의학연구원〉

피부계 · 비뇨기계 질환 치료(진해, 피부 미백, 항균, 대하)

물푸레나무

생 약 명	진피(秦皮)
사용부위	수피
작용부위	간, 폐, 대장, 신장 경락으로 작용한다

학명 *Fraxinus rhynchophylla* Hance

이명 쉬청나무, 떡물푸레나무, 광능물푸레나무, 민물푸레나무, 고력백랍수(苦櫪白蠟樹),
대엽백사수(大葉白蠟樹)

과명 물푸레나무과(Oleaceae)

개화기 5~6월

채취시기 봄에서 가을 사이에 수피를 채취한다.

성분 수피에는 에스쿨린(aesculin), 에스쿨레틴(aesculetin) 및 α·β·d-글루코시드(α·β·d-glucoside)인
에스쿨린(aocoulin)이 함유되이 있다.

성질과 맛 성질이 차고, 맛은 쓰다.

생육특성

　전국의 산기슭, 골짜기, 개울가에 자생하는 낙엽활엽교목으로, 높이는 10m 내외이며 보통 관목상이고 수피는 회갈색이다. 잎은 서로 마주나고, 홀수깃꼴겹잎으로 작은 잎은 5~7개이며 끝에 달린 1개가 가장 크고 밑부분에 있는 한 쌍은 작다. 잎자루는 짧고 길이 6~15cm에 난형 또는 피침형이며 가장자리에는 파상 톱니가 있다. 5~6월에 연한 백록색 꽃이 잎과 함께 또는 잎보다 조금 늦게 원추꽃차례를 이루며 핀다. 열매는 익과(翼果)로 긴 도피침형이고 9~10월에 익는다.

물푸레나무_겨울눈　　　물푸레나무_잎　　　물푸레나무_꽃

물푸레나무_열매　　　　　물푸레나무_수피

🥣 약효

열을 내려주고 통증을 멎게 하며, 간기를 맑게 하고 염증을 가라앉히며, 진기를 거두어들이는 등의 효능이 있어 류머티즘성 질환, 통풍, 기관지염, 대하, 장염, 설사, 이질 등의 치료에 이용한다. 최근에 물푸레나무의 추출물에 피부 미백 작용이 있다는 것이 밝혀졌다.

🫖 용법과 약재

수피 1일량 20~30g을 물 900mL에 넣고 반으로 달여 2~3회 매 식후 복용한다. 외용할 때는 달인 액으로 환부를 씻어준다.
※ 대극과 산수유는 금기 생약이다.

물푸레나무_약재용 수피 채취품

물푸레나무_약재품

가을

물푸레나무_어린잎

물푸레나무_수형

기능성과 효능에 관한 특허자료

물푸레나무 추출물의 발효물을 포함하는 피부 미백용 조성물

본 발명은 물푸레나무 추출물의 발효물을 유효 성분으로 포함하는 피부 미백용 조성물을 개시한다.

〈공개번호 : 10-2013-0003171, 출원인 : (주)아모레퍼시픽〉

내분비계 질환 치료(항암, 간암, 화상)

바위솔

생약명 와송(瓦松)
사용부위 전초
작용부위 간, 폐 경락으로 작용한다.

학명 *Orostachys japonica* (Maxim.) A. Berger
이명 지붕직이, 와송, 넓은잎지붕지기, 오송, 넓은잎바위솔(북)
과명 돌나물과(Crassulaceae)
개화기 8~9월
채취시기 여름에서 가을에 걸쳐 전초를 뽑아 뿌리와 이물질을 제거하고 햇볕에 말린다.
성분 수산, 15-메틸-헵타데카노산(15-methyl-heptadecanoic acid), 1-헥사코신(1-hexacosene),
아라크산(arachic acid), 베헨산(behenic acid), β-아미린(β-amyrin), 프리델린(friedelin), 글루티놀
(glutinol), 글루티논(glutinone), 헥사트리아콘탄올(hexatriacontanol), 스테아르산(stearic acid)
등을 함유한다.

성질과 맛 성질이 시원하고, 맛은 시고 쓰다.

생육특성

전국 각지의 산지에 분포하는 여러해살이풀로, 햇볕이 잘 들어오는 바위나 집 주변의 기와 위에 붙어서 자란다. 높이는 20~40cm이고, 근생엽은 납작하게 퍼지며 끝이 굳어져 가시처럼 된다. 원줄기에 달린 잎과 여름에 나온 근생엽은 잎자루가 없고 끝이 굳어지지 않고 뾰족해진다. 잎은 주로 녹색이지만 더러는 백분을 바른 듯한 자주색을 띠는데, 두껍고 다닥다닥 붙어 있어 기와를 포갠 것처럼 보인다. 8~9월 흰색 꽃이 줄기 아랫부분에서 피어 위쪽으로 올라가며 총상꽃차례를 이룬다. 꽃대가 출현하면 아래에서 위로 촘촘하게 붙어 있던 잎들은 모두 줄기를 따라 올라가며 느슨해진다. 꽃이 피고 열매를 맺으면 잎은 모두 고사한다. 오래된 기와에서 흔히 볼 수 있어 '와송(瓦松)'이라고도 한다.

바위솔_잎

바위솔_지상부

가을

바위솔_꽃

바위솔_열매

약효

열을 내려주고 종기를 가라앉히며, 출혈을 멈추게 하고 하초의 수습을 소변으로 배출하는 등의 효능이 있어서 간염, 습진, 치창(痔瘡), 말라리아, 옹종(癰腫), 육혈(衄血), 혈리(血痢), 화상(火傷) 등을 치료한다

용법과 약재

하루에 15~30g을 사용하는데 물 1L 정도를 붓고 달여서 2~3회로 나누어 복용하거나 환을 만들어 먹기도 하고, 즙을 내어 복용하기도 한다. 외용할 때는 짓찧어서 또는 숯을 만들어서 분말로 환부에 바른다.

바위솔_전초 채취품

바위솔_말린 약재품

 기능성과 효능에 관한 특허자료 바위솔(와송)의 에틸아세테이트 분획물을 유효 성분으로 포함하는 간암의 예방 또는 치료용 조성물

본 발명에 따른 와송 에틸아세테이트 분획물은 세포 독성이 없고, 항세포 사멸 인자인 bcl-2, caspase-3, caspase-8 및 caspase-9를 억제하며 세포 사멸을 유도한다고 알려져 있는 시토크롬C의 발현을 촉진 또는 증가시켜 간암 세포의 세포 사멸을 유도하는 활성을 가지고 있어, 본 발명에 따른 와송의 에틸아세테이트 분획물을 유효 성분으로 포함하는 본 발명의 조성물은 간암의 치료 및 예방에 유용한 치료제 및 간암을 개선할 수 있는 기능성 식품의 제조에 사용할 수 있는 효과가 있다. 〈공개번호 : 10-2014-0065184, 출원인 : 인제대학교 산학협력단〉

호흡기계 · 비뇨기계 질환 치료(강정, 조루, 천식, 해수)

박주가리

생약명 나마(蘿藦), 천장각(天漿殼)
사용부위 전초 또는 뿌리, 열매껍질
작용부위 비장, 신장 경락으로 작용한다.

학명 *Metaplexis japonica* (Thunb.) Makino
이명 고환(苦丸), 작표(雀瓢), 백환등(白環藤), 세사등(細絲藤), 양각채(羊角菜)
과명 박주가리과(Asclepiadaceae)
개화기 7~8월
채취시기 가을에 과실이 성숙하였을 때 채취하여 햇볕에 말리거나 생으로 사용한다.
성분 뿌리에 벤조일라마논(benzoylramanone), 메타플렉시게닌(metaplexigenin), 이소라마논(isoramanone), 사르코스틴(sarcostin)이 함유되어 있다. 잎과 줄기에는 디기톡소스(digitoxose), 사르코스틴, 우텐딘(utendin), 메타플렉시게닌 등이 함유되어 있다.

성질과 맛 나마는 성질이 평하고, 맛은 달고 맵다. 천장각은 성질이 평하고, 맛은 짜며, 독은 없다.

생육특성

　전국 각지에 야생하는 덩굴성 여러해살이풀로, 양지의 건조한 곳에서 잘 자란다. 땅속줄기가 길게 뻗으며 줄기는 3m 이상 자란다. 줄기나 잎을 자르면 흰색 유즙(乳汁)이 나온다. 잎은 마주나고, 길이 2~5cm에 난상 심장형으로 잎끝은 뾰족하며 털이나 톱니가 없이 가장자리가 밋밋하다. 7~8월에 자주색 꽃이 잎겨드랑이에 총상꽃차례로 달리며 길이 2~5cm의 꽃대가 있다. 열매는 8~10월에 익는데, 뿔 모양의 골돌과이며 전면에 고르지 않은 돌기가 있다. 박주가리와 혼동하기 쉬운 식물로 큰조롱(Cynanchum wilfordii)과 하수오(Fallopia multiflora)가 있다. 박주가리과의 큰조롱은 생약명이 백수오이고 은조롱이나 하수오로도 불린다. 이 하수오라는 이명 때문에 마디풀과의 '하수오'와 혼동하곤 한다. 큰조롱은 박주가리처럼 줄기에서 유즙이 나오며 연한 황록색 꽃이 피는데, 하수오는 유즙이 없으며 흰색 꽃이 핀다

박주가리_잎　　　　　　박주가리_꽃　　　　　　박주가리_열매

약효

　전초 또는 뿌리는 생약명이 나마(蘿藦)이며, 여름에 채취하여 햇볕에 말리거나 생으로 사용한다. 정액과 기를 보하고 젖이 잘 나오게 하며 독을 풀어주는 등의 효능이 있어서 신장이 허해서 오는 유정(遺精), 방사를 지나치게 많이 하여 오는 기의 손상, 양도(陽道)가 위축되는 양위(陽萎), 여성의 냉이나 대하(帶下), 젖이 잘 나오지 않는 증상과 단독(丹毒), 창독(瘡毒) 등의 치료에 응용할 수 있으며, 뱀이나 벌레에

물린 상처 등에도 이용할 수 있다. 성숙한 과실의 열매껍질을 말린 것은 생약명이 천장각(天漿殼)이며, 폐의 기운을 깨끗하게 하고 가래를 없애며, 기침을 멈추고 천식을 다스리며 발진이 솟아나게 하는 등의 효능이 있어서 가래가 많은 기침, 백일해, 여러 가지 천식, 홍역에 걸렸는데 열꽃이 피지 않는 증상 등의 치료에 응용할 수 있다.

🫖 용법과 약재

나마는 하루 15~60g, 천장각은 하루 6~9g을 사용한다. 건조시킨 뿌리 40g에 물 900mL 정도를 붓고 끓기 시작하면 불을 약하게 줄여서 200~300mL 정도로 달여 아침저녁 2회로 나누어 복용한다. 건조한 열매 10g에 물 700mL 정도를 붓고 끓기 시작하면 불을 약하게 줄여서 200~300mL 정도로 달여 아침저녁 2회로 나누어 복용한다. 외용할 때는 짓찧어 환부에 붙인다.

※변을 통하게 하고 장을 윤활하게 하며 수렴하는 성질이 있으므로 대변당설(大便溏泄 : 곱이 섞인 묽은 대변을 누면서, 소변은 누렇고 가슴이 답답하면서 목이 마르는 증상) 및 습담(濕痰 : 속에 수습이 오래 머물러 생긴 담증)이 있는 경우에는 부적당하며 무씨를 함께 사용할 수 없다.

박주가리_뿌리 채취품

박주가리_열매꼬투리 약재품

가을

기능성과 효능에 관한 특허자료
박주가리 추출물 또는 이의 분획물을 유효 성분으로 함유하는 퇴행성 뇌질환 예방 및 치료용 조성물

본 발명의 박주가리 추출물 또는 상기 추출물의 에틸 아세테이트 또는 부탄올 분획물은 뇌허혈에 의해 유도되는 뇌신경 세포 손상을 보호하는 효과를 나타내고, 신경 행동학적 회복 효과 실험에서 뛰어난 회복 효과가 있으므로 퇴행성 뇌질환의 예방 및 치료용 조성물 또는 건강 기능 식품의 유효 성분으로 유용하게 사용될 수 있다.

〈공개번호 : 10-2010-0052119, 출원인 : 경희대학교 산학협력단〉

소화기계 질환 치료(건위, 항암, 해열, 진통)

방아풀

생 약 명	연명초(延命草)
사용부위	전초
작용부위	간, 심장, 비장 경락으로 작용한다.

학명 *Isodon japonicus* (Burm.) Hara
이명 회채화(回菜花)
과명 꿀풀과(Labiatae)
개화기 8~9월
채취시기 개화기에 채취하여 햇볕이나 그늘에서 말린다. 그대로 잘게 썰어서 사용한다.
성분 전초에 쓴맛 성분인 카우렌(kaurene) 계통의 디테르페노이드(diterpenoid) 화합물인 디하이드로엔메인
(dihydroenmein), 엔메인(enmein), 엔메인-3-아세테이트(enmein-3-acetate), 이소도카르핀
(isodocarpin), 노도신(nodosin), 이소도트리신(isodotricin) 등이 함유되어 있다.

성질과 맛 성질이 차고, 맛은 쓰다.

생육특성

전국 각지의 산과 들에 자생하는 여러해살이풀로, 농가에서 재배도 하고 있다. 높이는 50~100cm이며, 줄기가 곧게 서고 사각형에 부드러운 털이 아래를 향하여 나 있다. 잎은 마주나고, 길이 6~15cm에 광난형이며 잎끝이 뾰족하고 가장자리에는 톱니가 있다. 8~9월에 연한 자주색 꽃이 취산꽃차례로 피는데 전체적으로는 원추꽃차례를 이룬다. 열매는 10월에 익으며, 분열과로 편평한 타원형이고 윗부분에 점같은 선이 있다. 어린순은 나물로 먹고 성숙한 전초를 약용한다.

방아풀_잎

방아풀_꽃

방아풀_꽃대

방아풀_전초

가을

약효

통증을 멎게 하고 위(胃)를 튼튼하게 하며, 혈액을 맑게 하고 독을 풀어주며, 종기를 가라앉히고 열을 내려주는 등의 효능이 있어서 소화불량, 복통, 타박상, 옹종(癰腫), 암종(癌腫), 인후종통(咽喉腫痛), 뱀에 물린 상처 등의 치료에 이용할 수 있다. 항산화 작용과 항암 효능도 밝혀진 바 있다.

용법과 약재

말린 것으로 하루에 12~24g을 사용하는데, 보통 약재 15g에 물 700mL 정도를 붓고 끓기 시작하면 불을 약하게 줄여서 200~300mL 정도로 달여 아침저녁 2회로 나누어 복용한다. 또는 가루로 만들어 복용하기도 한다. 외용할 때는 짓찧어 환부에 붙인다.

※어떠한 병증에도 부작용이나 사용 시 금기는 없다. 다만 그 기원에 있어서 특히 영남 지방에서는 추어탕이나 보신탕에 넣어서 즐겨 먹는 방아잎이라는 식물이 있는데, 이는 배초향(곽향)이라는 식물로 그 기원이 방아풀과 다르다(배초향 참조). 배초향은 씹어보면 약간 쓴맛이 나면서도 강한 향기가 있는데, 방아풀은 강한 쓴맛이 나기 때문에 쉽게 구별할 수 있다

방아풀_전초 약재품

기능성과 효능에 관한 특허자료 방아풀 추출물을 함유하는 신경 염증 예방 및 치료용 조성물, 그리고 방아풀 추출 방법

본 발명은 방아풀 추출물에서 정제한 천연 화합물인 Glaucocalyxin A(GLA)가 미세 교세포의 활성을 억제하는 효능을 가짐을 이용하여 미세 교세포를 매개로 하는 신경 염증을 예방 및 치료할 수 있는 조성물과, 이러한 방아풀 추출물을 추출하는 방법에 관한 것이다.

〈공개번호 : 10-2015-0017603, 출원인 : 건국대학교 산학협력단〉

부인병 치료(대하, 산후출혈, 소아태독)

배롱나무

생약명	자미화(紫薇花), 자미근(紫薇根), 자미엽(紫薇葉)
사용부위	꽃, 뿌리, 잎
작용부위	간, 심장 경락으로 작용한다.

학명 *Lagerstroemia indica* L.

이명 목백일홍(木百日紅), 오리향(五里香), 홍미화(紅微花)

과명 부처꽃과(Lythraceae)

개화기 7~9월

채취시기 꽃은 7~9월, 뿌리는 연중 수시, 잎은 봄부터 초가을에 채취한다.

성분 꽃에는 델피니딘-3-아라비노시드(delphinidin-3-arabinoside), 페투니딘-3-아라비노시드
(petunidin-3-arabinoside), 몰식자산, 몰식자산메틸에스테르, 엘라그산(ellagic acid) 등이 함유되어
있고, 알칼로이드의 메틸라게린(methyl lagerine)도 함유되어 있다. 뿌리에는 시토스테롤(sitosterol),
3, 3′, 4-트리메틸엘라그산(3, 3′, 4-trimethyl ellagic acid)이 함유되어 있으며, 잎에는 데시닌
(decinine), 데카민(decamine), 라게르스트로에민(lagerstroemine), 라게린(lagerine), 디하이드로
베르티실라틴(dihydroverticillatine), 데코딘(decodine) 등의 알칼로이드가 함유되어 있다.

성질과 맛 성질이 차고, 맛은 약간 시다.

🪷 **생육특성**

중부·남부 지방의 정원이나 가로에 심어 가꾸는 낙엽활엽관목 또는 소교목으로, 높이는 5m 내외로 자란다. 가지는 윤기가 있고 매끄러우며, 햇가지에는 4개의 능선이 있다. 잎은 마주나거나 마주나기에 가까운데 위로 올라가면 서로 어긋나며, 잎의 길이는 2.5~7cm에 타원형 또는 도란형으로 앞면에는 윤이 나고 뒷면의 잎맥에 는 털이 있으며 가장자리가 밋밋하다. 7~9월에 붉은색, 분홍색, 흰색, 형광색 등의 꽃이 가지 끝에 원추꽃차례로 피고, 삭과인 열매는 광타원형이며 10~11월에 익는다.

배롱나무_잎

배롱나무_꽃봉오리

배롱나무_꽃

배롱나무_열매

배롱나무_가지

약효

꽃은 생약명이 자미화(紫薇花)이며, 혈액순환을 원활하게 하고 출혈을 멎게하며 종기를 가라앉히는 등의 효능이 있어 산후 출혈, 소아 태독(小兒胎毒) 등을 치료하고, 월경 과다, 대하, 외상 출혈, 장염, 설사 등의 치료에 이용한다. 뿌리는 생약명이 자미근(紫薇根)이며, 옹저창독(癰疽瘡毒), 치통, 이질 등을 치료한다. 잎은 생약명이 자미엽(紫薇葉)이며, 항진균 작용이 있고 이질, 습진, 창상출혈(瘡傷出血)을 치료한다. 배롱나무의 추출물은 알레르기, 아토피 피부염, 천식, 개선(疥癬) 등에 유효하다는 것이 연구결과 밝혀졌다.

용법과 약재

꽃 1일량 10~30g을 물 1L에 넣고 반으로 달여 2~3회 매 식후 복용한다. 외용할 때는 달인 액으로 씻어준다. 뿌리 1일량 30~50g을 물 1L에 넣고 반으로 달여 2~3회 매 식후 복용한다. 외용할 때는 가루로 만들어서 조합하여 환부에 붙인다. 잎 1일량 20~30g을 물 1L에 넣고 반으로 달여 2~3회 매 식후 복용한다. 외용할 때는 달인 액으로 환부를 씻거나 짓찧어서 환부에 붙이거나 가루를 내어 바른다.

배롱나무_수피

배롱나무_뿌리 채취품

기능성과 효능에 관한 특허자료

배롱나무의 추출물을 유효 성분으로 함유하는 알레르기 예방 또는 개선용 약학적 조성물

본 발명은 천연물을 유효 성분으로 하는 항아토피용 약학조성물에 관한 것으로, 보다 상세하게는 배롱나무 추출물 및 이를 유효 성분으로 함유하는 알레르기 예방 또는 개선용 약학 조성물에 관한 것으로, 상기 본 발명에 따른 약학 조성물은 인체에 무해하고 피부에 전혀 자극이 없으며, 염증성 사이토카인 및 케모카인(chemokine)의 분비 조절, 면역 글로불린 IgE의 합성 억제 등에 작용하여 홍반 감소, 가려움증 소멸 작용, 항균 작용, 면역 억제 및 조절 작용 등의 효과를 나타내어 아토피 또는 천식의 개선 또는 치료의 개선에 적용함으로써 유용하게 이용할 수 있다.

〈공개번호 : 10-2011-0050938, 특허권자 : 대전대학교 산학협력단〉

피부계 · 비뇨기계 질환 치료(청열, 해독, 풍진, 습진)

백선

생약명 백선피(白鮮皮)
사용부위 뿌리껍질
작용부위 비장, 위장 경락으로 작용한다.

학명 *Dictamnus dasycarpus* Turcz.

이명 자래초, 검화, 백전, 백양(白羊), 지양선(地羊鮮)

과명 운향과(Rutaceae)

개화기 5~6월

채취시기 봄과 가을에 채취하여 흙과 모래, 코르크층을 제거하고 뿌리껍질을 벗겨 이물질을 제거하고 잘게 썰어서 말린다.

성분 뿌리에 푸로퀴놀론알칼로이드(furoquinolone alkaloid)로 딕탐닌(dictamnine), 스킴미아닌 (skimmianine), γ-파가린(γ-fagarine), 로부스틴(robustine), 할로핀(halopine), 마쿨로시딘 (maculosidine) 등이 함유되어 있고, 그 외에 리모닌(limonin), 트리고넬린(trigonelline), 프락시넬론(fraxinellone), 오바쿨라톤(obakulatone), 사포닌 등이 함유되어 있다.

성질과 맛 성질이 차고 맛은 쓰며, 독은 없다.

생육특성

제주도를 제외한 전국 각지에 분포하는 숙근성 여러해살이풀로, 양지바른 산기슭에 자란다. 높이는 90cm 정도이고, 줄기가 곧게 서며 뿌리는 굵다. 잎은 어긋나고 홀수깃꼴겹잎이며, 작은잎은 길이 2.5~5cm에 난형 또는 타원형으로 가장자리에 잔톱니가 있다. 5~6월에 엷은 홍색 꽃이 원줄기 끝에 총상꽃차례로 달리고, 삭과(蒴果)인 열매는 8월에 익으며 5개로 갈라진다. 뿌리의 심을 빼낸 약재는 길이 5~15cm, 지름 1~2cm, 두께 0.2~0.5cm에 안으로 말려 들어간 통 모양이다. 바깥 표면은 회백색 또는 담회황색으로 가는 세로주름과 가는 뿌리의 흔적이 있고 돌기 같은 과립상(顆粒狀)의 작은 점이 있으며, 안쪽 표면은 유백색으로 가는 세로주름이 있다. 질은 부스러지기 쉽고 절단할 때 분말이 일어나며, 단면은 평탄하지 않고 약간 층을 이룬 조각 모양이다. (약재설명)

백선_잎

백선_꽃봉오리

백선_꽃

백선_열매

가을

약효

열을 내리고 습사를 다스리며, 풍사를 제거하고 독을 풀어주는
효능이 있어 습열창독(濕熱瘡毒), 풍진(風疹), 개선(疥癬), 두통, 만
성 습진 등을 치료한다.

 용법과 약재

말린 뿌리껍질로 하루에 6~12g 정도를 사용하는데, 약재 10g
에 물 1L 정도를 붓고 끓기 시작하면 불을 약하게 줄여서 200~300mL
정도로 달여 아침저녁 2회로 나누어 복용한다.

※성미가 쓰고 차면서 아래로 내리는 성질이 있어 하초(下焦 : 신장, 방광, 자궁 등
생식과 배설을 담당하는 장부)가 허(虛)하고 찬 경우에는 사용을 피한다.

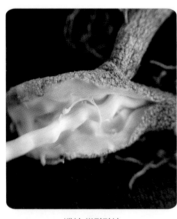

백선_뿌리거심

백선_약재품

기능성과 효능에 관한 특허자료 백선피 추출물을 유효 성분으로 포함하는 지질 관련 심혈관 질환 또는 비만의
예방 및 치료용 조성물

본 발명은 백선피 추출물, 또는 백선피와 길경 또는 인삼의 혼합 생약재 추출물을 유효 성분으
로 함유하는 항비만용 조성물에 관한 것이다. 본 발명의 추출물들은 고지방 식이에 의한 체중
증가 및 체지방 증가를 억제하고, 혈중 지질인 트리글리세라이드(triglyceride), 총 콜레스테롤
을 낮춤으로써 비만 증상을 개선시키므로, 지질 관련 심혈관 질환 또는 비만의 예방 또는 치료
제, 또는 상기 목적의 건강식품으로 유용하게 사용될 수 있다.

〈공개번호 : 10-2011-0097220, 출원인 : 사단법인 진안군 친환경홍삼한방산업클러스터사업단〉

이기혈 치료(양혈, 보간, 신체 허약, 설사)

백작약

생 약 명	작약(芍藥)
사용부위	뿌리
작용부위	간, 비장 경락으로 작용한다.

학명 *Paeonia japonica* (Makino) Miyabe & Takeda

이명 산작약, 작약, 백작(白芍), 금작약(金芍藥)

과명 작약과(Paeoniaceae)

개화기 4~5월

채취시기 가을에 뿌리를 채취하여 겉껍질을 벗긴 후 말린다. 쪄서 말리기도 한다.

성분 뿌리에 정유, 지방유, 수지, 당, 전분, 점액질, 단백질, 타닌, 파에오니플로린(paeoniflorin), 헤데라게닌 (hederagenin) 등이 함유되어 있다.

성질과 맛 성질이 시원하고, 맛은 쓰고 시나.

생육특성

중부 지방에 주로 분포하는 숙근성 여러해살이풀로, 토심이 깊고 배수가 잘되는 양지에서 자란다. 꽃이 아름다워 관화식물로 심어 가꾸기도 한다. 높이는 40~50cm 정도이고, 줄기의 밑부분이 비늘 같은 잎으로 싸여 있다. 뿌리는 굵고 육질이며 원주형 또는 방추형에 단면은 붉은빛이 돈다. 잎은 3~4개가 어긋나고 3개씩 2회 갈라지며, 작은 잎은 길이 5~12cm, 너비 3~7cm에 긴 타원형 또는 도란형으로 양끝이 좁고 가장자리가 밋밋하다. 잎의 앞면은 녹색이고 뒷면은 흰빛이 돌며 털이 없다. 근생엽은 1~2회 우상으로 갈라지며 윗부분의 것은 3개로 깊게 갈

백작약_잎

백작약_꽃봉오리

백작약_꽃

백작약_열매

라지기도 한다. 4~5월에 흰색의 큰 꽃이 원줄기 끝에 1개씩 달리며, 꽃잎은 5~7개이고 길이는 2~3cm에 도란형이다. 꽃받침 조각은 3개이며 난형이고 크기는 서로 다르다. 열매는 골돌과로, 벌어지면 덜 익은 붉은색 종자와 성숙한 검은색 종자가 나타난다. 뿌리의 생장 속도가 더디어 농가에서 재배를 꺼리는 편이며, 경상북도에서 품종 육성 시험을 하고 있다. 백작약의 이명이 산작약이기 때문에 두 식물을 혼동하는 경우가 있다. 백작약과 산작약(Paeonia obovata Maxim.)은 둘 다 우리나라 특산종이라는 공통점이 있으며, 생김새와 특징이 거의 비슷하고 생약명도 '작약'으로 동일하다. 다만, 백작약은 꽃이 흰색이고 산작약(이명: 민산작약)은 붉은색이라는 차이점이 있다. 또한 붉은색이나 흰색 꽃이 피는 작약(Paeonia lactiflora Pall.)은 이명인 '적작약'으로 더 많이 불리는데, 현재 농가에서 재배되는 작약은 대부분 이 식물을 기원으로 한다. 작약, 백작약, 산작약의 뿌리는 모두 생약명이 '작약'이며 비슷한 효능을 나타내는데, 뿌리를 약재로 가공하는 방법에 따라 백작약과 적작약으로 구분되어 유통되고 있다.

약효

혈액을 맑게 하고 간을 보하며, 통증을 멎게 하고 경련을 완화시키며 땀을 멈추게 하는 등의 효능이 있어서, 신체 허약을 다스리고 음기를 수렴하며, 가슴과 복부, 옆구리의 동통을 치료한다. 또한 설사와 복통을 낫게 하며 자한(自汗)과 도한(盜汗), 음허발열(陰虛發熱), 월경부조(月經不調), 붕루(崩漏), 대하(帶下) 등을 치료한다. 약재의 처리 방법에 따라 발휘되는 약효가 다른데, 말린 것을 생용(生用)하면 음기를 수렴하여 간의 기를 평하게 하는 작용이 강하므로, 간양상항(肝陽上亢)으로 인한 두통, 어지럼증, 이명 등의 증상에 적용한다. 주초용(酒炒用: 약재 무게의 20~25%에 해당하는 술을 약재에 흡수시킨 뒤 프라이팬에서 약한 불로 노릇노릇하게 닦는 방법)을 하면 시고 차가운 성미가 완화되어 중초의 기운을 완화하는 효능이 있어 협륵동통(脇肋疼痛)과 복통을 치료하는 데 응용한다. 주자(酒炙, 주초용)하면 산후 복통을 치료하고, 초용(炒用: 약재를 달군 가마에 넣고 고루 닦는 방법)하면 성질이 완화되어 혈액을 자양하고 음기를 수렴하는 효능이 있어 간의 기운이 항성되고 비장의 기운이 허한 증상에 사용한다

용법과 약재

　　말린 것으로 하루에 6~15g 정도를 사용하는데, 용도가 다양하다. 민간요법으로 설사나 복통에 작약 15g과 감초 6g을 물 1L에 넣고 끓기 시작하면 불을 약하게 줄여서 200~300mL 정도로 달여 아침저녁 2회로 나누어 복용한다. 또 눈병에는 작약, 당귀, 선황련(鮮黃蓮, 깽깽이풀 뿌리)을 같은 양으로 혼합하여 적당량의 물을 붓고 끓여서 환부에 김을 쐬고 달인 물로 눈을 자주 씻는다. 여성의 냉병에는 덖은 작약 20g, 덖은 건강(乾薑) 5g을 혼합하여 부드럽게 가루 내어 1회에 3~4g씩 하루 2회 미음에 타서 먹는다. 또 담석증에는 작약 뿌리 10g, 감초 6g을 물에 달여 하루 2~3회로 나누어 식간에 먹는데, 이 약을 작약감초탕이라고 하며 평활근의 경련을 푸는 작용이 있어서 담석증으로 오는 경련성 통증을 멎게 한다.

※양혈(凉血)하고 염음(斂陰 : 음적 기운을 수렴하는 작용)이 있으므로 허한복통(虛寒腹痛)이나 설사(泄瀉)의 경우에는 신중하게 사용해야 하며, 여로(黎蘆)와 함께 사용하면 안 된다.

백작약_씨앗

백작약_약재품

기능성과 효능에 관한 특허자료　**항산화 활성을 갖는 백작약 추출물을 함유하는 조성물**

　　본 발명의 백작약 추출물은 항산화 활성을 가지고 있어서 뇌허혈에 의해 유도되는 신경 세포 손상을 보호하는 효과 가 있으므로, 이를 포함하는 조성물은 신경 세포의 사멸에 의해 발생되는 퇴행성 뇌질환, 즉 뇌졸중, 중풍, 치매, 알츠 하이머병, 파킨슨병, 헌팅턴병, 피크병 및 크로이츠펠트-야콥병 등의 예방 및 치료를 위한 의약품 및 건강 기능 식품 으로 이용될 수 있다. 　〈공개번호 : 10-2006-0023884, 출원인 : (주)정우제약〉

치아 질환 치료(소화불량, 고혈압, 구내염)

벽오동

생 약 명	오동자(梧桐子), 오동엽(梧桐葉), 오동근(梧桐根), 오동백피(梧桐白皮) 오동화(梧桐花)
사용부위	열매, 잎, 뿌리, 수피, 꽃
작용부위	종자(오동자)는 위장, 신장 경락으로, 잎(오동엽)은 간, 심장, 신장 경락으로 작용한다.

학명 *Firmiana simplex* (L.) W.F.Wight = [*Firmiana platanifolia* Schatt. et Endl.]

이명 벽오동나무, 청오동나무, 오동수(梧桐樹), 청피수(靑皮樹), 청동목(靑桐木), 동마수(桐麻樹)

과명 벽오동과(Sterculiaceae)

개화기 6~7월

채취시기 열매는 9~10월에 익었을 때, 뿌리는 9~10월, 수피는 가을·겨울, 잎은 여름, 꽃은 6~7월에 채취힌디.

성분 열매에는 카페인, 스테르쿨산(sterculic acid)이 함유되어 있다. 수피에는 펜토산(pentosan), 펜토오스(pentose), 옥타코산올(octacosanol), 루페논(lupenone), 갈락탄(galactan), 우론산(uronic acid) 등이 함유되어 있다. 잎에는 베타인(betaine), 콜린(choline), 헨트리아콘탄(hentriacontane), β-아미린(β-amyrin), 루틴(rutin), β-아미린-아세테이트(β-amyrin-acetate), β-시토스테롤(β-sitosterol) 등이 함유되어 있다.

성질과 맛 열매·꽃은 성질이 평하고, 맛은 달다. 잎과 수피는 성질이 차고 맛은 쓰다. 뿌리는 성질
이 평하고, 독이 없으며, 맛은 담백하다

생육특성

남부 지방의 마을 근처나 과수원 주위에 심어 가꾸는 낙엽활엽
교목으로, 높이가 15m 내외로 자란다. 굵은 가지가 벌어지고 나무껍질
은 평활(平滑)하며 녹색이다. 서로 어긋나지만 가지 끝에서는 모여나고,
난형에 잎끝이 3~5개로 갈라지며 밑부분은 심장형이고 가장자리는 밋
밋하다. 어릴 때는 잎의 표면에 털이 있다가 시간이 지나면 털이 없어지
고, 뒷면은 갈색의 털로 덮여 있다. 단성화이며 하나의 꽃차례에 암꽃과
수꽃이 달린다. 꽃받침조각은 5개이고 타원형에 뒤로 젖혀지며 꽃잎은
없다. 합쳐진 수술대 끝에 10~15개의 꽃밥이 달린다. 삭과(蒴果)인 열
매는 10~11월에 익는데, 성숙하기 전에 5개로 갈라져서 둥근 종자가
겉에 나타난다.

벽오동_잎

벽오동_꽃

벽오동_열매

벽오동_수피

약효

열매는 생약명이 오동자(梧桐子)이며, 위통, 건위, 식체, 소아 구창 등을 치료한다. 뿌리는 생약명이 오동근(梧桐根)이며, 거풍습의 효능이 있고 류머티즘에 의한 관절통, 월경불순, 타박상, 장풍하혈을 치료한다. 수피는 생약명이 오동백피(梧桐白皮)이며, 거풍, 활혈, 진통의 효능이 있어 류머티즘에 의한 마비통, 이질, 단독(丹毒), 월경불순, 타박상 등을 치료한다. 잎은 생약명이 오동엽(梧桐葉)이며, 거풍(祛風), 제습(除濕), 청열, 해독 등의 효능이 있고 류머티즘에 의한 동통, 마비, 종기, 창상출혈, 고혈압 등을 치료한다. 꽃은 생약명이 오동화(梧桐花)이며, 청열, 해독 등의 효능이 있고 부종, 화상 등을 치료한다. 벽오동의 추출물은 항산화제로 이용할 수도 있다

용법과 약재

하루에 열매 50~100g을 물 900mL에 넣고 반으로 달여서 2~3회 매 식후 복용한다. 외용할 때는 열매를 볶아 약간 태워서 가루를 내어 환부에 살포한다. 뿌리, 수피, 잎, 꽃도 열매와 같은 방법으로 사용한다.

벽오동_완숙 열매

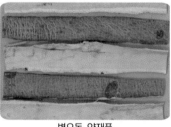
벽오동_약재품

가을

기능성과 효능에 관한 특허자료

벽오동 추출물을 함유한 천연 항산화제 조성물 및 이의 제조 방법

본 발명은 벽오동 추출물을 함유한 천연 항산화제 조성물 및 이의 제조 방법에 관한 것으로, 벽오동나무의 파쇄물 3 내지 15 중량%와 용매 85 내지 97 중량%를 용기에 충전히여 60 내지 150℃의 온도에서 상기 용매의 중량%가 45 내지 65가 될 때까지 가열한 후 건조하여 분말 성상의 항산화제 조성물 및 이의 제조 방법을 제공함으로써 우리나라 전역에 자생하고 있는 벽오동나무를 가지, 잎 및 열매 부분을 이용하여 강력한 항산화제를 대량 제조할 수 있으며, 독성이 없고 항산화도가 매우 높은 천연 지용성 물질로, 액상 및 분말 성상 등으로 제조가 가능함은 물론 다양한 기능성 물질의 부가가 용이한 효과가 있다.

⟨공개번호 : 10-2005-0117076, 출원인 : 김진수⟩

호흡기계 질환 치료(기관지염, 천식)

보리수나무

생 약 명   우내자(牛奶子)

사용부위   열매·잎·뿌리

작용부위   비장, 대장 경락으로 작용한다.

학명 *Elaeagnus umbellata* Thunb. = [*Elaeagnus crispa* Thunb.]

이명 볼네나무, 보리장나무, 보리화주나무, 보리똥나무, 산보리수나무

과명 보리수나무과(Elaeagnaceae)

개화기 5~6월

채취시기 열매는 성숙기에 채취하여 햇볕에 말린다. 뿌리는 겨울부터 이듬해 봄까지, 잎은 여름에 채취한다.

성분 뿌리, 잎, 열매의 종자 등에 세로토닌(serotonin)이 함유되어 있다.

성질과 맛 성질이 시원하고, 맛은 달고 시다.

생육특성

전국 각지의 산기슭 및 계곡에 자생하는 낙엽활엽관목으로 높이는 3~4m 정도로 자라고 가지에는 가시가 돋아나 있다. 잎은 서로 어긋나고 타원형 또는 난상 피침형에 잎끝은 둔형 또는 짧고 뾰족한 형이며 밑부분은 원형 또는 넓은 설형으로 가장자리는 말려서 오그라들고 톱니가 없다. 5~6월에 백색 꽃이 피었다가 황색으로 변하고 방향성 향기가 있으며, 열매는 구형 또는 난원형이고 9~10월에 옅은 홍색으로 익는다.

보리수나무_잎

보리수나무_꽃

보리수나무_수피

가을

보리수나무_열매

– 비교 –

뜰보리수_열매

뜰보리수와 보리수나무

보리수나무과에 속하는 뜰보리수와 보리수나무는 낙엽관목으로, 높이는 3~4m 정도로 비슷하고 나무의 잎이나 꽃 등의 생김새도 비슷하다. 다만 열매의 크기와 결실 시기가 다른데, 뜰보리수는 열매가 크고 6월에 빨갛게 익고, 보리수나무는 열매가 아주 작고 9~10월에 옅은 홍색으로 익으며 두 열매 모두 식용할 수 있다. 뜰보리수와 보리수나무는 약효 성분도 다르고 약효 작용도 다르다.

약효

뿌리와 잎, 열매를 약용하는데, 생약명이 우내자(牛內子)이며 몸에 영양분을 공급하고 기침을 가라앉히며, 습사를 제거하고 출혈을 멎게 하는 효능이 있어 해수, 하리, 이질, 붕루, 대하에 이용한다

용법과 약재

뿌리와 잎, 열매 1일량 30~50g을 물 1L에 넣고 반으로 달여 2~3회 매 식후 복용한다.

보리수나무_약재품

보리수나무_뿌리 채취품

보리수나무_수형

기능성과 효능에 관한 특허자료 **보리수나무 열매를 주재로 한 약용술의 제조방법**

본 발명의 생약을 주재로 한 약용술 중 보리수나무 열매인 호뢰자를 주재한 신규의 약용술로, 잘 익은 호뢰자를 채취하여 수세건조하고, 이를 소주(25~30%)에 침지, 밀봉한 다음 음지에서 15~30일 동안 숙성 발효시키고 여과한 여액을 다시 음지에서 2~3개월 2차 숙성발효시킨 능금산이나 주석산 등이 함유된 갈색의 약용 술이다. 이 약용술은 보리수나무 열매의 자연적인 향과 맛을 그대로 유지하면서 인체의 자양 강장, 허약 체질, 육체 피로 등에 탁월한 개선 효과가 있는 것으로, 본 발명은 산업적으로 매우 유용한 발명이다.

〈공개번호 : 10-1996-0007764, 출원인 : 박봉흠〉

부인병 치료(감기, 생선 중독, 산후 복통)

봉선화

생 약 명	봉선(鳳仙), 급성자(急性子), 봉선근(鳳仙根)
사용부위	전초, 종자, 뿌리
작용부위	간, 심장 경락으로 작용한다.

학명 *Impatiens balsamina* L.

이명 조진주(早珍珠), 소도홍(小桃紅), 투골초(透骨草), 만당홍(滿堂紅)

과명 봉선화과(Balsaminaceae)

개화기 7~8월

채취시기 여름에서 가을 사이에 전초를 채취하여 햇볕에 말린다.

성분 씨에 들어 있는 지방산의 약 50%는 불포화도가 높은 파리나르산(parinaric acid)이다. 꽃에는 라우손 (lawsone)과 메틸에테르(methylether), 시아니딘(cyanidine), 델피니딘(delphinidin), 펠라르고니딘 (pelargonidin), 말비딘(malvidin) 등의 인토시안과 캠페롤(kaempferol), 퀘르세틴(quercetin)이 있다. 씨에는 발사미나스테롤(balsaminasterol), 사포닌, 퀘르세틴과 캠페롤의 배당체 등이 있다.

성질과 맛 성질이 따뜻하며, 맛은 맵고 쓰다.

생육특성

전국 각지에 분포하는 한해살이풀로, 높이는 60cm 정도이고 다육질인 줄기가 곧게 자란다. 잎은 어긋나고, 피침형에 잎끝이 날카로우며 가장자리에 톱니가 있다. 7~8월에 붉은색과 분홍색, 흰색 등의 꽃이 잎겨드랑이에서 피는데, 홑꽃과 겹꽃이 있다. 열매는 삭과로 타원형이고, 익으면 열매껍질이 터지면서 황갈색 종자가 튀어나온다. 꽃이 아름다워 관상용으로 심어 가꾸기도 한다.

봉선화_잎

봉선화_열매

봉선화_줄기

약효

전초는 봉선(鳳仙), 종자는 급성자(急性子), 뿌리는 봉선근(鳳仙根)이라 한다. 혈액순환을 돕고 통증을 멎게 하며 종기를 가라앉히는 등의 효능이 있어서 풍습성 관절염, 월경통, 타박상, 림프샘염, 일체의 창종(瘡腫) 등의 치료에 이용하고, 뱀에 물린 상처에도 쓴다.

용법과 약재

감기, 산후 복통, 월경불순 등에 쓰는데, 하루에 말린 약재 10~20g 정도를 물 250mL에 넣고 반으로 달여서 3회로 나누어 마신다. 생선이나 육류 중독에는 약재 3~6g을 물 250mL에 넣고 반으로 달여서 하루 3회로 나누어 마신다. 꽃, 잎, 줄기로 즙을 내어 무좀에 바르며, 벌레에 물리거나 벌에 쏘였을 때 이 즙을 바르면 곧 회복된다. 손톱을 물들이는 데에도 사용한다.

※봉선화 씨앗 가루나 줄기 달인 물이 치아에 닿으면 치아가 상할 수 있으므로 빨대를 이용하여 바로 삼키는 것이 좋다.

봉선화_완숙 열매

봉선화_약재품

가을

부인병 치료(백대하, 진통, 소종, 해독, 양혈)

부용

생약명	목부용(木芙蓉), 목부용화(木芙蓉花), 목부용엽(木芙蓉葉)
사용부위	꽃, 잎
작용부위	심장, 폐 경락으로 작용한다.

학명 *Hibiscus mutabilis* L.

이명 부용화(芙蓉花), 지부용(地芙蓉), 주취부용(酒醉芙蓉), 부용엽(芙蓉葉), 산부용(山芙蓉), 부용목련(芙蓉木蓮)

과명 아욱과(Malvaceae)

개화기 8~9월

채취시기 꽃은 9~11월, 잎은 여름부터 가을에 채취한다.

성분 꽃에는 플라보노이드 배당체로 이소쿼르시트린(isoquercitrin), 히페린(hyperin), 루틴(rutin), 쿼르시메리트린(quercimeritrin)과 안토시아닌이 함유되어 있다. 안토시아닌의 함유량은 꽃 빛깔에 따라서 다른데, 아침 일찍 피는 담황색 꽃에는 안토시아닌이 없고 낮에 피는 담홍색 꽃과 저녁에 피는 분홍색 꽃에는 시아니딘 3, 5-디글루코시드시아니딘(cyanidin 3, 5-diglucoside cyanidin)이 함유되어 있다. 잎에는 플라보노이드 배당체, 페놀류, 아미노산, 타닌, 환원당이 함유되어 있다.

성질과 맛 성질이 평하고, 맛은 맵다.

🪷 생육특성

전국 각지의 산과 들에 분포하는 낙엽 활엽 반관목으로, 중국이 원산지이며 주로 관상용으로 심어 가꾼다. 높이는 2~3m 정도이고, 가지는 성모(星毛 : 한 점에서 여러 갈래로 갈라져 별 모양으로 된 털)로 덮여 있다. 잎은 서로 어긋나고 광난형 또는 난 원형에 3~7개로 얕게 갈라지며 열편은 난상 삼각형이다. 잎끝은 뾰족하며 밑부분은 심장형이고 가장자리에는 파상의 둔한 톱니가 있다. 잎의 앞면에는 잔돌기와 털이 약간 나 있고 뒷면에는 백색 털이 빽빽하게 나 있다. 꽃은 8~10월에 가지 끝이나 잎겨드랑이에서 1개씩 달리는데, 아침 일찍 백색 또는 담황색으로 피어 오후에는 선홍색이 된다. 열매는 삭과로 둥글고 긴 털로 싸여 있으며 10~11월에 익는다.

부용_잎

부용_꽃

부용_열매(미성숙)

부용_꼬투리

부용_줄기

가을

약효

꽃은 생약명이 목부용화(木芙蓉花)이며, 열을 내려주고 종기를 가라앉히며, 독을 풀어주고 혈열을 내리는 효능이 있어 옹종, 화상, 해수, 토혈, 백대를 치료한다. 잎은 생약명이 목부용엽(木芙蓉葉)이며, 통증을 멎게 하고 종기를 가라앉히며, 독을 풀어주고 혈열을 내려주는 효능이 있어 옹종, 대상 포진, 화상, 목적종통(目的腫痛), 타박상 등을 치료한다.

용법과 약재

꽃 1일량 20~40g을 물 1L에 넣고 반으로 달여 2~3회 매 식후 복용한다. 외용할 때는 짓찧어서 환부에 도포하거나 가루 내어 연고 기제에 조합하여 환부에 붙인다. 잎 1일량 30~50g을 물 1L에 넣고 반으로 달여 2~3회 매 식후 복용한다. 외용할 때는 짓찧어서 환부에 붙인다.

부용_어린잎

부용_꽃 약재품

기능성과 효능에 관한 특허자료

부용화 추출물을 함유하는 피부 외용제 조성물

본 발명은 부용화 추출물을 함유하는 피부 외용제 조성물에 관한 것이다. 본 발명의 상기 부용화 추출물을 함유하는 피부 외용제 조성물은 피부 자극이 없으면서 보습 효과가 우수하고 엘라스틴 및 콜라겐 생성을 촉진하는 효과가 있어, 피부 보습, 노화 방지 및 탄력 증진에 뛰어난 효과를 나타낸다. 따라서, 본 발명의 상기 피부 외용제 조성물은 피부 보습용, 노화 방지용 및 탄력 증진용으로서, 화장료 조성물 또는 약학 조성물로 사용할 수 있다.

〈공개번호 : 10-2010-0067698, 출원인 : (주)아모레퍼시픽〉

부인병 치료(월경불순, 탈항, 해수천식)

부처손

생 약 명	권백(卷柏)
사용부위	전초
작용부위	심장, 폐, 신장 경락으로 작용한다.

학명 *Selaginella tamariscina* (Beauv.) Spring

이명 두턴부처손, 표족(豹足), 구고(求股), 신투시(神投時), 교시(交時)

과명 부처손과(Selaginellaceae)

개화기 포자번식

채취시기 봄과 가을에 전초를 채취하여 이물질을 제거하고 말린다. 봄에 채취한 것이 더욱 좋다.

성분 플라본, 페놀, 아미노산, 트레할로오스(trehalose), 아피게닌(apigenin), 아멘토플라본
(amentoflavone), 히노키플라본(hinokiflavone), 살리카린(salicarin), 페칼라인(pecaline) 등을 함유
한다.

성질과 맛 성질이 평하고, 맛은 맵다. 독은 없다.

생육특성

제주도 및 전국 산지의 건조한 바위나 나무 위에서 자라는 상록 여러해살이풀로, 전체가 주먹 모양으로 말려 쭈그러졌고 크기가 일정하지 않다. 높이는 15~40cm 정도이고, 가지는 줄기 윗부분에 다발로 뭉쳐나서 방사상으로 퍼지며 습기가 없을 때는 속으로 말려 있다가 습기 있으며 퍼진다. 갈라져 나온 가지에 비늘조각 같은 소엽이 빽빽하게 난다. 잎은 길이가 1.5~2mm이고 끝이 바늘처럼 뾰족하며 가장자리에 잔톱니가 있다. 포자낭수가 잔가지 끝에 1개씩 달리는데, 네모지며 길이는 0.5~2.5cm이다. 포자엽은 난상 삼각형으로 가장자리에 톱니가 있다. 유사종으로 석권백이라 불리는 바위손(Selaginella involvens (Sw.) Spring)이 있다.

부처손_잎

부처손_습기를 머문 전초

부처손_뿌리

부처손_바위에 붙어 자라는 모습

약효

줄기와 잎의 생김새가 주먹 모양이므로 약재 이름을 권백(卷柏)이라 한다. 혈액순환을 원활하게 하고 출혈을 멎게 하며, 기침을 멈추게 하며 이뇨 작용을 돕는 등의 효능이 있으며, 어혈을 푸는 데는 생용(生用: 볶지 않고 말린 것을 그대로 사용)하고, 지혈에는 초용(炒用: 볶아서 사용)한다. 생용을 하면 경폐(經閉: 월경이 막힌 것), 징가(癥痂), 타박상, 요통, 해수천식 등을 치료할 수 있고, 볶아서 사용하면 토혈, 변혈, 요혈, 탈항 등을 치료한다. 또한 석위, 해금사, 차전자 등과 배합하여 소변임결(小便淋結)을 치료하는 데 사용한다

용법과 약재

말린 것으로 하루에 2~6g 정도를 사용하는데, 보통 파혈(破血: 어혈을 제거하는 것)에는 생용하고, 지혈에는 초용한다.

※파혈 작용이 있으므로 임신부는 사용을 금한다

부처손_잎(건조)

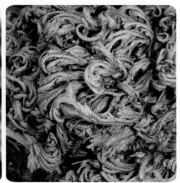
부처손_약재품

기능성과 효능에 관한 특허자료

부처손 추출물 또는 이의 분획물을 포함하는 폐 기능 향상용 약학적 조성물

본 발명에서 제안하고 있는 폐 기능 향상용 약학적 조성물에 따르면, 부처손 추출물 또는 이의 분획물을 유효 성분으로 포함함으로써, 폐 기능을 향상시켜 운동 능력, 특히 유산소성 운동 능력을 향상시킬 수 있다.

〈공개번호 : 10-2013-0056137, 출원인 : 서웅진〉

내분비계 질환 치료(당뇨, 해독, 수렴, 지사, 감기)

붉나무

생 약 명 염부자(鹽膚子), 염부엽(鹽膚葉),
염부자근(鹽膚子根), 오배자(五倍子)

사용부위 열매, 잎, 뿌리껍질, 벌레집

작용부위 열매는 간, 폐 경락에 작용하며, 충영은
심장, 위장, 폐, 대장 경락에 작용한다.

학명 *Rhus javanica* L. = [*Rhus chinensis* Mill.]

이명 오배자나무, 굴나무, 뿔나무, 불나무, 염해자(鹽海子)

과명 옻나무과(Anacardiaceae)

개화기 8~9월

채취시기 열매는 가을철(10~11월) 과실이 성숙한 때, 뿌리·근피는 연중 수시, 잎은 여름, 오배자는
가을(9~10월 오배자진딧물이 충영 밖으로 나오기 전)에 채취한다.

성분 열매에는 타닌이 50~70% 함유되어 있으며 유기물식자산이 2~4%, 그 외 지방, 수지, 전분이 함유
되어 있다. 유기물은 사과산, 주석산, 구연산 등이다. 뿌리와 근피에는 스코폴레틴 3, 7, 4-트리히드록시
플라본(scopoletin trihydroxy flavone), 휘세틴(ficetin)이 함유되어 있다. 잎에는 퀘르세틴(quercetin),
메틸에스테르(methylester), 엘라그산(ellagic acid) 등이 함유되어 있다. 오배자에는 갈로타닌
(gallotannin)과 펜타갈로일글루코오스(pentagalloylglucose)가 함유되어 있다.

400

성질과 맛　열매는 성질이 시원하고, 맛은 시다. 근피·뿌리는 성질이 시원하고, 맛은 시고 짜며 떫다. 잎은 성질이 차고, 맛은 시고 짜다. 오배자는 성질이 평하고, 맛은 시고 떫다.

🪷 생육특성

　전국 각지에 분포하는 낙엽활엽관목 또는 소교목으로, 산기슭이나 산골짜기에서 자란다. 높이는 7m 내외이며 굵은 가지가 드문드문 있고 노란색을 띤 작은 가지에는 갈색 털이 밀생한다. 잎은 어긋나고 홀수깃꼴겹잎이며, 7~13개의 작은 잎은 난형 또는 난상 타원형에 잎자루가 없고 엽축에는 날개가 있다. 잎끝은 날카롭고 밑부분은 둥글거나 뾰족하며 가장자리에 거친 톱니가 있다. 8~9월에 황백색 꽃이 가지 끝에 원추꽃차례로 피고, 열매는 편구형 핵과이며 10~11월에 황갈색으로 익는다. 열매의 겉에 소금 같은 백색 물질이 소금처럼 생긴다

붉나무_잎

붉나무_꽃

붉나무_열매

🌿 약효

　열매는 생약명이 염부자(鹽膚子)이며, 수렴, 지사, 화담의 효능이 있고 해수, 황달, 도한, 이질, 완선, 두풍 등을 치료한다. 뿌리는 생약명이 염부자근(鹽膚子根)이며, 거풍, 소종, 화습(化濕)의 효능이 있고 감기에 의한 발열, 해수, 하리, 수종, 류머티즘에 의한 동통, 타박상, 유선염, 수독 능을 치료한다. 근피는 생약명이 염부수근피(鹽膚樹根皮)이며, 청열, 해독 등의 효능이 있고 어혈, 해수, 요통 기관지염, 황달, 외상출혈, 수종, 타박상, 종독, 독사 교상(咬傷) 등을 치료한다. 잎은 생약명이 염부엽(鹽膚葉)이며, 수렴, 해독, 진해, 화담의 효능이 있

다. 충영은 생약명이 오배자(五倍子)이며, 수렴, 지사, 지혈, 지한, 진해, 항균, 항염 등의 효능이 있고 궤양, 습진, 구내염, 창상, 화상, 동상 등을 치료한다. 붉나무의 추출물은 뇌기능 개선, 당뇨병의 예방 및 치료 효과가 있다.

용법과 약재

열매 1일량 30~50g을 물 1L에 넣고 반으로 달여 2~3회 매 식후 복용하거나 가루 내어 복용한다. 외용할 때는 열매 달인 액으로 씻거나 짓찧어 도포하거나 가루 내어 참기름이나 들기름으로 반죽하여 도포한다. 뿌리 및 근피 1일량 30~50g(생것은 100~150g)을 물 1L에 넣고 반으로 달여 2~3회 매 식후 복용한다. 외용법은 열매와 같다. 잎은 1일량 생것 100~150g을 물 1L에 넣고 반으로 달여 2~3회 매 식후 복용한다. 외용할 때는 잎을 짓찧어서 환부에 도포하거나 즙을 내어 거즈에 적셔 도포한다. 오배자 1일량 10~20g을 물 1L에 넣고 반으로 달여 2~3회 매 식후 복용한다. 외용할 때는 연고기제와 혼합하여 환부에 도포한다

붉나무_수피 약재품

붉나무_오배자 약재품

기능성과 효능에 관한 특허자료

뇌 기능 개선 효과를 가지는 붉나무 추출물을 포함하는 약학 조성물 및 건강식품 조성물

본 발명은 뇌 기능 개선 효과를 가지는 성분인 붉나무 추출물을 포함하는 약학 조성물 및 건강식품 조성물에 관한 것으로, 보다 상세하게는 붉나무로부터 추출된 담마레인 트리테르펜 화합물(3-hydroxy-3,19-epoxydammar-20,24-dien-22,26-olide)을 포함하는 것을 특징으로 하는 뇌 기능 개선용 약학 조성물 및 건강식품 조성물에 관한 것이다. 본 발명의 붉나무 추출물을 포함하는 약학 조성물은 뇌 기능 개선의 효과를 가지는 바 뇌관련 질환의 치료 및 예방에 유용하게 사용될 수 있을 것이며, 또한 본 발명의 붉나무 추출물을 포함하는 건강식품 조성물은 일반 소비자가 거부감 없이즐길 수 있는 기능성 건강식품을 제공하여 국민 생활 건강에 이바지할 수 있을 것이다.

〈공개번호 : 10-2011-0004691, 출원인 : 대한민국(농촌진흥청장)〉

순환기계 질환 치료(해열, 해독, 근골통, 유선염)

뻐국채

생약명 누로(漏蘆), 기주누로(祁州漏蘆)
사용부위 어린순, 뿌리
작용부위 위장, 폐, 신장 경락으로 작용한다.

학명 *Rhaponticum uniflorum* (L.) DC.

이명 뻑국채

과명 국화과(Compositae)

개화기 5~7월

채취시기 이른 봄에 어린순을 채취하여 식용하고, 가을에 뿌리를 채취하여 흙을 털어내고 수염뿌리를 제거한 후 그늘에 말린다.

성분 에키노린(echinorine), 에키닌(echinine) 등을 함유한다.

성질과 맛 성질이 차고, 맛은 짜고 쓰다.

생육특성

　전국 각지의 산과 들에 분포하는 여러해살이풀로, 양지바르고 물 빠짐이 좋은 비탈이나 산소 주변과 같이 마른 땅에서 자란다. 줄기는 높이가 30~70cm 정도이고 가지가 없이 곧게 자라며 백색 털로 덮여 있다. 근생엽은 꽃이 필 때까지 남아 있으며, 경엽은 어긋나고 위로 올라갈수록 작아진다. 밑부분의 잎은 길이 15~20cm가량에 피침상 타원형이며 끝이 둔하고 우상으로 완전히 갈라진다. 갈라진 조각은 6~8쌍이며 긴 타원형으로 백색 털이 밀생하고 가장자리에 불규칙한 톱니가 있다. 5~7월에 홍자색 꽃이 원줄기 끝에 1개씩 달리고, 꽃부리는 길이가 약 3cm이며 통 모양으로 된 부분이 다른 부분보다 짧다. 열매는 9~10월경에 익는데, 긴 타원형의 수과이며 길이 2cm가량의 관모가 여러 줄 있다.

뻐꾹채_잎

뻐꾹채_꽃

뻐꾹채_종자 결실

뻐꾹채_줄기

약효

열을 내리고 독을 풀어주며, 종기를 가라앉히고 농을 배출하며 젖이 잘 나오게 하는 등의 효능이 있어서 근골동통, 풍습비통(風濕痺痛: 풍사와 습사로 인해 저리고 아픈 증상), 림프샘염, 유선염, 옹저(癰疽), 창종(瘡腫), 습진, 치질, 유즙불통(乳汁不通) 등을 치료하는 데 사용한다.

용법과 약재

하루에 말린 뿌리 6~12g에 물 1L 정도를 붓고 달여서 2~3회로 나누어 복용한다. 봄에 채취한 어린순은 산나물로 식용한다. 우리나라는 5월이 가정의 달과 감사의 달로 많은 행사가 있는데, 한때 카네이션 대신에 어버이날과 스승의 날에 뻐꾹채를 달자는 운동이 있었다. 그 당시만 해도 우리나라의 야생화가 주목을 받지 못한 상태였지만 이제는 분위기가 많이 달라져 야생화에 대한 이해가 높기 때문에 다시 '뻐꾹채의 반란'이 시작되었으면 한다.

※성질이 차고 쓰기 때문에 기가 허한 사람이나 임신부는 주의한다.

뻐꾹채_어린잎

뻐꾹채_약재품

순환기계 질환 치료(고혈압, 당뇨, 이뇨, 소종)

뽕나무

생약명 상엽(桑葉), 상백피(桑白皮), 상근(桑根), 상지(桑枝), 상심(桑椹)

사용부위 잎, 뿌리껍질, 가지, 열매

작용부위 잎(상엽)은 간, 비장, 폐 경락으로, 뿌리껍질(상백피)은 비장, 폐, 신장 경락으로, 가지(상지)는 간 경락으로, 열매(상심자)는 간, 심장, 신장 경락으로 각각 작용한다.

학명 *Morus alba* L.

이명 오디나무, 새뽕나무, 상목(桑木)

과명 뽕나무과(Moraceae)

개화기 5~6월

채취시기 10~11월 첫서리를 맞은 잎을 따서 햇볕에 말린다. 뿌리·근피는 가을에 채취하여 황갈색 겉껍질을 제거하고 목심(木心)과 백피(白皮)를 분리시킨 후 햇볕에 말린다. 봄부터 초여름 사이 어린가지를 채취하여 말린다. 열매는 완전히 익기 전에 채취하여 햇볕에 말린다.

성분 잎에는 루틴, 퀘르세틴, 모라세틴과 미량의 β-시토스테롤, 캄페스테롤, 이노코스테론(inokosterone), 엑디스테론(ecdysterone), 헤모리신(hemolysin), 루페올, 미오이노시톨(myo-inositol), 클로로겐산 등이 함유되어 있다. 정유에는 초산 등이 함유되어 있다. 수산, 푸말산, 주석산, 구연산, 호박산, 팔미트산, 서당, 과당, 포도당, 아스파라긴산, 글루탐산 등의 아미노산도 들어 있다. 또 비타민류,

글루타티온(glutathione), 엽산, 폴린산(folinic acid), 아데닌, 콜린, 아연 등이 함유되어 있다. 코르크층을 제거한 뿌리껍질에는 움벨리페론, 스코폴레틴, 플라보노이드 등이 함유되어 있다. 또 아세틸콜린과 작용이 비슷한 강압 성분이 함유되어 있고 타닌, 점액소가 함유되어 있다. 가지에는 타닌, 유리서당(遊離庶糖), 프룩토오스, 포도당, 스타키오스(stachyose), 맥아당, 라피노오스(raffinose), 아라비노오스(arabinose), 자일로스, 플라보노이드 등이 함유되어 있다. 열매에는 당분, 타닌, 사과산, 비타민 B$_1$, B$_2$, 비타민 C와 카로틴이 함유되어 있고 상심유(桑椹油)의 지방산은 주로 리놀산, 소량의 스테아르산, 올레산으로 이루어져 있다.

성질과 맛 잎은 성질이 차고 맛은 쓰고 달다. 뿌리껍질(상백피)은 성질이 차고 맛은 달다. 가지(상지)는 성질이 평하고 맛은 쓰다. 열매(상심자)는 성질이 차고 맛은 달고 시다.

생육특성

전국 각지의 산기슭이나 마을 부근에 자생하거나 심어 가꾸는 낙엽활엽교목 또는 관목으로, 높이는 3m 정도로 자란다. 작은 가지는 회백색 또는 회갈색으로 잔털이 있으나 점차 없어진다. 잎은 어긋나고, 길이 10cm 정도의 난상 원형 또는 타원상 장난형에 3~5개로 갈라지며, 잎끝이 뾰족하고 가장자리에는 둔한 톱니가 있으며 표면은 거칠거나 평활하다. 자웅 이주이며, 5~6월에 황록색 꽃이 잎과 거의 동시에 피는데, 수꽃은 새 가지의 밑부분 잎겨드랑이에 미상꽃차례로 달리고, 암꽃은 길이 5~10mm에 암술대가 거의 없다. 열매는 상과이며 6월에 검은색으로 익는다.

가을

뽕나무_잎

뽕나무_꽃

뽕나무_열매

약효

잎은 생약명이 상엽(桑葉)이며, 풍사를 제거하고 열을 내리며, 기침을 멎게 하고 혈액을 맑게 하며 눈을 밝게 하는 등의 효능이 있어 당뇨, 두통, 목적, 고혈압, 구갈, 중풍, 해수, 습진, 하지 상피종 등을 치료한다. 뿌리껍질은 생약명이 상백피(桑白皮)이며, 열을 내리고 소변이 잘 나가게 하며, 기침을 멎게 하고 종기를 가라앉히는 등의 효능이 있어 폐열로 인한 해수, 기관지염, 소변불리, 수종, 각기 등을 치료한다. 가지는 생약명이 상지(桑枝)이며, 풍사를 없애고 기를 내리며, 소화가 잘되게 하고 근육을 이완시키는 등의 효능이 있어 구갈, 고혈압, 각기부종, 수족마비, 손발저림 등을 치료한다. 열매는 생약명이 상심자(桑椹子)이며, 간을 보하고 신장의 기능을 북돋우며, 기침을 멎게 하고 장을 윤활하게 하는 등의 효능이 있어 소갈, 당뇨, 변비, 이명, 피로, 관절통, 수염과 머리카락이 빨리 세는 증상 등을 치료한다

용법과 약재

잎 1일량 15~25g을 물 1L에 넣고 반으로 달여 2~3회 매 식후 복용한다. 근피 1일량 15~25g을 물 1L에 넣고 반으로 달여 2~3회 매 식후 복용한다. 외용할 때는 짓찧어서 환부에 도포한다. 가지 1일량 10~15g을 물 1L에 넣고 반으로 달여 2~3회 매 식후 복용한다. 열매 1일량 10~15g을 물 1L에 넣고 반으로 달여 2~3회 매 식후 복용한다.

뽕나무_잎 약재품

뽕나무_뿌리껍질 약재품

기능성과 효능에 관한 특허자료

항당뇨 기능성 뽕나무 오디 침출주 및 그 제조 방법

본 발명은 뽕나무 오디를 시료로 오디 주스 분말, 오디 침출주, 오디 발효주 및 오디 식초를 제조하고 식이군으로 나누어 스트렙토조토신(streptozotocin) 유발 당뇨 쥐를 실험동물로 하여 실험한 결과, 오디 침출주 투여군이 혈당 수준, 혈청 인슐린 수준 및 혈청 콜레스테롤과 중성 지방에 있어서 가장 우수하였다.

〈공개번호 : 10-2012-0118379, 출원인 : 대구가톨릭대학교 산학협력단〉

비뇨기계 질환 치료(보양, 조루, 불임, 낭습)

사상자

생 약 명	사상자(蛇床子)
사용부위	잘 익은 종자
작용부위	비장, 신장 경락으로 작용한다.

학명 *Torilis japonica* (Houtt.) DC.

이명 뱀도랏, 진들개미나리, 사미(蛇米), 사주(蛇珠)

과명 산형과(Umbelliferae)

개화기 6~8월

채취시기 열매가 익었을 때 채취하여 햇볕에 말린다.

성분 약 1.4%의 정유를 함유하는데, 주성분은 α-카디넨(α-cadinene), 토릴렌(torilene), 토릴린(torilin)
등이고, 그 밖에 페트로셀린(petroceline), 미리스틴(myristine), 올레인(oleine) 등을 함유한다.

성질과 맛 성질이 따뜻하고, 맛은 맵고 쓰다.

생육특성

전국 각지에 분포하는 두해살이풀로, 산과 들에 흔하게 자란다. 높이는 30~70cm 정도이며, 줄기가 곧게 서고 식물체 전체에 잔털이 나 있다. 잎은 어긋나고 3장이 2회 우상으로 갈라지며, 소엽은 난상 피침형에 잎끝이 뾰족하고 가장자리에는 톱니가 있다. 6~8월에 흰색 꽃이 겹산형꽃차례를 이루며 피는데, 5~9개의 소산경(小傘梗: 작은 우산대 모양의 꽃자루)에 6~20개의 꽃이 달린다. 분열과인 열매는 8~9월에 익으며, 난형이고 짧은 가시 같은 털이 있어서 다른 물체에 잘 달라붙는다

사상자_잎

사상자_꽃

사상자_열매

사상자_종자

약효

신장 기능을 따뜻하게 하여 양기를 튼튼하게 하며, 풍을 제거하고 수렴성 소염 작용을 한다. 양위(陽萎), 자궁이 한랭하여 불임이 되는 증상, 음낭의 습진, 여성의 음부 가려움증, 습진, 피부 가려움증 등의 치료에 이용한다

용법과 약재

말린 것으로 하루에 6~12g 정도를 사용하는데, 보통 약재 10g을 물 1L에 넣고 200~300mL 정도로 달여 아침저녁 2회로 나누어 복용한다. 가루나 환으로 만들어 복용하기도 한다. 또한 복분자, 구기자, 토사자(菟絲子), 오미자 등과 합하여 오자(五子)라 불리며 같은 양을 배합하여 신장의 정기를 돋우는 최고의 처방으로 애용되어 왔다.

※맵고 쓰고 따뜻하여 보양(補陽)하고 조습(燥濕: 습사를 말리는 작용)하기 때문에 하초(下焦)에 습열(濕熱)이 있거나 신음(腎陰)이 부족한 증상, 또는 정활불고(精滑不固: 정이 단단하지 못하여 유정, 몽정 등으로 잘 흘러나가는 경우)인 경우에는 사용을 피한다.

사상자_약재품

기능성과 효능에 관한 특허자료

사상자 추출물을 함유하는 면역 증강용 조성물

본 발명은 사상자의 추출물을 함유하는 면역 활성 증강을 위한 조성물에 관한 것으로, 보다 구체적으로 본 발명은 선천성 면역에 관계된 수용체인 TLR-2 및 TLR-4(Toll-like receptor 2 and 4)의 면역 세포 내에서 활성 증진 효과, 실험동물에서 림프구 수의 증가 및 대장균 감염을 유도한 동물 모델의 면역 증강 효능이 우수하여 면역 저하증의 예방, 억제 및 치료에 우수한 면역 증강 효능을 갖는 식품, 의약품 및 사료 첨가제로서 유용하다.

〈공개번호 : 10-2010-0102756, 출원인 : 원광대학교 산학협력단〉

호흡기계 질환 치료(감기, 폐렴, 소염)

산국

생 약 명 산국(山菊), 야국(野菊)
사용부위 어린순, 전초
작용부위 간, 위, 폐 경락으로 작용한다.

학명 *Chrysanthemum boreale* Makino
이명 감국, 개국화, 나는개국화, 들국
과명 국화과(Compositae)
개화기 9~10월
채취시기 이른 봄에 어린순을 채취하고, 가을에 꽃차례를 채취하여 햇볕에 말린다.

성분 크라이산테민(chrysanthemin), 알칼로이드(alkaloid), 사포닌(saponin) 등을 함유한다.

성질과 맛 성질이 시원하고 맛은 쓰고 맵다.

412

생육특성

전국 각지의 산지에 분포하는 여러해살이풀로, 토양에 부엽질이 많고 햇볕이 드는 반그늘에서 자란다. 높이는 1~1.5m이고, 줄기가 모여나고 가지가 많이 갈라지며 전체에 짧은 백색 털이 나 있다. 뿌리에서 난 밑부분의 잎은 꽃이 필 때 마른다. 줄기에 달린 잎은 어긋나고, 길이 5~7cm, 나비 4~6cm에 장타원상 난형으로 감국의 잎보다 깊게 갈라지며 가장자리에 날카로운 톱니가 있다. 9~10월에 노란색 꽃이 원줄기 끝과 가지 끝에 피는데, 산형 비슷하게 달리고 두화(頭花)는 지름이 1.5cm정도이다. 총포(總苞)는 길이 4mm, 지름 8mm이며 포 조각은 3~4줄로 배열되고, 바깥 조각은 선형 또는 긴 타원형으로 겉에 털이 있으며 안 조각은 긴 타원형에 가장자리가 얇다. 수과(穗果)인 열매는 11~12월경에 익는다. 유사종으로 감국(C. indicum L.)이 있는데, 꽃의 지름이 2.5cm이고 산방상으로 달린다

산국_잎

산국_꽃

산국_열매

산국_줄기

가을

약효

열을 내려주고 들뜬 신경을 진정시키며, 독을 제거하고 종기를 가라앉히는등의 효능이 있어서 감기로 인한 발열, 폐렴, 기관지염, 두통, 고혈압, 위염, 장염, 구내염, 눈에 핏발이 서는 목적(目赤), 림프샘염, 옹종(癰腫), 정창(疔瘡), 두훈(頭暈) 등을 치료한다.

용법과 약재

하루에 9~15g을 사용하는데, 물 1L 정도를 붓고 달여서 차 대신 음용한다. 어린잎을 삶아 나물로 먹기도 하고, 꽃으로 술을 담그기도 한다. 차로 우려 마시기도 하고 꽃을 말려서 베갯속으로 이용하기도 한다.

※위나 장이 찬 사람은 지나치게 많이 복용하지 않도록 주의한다.

산국_약재품

산국_전초 약재품

기능성과 효능에 관한 특허자료 산국 증류액 성분을 포함하는 동맥 경화 또는 심혈관 질환의 예방 또는 치료용 조성물

본 발명은 산국으로부터 수증기 증류법을 통해 분리되는 성분을 포함하는 심혈관 질환의 예방 및 치료용 조성물에 관한 것으로서, 더욱 상세하게는 혈관 평활근 세포의 이동과 증식 및 혈관 평활근 조직의 성장 억제능을 갖는 산국 수증기 증류액 성분을 유효 성분으로 하여, 동맥 경화 증, 협심증, 고혈압, 뇌경색 등의 질환을 예방 및 치료하는 약학 조성물에 관한 것이다.

〈공개번호 : 10-2014-0038678, 출원인 : 호서대학교 산학협력단〉

이기혈 치료(강장, 청열, 수렴, 지혈, 골절, 소염)

산딸나무

생 약 명	사조화(四照花)
사용부위	꽃과 열매
작용부위	간, 폐, 대장, 신장 경락으로 작용한다.

학명 *Cornus kousa* Buerg.

이명 들메나무, 준딸나무 미영꽃나무, 쇠박달나무, 산달나무, 딸나무, 석조자(石棗子), 사조화(四照花), 산여지(山荔枝)

과명 층층나무과(Cornaceae)

개화기 6월

채취시기 9~10월에 열매를 채취한다.

성분 열매에 주석산, 구연산, 과당, 타닌, 몰식자산, 이소퀘르시트린(isoquercitrin) 등이 함유되어 있다.

성질과 맛 성질이 평하고, 맛은 달고 떫다.

생육특성

일본과 우리나라 황해도, 경기도 및 충청도 이남에 분포하는 낙엽활엽교목으로, 높이는 7m 정도이다. 가지는 층을 이루어 수평으로 퍼지며 줄기에 털이 있다가 점차 없어진다. 잎은 서로 마주나고, 길이 5~12cm에 난형으로 표면은 녹색, 뒷면은 회녹색을 띠며 잎끝이 뾰족하고 가장자리에는 파상 톱니가 있다. 6월에 연한 황색 꽃이 가지 끝에 두상꽃차례로 피며, 꽃잎과 수술은 각각 4개이다. 열매는 취과로 둥글고 우둘투둘한 돌기가 있으며 9~10월에 붉은색으로 익는다. 종자는 타원형이고, 종자를 둘러싼 꽃받침은 육질이며 맛이 달다

산딸나무_잎

산딸나무_꽃

산딸나무_열매

산딸나무_수피

약효

꽃과 잎은 생약명이 사조화(四照花) 또는 야여지(野茹枝)이며, 강장, 피로 회복, 수렴, 청열, 지혈의 효능이 있고 이질복통(痢疾腹痛), 팽만복통, 외상 출혈, 습진, 단독(丹毒), 타박상, 골절통 등을 치료한다.

용법과 약재

하루에 열매 15~30g을 물 1L에 넣고 반으로 달여 2~3회 매 식후 복용한다. 외용할 때는 짓찧어서 환부에 바른다.

산딸나무_열매 채취품

산딸나무_약재품

산딸나무_꽃

기능성과 효능에 관한 특허자료 산딸나무 잎 추출물을 포함하는 항당뇨 조성물

본 발명은 제2형 당뇨병의 예방 및 치료제 성분을 포함하는 산딸나무 잎 추출물 및 이를 구성 성분으로 하는 당뇨병 치료 조성물에 관한 것으로, 상세하게는 페르옥시솜 증식 인자 수용체 감마(PPARγ)의 활성화와 전지방 세포의 분화 조절을 통한 지방 축적, 인슐린 민감성 증가를 일으키는 산딸나무 잎 추출물에 관한 것이다.

〈공개번호 : 10-2011-0097209, 출원인 : 농촌진흥청장·연세대학교 산학협력단〉

소화기계 질환 치료(건위, 온중, 해독)

산마늘

생 약 명	각총(茖葱)
사용부위	비늘줄기(알뿌리)
작용부위	심장, 위 경락으로 작용한다.

학명 *Allium microdictyon* Prokh.

이명 망부추, 멩이풀, 서수레, 얼룩산마늘, 명이나물

과명 백합과(Liliaceae)

개화기 5~7월

채취시기 8~9월에 땅속 비늘줄기를 채취하여 햇볕에 말리거나 생것으로 사용한다.

성분 정유, 당분 외에 비타민 A, β-카로틴, 사포닌, 아스코르브산, 알리인(alliin), 알리신(allicin), 알리나제(allinase), 알리티아민(allithiamine) 등을 함유한다.

성질과 맛 성질이 따뜻하고 맛은 맵다.

생육특성

지리산, 설악산, 울릉도의 숲속이나 북부 지방에 분포하는 여러 해살이풀로, 토양에 부엽질이 풍부하고 습기가 약간 있는 반그늘에서 자란다. 높이가 25~40cm이고, 잎은 2~3장이 줄기 밑에 붙어서 난다. 잎의 길이는 20~30cm, 폭은 3~10cm 가량이며 잎몸은 타원형 또는 난형에 가장자리는 밋밋하다. 5~7월에 흰색 꽃이 꽃줄기 끝에 산형꽃차례를 이루며 둥글게 뭉쳐서 피고, 삭과(蒴果)인 열매는 8~9월에 익는다. 산마늘은 잎을 주로 식용하고 전체에서 마늘 냄새가 나며 뿌리는 한 줄기로 되어 있다는 점이 보통의 마늘과 다르다. 산마늘을 명이나물이라고도 하는데, 이 이름이 붙은 데에는 유래가 있다. 고려 시대의 공도 정책으로 울릉도에 사람이 살지 않다가 1883년 조선 고종 때 본토에서 16호 54명이 이주하였는데, 겨울이 되자 풍랑이 심해 식량을 구할 길이 없었다. 굶주림에 시달리던 주민들이 눈 속에서 싹이 나오는 이 산마늘을 발견하여 삶아 먹으며 긴 겨울 동안 생명을 이었다고 하여 '명이나물'이라 부르게 되었다.

산마늘_새순

산마늘_잎

산마늘_꽃

가을

약효

중초(中焦)를 따뜻하게 하고 위를 튼튼하게 하며 독을 풀어주는 등의 효능이 있어서 소화불량, 심복통(心腹痛), 피부나 근육에 국부적으로 생긴 종기, 독충에 물린 상처 등을 치료한다.

산마늘_종자 결실

산마늘_전초

용법과 약재

하루에 6~12g을 사용하는데, 물 1L 정도를 붓고 달여서 2~3
회로 나누어 복용한다. 외용할 때는 신선한 것을 짓찧어 환부에 붙인다.
산마늘 생것 30g을 강판에 갈아 즙을 내어서 일반 생채소 즙과 같이 먹
으면 효능이 배가된다. 사용상 특별히 주의할 사항은 없다.

산마늘_잎 채취품

산마늘_뿌리 채취품

기능성과 효능에 관한 특허자료 산마늘 추출물을 함유하는 암 예방 또는 치료용 조성물

본 발명의 산마늘 추출물은 암 발생 또는 암 진행 시 나타나는 간극 결합부의 세
포 내 신호 전달(GJIC)의 억제를 회복시키는 효과가 있을 뿐만 아니라, 세포 독성도 없어서,
암 예방 또는 치료용 조성물의 유효 성분으로 사용될 수 있다. 또한, 산마늘은 우리나라 전역
에서 서식하므로 구하기가 쉽고, 천연 식물로부터 유래하므로 합성 약물에서 나타나는 부작
용이 없다.　〈공개번호 : 10-2009-0100573, 출원인 : 덕성여자대학교 산학협력단〉

소화기계 질환 치료(건위, 식적, 거담, 피부염)

산수국

생 약 명 토상산(土常山), 팔선화(八仙花)
사용부위 뿌리, 꽃
작용부위 간, 심장 경락으로 작용한다.

학명 *Hydrangea serrata* for. *acuminata* (Siebold & Zucc.) E.H.Wilson

이명 털수국, 털산수육, 납연수구(臘蓮繡球), 산형수구(繖形繡球), 산화팔선(繖花八仙),
대엽토상산(大葉土常山)

과명 범의귀과(Saxifragaceae)

개화기 7~8월

채취시기 뿌리를 연중 수시 채취한다.

성분 알칼로이드와 당류가 함유되어 있다. 꽃에는 루틴(rutin), 뿌리에는 다프네틴메틸에테르 (daphnetin
methyl ether), 움벨리페론(umbelliferone), 히드란게놀(hydrangenol), 히드란겐산 (hydrangenic
acid)이 함유되어 있고, 잎에는 스킴민(skimmin)이 함유되어 있다.

성질과 맛 : 성질이 차고, 맛은 쓰고 약간 맵다. 독이 조금 있다.

성질과 맛 성질이 차고, 맛은 쓰고 약간 맵다. 독이 조금 있다.

중부 이남에 분포하는 낙엽활엽관목으로, 물이 있는 바위틈이나 계곡에서 잘 자란다. 높이는 1m 정도이고, 밑에서 많은 줄기가 나와 군집을 이루며 작은 가지에는 잔털이 나 있다. 잎은 마주나고, 길이 5~15cm, 너비 2~10cm에 타원형 또는 난형으로 잎끝이 뾰족하고 가장자리에 예리한 톱니가 있으며 양면 맥 위에 털이 나 있다. 7~8월에 흰색 또는 청백색 꽃이 가지 끝에 큰 산방꽃차례를 이루며 핀다. 중앙에는 양성화가 수북하게 자리 잡고 있으며, 둘레의 무성화는 지름 2~3cm이고 꽃잎처럼 생긴 3~5개의 백홍벽색 꽃받침잎으로 되어 있다. 삭과인 열매는 도란형이며 9~10월에 짙은 갈색으로 익는다.

산수국_잎

산수국_꽃

산수국_열매

산수국_수피

약효

중초(中焦)를 따뜻하게 하고 위를 튼튼하게 하며 독을 풀어주는 등의 효능이 있어서 소화불량, 심복통(心腹痛), 피부나 근육에 국부적으로 생긴 종기, 독충에 물린 상처 등을 치료한다

용법과 약재

뿌리 1일량 9~12g을 물 1L에 넣고 반으로 달여 2~3회 매 식후 복용한다. 외용할 때는 뿌리를 짓찧어서 환부에 붙인다.

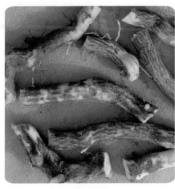

산수국_약재품

산수국_수형

가을

기능성과 효능에 관한 특허자료

항인플루엔자 바이러스제 및 그것을 포함하는 조성물과 음식물

일상적으로 안심하고 사용할 수 있는 안전성이 높은 식물 추출물을 이용해서, 인플루엔자 바이러스의 감염에 대하여 높은 억제 효과를 나타내고, 부작용이 없는 항인플루엔자 바이러스제 및 그것을 포함하는 조성물과 음식물을 제공한다. 산수국, 라즈베리, 스드로베리, 블랙베리, 무화과, 명아주, 아그리모니, 유칼립투스, 복숭아, 사과, 바이올렛, 쿠로모지, 과라나, 밀몽화, 닭의장풀, 냉이, 연명초, 와일드 스트로베리, 허하운드, 마쉬말로우, 질경이, 레몬버베나, 서양톱풀, 빙도의, 머위의 추출물을 유효성분으로 한다.

〈공개번호 : 10-2012-0027040, 출원인 : 가부시키가이샤 롯데〉

비뇨기계 질환 치료(정력감퇴, 강장)

산수유

생 약 명	산수유(山茱萸)
사용부위	열매살
작용부위	간, 신장 경락으로 작용한다.

학명 *Cornus officinalis* Siebold & Zucc. = [*Macrocarpium officinale* (Sieb. et Zucc.) Nakai]

이명 산수유나무, 산시유나무, 실조아(實棗兒), 촉산조(蜀酸棗), 약조(藥棗), 홍조피(紅棗皮), 육조(肉棗),
　　계족(鷄足)

과명 층층나무과(Cornaceae)

개화기 3~4월

채취시기 9~10월에 열매를 채취한다.

성분 열매살의 주성분은 코르닌(cornin), 즉 베르베날린 사포닌(verbenalin saponin)이며, 타닌, 우르솔산,
　　몰식자산, 사과산, 주석산, 비타민 A가 함유되어 있고, 종자의 지방유에는 팔미트산(palmitic acid),
　　올레산(oleic acid), 리놀산(linolic acid) 등이 함유되어 있다.

성질과 맛 성질이 약간 따뜻하며, 맛은 시고 떫다. 독성은 없다.

생육특성

　전국 산지의 산비탈에서 자생하거나 인가 근처에서 재배하는 낙엽활엽소교목으로, 높이 7m 내외로 자란다. 수피는 연한 갈색에 불규칙하게 벗겨지며 큰 가지나작은 가지에 털이 없다. 잎은 마주나고, 길이 4~12cm, 나비 2.5~6cm에 난형, 타원형 또는 긴 타원형으로 잎끝이 좁고 날카로우며 밑부분은 둥글거나 넓은 쐐기형에 가장자리는 밋밋하다. 3~4월에 황색 꽃이 잎보다 먼저 피는데, 20~30개씩 달려 산형꽃차례를 이룬다. 열매는 핵과(核果)로 긴 타원형이며 9~10월경 붉은색으로 익는다. 종자는 긴 타원형에 능선이 있다.

산수유_잎　　　　산수유_꽃　　　　산수유_덜 익은 열매

가을

산수유_열매　　　　산수유_수피

약효

간과 신장의 기를 보하고 음기를 길러 윤택하게 하며, 정기를 보하고 땀을 멎게 하며 기를 거두어들이는 등의 효능이 있어 허리와 무릎이 저리고 아픈 증상, 양도가 위축되고 마비되는 증상, 정액이 저절로 흐르는 증상, 아찔하고 어지러운 증상, 간기가 허하여 더웠다가 추웠다가 하는 증상을 치료한다. 또 자한(自汗), 도한(盜汗), 자궁 출혈, 월경 과다, 소변빈삭(小便頻數), 심계 항진, 이명 등의 치료에 이용한다.

용법과 약재

하루에 열매살 6~12g을 물 1L에 넣고 반으로 달여 2~3회 매 식후 복용한다. 환 또는 가루로 만들어 복용하기도 한다.

※길경, 방풍, 방기 등은 산수유와 배합 금기이다

산수유_열매

산수유_씨 제거한 약재품

기능성과 효능에 관한 특허자료

산수유 추출물을 함유하는 혈전증 예방 또는 치료용 조성물

산수유 추출물을 유효 성분으로 함유하는 약학 조성물은 트롬빈 저해 활성 및 혈소판 응집 저해 활성을 나타내어 혈전 생성을 효율적으로 억제할 수 있으며 추출액, 분말, 환, 정 등의 다양한 형태로 가공되어 상시 복용 가능한 제형으로 조제할 수 있는 뛰어난 효과가 있다. 〈공개번호 : 10-2013-0058518, 출원인 : 안동대학교 산학협력단〉

순환기계 질환 치료(지혈, 양혈, 수렴, 해독, 소종)

산오이풀

생약명	지유(地楡)
사용부위	뿌리
작용부위	간, 심장, 대장 경락으로 작용한다.

학명 *Sanguisorba hakusanensis* Makino

이명 산자(酸赭), 옥고(玉鼓), 옥찰(玉札), 백지유(白地楡), 적지유(赤地楡), 삽지유(澁地楡), 황근자(黃根子)

과명 장미과(Rosaceae)

개화기 8~9월

채취시기 가을이나 봄에 뿌리를 채취하여 햇볕에 말린다.

성분 상귀소르바(sanguisorba), 타닌, 트리테르페노이드계 사포닌, 크리산테민(chrysanthemin), 시아닌(cyanin) 등을 함유한다.

성질과 맛 성질이 차고 맛은 쓰고 시다.

![생육특성 아이콘] **생육특성**

　지리산, 설악산 및 북부 지방의 고산 지대에 분포하는 여러해살이풀로, 산정상이나 중턱의 햇볕이 잘 드는 곳에서 자란다. 높이는 40~80cm이고, 굵은 뿌리줄기가 옆으로 뻗으며 줄기에는 털이 거의 없다. 잎은 어긋나고 깃꼴겹잎이며 4~6쌍의 소엽으로 이루어진다. 소엽은 길이 3~6cm에 타원형이며 양끝이 둥글고 가장자리에는 치아 모양의 톱니가 있다. 8~9월에 홍자색 꽃이 가지 끝에 수상꽃차례로 피는데, 길이 4~10cm, 지름 1cm의 긴 원주형 꽃대가 밑으로 처져 있어 꽃이 위에서부터 다닥다닥 달리며 아래로 내려온다. 열매는 수과로 네모지며 10월경에 익는다. 산짐승들이 뿌리를 좋아하여 자생지에서는 뿌리가 많이 파헤쳐져 있는 것을 볼 수 있다.

산오이풀_잎

산오이풀_꽃봉오리

산오이풀_꽃

산오이풀_종자 결실

소화기계 질환 치료(소화, 진통, 항균)

산초나무

생 약 명 화초(花椒), 화초근(花椒根), 화초엽(花椒葉), 초목(椒目)

사용부위 열매껍질, 뿌리, 잎, 열매

작용부위 비장, 위, 폐, 신장 경락으로 작용한다.

학명 *Zanthoxylum schinifolium* Siebold & Zucc.

이명 털수국, 털산수육, 납연수구(臘蓮繡球), 산형수구(繖形繡球), 산화팔선(繖花八仙), 대엽토상산(大葉土常山)

과명 운향과(Rutaceae)

개화기 8~9월

채취시기 열매는 10~11월, 뿌리는 연중 수시, 잎은 봄여름에 채취한다.

성분 열매에 정유가 함유되어 있고 산쇼아미드(sanshoamide), α, β, γ-산쇼올(α, β, γ-sanshool), α-테르피네올(α-terpineol), 게라니올(geraniol), 리모넨(limonene), 쿠믹 알코올(cumic alcohol), 불포화 유기산, 베르갑텐(bergapten), 타닌, 안식향산 등이 함유되어 있다. 뿌리에는 알칼로이드가 함유되어 있으며 주성분은 스킴미아닌(skimmianine), 베르베린(berberine), 에스쿨레틴(aesculetin), 디메틸에테르 (dimethylether) 등이다. 잎에는 알부틴, 마그노플로린(magnoflorine) 정유, 수지, 페놀성 성분이 함유되어 있으며 정유에는 메틸-n-노닐-케톤(methyl-n-nonyl-ketone)이 함유되어 있고 생잎에는 β-시토스테롤 (β-sitosterol)이 함유되어 있다.

성질과 맛　열매껍질은 성질이 따뜻하고 독이 조금 있으며, 맛은 맵다. 뿌리는 성질이 덥고 독이 조금 있으며, 맛은 맵다. 잎은 성질이 덥고 독이 없으며, 맛은 맵다.

생육특성

전국 각지의 산지에 분포하는 낙엽활엽관목으로, 산기슭 또는 등산로 주변에 자생하거나 밭둑 또는 마을 주위에 심어 가꾼다. 높이는 3m 내외이고 작은 가지에는 가시가 있다. 잎은 어긋나고 깃꼴겹잎이며, 13~21개의 소엽으로 이루어져 있다. 소엽은 길이 1.5~5cm에 피침형 또는 타원상 피침형으로 양끝이 좁아지며 가장자리에는 파상 톱니와 투명한 유점(油點)이 있다. 자웅 이주이며, 8~9월에 연한 녹색 꽃이 산방 꽃차례를 이루며 피고, 삭과인 열매가 10~11월에 녹갈색에서 홍색으로 익으면 과피가 터져 검은색 종자가 나온다. 열매는 익기 전에 따서 식용하고, 성숙한 종자에서 기름을 짠다.

산초나무_잎

산초나무_꽃

산초나무_열매

산초나무_수피

약효

열매껍질을 주로 약용하는데, 중국에서는 천초(川椒) 또는 촉초(蜀椒)라 하며, 《대한민국약전》에는 산초(山椒)라고 되어 있다. 위를 튼튼하게 하고 중초(中焦)를 따뜻하게 하며, 습사를 제거하고 장의 기능을 원활하게 하며, 생선 비린내나 독성을 없애고 기생충을 구제하는 등의 효능이 있어 소화불량, 식적, 위내정수(胃內停水), 위하수(胃下垂), 위 확장증, 심복냉통, 풍한습비(風寒濕痺), 오심(惡心), 구토, 해수, 산통(疝痛), 치통, 코 막힘, 이질, 설사 등의 치료에 이용한다. 항균 시험에서 대장균, 적리균, 황색 포도상 구균, 녹농균, 디프테리아균, 폐렴 구균 및 피부 사상균에 억제 작용이 있음이 밝혀졌다. 또한 통증, 감기 몸살, 하리, 습진, 피부 가려움증, 피부염 등을 치료한다. 뿌리는 생약명이 산초근(山椒根)이며 방광염으로 인한 혈림(血淋)을 치료한다. 잎은 생약명이 산초엽(山椒葉)이며, 한적(寒積), 곽란, 각기, 피부염, 피부 가려움증 등을 치료한다. 수지(樹枝)는 천초목(川椒木), 껍질을 제거한 종자는 초목(椒目)이라 하며 약용하고, 어린잎은 식용하며, 열매는 향신료로 사용하기도 한다.

용법과 약재

열매껍질 1일량 3~6g을 물 1L에 넣고 반으로 달여 2~3회 매 식후에 복용하거나 산제나 환제로 복용한다. 외용할 때는 가루 내어 환부에 살포하거나 도포한다. 뿌리 1일량 3~6g을 물 1L에 넣고 반으로 달여 2~3회 매 식후 복용한다. 잎 1일량 3~6g을 물 1L에 넣고 반으

가을

산초나무_미숙 열매 채취품

산초나무_열매 약재품

로 달여 2~3회 매 식후 복용한다. 외용할 때는 생잎을 짓찧어서 환부에 도포한다. 산초나무의 추출물은 항균, 항바이러스, 항진균 작용이 있다.

산초나무_뿌리줄기

산초나무_줄기 채취품

산초나무_종인

산초나무_완숙열매

산초나무 기름

옛날부터 산초나무 열매로 기름을 짜서 민간약으로 사용해 오고 있는데, 소화불량이나 설사, 염증, 변비, 기침, 가래, 습진, 피부 가려움증, 치통, 감기, 몸살, 구충, 종기, 기타 질병의 치료에 사용하고 있다.

기능성과 효능에 관한 특허자료

산초나무 추출물을 유효 성분으로 포함하는 천연 항균 조성물

본 발명은 산초나무 추출물을 유효 성분으로 포함하는 천연 항균 조성물에 관한 것이다. 특히 식중독균에 대하여 강한 살균 효과를 가지며, 인체에 무해하고, 열 안정성이 우수한 산초나무 추출물 및 이를 포함하는 천연 항균 조성물을 제공한다.

〈공개번호 : 10-2004-0075263, 출원인 : 삼성에버랜드(주)〉

내분비계 질환 치료(간, 황달)

삼백초

생 약 명	삼백초(三白草)
사용부위	전초
작용부위	간, 폐, 신장 경락으로 작용한다.

학명 *Saururus chinensis* (Lour.) Baill.

이명 수목통(水木通), 오로백(五路白), 삼점백(三點白)

과명 삼백초과(Saururaceae)

개화기 6~8월

채취시기 7~8월에 뿌리를 포함한 전초를 채취하여 햇볕에 말린다. 토사와 이물질을 제거하고 가늘게 썰어서 사용한다.

성분 전초에 정유를 함유한다. 주성분은 메틸-n-노닐케톤(methyl-n-nonylketone)이다. 그 외에 퀘르세틴(quercetin), 이소퀘르시트린(icoquercitrin), 이비쿨라린(avicularin), 히페린(hyperin), 루틴(rutin) 등을 함유한다.

성질과 맛 성질이 차고, 맛은 약간 쓰고 맵다. 독성은 없다.

![생육특성]

생육특성

제주도에 자생하고 남부 지방에서 많이 재배하는 숙근성 여러해살이풀로, 꽃, 잎, 뿌리의 세 곳이 흰색을 띤다고 하여 삼백(三白)이라고도 불린다. 높이는 50~100cm 정도이며, 잎은 어긋나고 길이 5~15cm에 난상 타원형으로 5~7개의 맥이 있으며 잎끝이 뾰족하고 가장자리는 밋밋하다. 잎의 앞면은 연녹색이고 뒷면은 연한 흰색인데, 줄기 윗부분에 있는 2~3개는 앞면이 흰색이다. 잎자루는 밑부분이 넓어져서 줄기를 감싼다. 6~8월에 흰색 꽃이 수상꽃차례를 이루고, 꽃대는 밑으로 쳐지다가 꽃이 피면 곧게 선다. 열매는 둥글고 종자는 각 실에 1개씩 들어 있다.

삼백초_새순 올라온 모습

삼백초_잎

삼백초_꽃

삼백초_열매

약효

열을 내려주고 소변을 원활하게 하며, 독을 풀어주고 종기를 가라앉히며 담을 제거하는 등의 효능이 있어 수종(水腫), 각기, 소변불리(小便不利), 황달, 임탁(淋濁), 대하, 옹종, 종독(腫毒), 간염 등을 치료한다.

용법과 약재

건조한 약재로 하루에 12~20g 정도를 사용한다. 청열, 이수, 대하 등에 단방으로 쓰는데, 약재 15g에 물 700mL 정도를 붓고 끓기 시작하면 불을 약하게 줄여서 200~300mL 정도로 달여 아침저녁 2회로 나누어 복용한다. 다른 약재들을 배합하여 사용하기도 한다. 특히 민간에서는 간암으로 인하여 복수(腹水)가 있을 때, 황달이나 각기, 여성의 대하에 응용한다.

※성질이 찬 약재이므로 비위가 허하고 찬 경우에는 사용에 신중을 기한다.

삼백초_뿌리 약재품

삼백초_잎 약재품

가을

기능성과 효능에 관한 특허자료

삼백초 추출물을 포함하는 당뇨병 예방 및 치료용 조성물

본 발명은 현저한 혈당 강하 효과를 갖는 삼백초 잎 추출물을 유효 성분으로 함유하는 조성물에 관한 것으로서, 본 발명의 삼백초 잎 추출물은 우수한 α-글루코시다아제 저해 활성을 나타낼 뿐만 아니라 식후 탄수화물의 소화 속도를 느리게 하여 혈중 포도당 농도의 급격한 상승을 억제하므로, 이를 포함하는 조성물은 당뇨병 예방 및 치료를 위한 의약품 및 건강기능 식품으로 유용하게 이용될 수 있다.

〈공개번호 : 10-2005-0093371, 특허권자 : 학교법인 인제학원〉

소화기계 질환 치료(식욕 부진, 비위 허약)

삽주

생약명 백출(白朮)
사용부위 뿌리줄기
작용부위 비장, 위, 방광 경락으로 작용한다.

학명 *Atractylodes ovata* (Thunb.) DC.
이명 산계(山薊), 출(朮), 산개(山芥), 천계(天薊), 산강(山薑)
과명 국화과(Compositae)
개화기 7~10월
채취시기 상강 무렵부터 입동 사이에 뿌리줄기를 채취하여 잎, 흙과 모래 등을 제거하고 건조한 후 다시 이물질을 제거하고 저장한다.
성분 뿌리줄기에 아트락틸롤(atractylol), 아트락틸론(atractylon), 푸르푸랄(furfural), 3β-아세톡시아트락틸론(3β-acetoxyatractylon), 셀리나-4(14)-7(11)-디엔-8-원(selina-4(14)-7(11)-diene-8-one), 아트락틸레놀리드 I~III(atractylenolide I~III) 등이 함유되어 있다.

성질과 맛 성질이 따뜻하고, 맛은 쓰고 달며, 독은 없다.

생육특성

삽주(창출, 蒼朮)와 큰삽주(백출, 白朮)를 분류학적으로 구분하여야 한다. 〈대한민국약전외한약(생약)규격집〉에 따르면, 백출은 삽주(*Atractylodes japonica Koidzumi*)와 백출(*Atractylodes macrocephala Koidzumi*)을 기원으로 하고 창출은 가는잎삽주(=모창출, *Atractylodes lancea De Candlle*) 또는 만주삽주(=북창출, 당삽주, *Atractylodes chinensis Koidzumi*)의 뿌리줄기로 정하고 있으나, 이 책에서는 '국가생물종지식정보시스템'에 따라 큰삽주(*A. ovata*)의 뿌리줄기는 백출로, 삽주(*A. japonica*)의 뿌리줄기는 창출로 정리하였다.

일반인들이 가장 쉽게 식물체를 분류할 수 있는 특징은, 백출의 기원 식물인 큰삽주와 백출에는 잎자루(엽병)가 있으나 창출의 기원 식물인 모창출과 북창출에는 모창출의 신초 잎을 제외하고는 잎자루(엽병)가 전혀 없다는 점이다. 이를 주의하여 관찰하면 쉽게 구분할 수 있다. 삽주는 여러해살이풀로, 높이가 30~100cm 정도이고, 줄기는 곧게 서며 윗부분에서 가지가 몇 개 갈라진다. 잎은 어긋나고, 줄기 밑부분에 달린 잎은 우상으로 깊게 갈라지며, 갈라진 조각은 타원형 또는 도란형상 긴 타원형으로 가장자리에 가시 같은 톱니가 있다. 줄기 윗부분에 달린 잎은 갈라지지 않고 잎자루가 거의 없다. 자웅 이주이며, 7~10월에 백색 또는 홍색 꽃이 원줄기 끝에 피는데, 암꽃은 모두 백색이다. 약재로 쓰는 뿌리줄기(창출)는 섬유질이 많고, 백출에 비하여 분성이 적다. 길이 3~10cm, 지름 1~2cm에 불규칙한 연주상 또는 결절상의 원주형으로, 약간 구부러졌으며 분지된 것도 있다. 표면은 회갈색이며 주름과 수염뿌리가 남아 있고, 정단에는 경흔(莖痕:줄기의 흔적)이 있다. 질은 견실하고, 단면은 황백색 또는 회백색이며 여러 개의 등황색 또는 갈홍색의 유실(油室)이 흩어져 있다.

큰삽주는 여러해살이풀로, 높이 50~60cm 정도로 자란다. 자웅 이주이며, 7~10월에 원줄기 끝에 달린다. 열매는 수과이고 부드러운 털이 있다. 뿌리줄기(백출)는 창출에 비하여 섬유질이 적고 분성이 많다. 길이 3~12cm, 지름 1.5~7cm에 불규칙한 덩어리 또는 일정하지 않게 구부러진 원주상(圓柱狀)이며, 표면은 회황색 또는 회갈색이며 혹 모양의 돌기와 단속(斷續)된 세로주름과 수염뿌리가 떨어진 자국이 있고 정단(頂端)

가을

에는 잔기와 싹눈의 흔적이 있다. 질은 단단하고 잘 절단되지 않으며, 단면은 평탄하고 황백색 또는 담갈색으로 갈황색의 점상 유실(點狀油室)이 산재되어 있다. 삽주는 우리나라 각지에 분포하고, 큰삽주는 중국의 저장성[浙江省]에서 대량 재배되고 있으며, 다른 지역에서도 많이 재배되고 있다.

삽주_잎   삽주_꽃   삽주_열매

약효

창출(삽주)은 풍사와 습사를 제거하고 비장을 튼튼하게 하며 눈을 밝게 하는 등의 효능이 있어서 식욕 부진, 구토, 설사, 각기, 풍한사에 의한 감기 등을 치료한다. 백출(큰삽주)은 비장의 기운을 보하고 기를 더하며, 습사를 제거하고 소변을 원활하게 하며, 체표를 튼튼하게 하여 땀을 멎게 하며 안태시키는 등의 효능이 있어서 비위 허약, 음식을 못 먹고 헛배가 부르는 증상, 설사, 소변이 나오지 않는 증상, 기가 허하여 식은땀을 흘리는 증상, 태동 불안 등을 치료한다. 창출과 백출은 모두 습사를 제거하고 비장을 튼튼하게 하는 작용이 있으나, 백출은 습사를 말리는 효능이 창출에 비하여 떨어진다. 창출은 조습(燥濕)의 효능이 백출보다 뛰어나면서 운비(運脾)의 효능이 좋다. 따라서 비위가 허하여 그 기능을 보하고자 할 때는 백출을 이용하고, 비위가 실하여 그 기능을 사(瀉)하고자 할 때는 창출을 이용하는 것이 좋다. 그러므로 습사로 인하여 걸리고 아픈 증상을 치료하는 데 있어서, 허하면서 습이 중할 때는 백출을, 실할 때는 창출을 응용하는 것이 좋다

![용법과 약재 아이콘] **용법과 약재**

건조한 약재로 하루에 4~12g 정도를 사용하는데, 습사를 말리고 수도를 편하게 하기 위해서는 가공하지 않고 그대로 사용하고[生用], 기를 보하고 비장을 튼튼하게 하는 목적으로 사용할 때는 쌀뜨물에 담갔다가 건져서 약한 불에 볶아서 사용하면 좋고, 건비지사(健脾止瀉)에는 갈색이 나도록 초초(炒焦: 볶음)하여 사용한다. 민간에서는 음식 먹고 체한 데, 소화불량을 치료하는 데 삽주 분말 5g 정도를 애용하였고, 만성 위염(부드럽게 가루 낸 것을 4~6g씩 하루 3회 복용), 감기 치료 등에 응용하였다. 민간에서 사용할 때는 삽주 뿌리 10g에 물 700mL 정도를 붓고 끓기 시작하면 불을 약하게 줄여서 200~300mL 정도로 달여 아침저녁 2회로 나누어 복용한다.

※창출은 맛이 맵고 성질이 따뜻하고 건조하여 음액(陰液)을 손상시킬 우려가 있으므로 음허내열(陰虛內熱: 음기가 허하고 내적으로 열이 있는 증후. 음허화왕과 같은 뜻)의 경우나 기허다한(氣虛多汗: 기가 허하여 땀을 많이 흘리는 경우)의 경우에는 사용을 피한다. 백출은 맛이 쓰고 성질이 따뜻하고 건조하기 때문에 다량으로 오래 복용할 때는 음기(陰氣: 진액)가 손상될 염려가 있으므로 음허내열 또는 진액휴모(津液虧耗: 진액이 소진된 경우)의 경우에는 사용에 신중을 기한다.

삽주_생뿌리 채취품

삽주_뿌리절편 약재품

![기능성과 효능에 관한 특허자료] **항알레르기 효과를 가지는 백출(삽주) 추출물**

본 발명은 항알레르기 효과를 가지는 백출(삽주) 추출물에 관한 것으로, 보다 구체적으로는, 전통 약재인 백출로부터 열탕 또는 유기 용매를 이용하여 항알레르기 효과를 가지는 성분을 추출하는 방법 및 상기 추출된 물질을 함유하는 항알레르기 기능성 식품 또는 의약 조성물에 대한 것이다. 〈공개번호 : 10-2005 0051741, 출원인 : 학교법인 건국대학교〉

피부계 · 비뇨기계 질환 치료(이뇨, 소종, 옹종, 옴)

상사화

생 약 명 | 상사화(相思花)
사용부위 | 비늘줄기(알뿌리)
작용부위 | 간, 방광 경락으로 작용한다

학명 *Lycoris squamigera* Maxim.

이명 개가재무릇, 이별초, 녹총(鹿葱)

과명 수선화과(Amaryllidaceae)

개화기 8월

채취시기 비늘줄기(알뿌리)는 연중 수시 채취 가능하고, 햇볕에 말려 보관하면서 사용하거나 생것으로
그대로 사용한다.

성분 전분, 알칼로이드(alkaloid), 리코린(lycorine) 등이 함유되어 있다.

성질과 맛 성질이 따뜻하고, 맛은 매우며 독은 없다.

생육특성

제주도를 포함한 중부 이남에 자생하거나 관상용으로 재배하는 여러해살이 풀로, 높이는 60cm 정도로 자란다. 비늘줄기는 지름 4 ~5cm에 광난형이며 외피는 흑갈색이다. 잎은 비늘줄기 끝에서 뭉쳐 나고 길이 20~30cm에 넓은 선형이며, 봄철에 나와서 6~7월에 마른다. 8월에 연한 홍자색 꽃이 꽃대 끝에 4~8개 달려 산형꽃차례를 이루며 피지만, 열매는 맺지 못한다. '상사화(相思花)'는 꽃이 필 때는 잎이 없고, 잎이 있을 때는 꽃이 피지 않으므로 꽃과 잎이 서로 그리워한다는 뜻에서 붙여진 이름이다.

상사화_잎

상사화_꽃봉오리

상사화_꽃

가을

상사화_종자

상사화_전초

약효

소변을 원활하게 하고 종기를 가라앉히는 등의 효능이 있어서 수종(水腫), 옹종(擁腫), 개선(疥癬) 등의 치료에 이용한다.

용법과 약재

말린 것으로 하루에 3~6g을 사용하는데, 보통 5g에 물 1L를 붓고 끓기 시작하면 약한 불로 줄여서 200~300mL로 달인 액을 아침 저녁 2회로 나누어 복용한다. 외용할 때는 생것을 짓찧어서 환부에 붙이는데 보통 저녁에 잘 때 붙이고 다음 날 아침에 떼어낸다.

※ 따뜻하고 매운맛으로 인하여 기혈을 손상시킬 우려가 있으므로 지나치게 많이 사용하지 않도록 주의한다. 꽃무릇(석산: 石蒜)을 상사화로 잘못 알고 있는 사람들이 있으나 구별해서 사용해야 한다. 꽃무릇에는 독이 있다.

상사화_생뿌리

상사화_인경 채취품

기능성과 효능에 관한 특허자료

상사화 추출물을 함유하는 항바이러스 조성물

본 발명은 상사화 추출물을 함유하는 항바이러스 조성물에 관한 것으로서, 더욱 상세하게는, 인간, 돼지, 말, 조류 등을 감염시키는 인플루엔자 바이러스(influenza virus) 질환의 예방 또는 치료용 조성물에 관한 것이다. 본 발명의 상사화 추출물은 정상 세포에 대한 독성이 낮으면서도 항바이러스 효과가 탁월하므로 이를 포함하는 조성물은 인플루엔자 바이러스 질환의 예방 및 병증 개선을 위한 식품 또는 약학 조성물 등에 유용하다.

〈등록번호 : 10-0740563-0000, 출원인 : (주)알앤엘바이오〉

부인병 치료(월경, 항균, 지혈, 구충)

석류나무

학명 *Punica granatum* L.

이명 석류, 석누나무, 석류수(石榴樹), 석류목(石榴木), 안석류(安石榴)

과명 석류나무과(Punicaceae)

개화기 6~7월

채취시기 열매·과피는 9~10월, 근피는 가을, 잎은 여름, 꽃은 6~7월에 채취한다.

성분 과피에 타닌이 함유되어 있으며, 만니톨(mannitol), 이눌린(inulin), 펙틴, 칼슘, 이소쿼르세틴(isoquercetin)
과 납, 지방, 점액질, 당, 식불고부, 볼식사산, 사과산, 수신 등이 함유되어 있다. 뿌리에는 이소펠레티에린
(isopelletierine), β-시토스테롤(β-sitosterol), 만니톨이 함유되어 있고, 이소펠티에린, 세우도펠레티에린,
메틸이소펠레티에린 등의 알칼로이드가 함유되어 있다. 신맛이 있는 열매의 종자유에는 푸니크산
(punicic acid), 에스트론(estrone) 및 에스트라디올(estradiol), β-시토스테롤, 만니톨 등이 함유되어 있다.
잎에는 시킴산(shikimic acid), 네하이드로시킴산(dehydroshikimic acid), 퀸산(quinic acid), 아라비노오스

(arabinose), d-글루코오스(d-glucose), 타닌, 과당, 서당 등이 함유되어 있다.

성질과 맛 〈대한약전외한약(생약)규격집〉에 열매는 성질이 따뜻하고 맛은 시다고 되어 있으며, 줄기, 가지 및 뿌리껍질은 성질이 따뜻하고, 맛은 시고 떫다고 되어 있다. 《중국약전》에 열매껍질은 성질이 따뜻하고 독성이 있으며, 맛은 시고 떫다고 수재되어 있으며, 꽃은 성질이 평하고 맛은 시고 떫다고 수재되어 있다.

생육특성

인도, 페르시아 원산의 낙엽활엽소교목으로, 주로 남부 지방에서 심어 가꾼다. 높이는 3~5m 정도이며, 어린가지는 네모지고 가지 끝이 가시로 되어 있으며 털은 없다. 잎은 마주나고, 길이 2~8cm에 도란형 또는 긴 타원형으로 잎끝이 뭉툭하며 가장자리는 톱니가 없이 밋밋하다. 잎의 표면은 광택이 있고 양면에 털이 없으며 잎자루는 아주 짧다. 6~7월에 홍색 꽃이 가지 끝 또는 잎겨드랑이에 1개 또는 여러 개 달리며, 열매는 둥근 액과이고 과피는 두꺼운 가죽질인데 9~10월에 황색 또는 황적색으로 익으면 과피가 터지면서 붉은 씨가 드러난다.

석류나무_잎   석류나무_꽃   석류나무_열매

약효

〈대한약전외한약(생약)규격집〉에 의하면, 열매는 부정기 자궁출혈, 대하, 설사를 치료하고 진액 생성과 갈증 해소 등의 효능이 있으며, 수피와 근피는 대하, 오래된 설사, 구충 등에 이용한다고 되어 있다. 일반적으로 임상에서는 열매의 과육을 산석류(酸石榴)라고 하며 지갈

석류나무_열매

석류나무_열매 알맹이

(止渴), 이질, 위장병, 대하증 등에 쓴다. 과피는 석류피(石榴皮)라 하여 지혈과 구충의 효능이 있으며 치질의 탈항, 자궁 출혈, 백대하증으로 인한 복통, 가려움증 등을 치료한다. 근피는 생약명이 석류근피(石榴根皮)이며 황색 포도상 구균, 대장균, 장티푸스균, 결핵균 등에 대한 항균 작용과 항진균 억제 작용이 있으며 대하의 치료, 회충과 조충 구제 등에 쓴다. 잎은 생약명이 석류엽(石榴葉)이며, 타박상 치료에 사용한다. 꽃은 생약명이 석류화(石榴花)이며, 중이염, 코피, 자상(刺傷)에 의한 각종 출혈에 지혈제로 사용하고 토혈, 월경불순, 백대하, 화상, 치통, 중이염 등을 치료하는 데 이용한다. 석류의 추출물은 항산화, 비만증, 탈모 방지 등의 효능이 있다. 〈대한약전외한약(생약)규격집〉에는 열매를 '석류'로, 줄기, 가지 및 뿌리껍질을 '석류피'로 수재하고 있으며, 《중국약전》에서는 열매껍질을 '석류피'로, 잎은 '석류엽', 꽃은 '석류화', 뿌리는 '석류근'으로 수재하고 있어 석류피에 대한 사용 부위의 재검토가 필요하다.

가을

용법과 약재

　과육 1일량 1개를 즙을 내어 2~3회 매 식후 복용한다. 과피 1일량 3~6g을 물 1L에 넣고 반으로 달여 2~3회 매 식후 복용한다. 근피 1일량 6~12g을 물 1L에 넣고 반으로 달여 2~3회 매 식후 복용한다. 잎 1일량 10~15g을 짓찧어서 환부에 붙인다. 꽃 1일량 3~6g을 물 1L에 넣고 반으로 달여 매 식후 복용한다. 외용할 때는 가루를 내어 살포하거나 기름에 섞어 바른다.
※철(鐵)을 피하고 변비나 심한 설사가 멎지 않거나 적체가 있는 사람은 복용하면 안된다

석류나무_과일 절개

석류나무_약재품

석류나무_열매 껍질 약재품

석류나무_열매

기능성과 효능에 관한 특허자료

석류 추출물을 함유하는 노화 방지용 화장료 조성물

본 발명은, 석류 추출물이 조성물 총중량에 대하여 0.01~10중량% 함유되어 있는 것을 특징으로 하는 노화 방지용 화장료 조성물에 관한 것으로, 본 발명에 따르면, 석류 추출물을 화장료에 배합함으로써 콜라겐 섬유 생합성 효과분 아니라 피부 탄력 증진 효과 및 항산화 효과가 우수하여, 노화 방지 및 개선 효과가 뛰어난 화장료를 얻을 수 있다.

〈공개번호 : 10-2003-0055950, 출원인 : 나드리화장품(주)〉

순환기계 질환 치료(감기, 두통, 인후염)

석잠풀

생 약 명 초석잠(草石蠶)

사용부위 전초

작용부위 간, 심장, 폐, 대장 경락으로
작용한다.

학명 *Stachys japonica* Miq.

이명 배암배추, 뱀배추, 민석잠풀

과명 꿀풀과(Labiatae)

개화기 6~9월

채취시기 봄부터 초겨울에 걸쳐 뿌리를 포함한 전초를 채취하여 햇볕에 말린다. 뿌리의 형태가
누에 번데기처럼 생겨서 초석잠(草石蠶)이라 한다.

성분 카페인산, 클로로겐산(chlorogenic acid), 사포닌 및 3종의 쓸라모노이드인 7-메톡시비이칼레인
(7-methoxy baicalein), 팔루스트린(palustrine), 팔루스트리노사이드(palustrinoside) 등을 함유한다.

성질과 맛 성질이 따뜻하고 맛은 맵다.

생육특성

　전국 각지에 분포하는 숙근성 여러해살이풀로, 양지바르고 물 빠짐이 좋은 곳에서 자란다. 높이는 30~60cm이며, 땅속줄기가 옆으로 길게 뻗어 마디 부분에서 잔뿌리가 내린다. 잎은 마주나고 길이 4~8cm, 너비 1~2.5cm에 피침형으로 잎끝이 뾰족하고 가장자리에는 톱니가 있다. 6~9월에 연한 홍색 꽃이 줄기와 잎 사이에서 돌려나며 피고, 수과인 열매는 10월경에 익는다.

석잠풀_잎

석잠풀_꽃

석잠풀_줄기

석잠풀_알뿌리

약효

땀을 내주고 기를 잘 통하게 하며, 출혈을 멎게 하고 종기를 가라앉히는 등의 효능이 있어 감기, 두통, 인후염, 기관지염, 폐농양, 백일해, 대상 포진, 코피, 토혈, 요혈(尿血), 변혈(便血), 월경 과다, 월경불순, 자궁염 등을 치료하는 데 이용한다

용법과 약재

하루에 10~20g을 사용하는데 물 1L 정도를 붓고 달여서 2~3회로 나누어 복용하거나 환(丸) 또는 가루로 만들어 복용한다. 외용할 때는 짓찧어서 환부에 붙이기도 하고 달이거나 가루로 만들어 환부에 바른다.

석잠풀_뿌리 채취품

석잠풀_약재품

가을

순환기계 질환 치료(화담개규, 조습, 행기, 소종)

석창포

생약명 석창포(石菖蒲)
사용부위 뿌리줄기
작용부위 간, 심장, 비장, 위 경락으로
작용한다.

학명 *Acorus gramineus* Sol.

이명 석장포, 창포(菖蒲), 창본(昌本), 창양(昌陽), 구절창포(九節昌蒲)

과명 천남성과(Araceae)

개화기 6~7월

채취시기 가을과 겨울에 뿌리줄기를 채취하여 수염뿌리와 이물질을 제거하고 깨끗이 씻어서
햇볕에 말린다.

성분 정유, β-아사론(β-asarone), 그 외에 아사론, 카리오필렌(caryophyllene), 세키숀(sekishone) 등을
함유한다.

성질과 맛 성질이 따뜻하고, 맛은 맵고 쓰며, 독은 없다.

제주도와 전남에 분포하는 여러해살이풀로, 일부 농가에서 재배하기도 한다. 뿌리줄기는 옆으로 뻗고 길이 3~20cm, 지름 0.3~1cm에 편원주형(扁圓柱形)으로 구부러져 갈라졌으며, 표면은 자갈색 또는 회갈색으로 거칠고 고르지 않은 둥근 마디가 있고, 마디와 마디 사이는 2~8mm이며 고운 세로주름이 있다. 다른 한쪽은 수염뿌리가 남아 있거나 둥근 점 모양의 뿌리 흔적이 있다. 땅속 뿌리줄기는 마디 사이가 길고 백색인데 땅 위로 나온 것은 마디 사이가 짧고 녹색이다. 잎은 뿌리줄기에서 뭉쳐나고, 길이 30~50cm에 선형으로 잎맥이 없으며 잎끝이 뾰족하고 윤기가 난다. 6~7월에 연한 황색 꽃이 꽃줄기에 수상꽃차례를 이루며 빽빽이 달리고, 삭과인 열매는 난형으로 녹색이며, 종자는 긴 타원형으로 밑부분에 털이 많다.

| 석창포_잎 | 석창포_꽃 | 석창포_줄기 |

약효

담을 없애고 막힌 곳을 뚫어주는 화담개규(化痰開竅), 습사를 없애고 기를 통하게 하는 화습행기(化濕行氣), 풍사를 제거하고 결리고 아픈 증상을 낫게 하는 거풍이비(祛風利痺), 종기를 가라앉히고 통증을 멎게 하는 소종지통(消腫止痛) 등의 효능이 있어서 열병으로 정신이 혼미한 증상, 배가 그득하게 차오르며 통증이 있는 증상, 풍사와 습사로 인하여 결리고 아픈 증상, 광증(狂症), 이명, 이농(耳膿: 귓속의 농),

심한 가래, 간질 발작, 건망증, 타박상, 기타 부스럼과 종창, 옴 등을 치료하는 데 응용한다

 용법과 약재

깨끗이 씻어서 물에 담가 두었다가 물기가 스며들면 절편해서 햇볕에 말려 사용한다. 건조한 약재로 하루에 4~12g 정도를 사용하는데, 석창포 12g에 물 700mL 정도를 붓고 끓기 시작하면 불을 약하게 줄여서 반으로 달여 2~3회로 나누어 마시면 간질의 발작 횟수가 줄어들고 발작증상도 가벼워진다고 하였다. 중풍의 치료에도 활용하는데, 얇게 썰어서 말린 석창포 1.8kg을 자루에 넣어 청주 180L에 담그고 밀봉해서 100일 동안 두었다가 술이 초록빛이 되면 기장쌀 8kg으로 밥을 지어 넣고 다시 밀봉해 14일 동안 두었다가 걸러서 매일 마신다.

※성미가 맵고 따뜻하며 방향성이 있어 공규(孔竅: 오장육부의 기를 여닫는 9개의 구멍)를 열어 통하게 하고 담을 제거하는 작용이 있으므로 음기가 훼손되고 양기가 항진된 음휴양항(陰虧陽亢), 땀이 많이 나는 다한(多汗), 정액이 잘 흘러나가는 활정(滑精) 등의 병증에는 신중하게 사용하여야 한다.

석창포_약재품

석창포_뿌리 절편 약재품

 기능성과 효능에 관한 특허자료

석창포 추출물을 함유하는 당뇨병 치료 또는 예방제 그리고 이를 포함하는 약학적 제제

본 발명은 석창포 추출물을 유효 성분으로 함유하는 인슐린 분비 촉진제에 관한 것으로서, 더욱 상세하게는 석창포를 수용성 유기용제나 물을 사용하여 추출한 석창포 추출물을 유효 성분으로 함유시켜 인슐린 분비 저하로 인해 발생하는 고혈당 및 당뇨 치료에 효과적인 인슐린 분비 촉진 제제 그리고 이를 포함하는 약학적 제제 및 식품에 관한 '것이다.

〈공개번호 : 10-2004-0049959, 출원인 : 임강현, 김혜경, 최강덕, 정주호〉

순환기계 질환 치료(거풍, 어혈, 거담, 지혈)

소철

생 약 명 봉미초엽(鳳尾蕉葉), 봉미초화(鳳尾蕉花), 철수과(鐵樹果)

사용부위 잎, 꽃, 열매(종자)

작용부위 간, 심장, 비장, 폐 경락으로 작용한다.

학명 *Cycas revoluta* Thunb.

이명 철수(鐵樹), 풍미초(風尾蕉), 피화초(避火蕉)

과명 소철과(Cycadaceae)

개화기 여름철에서 가을

채취시기 잎은 연중 수시, 꽃은 여름, 열매는 가을에 채취한다.

성분 잎은 사이카신(cycasin)의 배당체와 소철 플라본을 함유하며 그 외 전분, 단백질, 지방, 당류, 사과산, 알기닌(alginine), 콜린(choline) 등을 함유한다. 꽃은 화분(花粉)에 아데닌(adenine), 콜린, 단백질, 당류 등을 함유한다. 종자를 포함한 열매는 사이카신, 네오사이카신 A~G(neocycasin A~G), 다량의 유리 팔미트산(palmitic acid), β-카로틴, 크립토크산틴(cryptoxanthin), 제아크산틴(zeaxanthin) 등의 색소를 함유하고 있다.

성질과 맛 잎은 성질이 약간 따뜻하고 독이 조금 있으며, 맛은 시고 달다. 꽃은 성질이 약간 따뜻하고 독이 조금 있으며, 맛은 달다. 열매는 성질이 평하고, 독이 있으며, 맛은 쓰고 떫다.

🪷 생육특성

중국 동남부와 일본 남부 지방이 원산인 상록침엽관목 또는 소교목으로, 제주도와 남부의 일부 지역에서 자라고 기타 지역에서는 관상수로 온실이나 실내에서 심어 가꾼다. 높이는 2~3m 정도이고, 줄기는 단생으로 원추형에 가지가 없으며 줄기 껍질은 잎이 떨어진 흔적으로 둘러싸여 있다. 줄기 끝에서 많은 잎이 사방으로 젖혀지는데, 잎은 1회 깃꼴겹잎이며 선상 피침형에 잎끝이 날카롭게 뾰족하고 가장자리는 다소 뒤로 말린다. 자웅 이주이며, 여름에서 가을 사이에 수꽃은 원줄기 끝에 원주형으로 달리고 암꽃은 원줄기 끝에 둥글게 모여 달린다. 구과인 열매는 10월에 익으며, 종자는 길이 4cm 정도에 편평하고 적갈색이다.

소철_잎

소철_암꽃

소철_수꽃

소철_열매

약효

잎은 생약명이 봉미초엽(鳳尾蕉葉)이며, 풍사를 제거하고 독을 풀어주며 혈액순환을 원활하게 하는 등의 효능이 있어, 간위기통(肝胃氣痛), 월경폐지(月經閉止), 해수, 토혈, 타박상, 도상(刀傷)을 치료한다. 꽃은 생약명이 봉미초화(鳳尾蕉花)이며, 어혈, 토혈, 타박상 등을 치료한다. 종자는 생약명이 철수과(鐵樹果) 또는 봉미초과(鳳尾蕉果)이며, 수렴(收斂), 통경, 소화, 진해, 거담 등의 효능이 있고 이질 등을 치료한다. 그 외 열매 속의 전분은 이질, 딸꾹질, 염증, 출혈, 해수 등을 치료한다.

용법과 약재

잎 1일량 30~50g을 물 1L에 넣고 반으로 달여 2~3회 매 식후 복용하거나, 덖어서 가루 내어 복용한다. 외용할 때는 덖어서 가루를 만들어 연고기제에 혼합하여 환부에 도포한다. 꽃 1일량 100~150g을 물 1L에 넣고 반으로 달여 2~3회 매 식후 복용한다. 종자 1일량 30~50g을 물 1L에 넣고 반으로 달이거나, 가루 내어 연고기제에 혼합하여 환부에 도포한다.

※독이 약간 있으나 용법대로만 사용하면 된다.

소철_잎 전초

소철_완숙 열매

근골격계 질환 치료(골절, 요통, 자궁, 붕루)

속단

생 약 명 한속단(韓續斷)
사용부위 덩이뿌리
작용부위 간, 심장, 신장 경락으로 작용한다.

학명 *Phlomis umbrosa* Turcz.

이명 묏속단, 멧속단, 두메속단

과명 꿀풀과(Labiatae)

개화기 7월

채취시기 봄가을(9~10월)에 1년생 뿌리를 채취하여 진흙을 털어내고 잔털과 줄기를 제거하고
깨끗이 씻어서 햇볕에 말린다.

성분 정유, 플라보노이드 배당체, 아미노산, 스테로이드, 타닌이 함유되어 있으며, 뿌리에는
알칼로이드가 함유되어 있다.

성질과 맛 성질이 따뜻하고 맛은 쓰다.

생육특성

전국 각지의 산지에 분포하는 여러해살이풀로, 습기가 많은 반그늘의 비옥한 토양에서 자란다. 높이는 1m 정도이며, 줄기가 곧게 서고 전체에 잔털이 있으며 뿌리에 굵은 덩이뿌리가 4~5개 달린다. 잎은 마주나고, 길이 약 13cm, 너비 약 10cm에 심장상 난형이며, 뒷면에 잔털이 있고 가장자리에는 둔하고 규칙적인 톱니가 있다. 7월에 붉은빛이 도는 꽃이 원줄기 윗부분에 윤산꽃차례로 피는데, 작은 꽃자루가 분지 위에 층층이 마주나서 4~5개의 꽃이 달려 전체가 커다란 원추꽃차례를 이룬다. 화관은 입술 모양으로 길이는 1.8cm 정도이며, 상순(上脣)은 모자 모양으로 겉에 우단 같은 털이 빽빽하게 나 있고, 하순(下脣)은 3개로 갈라져 퍼지고 겉에 털이 있다. 수과인 열매는 9~10월경에 익는데, 광난형이며 꽃받침에 싸여 익는다.

속단_잎(앞면)

속단_꽃

속단_줄기

속단_덩이뿌리

가을

약효

간과 신장을 보하고, 통증을 멎게 하며, 근육과 뼈를 튼튼하게 하고 염증을 가라앉히며 안태시키는 등의 효능이 있어서 허리의 동통, 발목과 무릎의 무력감, 골절, 타박상, 유정(遺精), 자궁 냉증, 붕루(崩漏), 치질, 옹종(癰腫) 등을 치료한다.

용법과 약재

하루에 9~15g을 사용하는데, 물 1L 정도를 붓고 달여서 2~3회로 나누어 복용하거나 가루 또는 환(丸)으로 만들어 복용하기도 한다. 외용할 때는 짓찧어 환부에 붙인다.

속단_알뿌리 채취품

속단_약재품

기능성과 효능에 관한 특허자료

속단 추출물을 유효 성분으로 포함하는 지질 관련 심혈관 질환 또는 비만의 예방 및 치료용 조성물

본 발명은 물, 알코올 또는 이들의 혼합물을 용매로 하여 추출되는 속단 추출물을 유효 성분으로 함유하는 지질 관련 심혈관 질환 또는 비만의 예방 및 치료용 조성물에 관한 것이다. 본 발명의 추출물은 고지방 식이에 의한 체중 증가및 체지방 증가를 억제하고, 지방 분해 및 열대사를 촉진하며, 혈중 지질인 트리글리세라이드(triglyceride), 총 콜레스테롤(total cholesterol)을 낮춤으로써 비만 증상을 개선시키므로, 지질 관련 심혈관 질환 또는 비만의 예방 또는 치료제, 또는 상기 목적의 건강식품으로 유용하게 사용될 수 있다.

〈공개번호 : 10-2011-0114940, 출원인 : 사단법인 진안군친환경홍삼한방산업클러스터사업단〉

내분비계 질환 치료(항암, 지혈)

속새

생약명	목적(木賊)
사용부위	지상부
작용부위	간, 폐, 대장 경락으로 작용한다.

학명 *Equisetum hyemale* L.

이명 찰초(擦草), 좌초(銼草), 목적초(木賊草), 절골초(節骨草), 절절초(節節草)

과명 속새과(Equisetaceae)

개화기 포자 번식

채취시기 여름에서 가을 사이에 지상부를 채취하여 짧게 절단하여 그늘에서 말리거나 햇볕에 말린다.

성분 줄기에 파우스트린(paustrine), 디메틸술폰(dimethylsulfone), 티민(thymine), 바닐린(vanillin), 캠페롤(kaempferol), 캠페롤글리코시드(kaempferolglycoside) 등이 함유되어 있다.

성질과 맛 성질이 평하고, 맛은 달고 쓰다.

생육특성

강원 이북과 제주도에 분포하는 상록 여러해살이풀로, 산지의 나무 밑이나 음습지에서 잘 자란다. 높이는 30~60cm 정도이고, 땅속 줄기가 옆으로 뻗으며 지면 가까운 곳에서 여러 줄기가 갈라져 나와 모여나는 것처럼 보인다. 원줄기는 속이 비어 있으며, 가지가 없고 뚜렷한 마디와 세로 방향으로 패인 10~18개의 가느다란 홈(능선)이 있다. 퇴화하여 비늘 같은 잎이 서로 붙어 마디 부분을 완전히 둘러싸서 엽초(葉鞘)로 되는데, 끝이 톱니 모양이며 갈색이나 검은빛을 띤다. 포자낭수는 원줄기 끝에 달리고 원추형이며 처음에는 녹갈색이다가 황색으로 변한다. 원줄기의 능선에는 규산염이 축적되어 있어 단단하기 때문에 나무를 가는 데 사용하였으므로, 목적(木賊)이라는 이름이 붙었다.

속새_꽃

속새_포자낭

속새_줄기

속새_뿌리줄기

약효
풍사를 제거하고 열을 내려주며, 소변을 원활하게 하고 염증을
가라앉히는등의 효능이 있어, 해기(解肌: 외감병 초기에 땀이 약간 나
는 표증을 치료하는 방법), 퇴예(退翳: 백내장을 없앰) 등에 응용하며
대장염, 장 출혈, 탈항, 후두염, 옹종 등을 치료한다.

용법과 약재
말린 것으로 하루에 6~12g 정도를 사용하는데, 보통 약재 10g
에 물 1L를 붓고 끓기 시작하면 불을 약하게 줄여서 200~300mL 정도
로 달여 아침저녁 2회로 나누어 복용한다. 환(丸)이나 가루로 만들어
복용하기도 한다.

※발산(發散) 작용으로 진액이 손상될 우려가 있으므로 기혈(氣血)이 허한
경우에는 사용에 신중을 기해야 한다.

속새_생줄기 채취품

속새_약재품

기능성과 효능에 관한 특허자료 약용 식물 추출 발효물을 유효 성분으로 함유하는 숙취 예방 또는 해소용 조성물 및 그 제조 방법

본 발명은 속새, 감초, 갈근 등 약용 식물 추출 발효물을 유효 성분으로 함유하는 숙취 예방 또
는 해소용 조성물 및 그 제조 방법에 관한 것으로, 보다 상세하게는 인체에 부작용이 없으면서,
알코올 탈수소 효소(ADH) 활성을 저해하면서 알데하이드 탈수소 효소(ALDH) 활성을 촉진하
여 숙취 해소 효과가 뛰어난 약용 식물 추출 발효물을 유효 성분으로 함유하는 숙취 예방 또는
해소용 조성물 및 제조 방법에 관한 것이다.

〈등록번호 : 10-0963227-0000 , 출원인 : 극동에치팜(주)〉

근골격계 질환 치료(관절염, 해독, 보간, 거풍)

송악

생 약 명 상춘등(常春藤), 상춘등자(常春藤子)
사용부위 줄기와 잎, 열매
작용부위 간, 비장 경락으로 작용한다.

학명 *Hedera rhombea* (Miq.) Siebold & Zucc. ex Bean = [*Hedera tobleri* Nakai.]

이명 담장나무, 큰잎담장나무, 삼각풍(三角風)

과명 두릅나무과(Araliaceae)

개화기 10월

채취시기 줄기와 잎은 가을에 채취하여 햇볕에 말린다. 열매는 4~5월에 채취한다.

성분 줄기에 타닌과 수지가 함유되어 있고 잎에는 헤데린(hederin), 이노시톨(inositol), 카로틴, 타닌,
당류가 함유되어 있다. 열매에는 페트로셀린산(petroselinic acid), 팔미트산(palmitic acid),
올레산(oleic acid) 등이 함유되어 있다.

성질과 맛 줄기·잎은 성질이 시원하고, 맛은 쓰다. 열매는 성질이 따뜻하고 독이 없으며, 맛은 달다.

462

생육특성

남부·중부 지방에 분포하는 상록 활엽 덩굴성 목본으로, 덩굴 길이가 10m 이상이며 마디에서 기근(氣根)이 자라 다른 물체에 붙어 뻗어나간다. 줄기의 어린가지에는 인편상(鱗片狀)의 부드러운 털이 있으나 자라면서 없어진다. 잎은 서로 어긋나고, 가죽질에 광택이 있는 짙은 녹색이며 양끝은 좁게 되어 있다. 어린가지에 달린 잎은 삼각형이고 3~5개로 얕게 갈라지지만, 늙은가지의 잎은 난형 또는 사각형이다. 10월에 녹황색 꽃이 산형꽃차례로 피는데, 꽃줄기 1개 또는 여러 개가 모여 취산상을 이루며, 꽃잎은 겉에 성모가 있고 꽃받침은 거의 밋밋하다. 핵과인 열매는 구형이며 다음 해 4~5월에 검은색으로 익는다.

송악_잎

송악_꽃

송악_열매

송악_뿌리 줄기

가을

약효

줄기와 잎은 생약명이 상춘등(常春藤)이며, 진정 작용과 진균에 대한 억제 작용이 있고 거풍, 해독, 보간 등의 효능이 있어, 간염, 황달, 종기, 종독, 관절염, 구안와사, 비출혈, 타박상, 광견교상 등을 치료한다. 열매는 생약명이 상춘등자(常春藤子)이며, 빈혈증과 노쇠(老衰)를 치료한다. 송악의 추출물은 멜라닌 생성을 억제하는 효능이 있어 피부 미백제로 사용한다.

용법과 약재

줄기와 잎 1일량 20~30g을 물 1L에 넣고 반으로 달여 2~3회 매 식후 복용한다. 외용할 때는 달인 액으로 씻거나 짓찧어서 환부에 붙인다. 열매 1일량 20~40g을 물 1L에 넣고 반으로 달여 2~3회 매 식후 복용한다.

송악_어린잎

송악_열매 채취품

기능성과 효능에 관한 특허자료

송악 추출물을 함유하는 미백 화장료 조성물

본 발명은 멜라닌 생성 억제성 및 티로시나아제 저해 활성을 갖는 송악 추출물

제제로 사용할 수 있다.

〈공개번호 : 10-2009-0104519, 출원인 : 재단법인 제주하이테크산업진흥원〉

근골격계 질환 치료(관절염)

쇠무릎

생약명   우슬(牛膝)
사용부위   뿌리
작용부위   간, 심장, 신장 경락으로 작용한다.

학명 *Achyranthes japonica* (Miq.) Nakai

이명 쇠무릎, 우경(牛莖), 우석(牛夕), 백배(百倍), 접골초(接骨草)

과명 비름과(Amaranthaceae)

개화기 8~9월

채취시기 가을에서 이듬해 봄 사이에 줄기와 잎이 마른 뒤 뿌리를 채취하되 잔털과 이물질을 제거하고 그대로 또는 주초(酒炒: 술을 흡수시켜 볶음)하여 말린다.

성분 엑디스테론(ecdysterone), 이노코스테론 (inokosterone), 미시스탄산(mysistic acid), 팔미트산 (palmitic acid), 올레신(oleic acid), 리놀신(linolic acid), 아키란데스시포닌 (achiranthes saponin) 등을 함유한다.

성질과 맛   성질이 평하고, 맛은 쓰고 시다.

전국 각지의 산과 들에 분포하는 여러해살이풀로, 높이는 50~100cm 정도로 자란다. 뿌리는 토황색에 가늘고 길며, 원줄기는 네모지고 곧게 서며 가지가 많이 갈라진다. 줄기의 마디가 두드러져 소의 무릎처럼 보인다고 하여 쇠무릎이라는 이름이 붙었다. 잎은 마주나고 길이 10~20cm, 너비 4~10cm에 타원형 또는 도란형으로, 잎끝이 좁고 털이 약간 있으며 가장자리가 밋밋하다. 8~9월에 녹색 꽃이 원줄기 끝과 잎겨드랑이에서 수상꽃차례로 피고, 열매는 포과(胞果)로 긴 타원형이며 9~10월에 익는다. 유사종인 당우슬은 남서부 도서 지역에, 붉은쇠무릎은 제주도 등지에 분포한다.

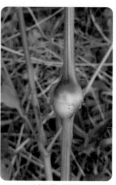

쇠무릎_잎   쇠무릎_꽃   쇠무릎_줄기

약효

혈액순환을 원활하게 하고 경락을 잘 통하게 하며, 관절을 부드럽게 하고 혈액을 하초(下焦)로 끌어내리며, 간과 신장의 기능을 보하고 허리와 무릎을 튼튼하게 하며 소변을 원활하게 하는 등의 효능이 있어서 월경부조(月經不調), 경폐(經閉), 출산 후 태반이 나오지 않아서 오는 복통, 습사와 열사로 인하여 관절이 결리고 아픈 증상, 코피, 입안의 종기나 상처, 두통, 어지럼증, 허리와 무릎이 시리고 아프며 무력한 병증 등을 치료한다.

![용법과 약재 아이콘] **용법과 약재**

　　말린 것으로 하루에 6~18g 정도를 사용하는데, 노두(蘆頭: 뿌리 꼭대기의 줄기가 나오는 부분)를 제거하고 잘게 썰어서 그대로 또는 주초(酒炒: 약재 무게 약 20%의 술을 흡수시켜 프라이팬에 약한 불로 노릇노릇하게 볶음)하여 사용한다. 약재 10g에 물 700mL 정도를 붓고 끓기 시작하면 불을 약하게 줄여서 200~300mL 정도로 달여 아침저녁 2회로 나누어 복용한다. 환, 가루, 또는 고(膏)로 만들거나 주침(酒浸)하여 복용하기도 한다. 말린 우슬에 간과 신장을 보하는 기능이 있는 두충, 상기생(桑寄生), 금모구척(金毛狗脊), 모과 등의 약재를 배합하여 허리와 대퇴부의 시리고 아픈 증상, 발과 무릎이 연약해지고 무력해지는 증상 등을 치료하는 데 응용한다. 보통 이들 약재를 같은 양으로 배합하여 물을 붓고 달여서 먹기도 하지만, 식혜를 만들어 먹기도 한다.

※월경 과다(月經過多), 몽정(夢精)이나 유정(遺精)일 경우, 임산부 등은 사용을 금한다.

쇠무릎_생뿌리 채취품

쇠무릎_약재품

기능성과 효능에 관한 특허자료 **우슬 또는 유백피 추출물을 함유한 류마토이드 관절염 치료용 약제 조성물**

　　본 발명은 관절염 치료를 위하여 슈퍼옥사이드(Superoxide), 프로스타글란딘(PGF2), 인터루킨-1β(Interleukin-1β)의 생성을 억제할 뿐만 아니라, 결합 조직의 기질이 콜라겐 단백질을 분해하는 콜라게나제 효소의 활성을 억제시킴과 동시에 콜라겐 단백질 합성을 촉진시키는 우슬(쇠무릎 뿌리) 추출물, 유백피 추출물, 또는 이들의 혼합물을 함유한 류마토이드 관절염 치료용 약제 조성물에 관한 것이다.

〈공개번호 : 10-1999-0039416, 출원인 : (주)엘지생활건강〉

해표약 치료(감기, 학질, 탈항, 월경, 하수)

시호

생 약 명	시호(柴胡)
사용부위	뿌리
작용부위	간, 담낭, 심장, 폐 경락으로 작용한다.

학명 *Bupleurum falcatum* L.

이명 큰일시호, 자호(茈胡), 산채(山菜), 여초(茹草), 자초(紫草)

과명 산형과(Umbelliferae)

개화기 8~9월

채취시기 가을에서 이듬해 봄 사이에 뿌리를 채취하여 경엽과 흙모래 및 이물질을 제거하고 건조한다. 외감에는 말린 것을 그대로 사용[生用]하고, 내상승기(內傷升氣)에는 약재에 술을 흡수시킨 후 프라이팬에서 약한 불로 볶아내는 주초(酒炒)를 하여 사용한다. 음이 허한 사람에게 사용할 때는 초초(醋炒: 식초를 흡수시켜 볶아서 사용하는 것)하거나 별혈초(鼈血炒: 자라피를 흡수시켜 볶아서 사용하는 것)한다.

성분 뿌리에 사포닌 3% 정도와 사이코사포닌 A~E(saikosaponin A~E) 등과 루틴(rutin), 켐페리트린

468

(kaempferitrin), 켐페롤-7-람노시드(kaempferol-7-rhamnoside) 등이 함유되어 있다.

성질과 맛 성질이 시원하고, 맛은 쓰며, 독은 없다.

생육특성

시호는 전국 각지의 산과 들에 분포하는 여러해살이풀로, 주로 밭에서 재배한다. 높이는 약 40~70cm이고, 원줄기는 가늘고 딱딱하며 털이 없고 윗부분에서 약간 가지를 친다. 경엽(莖葉)은 길이 4~10cm, 너비 0.5~1.5cm에 넓은 선형 또는 피침형으로 잎맥이 평행하며 가장자리는 밋밋하고 털이 없다. 잎끝은 뾰족하고 밑부분이 좁아져서 잎자루처럼 되어 원줄기에 달린다. 8~9월에 노란색 꽃이 원줄기 끝과 가지 끝에 겹산형꽃차례로 피고, 타원형 열매는 9월에 익는다. 뿌리를 약재로 사용하는데, 뿌리의 상부는 굵고 하부는 가늘고 길며, 머리 부분에는 줄기의 기부가 남아 있다. 뿌리 표면은 연갈색 또는 갈색이며 깊은 주름이 있다. 질은 절단하기 쉽고, 단면은 약간 섬유성이다. 시호 외에 북시호(北柴胡)와 남시호(南柴胡)의 뿌리도 시호라 하며 약용한다. 북시호의 뿌리는 길이 6~15cm, 지름 0.3~0.8cm에 원추형으로 분지되어 있다. 표면은 흑갈색 또는 담자갈색이며 세로주름과 곁뿌리의 흔적 및 피공(皮孔)이 있고, 정단에는 줄기의 기부와 섬유상의 잎 기부가 남아 있다. 질은 단단하면서 질기며 절단하기 어렵다. 단면은 편상의 섬유성으로 껍질부는 엷은 갈색이며 목부는 황백색이다. 길림성, 요령성, 허난성, 산둥성, 안후이성, 장쑤성, 저장성, 후베이성, 쓰촨성, 산시성 등지에 분포한다. 남시호는 뿌리가 비교적 가늘고 많이 분지되어 있다. 표면은 갈홍색 또는 흑갈색이며, 뿌리의 머리 부분에는 여러 개의 혹 모양 돌기가 있고, 정단에는 섬유상의 엽기로 싸여 있다. 질은 약간 유연하고 절단하기 쉬우며, 단면은 약간 평탄하다. 흑룡강, 길림성, 요령성, 내몽고, 허베이성, 산둥성, 장쑤성, 안후이성, 간쑤성, 칭하이성, 쓰촨성, 후베이성 등지에 분포한다

시호_잎

시호_꽃

시호_줄기

시호_뿌리

시호_씨앗

약효

표사(表邪)를 없애고 열을 내려주며, 간의 기운을 통하게 하여 울체된 기운을 풀어주고 양기를 거두어 올리는 등의 효능이 있어, 감기 발열과 한열이 왕래하는 증상, 가슴이 그득하고 옆구리에 통증이 있는 증상, 입이 마르고 귀에 농이 생기는 증상, 두통과 눈이 침침한 증상, 심한 설사로 인한 탈항, 월경부조(月經不調), 자궁하수(子宮下垂), 말라리아 등을 치료한다.

용법과 약재

말린 것으로 하루에 6~12g 정도를 사용하는데, 물을 붓고 달여서 복용하거나 가루 또는 환을 만들어 복용한다. 민간에서는 해열, 진통, 감기 치료를 위하여 시호, 모과, 진피, 인동덩굴 각 8g씩을 물 1L 정도에 넣고 끓기 시작하면 불을 약하게 줄여서 200~300mL 정도로 달여 아침저녁 2회로 나누어 복용한다. 또한 말라리아 치료에 15~20g의 시호를 물에 달여서 발작하기 2~3시간 전에 먹으면 추웠다 더웠다 하는 한열왕래(寒熱往來) 증상을 잘 낫게 한다.

※상승하고 발산하는 승발(昇發)의 기운이 있으므로 진액이 휴손(虧損)된 경우나 간의 양기가 위로 항진된 간양상항(肝陽上亢)의 경우 및 간의 풍사(風邪)가 안으로 동하는 간풍내동(肝風內動)의 경우에는 사용하지 않는다.

시호_건조 뿌리

시호_약재품

기능성과 효능에 관한 특허자료

시호 추출물을 포함하는 뇌암 치료용 조성물 및 건강 기능성 식품
본 발명은 시호 에탄올 추출물을 유효 성분으로 함유하는 뇌암 예방 및 치료용 조성물 및 뇌암 예방용 기능성 식품에 관한 것이다. 본 발명에 따른 뇌암 치료용 조성물 및 기능성 식품은 뇌암 세포의 성장을 억제하고 세포 사멸을 유도하는 효과가 있어 뇌암 치료 및 예방에 효과적으로 사용할 수 있다.
〈공개번호 : 10-2012-0092272, 출원인 : (주)한국전통의학연구소〉

내분비계 질환 치료(당뇨, 요통, 음위, 신체 허약)

실새삼

생 약 명	토사자(菟絲子), 토사(菟絲)
사용부위	종자, 전초
작용부위	간, 신장 경락으로 작용한다.

학명 *Cuscuta australis* R. Br.

이명 토로(菟蘆), 사실(絲實)

과명 메꽃과(Convolvulaceae)

개화기 7~8월

채취시기 9~10월에 성숙한 종자를 채취하여 이물질을 제거하고 깨끗이 씻어서 햇볕에 말린 다음 사용한다.
전제(煎劑: 끓이는 약)에 넣을 때는 프라이팬에 미초(微炒: 약한 불로 살짝 볶음)하여 가루를 내고,
환(丸)에 넣을 때는 소금물(2% 정도)에 삶은 후 갈아서 떡[餠]으로 만들어 볕에 말려서 사용한다.

성분 배당체로서 종자에 β-카로틴(β-carotene), γ-카로틴(γ-carotene), 5,6-에폭시-α-카로틴
(5,6-epoxy-α-carotene), 테트라크산틴(tetraxanthine), 루테인(lutein) 등을 함유한다.

성질과 맛 성질이 평하고, 맛은 맵고 달며, 독은 없다.

생육특성

실새삼은 전남, 경남, 강원도, 경기도, 평안북도, 함경남도 등지에 분포하는 1년생 덩굴성 기생 식물로, 새삼에 비해 아주 가늘고 주로 콩과 식물에 기생하여 콩밭에 큰 피해를 준다. 뿌리가 없고 줄기는 길이가 50cm 정도이며, 황색의 실 모양으로 전체에 털이 없고 식물체에 붙어 왼쪽으로 감아 올라간다. 잎은 어긋나고 비늘같이 작으며 드문드문 달린다. 7~8월에 백색 꽃이 가지의 각 부분에 취산꽃차례 또는 총상꽃차례로 피는데, 화경이 짧고 꽃자루가 달린 잔꽃이 밀생한다. 열매는 편구형의 삭과로 9월에 익는다. 새삼은 전국 각지에서 자생하는 1년생 덩굴성 기생 초본으로, 철사 같은 원줄기는 가늘고 황적색이며 기생하는 식물체에 붙어서 왼쪽으로 감아 올라간다. 잎은 어긋나고, 길이 2mm 정도에 비늘 같으며 삼각형이다. 8~9월에 흰색 꽃이 가지의 각 부분에 총상꽃차례로 달리는데, 꽃자루는 매우 짧거나 없다. 열매는 난형의 삭과이며, 9~10월에 황갈색으로 익으면 벌어지면서 종자가 나온다. 중국의 요령성, 길림성, 허베이성, 허난성, 산둥성, 산시성, 장쑤성 등지에서 토사자를 생산하고, 대토사자는 산시성, 구이저우성, 윈난성, 쓰촨성 등지에서 생산하며, 거의 전량을 중국에서 수입한다.

가을

실새삼_꽃

실새삼_열매

실새삼_줄기

실새삼_완숙 열매

실새삼_집단

약효

전초를 토사(菟絲)라고 하고, 종자를 토사자(菟絲子)라고 하는데, 새삼과 실새삼의 약성, 약효 등은 동일하다. 간과 신장을 보하며 정액을 단단하게 하고, 간 기능을 자양하고 눈을 밝게 한다. 또한 안태(安胎)시키며 진액을 생성하는 효능이 있어서 강장(强壯), 강정(强精)하고 정수를 보하는 기능이 있다. 신체 허약, 허리와 무릎이 시리고 아픈 증상을 치료하며, 유정(遺精), 소갈(消渴), 음위(陰痿), 빈뇨 및 잔뇨감, 당뇨, 비허설사(脾虚泄瀉), 습관성 유산 등을 치료하는 데 이용한다.

용법과 약재

말린 것으로 하루에 6~15g을 사용하는데, 물에 달여서 복용하거나 가루나 환으로 만들어 복용한다. 숙지황, 구기자, 오미자, 육종용 등을 가미하여 신장의 양기를 보양하고, 두충과 함께 사용하여 간과 신장을 보하고 안태하는 효과를 얻는다. 민간에서는 종자 말린 것 15g에 물 700mL 정도를 붓고 끓기 시작하면 불을 약하게 줄여서 200~300mL 정도로 달여 아침저녁 2회로 나누어 복용한다.

※양기(陽氣)를 튼튼하게 함으로써 지사(止瀉)의 작용이 있기 때문에 신장에 열이 많거나 양기가 강성하여 위축되지 않는 강양불위(强陽不萎), 대변조결(大便燥結)인 경우에는 모두 피한다.

실새삼_채취품

실새삼_약재

실새삼_완숙 열매

기능성과 효능에 관한 특허자료

토사자 추출물을 포함하는 당뇨병 예방 및 치료를 위한 조성물

본 발명은 토사자(새삼 또는 실새삼의 씨앗) 추출물을 포함하는 당뇨병 예방 및 치료를 위한 조성물에 관한 것으로, 본 발명의 토사자 추출물은 우수한 혈당 강하 작용을 나타내어 당뇨병 및 이로 인한 각종 합병증의 예방 및 치료에 유용한 약제 및 건강 기능 식품으로 이용할 수 있다. 〈공개번호 : 10-2005-0003668, 출원인 : 씨제이제일제당(주)〉

비뇨기계 질환 치료(임질, 이질, 주독, 야뇨)

연꽃

생 약 명	연자심(蓮子心), 연자육(蓮子肉)
사용부위	종자의 배아, 종자
작용부위	심장, 비장, 신장 경락으로 작용한다

학명 *Nelumbo nucifera* Gaertn.

이명 연자(蓮子), 연실(蓮實), 우실(藕實), 택지(澤芝), 수지단(水芝丹)

과명 수련과(Nymphaeaceae)

개화기 7~8월

채취시기 열매와 종자는 늦가을에 채취하고, 뿌리줄기와 뿌리줄기 마디는 연중 채취하며, 잎은 여름에
채취하여 말린다.

성분 종자에 누시페린(nuciferine), 노르누시페린(nornuciferine), 노르아르메파빈(norarmepavine)이 함유
되어 있고, 잎에는 레메린(roemerine), 누시페린, 노르누시페린(nornuciferine), 아르메파빈
(armepavine), 프로누시페린(pronuciferine), 리리오데닌(liriodenine), 아노나인(anonaine),
퀘르세틴(quercetin), 이소퀘르시트린(isoquercitrin), 넬룸보시드(nelumboside) 등이 함유되어 있다.

성질과 맛 부위에 따라서 약간씩 차이가 있다. 연자육(열매, 종자)은 성질이 평하고, 맛은 달고 떫다. 연자심(익은 종자에서 빼낸 녹색의 배아)은 맛이 달다. 연근(뿌리줄기)은 성질이 차고 맛은 달다. 하엽(잎)은 성질이 평하고, 맛은 쓰다.

생육특성

중부 이남에서 분포하는 여러해살이수초로, 습지나 마을 근처의 연못에서 자라며 논밭에서 재배하기도 한다. 높이는 1m 정도이며, 근경은 원주형으로 옆으로 길게 뻗으며 마디가 많고 가을에 끝부분이 굵어진다. 근경에서 잎자루가 긴 잎이 나와 물 위로 올라오는데, 잎은 지름이 약 40cm이고 백록색에 둥근 방패 모양으로, 물에 잘 젖지 않고 잎맥이 방사상으로 퍼지며 가장자리가 밋밋하다. 7~8월에 연한 홍색 또는 흰색 꽃이 꽃줄기 끝에 1개씩 피는데, 잎과 같이 수면보다 위에서 전개된다. 꽃은 지름이 15~20cm이고 꽃잎은 도란형이며 꽃줄기는 잎자루처럼 가시가 있다. 수과인 열매는 길이 2cm 정도에 타원형이며 검은색으로 익는다.

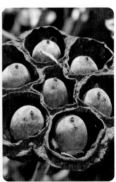

| 연꽃_꽃봉오리 | 연꽃_꽃 | 연꽃_씨앗 |

약효

부위에 따라 약효가 다르다. 열매와 종자는 생약명이 연자(蓮子)이며, 허약한 심기를 길러주고 신장 경락의 기운을 더해주어 유정을 멈추게 하는 효능이 있다. 또한 수렴 작용 및 비장을 강화하는 효능이 있어서 오래된 이질이나 설사를 멈추게 하고 꿈이 많아 숙면을 취하지 못하는 다몽(多夢), 임질, 대하를 치료하는 데 이용한다. 뿌리줄기는 생약명이 우절(藕節)이며, 열을 내리고 어혈을 제거하며 독성을 풀어주는 효능이 있어서, 가슴이 답답하고 열이 나며 목이 마르는 열병번갈(熱病煩渴), 주독(酒毒), 토혈, 열이 하초에 몰려 생기는 임질을 치료하는 데 이용한다. 잎은 생약명이 하엽(荷葉)이며, 수렴제 및 지혈제로 사용하거나 민간요법으로 야뇨증 치료에 이용한다. 꽃봉오리는 혈액순환을 돕고 풍사(風邪)와 습사(濕邪)를 제거하며 지혈의 효능이 있다. 화탁은 생약명이 연방(蓮房)이며, 뭉친 응어리를 풀어주고 습사를 제거하며 출혈을 멎게 한다. 연꽃의 익은 종자에서 빼낸 녹색의 배아는 생약명이 연자심(蓮子心)이며, 마음을 진정시키고 열을 내려주며 출혈을 멎게 하고, 신장기능을 강화하여 유정을 멈추게 하는 효능이 있다.

용법과 약재

연자육 1일량 12~24g에 물을 붓고 달여서 복용하거나 환(丸) 또는 가루를 내어 복용한다. 연잎 1일량 6~12g에 물을 붓고 달여서 복용하거나 환(丸) 또는 가루를 내어 복용한다.
※ 변비가 심한 사람은 과용하지 않도록 한다

연꽃_뿌리줄기 채취품

연꽃_종인 약재품

기능성과 효능에 관한 특허자료

연잎 추출물 및 타우린을 함유하는 대사성 질환 예방 및 치료용 조성물

본 발명은 고지혈증 또는 지방간 예방 및 치료용 조성물에 관한 것으로서, 보다 상세하게는 연잎 추출물 및 타우린을 유효 성분으로 함유하는 대사성 질환인 고지혈증 또는 지방간 예방 및 치료용 조성물에 관한 것이다.

〈등록번호 : 10-1176435-0000, 출원인 : 인하대학교 산학협력단〉

소화기계 질환 치료(건위, 항암, 소염, 해독)

예덕나무

생 약 명	야오동(野梧桐)
사용부위	수피
작용부위	위장, 담낭 경락에 작용한다.

학명 *Mallotus japonicus* (L.f.) Müll.Arg. = [*Croton japonicum* Thunb.]

이명 꽤잎나무, 비닥나무, 시닥나무, 예덕나무, 야동(野桐), 적아곡(赤芽檞)

과명 대극과(Euphorbiaceae)

개화기 6~7월

채취시기 수피를 봄가을에 채취한다.

성분 수피에 베르게닌(bergenin)이 함유되어 있고, 잎에는 루틴(rutin), 리놀레산(linoleic acid)이
함유되어 있다.

성질과 맛 성실이 평하고, 맛은 쓰고 떫다.

제주도 및 남해안 바닷가와 산지에 분포하는 낙엽활엽소교목으로, 높이는 10m 정도로 자란다. 가지는 굵고 어릴 때는 별 모양의 인모로 덮여 있으며 붉은빛이 돌지만 점차 회백색으로 되며 수피는 매끄럽고 회백색이다. 잎은 서로 어긋나며 가지의 끝에 모여 나 있다. 새로 나온 잎은 난형 또는 마름모형에 붉은색으로, 잎끝이 뾰족하고 밑부분은 뭉툭하거나 넓은 쐐기형이며 가장자리가 밋밋하고 3갈래로 갈라져 있다. 잎 표면에는 붉은 선모가 나 있고 뒷면에는 황갈색의 작은 선점(腺點)이 있으며 잎자루가 길다. 자웅 이주이며, 6~7월에 녹황색 꽃이 가지 끝에 원추꽃차례로 핀다. 열매는 삭과로 지름 7mm에 구형이며 9~10월에 성숙하여 벌어진다.

예덕나무_잎

예덕나무_암꽃

예덕나무_수꽃

예덕나무_열매

약효

수피는 생약명이 야오동(野梧桐)이며, 위를 편안하게 해주고 위염, 위궤양, 십이지장 궤양을 치료한다. 수피 엑기스는 간 기능을 개선하고, 추출물은 피부 노화방지나 얼굴 여드름의 예방과 개선에 효과가 있다.

용법과 약재

하루에 수피 10~20g을 물 1L에 넣고 반으로 달여 2~3회 매 식후 복용한다.

예덕나무_약재품

예덕나무_종자

 기능성과 효능에 관한 특허자료

예덕나무피 엑기스를 유효성분으로 하는 간 기능 개선제

본 발명은 예덕나무피 엑기스를 유효 성분으로 하는 간 기능 개선제에 관한 것으로 본 발명의 간 기능 개선제는 간질환의 예방 및 치료 작용을 가지고 있다.

〈공개번호 : 10-1999-0066787, 특허권자 : 오기완〉

근골격계 질환 치료(신경통, 류머티즘)

오갈피나무

생 약 명 오가피(五加皮), 오가엽(五加葉)

사용부위 줄기·뿌리 껍질, 잎

작용부위 폐, 신장 경락으로 작용한다.

학명 *Eleutherococcus sessiliflorus* (Rupr. & Maxim.) S,Y,Hu = [*Acanthopanax sessiliflorus* (Rupr. et Max.) Seem]

이명 오갈피, 서울오갈피나무, 남오가피, 참오갈피나무, 아관목, 문장초(文章草)

과명 두릅나무과(Araliaceae)

개화기 8~9월

채취시기 수피는 가을 이후, 근피는 봄부터 초여름, 잎은 봄여름에 채취한다.

성분 수피 및 근피에는 아칸토시드 A, B, C, D(acanthoside A, B, C, D), 시린가레시놀(syringaresinol), 타닌, 팔미트산(palmitic acid), 강심 배당체, 세사민(sesamin), 사비닌(savinin), 사포닌, 안토사이드 (antoside), 캠페리트린(kaempferitrin), 다우코스테롤(daucosterol), 글루칸(glucan), 쿠마린 (coumarin) 등이 함유되어 있다. 정유 성분으로 4-메틸살리실 알데히드(4-methylsalicyl aldehyde)도 함유되어 있다. 잎에는 강심 배당체, 정유, 사포닌 및 여러 종류의 엘레우테로사이드(eleutheroside)가 함유되어 있고 엘레우테로사이드 A, B, C, D, E, 쿠마린 X, β-시토스테린(β-sitosterin), 카페인산, 올레아놀신(oleanolic acid), 콘페릴알데히드(conferylaldehyde), 에틸에스테르(ethylester), 세사민 등이 함유되어 있다.

성질과 맛　수피는 성질이 따뜻하고 독이 없으며, 맛은 맵고 쓰며 약간 달다. 근피·잎은 성질이 따뜻하고, 맛은 쓰고 맵다.

생육특성

　전국 각지에 분포하는 낙엽활엽관목으로, 높이는 3~4m 정도로 자란다. 뿌리 근처에서 가지가 많이 나와 사방으로 뻗으며, 회갈색에 털이 없고 가시가 드문드문 하나씩 나 있다. 잎은 어긋나며, 손바닥 모양 겹잎이고 작은 잎은 3~5개로 도란형 또는 도란상 타원형이다. 잎의 표면은 녹색에 털이 없으며 잎맥 위에는 잔털이 나 있고 가장자리에 잔톱니가 있다. 8~9월에 자주색 꽃이 가지 끝에 산형꽃차례를 이루며 취산상으로 배열되고, 장과인 열매는 타원형으로 10~11월에 익는다.

오갈피나무_잎(앞면)

오갈피나무_꽃봉오리

오갈피나무_열매

오갈피나무_수피

약효

수피 및 근피는 생약명이 오가피(五加皮)이며, 자양 강장, 강정, 강심, 항종양, 항염증, 면역 증강에 독특한 효력을 지니고 있고 보간, 보신, 진통, 진정의 효능이 있으며, 신경통, 관절염, 요통, 마비 통증, 타박상, 각기 불면증 등을 치료하고 간세포 보호 작용과 항지간(抗脂肝) 작용도 있다. 잎은 생약명이 오가엽(五加葉)이며, 심장병의 치료에 효과적이고 피부 풍습(風濕)이나 피부 가려움증, 타박상, 어혈 등을 치료한다. 오갈피 추출물은 골다공증, 위염, 위궤양, 치매, C형 간염 등에 치료 효과가 있다

용법과 약재

수피 및 근피 1일량 6~12g을 물 1L에 넣고 반으로 달여 2~3회 매 식후 또는 아침저녁에 복용한다. 외용할 때는 타박상이나 염좌 등에 짓찧어서 도포한다. 잎 1일량 30~40g을 물 1L에 넣고 반으로 달여 2~3회 매 식후 복용한다. 피부 풍습(風濕)이나 가려움증에 생잎을 식용하고, 외용할 때는 타박상이나 어혈에 짓찧어서 도포한다

오갈피나무_줄기껍질 약재품

오갈피나무_뿌리

기능성과 효능에 관한 특허자료 오가피 추출물 및 이를 포함하는 성장기 뼈 형성 촉진 및 골다공증 예방 또는 치료용 약학적 조성물

본 발명의 오가피 추출물은 골다공증, 퇴행성 골 질환 및 류머티즘에 의한 관절염과 같은 골 질환의 예방 또는 치료에 유용하게 사용될 수 있다.

〈등록번호 : 10-0399374-0000, 출원인 : (주)오스코텍〉

호흡기계 질환 치료(자양, 강장, 익신, 생진, 진해)

오미자

생약명 오미자(五味子)
사용부위 열매
작용부위 간, 심장, 폐, 신장 경락으로 작용한다.

학명 *Schisandra chinensis* (Turcz.) Baill.

이명 개오미자, 오매자(五梅子), 문합(文蛤), 경저(莖藸), 현급(玄及), 북미(北味)

과명 오미자과(Schisandraceae)

개화기 5~6월

채취시기 열매를 9~10월에 채취한다.

성분 열매에는 데옥시시잔드린(deoxyschizandrin), γ-시잔드린(γ-schizandrin), 시잔드린 A, B, C (schizandrin A, B, C), 이소시잔드린(isoschizandrin), 안젤로일이소고미신 H, O, P, Q (angeloylisogomisin H, O, P, Q), 벤조일고미신 H(benzoylgomisin H), 벤조일이소고미신 O (benzoylisogomisin O), 티글로일고미신 H, P(tigloylgomisin H, P), 에피고미신 O(epigomisin O), 데옥시고미신 A(deoxygomisin A), 프레곤미신(pregomisin), 우웨이지수 A~C(wuweizisu A~C), 우웨이지춘 A, B(wuweizichun A, B), 시잔헤롤(shizanherol) 등이 함유되어 있고 정유로서 시트랄

(citral), α, β-카미그레날(α, β-chamigrenal)과 기타 유기산인 시트르산, 사과산, 주석산, 비타민 C, 지방산 등이 함유되어 있다.

성질과 맛　성질이 따뜻하고, 맛은 시고 달고 맵고 쓰다.

🌿 생육특성

전국의 깊은 산 계곡 골짜기에 자생하거나 재배하는 낙엽 활엽 덩굴성 목본으로, 덩굴의 길이는 3m 내외이다. 작은 가지는 홍갈색이고 오래된 가지는 회갈색이며, 수피는 조각조각 떨어져 벗겨진다. 잎은 서로 어긋나고 길이 7~10cm, 너비 3~5cm에 넓은 타원형, 긴 타원형 또는 난형이며 가장자리에 치아 모양의 톱니가 있다. 자웅 이주이며, 5~6월에 붉은빛이 도는 황백색 꽃이 새로 나온 짧은 가지의 잎겨드랑이에 1송이씩 피고, 화턱이 길이 3~5cm로 자라서 열매가 수상(穗狀)으로 달린다. 장과인 둥근 열매는 여러 개가 송이 모양으로 달려 밑으로 처지고 9~10월에 심홍색으로 익는다.

오미자_잎

오미자_꽃

오미자_열매

🍵 약효

열매는 생약명이 오미자(五味子)이며, 강장, 익신(益腎), 윤폐(潤肺), 생진(生津), 지한(止汗), 진해 등의 효능이 있어 폐 기능의 허(虛)에서 비롯된 해수, 유정(遺精), 양위(陽痿), 구갈(口渴), 도한(盜汗), 자한(自汗), 급성 간염 등을 치료한다. 열매 및 종자 추출물은 항암, 대장염, 알츠하이머병, 비만 등의 치료에 효과가 있다.

남오미자

흑오미자

 용법과 약재

열매 1일량 3~12g을 물 1L에 넣고 반으로 달여 2~3회 매 식후 복용한다. 외용할 때는 건조하여 분말로 만들어 환부에 문지르거나 달인 액으로 환부를 씻어준다.

오미자_열매

오미자_약재품

기능성과 효능에 관한 특허자료 오미자 추출물로부터 분리된 화합물을 유효 성분으로 함유하는 대장염 질환의 예방 및 치료용 조성물

본 발명은 오미자 추출물로부터 분리된 화합물을 유효 성분으로 함유하는 조성물에 관한 것으로, 상기 조성물을 대장염 질환의 예방 및 치료용 약학 조성물 또는 건강 기능 식품으로 유용하게 이용할 수 있다.

〈공개번호 : 10-2012-0008366, 출원인 : 김대기〉

이기혈 치료(변혈, 월경과다, 대장염)

오이풀

생약명 지유(地楡)
사용부위 뿌리
작용부위 간, 심장, 대장 경락으로 작용한다.

학명 *Sanguisorba officinalis* L.
이명 지우초, 수박풀, 외순나물, 백지유(白地楡), 서미지유(鼠尾地楡)
과명 장미과(Rosaceae)
개화기 7~9월
채취시기 봄에 발아 전이나 또는 가을에 줄기와 잎이 마른 다음 뿌리를 채취하여 햇볕에 말린다. 이물질을 제거하고, 양혈지혈(凉血止血)에는 말린 것을 그대로 사용[生用]하고, 지혈(止血), 수렴(收斂), 하리(止痢) 등의 치료 효과를 높이고자 하면 초탄(炒炭: 프라이팬에 넣고 가열하여 불이 붙으면 산소를 차단해서 검은 숯을 만드는 포제 방법)하여 사용한다.
성분 지유사포닐(ziyusaponil), 상귀소르빈(sanguisorbin), 타닌, 비타민 C, 포몰산(pomolic acid), 사포닌 등이 함유되어 있다.

성질과 맛   성질이 약간 차고 맛은 쓰고 시며, 독은 없다.

생육특성

전국 각지의 산과 들에 분포하는 숙근성 여러해살이풀로, 높이는 30~150cm 정도이다. 원줄기는 곧게 자라고 윗부분에서 가지가 갈라지며 전체에 털이 없다. 잎은 1회 깃꼴겹잎이고 잎자루가 길며, 길이 2.5~5cm, 너비 1~2.5cm에 긴 타원형 또는 타원형으로 삼각형의 톱니가 있다. 근생엽은 어긋나며 잎자루가 짧고 작다. 7~9월에 어두운 홍자색 꽃이 수상꽃차례로 피며, 수과인 열매는 달걀 모양에 날개가 있다. 약재로 쓰이는 뿌리줄기는 불규칙한 방추형 또는 원주형으로 조금 구부러지거나 비틀려 구부러졌다. 뿌리의 표면은 회갈색, 자갈색 또는 어두운 갈색으로 거칠고 세로주름과 세로로 갈라진 무늬 및 곁뿌리의 자국이 있다. 질은 단단하고, 단면은 평탄하거나 껍질부에 황백색 또는 황갈색의 선상 섬유가 많으며, 목부(木部)는 황색 또는 황갈색이고 방사상으로 배열되어 있다. 유사종인 가는오이풀, 긴오이풀, 산오이풀, 큰오이풀의 뿌리도 모두 '지유(地楡)'라고 하며 동일한 약재로 사용한다.

오이풀_잎

오이풀_꽃

오이풀_열매

약효

혈액을 맑게 하고 출혈을 멎게 하며, 독을 풀어주고 기를 거두어들이며 종기를 가라앉히는 등의 효능이 있어서 코피, 토혈, 변혈, 치루, 치출혈, 혈리(血痢), 혈붕(血崩), 붕루(崩漏), 월경 과다, 대장염, 물이나 불에 덴 데 등을 치료하고 그 밖에 외상 출혈이나, 습진 등을 치료하는 중요한 약이다. 특히 소염, 항균 작용이 뛰어나 습진이나 생인손, 화상 등의 치료에 아주 요긴하게 사용되던 민간 약재이다. 소염제로 사용할 때는 뿌리를 씻은 다음 짓찧어서 따끈따끈하게 만들어 염증이나 타박상, 곪은 데, 상처가 부은 데에 붙인다. 생인손에는 뿌리를 달인 물에 손가락을 담근다. 또 화상 치료에는 뿌리로 가루를 내어 끓는 식물성 기름에 넣고 풀처럼 되게 고루 섞은 다음 멸균된 병에 담아 두고 환부에 고루 바르면 분비물이 줄어들고 딱지가 생기면서 통증이 멎고 감염도 방지되며 새살이 빨리 돋는다.

용법과 약재

말린 것으로 하루에 12~20g을 사용하는데, 민간에서는 뿌리줄기 말린 것 10g에 물 1L 정도를 붓고 끓기 시작하면 불을 약하게 줄여서 200~300mL 정도로 달여 아침저녁 2회로 나누어 복용한다. 환(丸), 분말 등으로 만들어 복용하고, 분말을 개거나 짓찧어서 환부에 붙이기도 한다. 습진에는 불에 타도록 볶아서 가루로 만든 오이풀 뿌리 30g에 바셀린 70g을 넣고 고루 섞어서 환부에 바르는데, 이때 자초(지치 뿌리)와 황백(황벽나무 껍질) 가루를 각각 10g, 30g씩 첨가하면 더욱 좋다.

※수렴양혈(收斂凉血)하는 작용이 있으므로 허한(虛寒) 또는 출혈 등의 경우에는 피하고, 비위가 허한(虛寒)하거나 설사, 붕루, 대하 등의 증상이 있는 경우에는 신중하게 사용하여야 한다.

오이풀_약재품

오이풀_뿌리(절편)약재품

기능성과 효능에 관한 특허자료

오이풀 등을 이용한 아토피성 피부 질환을 위한 외용제 조성물

본 발명은 뽕나무 뿌리, 어성초, 백화사설초, 유백피, 벌나무(산청목), 오이풀 및 창이자를 이용하여 아토피성 피부 질환을 완화 또는 치유하는 조성물에 관한 것이다. 본 발명의 조성물은 천연 한약재를 원료로 하여 부작용이 적고 각종 건성 및 지성 피부염 등에도 뛰어난 치유 효과를 갖는다. 〈등록번호 : 10-0987563-0000, 출원인 : 오재필, 오수철〉

소화기계 질환 치료(건위, 소적, 살충, 파어, 살균)

옻나무

생약명 건칠(乾漆), 칠피(漆皮), 칠수목심(漆樹木心)

사용부위 굳은 나뭇진, 줄기껍질, 심재

작용부위 간, 비장, 위 경락으로 작용한다

학명 *Rhus verniciflua* Stokes

이명 옻나무, 참옻나무, 칠수(漆樹), 대목칠(大木漆), 생칠(生漆), 칠수피(漆樹皮), 칠수목심(漆樹木心)

과명 옻나무과(Anacardiaceae)

개화기 5~6월

채취시기 나뭇진은 4~5월, 줄기껍질은 봄가을, 심재는 연중 수시 채취한다.

성분 수지는 생약명이 생칠(生漆)이며, 건칠(乾漆)은 생칠 중의 우루시올(urushiol)이 라카아제(laccase) 작용으로 공기 중에서 산화되어 생성된 검은색의 수지 물질을 가공한 건조품이다. 생칠은 수피를 긁어 상처를 내어 나오는 지방액을 모아서 저장하였다가 사용한다. 수지에는 스텔라시아닌(stellacyanin), 라카아제, 페놀라아제(phenolase), 타닌과 콜로이드질이 함유되어 있다. 콜로이드의 주요 성분은 다당류로 글루쿠론산(glucuronic acid), 갈락토오스(galactose), 자일로스(xylose)도 함유되어 있다.

성질과 맛 수지는 성질이 따뜻하고 독성이 있으며, 맛은 쓰다. 수피·심재는 성질이 따뜻하고 독성이 조금 있으며, 맛은 맵다.

생육특성

전국의 산지에 자생하거나 재배하는 낙엽활엽교목으로, 높이 20m 내외로 자란다. 작은 가지는 굵으며 회황색이고 어릴 때는 털이 있으나 차츰 없어진다. 잎은 홀수깃꼴겹잎이 나선상으로 서로 어긋나고, 작은 잎은 9~11개인데 난형 또는 타원상 난형으로 잎 끝이 점차 날카로워지고 밑부분은 쐐기형 또는 둥근형이며 가장자리가 밋밋하다. 5~6월에 황록색 꽃이 잎겨드랑이에 원추꽃차례로 달리는데, 꽃은 단성이거나 양성, 자웅 이주 또는 잡성주에 꽃자루가 짧다. 핵과인 열매는 편구형이며 10~11월경 익는다.

옻나무_잎   옻나무_꽃   옻나무_익은 열매

약효

건칠은 열을 내리고 적취를 풀어주며, 어혈을 없애고 균을 죽이며, 위를 튼튼하게 하고 월경을 통하게 하는 등의 효능이 있어, 말라리아,

옻나무와 붉나무

옻나무과에 속하는 옻나무와 붉나무는 낙엽교목으로, 두 나무 모두 홀수깃꼴겹잎이고 꽃차례도 원추꽃차례이며 열매도 핵과로 비슷하다. 다만 옻나무는 독성이 있어서 접촉하면 피부 알레르기를 일으켜 가렵고 홍반이 생기며 호흡 곤란을 일으키는 등 심한 부작용이 일어나지만, 붉나무는 그렇지 않다. 옻나무와 붉나무는 성분이나 약효도 모두 다르다. 특히 붉나무 잎에 오배자 진딧물에 의하여 생긴 벌레집을 오배자라고 하여 수렴제로 사용하는 점이 특이하다.

염증, 일경 폐지, 진해, 관절염 등을 치료한다. 수피와 근피는 생약명이 칠수피(漆樹皮)이며, 골절, 타박상을 치료하는 데 사용하고 특히 흉부 손상에 효과적이다. 외용할 때는 칠수피를 짓찧어서 술에 볶아 환부에 붙인다. 심재는 생약명이 칠수목심(漆樹木心)이며 진통, 행기(行氣) 등의 효능이 있고, 심위기통(心胃氣痛)을 치료한다.

🫖 용법과 약재

건칠 1일량 3~6g을 환제나 산제로 하여 2~3회 매 식후 복용한다. 수피 1일량 3~6g을 물 1L에 넣고 반으로 달여 2~3회 매 식후 복용하거나 10~20g을 닭 한 마리에 넣고 고아서 적당히 복용한다. 외용할 때는 짓찧어서 술에 볶아 환부에 붙인다. 심재 1일량 10~20g을 물 1L에 넣고 반으로 달여 2~3회 매 식후 복용한다. 옻나무의 추출물은 간 질환의 예방 및 치료에 효과적이라는 연구 보고도 있다.

※임산부, 신체 허약자는 주의하여 복용한다. 옻이 체질에 맞지 않거나 알레르기를 일으키는 사람은 복용을 금지한다. 반하(半夏)는 배합 금기이다. 수지의 독성은 피부염이나 알레르기 질환을 일으키므로 주의를 요한다.

옻나무_껍질

옻나무_약재품

가을

기능성과 효능에 관한 특허자료

옻나무로부터 분리된 추출물 및 플라보노이드 화합물들을 함유한 간 질환 치료제
본 발명은 옻나무의 극성 용매 또는 비극성 용매 가용 추출물 및 그 분획물로부터 분리된 푸스틴 및 설퍼레틴 화합물을 함유하는 간 기능 개선, 간세포 섬유화에 따른 간경화 예방 및 치료를 위한 조성물에 관한 것으로서, 담도 결찰하여 간 섬유화를 유도한 군에서 발생하는 AST, ALT, SDH, γ-GT 활성을 저해할 뿐만 아니라 총 빌리루빈, 히드록시프롤린 및 MDA 농도량을 유의성 있게 억제하여 간 질환의 예방 및 치료에 효과적이고 안전한 의약품 및 건강 보조 식품을 제공한다.
⟨공개번호 : 10-2004-0043255, 출원인 : 학교법인 상지학원⟩

호흡기계 질환 치료(감기, 몸살)

유자나무

생 약 명	등자(橙子), 등자피(橙子皮)
사용부위	열매, 과피
작용부위	간, 위 경락으로 작용한다.

학명 *Citrus junos* Siebold ex Tanaka

이명 산유자나무, 향등(香橙), 금구(金球), 유자(柚子)

과명 운향과(Rutaceae)

개화기 5~6월

채취시기 열매를 가을철(10~11월) 과실 성숙기에 채취한다.

성분 열매에는 헤스페리딘(hesperidin), 구연산, 사과산, 호박산, 지방유, 단백질, 당류, 펙틴, 비타민 C
등이 함유되어 있고 정유는 0.1~0.3%가 함유되어 있으며 그 주요 성분은 게라니알(geranial),
리모넨(limonene) 등이고 정유에는 테르펜(terpene), 알데히드, 케톤, 페놀, 알코올, 에스테르, 산 및
쿠마린(coumarin)류 등 70여 종이 보고되었다. 과피에는 헤스페리딘, 정유, 펙틴, 카로틴 등이
함유되어 있고 정유의 주성분은 게라니알, 리모넨 등이며 또 게르마크렌 B(germacrene B),
오바쿨락톤(obaculactone), 노밀린(nomilin), 게르마크렌 D 및 비시클로게르마크렌

(bicyclogermacrene)이 불리되기도 했다.

성질과 맛   열매는 성질이 시원하고, 맛은 시다. 과피는 성질이 따뜻하고, 맛은 쓰나

생육특성

제주도와 남부 지방 일부에서 심어 가꾸는 상록활엽소교목으로, 높이는 4m 내외로 자라고 가지에 길고 뾰족한 가시가 나 있다. 잎은 서로 어긋나고, 타원형 또는 난상 타원형에 잎끝이 뾰족하며 조금 오목하게 들어가고 가장자리는 밋밋하거나 얕은 파상의 톱니가 있다. 5~6월에 흰색 꽃이 잎겨드랑이에 1개씩 달리거나 쌍생(雙生)하고, 장과인 열매는 편구형이며 10~11월에 황색으로 익는다. 과피는 울퉁불퉁하고 까끌까끌하며 방향성 향기가 있다.

유자나무_잎

유자나무_꽃

가을

유자나무_열매

유자나무_수피

약효

열매는 생약명이 등자(橙子)이며, 주독과 생선독을 풀어주고 구토, 구역질 등을 치료한다. 과피는 생약명이 등자피(橙子皮)이며, 건위, 해독, 화담(化痰)의 효능이 있고 구토, 만성 위장병 등을 치료한다. 열매와 과피 추출물은 뇌 질환, 심장 질환, 당뇨 등 예방 및 치료에 효과적이다.

용법과 약재

열매 1일량 50~100g을 물 1L에 넣고 반으로 달여 2~3회 매 식후 복용한다. 과피 1일량 12~24g을 물 1L에 넣고 반으로 달여 2~3회 매 식후 복용한다.

유자나무_미숙열매 채취품   유자나무_완숙열매 채취품   유자나무_약재품

기능성과 효능에 관한 특허자료 유자 추출물을 함유하는 뇌혈관 질환의 예방 또는 치료용 조성물

본 발명의 유자 추출물을 포함하는 조성물은 뇌세포에 대한 보호 효과를 나타낼 뿐만 아니라, 허혈성 뇌혈관 질환인 뇌경색 억제에도 뛰어난 효능이 있으므로, 다양한 뇌혈관 질환의 예방 또는 치료에 유용하게 사용될 수 있다.

〈등록번호 : 10-1109174-0000, 출원인 : 건국대학교 산학협력단 외〉

피부계 · 내분비계 질환 치료(무사마귀, 항암)

율무

생약명 의이인(薏苡仁)
사용부위 열매
작용부위 비장, 폐 경락으로 작용한다.

학명 *Coix lacrymajobi* var. *mayuen* (Rom.Caill.) Stapf

이명 율미, 인미, 구실, 수승

과명 벼과(Gramineae)

개화기 7~9월

채취시기 가을철 과실 성숙기에 채취하여 겉껍질과 속껍질을 제거하고 햇볕에 말린다.

성분 식물 호르몬 성분의 시토스테롤(sitosterol)을 함유하고 아세톤의 추출물에서 코익세놀라이드
(coixenolide)의 비결정성 성분을 포함한다. 단백질 중의 아미노산은 류신(leucine),
티로신(tyrosine) 등이 들어 있다. 잎에는 결정성의 알칼로이드가 함유되어 있고 뿌리에는
코익솔(coixol)이 함유되어 있다.

성질과 맛 성질이 약간 차고, 맛은 달고 담담하며 독은 없다.

![생육특성] **생육특성**

　북부 지방 일부를 제외한 전국 각지의 밭에서 재배하는 한해살이풀로, 높이가 1~1.5m이고 줄기에는 마디가 13~18개 있다. 벼와 같이 밑부분의 마디 사이는 극히 짧아 육안으로 구분하기 힘들고, 윗부분 5~7개의 마디 사이만 길게 성장한다. 밑부분에서부터 2~5번째 마디에서 가지가 나오고, 마디 사이가 성장한 3~4번째 마디부터는 열매를 맺는 가지가 나온다. 잎은 어긋나고 피침형이며 잎몸과 잎집으로 구분되는데, 잎몸은 아랫부분이 넓고 끝으로 갈수록 좁아지며, 잎집은 줄기를 둘러싸고 있다. 7~9월경에 윗부분의 마디에서 나온 가지에서 꽃이삭이 나오고 열매를 맺는다. 9월 중순 이후에 회백색, 황갈색, 암갈색 및 흑갈색을 띤 염주알 비슷한 모양의 종자를 맺는다. 인도를 중심으로 한 동남아 원산으로, 우리나라에 들어와 재배되기 시작한 때는 확실하지 않다.

율무_잎

율무_꽃

율무_열매

율무_줄기

율무_어린열매

약효

혈압 강하 및 혈당 저하 등의 작용이 있다. 또한 코익세놀라이드(coixenolide)는 종양을 억제하여 항암 작용이 있다고 한다. 무사마귀는 바이러스에 의하여 생긴다고 하지만 그것 자체의 병리가 아직 완전 규명되지 않았으므로 뭐라고 단언할 수는 없지만 그러한 효과가 나타나는 것은 사실이다.

용법과 약재

하루에 10~30g을 차처럼 달여서 수시로 복용한다.

※ 율무는 성질이 약간 차기 때문에 위장이 허랭(虛冷)하거나 약한 사람이 많이 먹으면 변이 묽어질 수 있으니 주의해야 한다. 또 임산부는 사용에 주의한다

가을

율무_열매

율무_약재품

내분비계 질환 치료(부종, 수종, 신경통)

으름덩굴

생 약 명 팔월찰(八月札), 목통(木通), 목통근(木通根)

사용부위 열매, 덩굴줄기와 심재, 뿌리

작용부위 심장, 소장, 방광 경락으로 작용한다.

학명 *Akebia quinata* (Houtt.) Decne. = [*Rojania quinata* Thunb.]

이명 으름, 목통, 통초(通草), 연복자(燕覆子)

과명 으름덩굴과(Lardizabalaceae)

개화기 4~5월

채취시기 열매는 9~10월, 덩굴줄기·목질부는 가을, 뿌리는 9~10월에 채취한다.

성분 열매에는 트리테르페노이드사포닌(triterpenoid saponin)으로서 올레아놀산(oleanolic acid), 헤데라게닌(hederagenin), 콜린소니딘(collinsonidin), 칼로파낙스사포닌 A(kalopanaxsaponin A), 헤데로시드 D2(hederoside D2) 등이 함유되어 있다. 덩굴줄기와 목질부에는 사포닌의 헤데라게닌 및 올레아놀산(oleanolic acid)을 게닌(genin)으로 하는 아케보시드 st b~f, h~k(akeboside st b~f, h~k), 퀴나토시드 A~D(quinatoside A~D) 등과 트리테르페노이드(triterpenoid)로서 노라주놀산 (norajunolic acid), 기타 스티그마스테롤(stigmasterol), 스테롤(sterol) 등이 함유되어 있다. 뿌리에는

스티그마스테롤, β-시토스테롤(β-sitosterol), β-시토스테롤-β-d-글루코시드(β-sitosterol-β-d-glucoside)가 함유된 외에 아케보시뉴 능이 힘유되이 있다.

성질과 맛   열매는 성질이 차고, 맛은 달다. 덩굴줄기·목질부와 뿌리는 성질이 평하고, 맛은 쓰다.
뿌리는 성질이 평하고, 맛은 쓰다.

🪷 생육특성

전국의 산기슭 계곡에 자라는 낙엽 활엽 덩굴성 목본으로, 덩굴 길이는 5m 내외로 뻗어나가고 가지에 털이 없으며 회색에 가는 줄이 있다. 잎은 새 가지에서는 어긋나고 오래된 가지에서 모여나며, 손바닥처럼 생긴 겹잎이다. 작은 잎은 5~6개이며 도란형 또는 타원형에 잎끝이 약간 오목하고 양면에 털이 있으며 가장자리가 밋밋하다. 자웅 동주이고, 4~5월에 암자색 꽃이 짧은 가지의 잎 사이에서 나오는 짧은 총상꽃차례에 달리는데, 수꽃은 작고 많이 달리며 암꽃은 크고 적게 달린다. 열매는 액과로 긴 타원형이며 양끝이 둥글고 9~10월에 갈색으로 익어 벌어진다

으름덩굴_잎

으름덩굴_암꽃

으름덩굴_수꽃

으름덩굴_열매

가을

약효

열매는 생약명이 팔월찰(八月札)이며 진통, 이뇨, 활혈(活血)의 효능이 있고 번갈(煩渴), 이질, 요통, 월경통, 헤르니아, 혈뇨, 탁뇨(濁尿), 요로 결석을 치료한다. 덩굴줄기와 목질부는 생약명이 목통(木桶)이며, 진통, 진정, 항염, 사화(瀉火), 혈맥통리(血脈通利)의 효능과 이뇨, 항균, 병원성 진균에 대한 억제 작용이 있고 소변불리, 소변혼탁, 수종(水腫), 부종, 전신의 경직통, 유즙불통 등을 치료한다. 뿌리는 생약명이 목통근(木桶根)이며, 거풍, 이뇨, 활혈, 행기(行氣), 보신, 보정(補精) 등의 효능이 있고 관절통, 소변 곤란, 헤르니아, 타박상 등을 치료한다. 으름덩굴의 종자 추출물은 암 예방과 치료에도 효과적이다

용법과 약재

열매 1일량 50~100g을 물 1L에 넣고 반으로 달여 2~3회 매 식후 복용한다. 또는 술에 용출하여 아침저녁으로 복용해도 된다. 덩굴줄기·목질부 1일량 6~20g을 물 1L에 넣고 반으로 달여 2~3회 매 식후 복용한다. 뿌리 1일량 6~20g을 물 1L에 넣고 반으로 달여 2~3회 매 식후 복용한다. 즙을 내어 먹거나 술에 용출하여 먹어도 된다. 외용할 때는 뿌리를 짓찧어서 환부에 붙인다.

으름덩굴_덩굴줄기 약재품

으름덩굴_열매 약재품

호흡기계 질환 치료(기관지염, 천식)

은행나무

생약명 은행엽(銀杏葉),
백과수피(白果樹皮), 백과(白果),
백과근(白果根)

사용부위 잎, 줄기껍질, 종자, 뿌리와
뿌리껍질

작용부위 폐와 신경 경락으로 작용한다.

학명 *Ginkgo biloba* L.

이명 공손수(公孫樹), 백과수(白果樹), 행자목(杏子木), 압각수(鴨脚樹), 백과목(白果木), 은행목(銀杏木)

과명 은행나무과(Ginkgoaceae)

개화기 5월

채취시기 잎은 9~10월 황록색으로 변할 때 채취하고, 수피는 봄가을, 열매와 근피는 9~10월에 채취한다.

성분 잎에는 이소람네틴(isorhamnetin), 켐페롤, 퀘르세틴, 루틴, 퀘르시트린, 깅게틴(ginkgetin), 카테킨, 타닌,
아피게닌(apigenin), 아카세틴(acacetin), 아스트라갈린(astragalin), 미리세틴(myricetin), 빌로발리드
(bilobalide), 플라보노이드 등이 함유되어 있다. 수피에는 타닌, 내피에는 시킴산, 목부에는 셀룰로오스,
헤미셀룰로오스(hemicellulose), 리그난, 글루코만난, 다량의 라피노오스(raffinose)가 함유되어 있다.
종자에는 소량의 청산 배당체와 지베렐린(gibberellin), 시토키닌(cytokinin) 등이 함유되어 있다.

내배유에는 2종의 리보뉴클레아제(ribonuclease)가 함유되어 있으며 종자의 일반 조성은 단백질, 지방, 탄수화물, 칼륨, 인, 철분, 카로틴, 비타민 B2와 여러 종류의 아미노산이다. 종자 껍질에는 깅골산, 빌로볼(bilobol), 긴놀(ginnol), 아스파라긴, 개미산, 프로피온산(propionic acid), 락산, 옥탄산(octan-oic acid) 등이 함유되어 있다. 꽃가루는 여러 종류의 아미노산, 글루타민, 아스파라긴, 단백질, 구연산, 서당 등이 함유되어 있다. 근피에는 깅골리드 A·B(ginkgolide A·B) 등이 함유되어 있다.

성질과 맛　잎은 성질이 평하고, 맛은 쓰고 달며 떫다. 수피는 성질이 평하고, 맛은 쓰고 떫다. 열매는 성질이 평하고, 독성이 있으며, 맛은 달고 쓰며 떫다. 근피는 성질이 평하고, 독이 없으며, 맛은 달다.

생육특성

전국 각지에 분포하는 낙엽침엽교목으로, 공원이나 길가에 심어 가꾼다. 높이는 40m 이상 자라며, 수피는 회색에 두꺼운 코르크질이며 균열이 생긴다. 가지는 길고 짧은 두 종류가 있는데, 긴 가지에는 잎이 서로 어긋나고 짧은 가지에는 모여난다. 긴 잎자루의 잎은 부채 모양이고 중간에서 2갈래로 얕게 갈라지며, 밑부분은 쐐기 모양에 잎맥은 평행하고 2개씩 갈라진다. 자웅 이주이고, 4~5월에 연한 녹색 꽃이 짧은 가지에 피는데, 수꽃은 밑으로 늘어진 짧은 미상꽃차례를 이루어 4~6개가 달리고, 암꽃은 한 가지에 2~3개씩 달리며 각각 2개의 배주(胚珠)가 있지만 그중 1개만이 익는다. 열매는 난형의 핵과(核果)이며 9~10월에 황색으로 익고, 열매의 과육과 종피는 악취가 나며 빨리 썩는다.

은행나무_새잎　　　　은행나무_잎　　　　은행나무_꽃

은행나무_열매   은행나무_수피

약효

잎은 생약명이 백과엽(白果葉)이며, 혈관 확장 작용이 있어 혈액순환을 원활하게 하고 익심(益心), 지사, 진해거담, 화습(化濕)의 효능이 있어 천식해수(喘息咳嗽), 수양하리(水樣下痢), 심장동통, 백대(白帶), 백탁(白濁)을 치료한다. 수피는 생약명이 백과수피(白果樹皮)이며, 지사, 수렴의 효능이 있고 습진, 단독을 치료한다. 열매는 생약명이 백과(白果)이며, 수렴 작용과 진해, 거담 작용이 있어 기관지 천식을 진정시키고 천식, 담수(痰嗽), 백대, 임병, 유정을 치료한다. 또한 포도상 구균, 연쇄상 구균, 디프테리아균, 탄저균, 고초균, 대장균에 대한 억제 작용이 있으며 과육은 과피보다 항균력이 강하다. 근피는 생약명이 백과근(白果根)이며, 기를 북돋우고 허약을 보하는 효능이 있어 과로로 인한 허약 증상과 백대, 유정을 치료한다. 뿌리의 추출액은 탈모 치료에 효과가 있다

용법과 약재

잎 1일량 20~30g을 물 1L에 넣고 반으로 달여 2~3회 매 식후 복용한다. 가루를 내어 복용하기도 한다. 수피 1일량 10~20g을 물 1L에 넣고 반으로 달여 2~3회 매 식후 복용한다. 외용할 때는 짓찧어서 환부에 붙이거나 즙을 내어 바른다. 열매 1일량 30~50g을 물 1L에 넣고 반으로 달여 2~3회 매 식후 복용한다. 외용할 때는 과육을 짓찧

어 환부에 붙인다. 근피 1일량 10~20g을 1L에 넣고 반으로 달여 2~3회 매 식후 복용한다.

※생열매는 독성이 있으므로 삶거나 볶아서 먹는다. 많이 먹으면 중독을 일으킨다. 종자 껍질에는 피부염을 일으키는 깅코톡신(ginkgotoxine)이 함유되어 있어서 알레르기 증상으로 피부가 가렵거나 두드러기가 일어난다.

은행나무_열매

은행나무_종인

은행나무_건조잎

기능성과 효능에 관한 특허자료 은행나무 뿌리 추출액을 함유하는 발모제

본 발명은 은행나무 뿌리 추출액을 유효 성분으로 함유하는 발모제에 관한 것이다. 또한, 본 발명에서는 발모제 성분으로 사용할 수 있는 은행나무 뿌리 추출액의 제조 방법이 제공된다. 본 발명에 따른 은행나무 뿌리 추출액 발모제를 계속하여 3개월 정도 적용할 경우 건강한 모발이 자라는 정상적인 모주기를 회복하여 대부분의 경우에서 탈모 전의 정상 모발 상태로 돌아갈 수 있으며, 또 본 발명의 발모제는 장기간 사용 시에도 부작용이 없으므로 그동안 치료 방법이 없어 고민하던 많은 탈모 환자의 치료에 이용될 수 있다.

〈등록번호 : 10-0604949-0000, 출원인 : 이덕희〉

이기혈 치료(자양, 강장)

인삼

생 약 명   인삼(人蔘)
사용부위   뿌리
작용부위   심장, 비장, 폐 경락으로 작용한다.

학명 *Panax ginseng* C.A. Meyer
이명 고려인삼, 방초(芳草), 황삼(黃蔘), 신초(神草)
과명 두릅나무과(Araliaceae)
개화기 4~6월
채취시기 재배삼은 8~10월에, 산삼은 5~10월에 채취하여 햇볕에 말린다.
성분 뿌리에 사포닌 배당체로 파낙시놀(panaxynol), 파낙스사포게놀(panaxsapogenol), 파낙신(panaxin)
등을 함유하며 파낙신은 가수 분해에 의하여 결정성(結晶性)의 α-파낙신을 생성하며 이것을 강산(强酸)
으로 가수 분해하면 아글리콘(aglycone)의 염화물 및 글루코오스(glucose)를 생성한다. 그리고 정유로
서 파나센(panacene)을 함유하는데, 이 성분이 인삼 특유의 방향(芳香)을 나타낸다. 그 외에 피토스테롤
(phytosterol), 스테아르산(stearic acid), 팔미트산(palmitic acid), 리놀레산(linoleic acid) 등의
지방산과 에스테르를 이루고 있고 자당, 전분 등이 다량 함유되어 있다.

성질과 맛 성질이 따뜻하고, 맛은 달고 약간 쓰며 독은 없다.

🌸 생육특성

밭에서 재배하는 여러해살이풀로, 높이가 40~60cm 내외이고 근경은 짧고 마디가 있다. 비대한 백색 다육의 뿌리는 원뿌리, 곁뿌리 및 땅속줄기의 세 부분으로 분지(分枝)되어 있다. 잎은 원줄기 끝에서 3~4개가 돌려나며, 긴 잎자루 끝에 손바닥처럼 생긴 겹잎이 5개 달린다. 작은 잎은 장난형 또는 타원형에 잎끝이 뾰족하고 잎맥 위에 잔털이 약간 있으며 가장자리에 잔톱니가 있다. 초여름에 담황록색 꽃이 긴꽃자루로 된 줄기 끝에서 여러 개 모여 산형꽃차례로 피고, 열매는 장과(漿果) 모양의 핵과(核果)이며 납작한 구형으로 익는다. 보통 4~6년 된 뿌리를 채취하여 약용하는데, 가공 방법에 따라 이름이 다르다. 밭에서 채취한 그대로의 생근을 수삼(水蔘)이라 하고, 생근의 세근과 코르크 피(皮)를 벗겨서 양건(陽乾)한 것을 백삼(白蔘)이라 하며, 껍질이 터지지 않도록 감싸서 증열(蒸熱)하여 화건(火乾) 또는 일건(日乾)한 것을 홍삼(紅蔘)이라 하여 우리나라에서는 전매품으로 취급하고 있다. 중국이 원산으로 만주, 러시아, 일본, 한국 등지에 재배하고 있는데, 한국산은 고려인삼이라 하여 그 품질을 세계적으로 인정받고 있다.

인삼_잎   인삼_꽃   인삼_열매

약효

대보원기(大補元氣 : 원기를 크게 보함), 깅심(強心 : 심기를 튼튼하게 함), 안신(安神 : 정신을 안정시킴), 건비위(健脾胃 : 비위를 튼튼하게 함), 생진(生津 : 진액을 생성함) 등의 효능이 있어서 강장(強壯), 강정(強精) 및 건위약으로 쓰고 위의 쇠약으로 인한 신진대사 기능의 감약에 따르는 식욕 부진, 소화불량, 구토, 설사 등의 치료와 병약자에 사용한다. 생리 작용으로 인공적 혈당 및 요당을 억제하며, 대뇌에 대하여 진정 작용이 있어 연수의 모든 중추 즉 혈관 운동 중추 및 호흡 중추에 대하여 소량은 흥분키기고 다량은 마비시키는 작용이 있어서 인체의 신진대사를 항진시키고 이뇨 작용도 현저하게 나타난다. 현대 의학적인 임상 효과를 종합해보면 소화기 계통 질환, 순환기 계통 질환, 신경계 질환, 피부 질환, 정력 감퇴, 허약 증상 등 각종 질환에 유효한 것으로 알려져 있으나 아직도 인삼의 신비가 완전히 밝혀졌다고는 할 수 없다. 앞으로도 국내외 학자들에 의해 인삼의 약효 성분에 대한 연구가 활발히 진행되어야 할 것이다.

용법과 약재

한방에서 인삼을 응용한 대표적인 방제는 사군자탕(四君子湯 : 인삼, 백출, 백복령, 감초 각 4g)이며 원기와 비위장(脾胃腸)이 허약할 때, 식욕 감퇴, 사지 무력, 구토, 하리 등에 쓴다. 가정에서는 하루에 말린 인삼 6~12g 정도를 물 1L에 넣고 달이거나 맥문동, 오미자와 함께 달여 복용하면 좋다.

가을

인삼_수삼(생뿌리)

인삼_건삼(건조한 뿌리)

인삼_홍삼(쪄서 말린 뿌리)

이기혈 치료(보혈, 보신)

작약

생약명	작약(芍藥)
사용부위	뿌리
작용부위	간, 비장 경락으로 작용한다.

학명 *Paeonia lactiflora* Pall.

이명 집함박꽃, 적작약, 함박초

과명 작약과(Paeoniaceae)

개화기 5~6월

채취시기 심은 후 4~5년 된 뿌리를 가을에 채취하여 깨끗이 씻은 후 조피(粗皮: 겉껍질)를 제거하고 가볍게 삶아서 건조하거나 그대로 건조한다.

성분 안식향산, 아스파라긴, 미량의 타닌산 및 다량의 전분이 함유되어 있으며 배당체로서 파에오니플로린(paeoniflorin), 파에오닌(paeonine) 등도 함유되어 있다.

성질과 맛 성질이 약간 차고, 맛은 시며 독은 없다.

생육특성

중국, 일본, 한국 등지에서 분포하는 숙근(宿根) 여러해살이풀로, 꽃이 아름다워 우리나라에서는 관상용으로 많이 재배하고 있다. 높이는 50~80cm 정도이고 줄기가 곧게 서며 가지가 갈라져 있다. 근생엽은 어긋나고 1~2회 깃꼴겹잎이며, 윗부분의 잎은 3개로 깊게 갈라지기도 한다. 작은 잎은 피침형, 타원형 또는 난형으로 양면에 털이 없고 가장자리가 밋밋하다. 5~6월에 백색 또는 붉은색의 큰 꽃이 가지 끝에 한 송이씩 피고, 골돌과인 열매는 8월에 익는다. 뿌리는 방추형으로 굵고 길며 절단면은 붉은빛이 돌아 적작약이라고도 한다. 백작약의 기원식물인 P. japonica의 뿌리 비대 속도가 느려 농가에서 재배를 기피하고 이 작약을 주로 재배하며, 채취 후 가공 방법에 따라서 백작약과 적작약으로 유통되고 있다.

작약_잎

작약_꽃(적색)

가을

작약_꽃봉오리

작약_줄기

약효

거담, 진정(鎭靜), 진경(鎭痙), 진통, 해열 등의 효능이 있어 비장근(脾臟筋)의 경련성 동통, 위장 연동 항진으로 인한 복통, 적리, 세균성 감염 등의 치료에 유효하다. 또한 지한 작용(止汗作用)이 있고 여성들의 월경불순, 생리통, 하복부 요통, 대하증, 갱년기 장애에 주기적인 호르몬 분비의 불균형, 산전 산후의 쇠약, 생리 기능의 부전, 수족냉증, 혈행 불순 등을 치료한다

용법과 약재

하루에 6~12g 정도를 물 1L에 넣고 반으로 달여 마시는데, 당귀와 함께 달이면 효과가 좋다

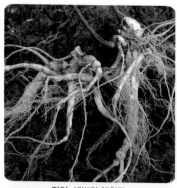
작약_생뿌리 채취품

작약_약재품

작약_재배 모습

내분비계 질환 치료(진해거담, 소종, 강심)

잔대

생약명 사삼(沙蔘)

사용부위 뿌리

작용부위 간, 담낭, 심장, 소장, 비장, 위, 폐, 대장, 신장, 방광 경락으로 작용한다.

학명 *Adenophora triphylla* var. *japonica* (Regel) H. Hara

이명 갯딱주, 남사삼(南沙蔘), 지모(知母), 사엽사삼(四葉沙蔘)

과명 초롱꽃과(Campanulaceae)

개화기 7~9월

채취시기 가을에 뿌리를 채취하여 이물질을 제거하고 세정한 후 두껍게 절편하여 건조해서 사용한다.

성분 뿌리에 샤셰노사이드(shashenoside) Ⅰ~Ⅲ, 시린지노사이드(siringinoside), β-시토스테롤글루코시드(β-sitosterolglucoside), 리놀레산(linoleic acid), 메틸스테아레이트(methylstearate), 6-히드록시오이게놀(6-hydroxyeugenol), 사포닌, 이눌린(inulin) 등을 함유한다.

성질과 맛 성질이 시원하고, 맛은 달며 독이 없다.

생육특성

전국 각지의 산과 들에 자생하는 여러해살이풀로, 높이는 40~
120cm 정도로 자란다. 줄기는 곧게 서고 전체에 잔털이 있다. 근생엽
은 잎자루가 길지만 꽃이 필 때쯤 없어지고, 경엽(莖葉)은 마주나기, 돌
려나기 또는 어긋나기하며 길이 4~8cm, 너비 5~40mm에 긴 타원형
또는 피침형, 넓은 선형으로 양끝이 좁고 가장자리에 톱니가 있다. 다양
하다. 7~9월에 보라색 또는 분홍색 꽃이 원줄기 끝에 엉성한 원추꽃차
례를 이루며 피는데, 꽃부리의 길이는 1.5~2cm이며 종 모양으로 생겼
다. 삭과인 열매는 10월경에 달리고 갈색으로 된 씨방에는 먼지 같은 작
은 종자들이 많이 들어 있다. 뿌리는 도라지처럼 엷은 황백색을 띠며 굵
은데, 질은 가볍고 절단하기 쉬우며 절단면은 유백색을 띠고 빈틈이 많다.

잔대_잎

잔대_꽃

잔대_줄기

약효

기력이 왕성하게 하고 폐의 기운을 맑게 하며, 기침을 멎게 하
고 가래를 제거하며 종기를 가라앉히는 효능이 있어서, 폐결핵성 해수
(咳嗽), 옹종(擁腫) 등의 치료에 효과적이다. 특히 각종 독성을 풀어주
는 효능이 뛰어나고 자궁의 수축 기능이 있기 때문에 출산 후 회복기의
산모에게 매우 유용하다

514

용법과 약재

건조한 약재로 하루에 12~24g을 사용하는데, 잔대 10~20g에 물 1L 정도를 붓고 끓기 시작하면 불을 약하게 줄여서 200~300mL 정도로 달여 아침저녁 2회로 나누어 복용한다. 또는 환(丸)이나 가루로 만들어 복용하기도 한다. 민간에서는 주로 독성을 제거하는 데 유용하게 사용해 왔다. 아울러 민간에서는 산후 조리를 위하여 다음의 방법으로 사용한다. 먼저 잔대 100~150g과 대추 100g을 함께 넣고 푹 달여 삼베에 거른다. 여기에 속을 긁어낸 늙은 호박 하나를 작게 토막 내어 넣고 푹 삶은 다음, 호박을 으깨어 삼베에 거른다. 여기에 막걸리 1병을 넣고 다시 끓인 다음 하루 2~3차례 한 대접씩 먹으면, 산후의 부기를 빼주며 자궁의 수축 효과가 있어 산모의 산후 회복에 아주 효과적이다. 산후에 2번 정도 만들어 먹으면 산모의 회복에 매우 좋다.

※성미가 달고 차므로 풍사와 한사로 인하여 기침을 하는 풍한해수(風寒咳嗽) 및 비위(脾胃)가 허(虛) 하고 찬 경우에는 부적당하다. 방기(防己)나 여로(黎蘆)와 함께 사용하지 않는다.

잔대_뿌리 채취품

잔대_뿌리 말린 약재품

가을

기능성과 효능에 관한 특허자료

잔대로부터 추출된 콜레스테롤 생성 저해 조성물 및 그 제조 방법

본 발명은 잔대의 에탄올 추출물을 유효 성분으로 포함하는 콜레스테롤 생성 저해 기능을 갖는 조성물 및 그 제조 방법에 관한 것으로, 잔대의 유효 성분이 콜레스테롤 생합성 과정 중 후반부 경로에 관여하는 효소를 특이적으로 저해하는 것을 특징으로 한다. 이러한 본 발명은, 현재 가장 많이 복용되는 스타틴(statin)계 약물이 콜레스테롤 생합성 전반부에 작용하면서 부작용을 동반하고 있는 것과는 달리, 콜레스테롤 생합성 후반부에 작용함으로써 부작용이 적은 치료제나 건강식품의 성분으로서 유용하게 사용될 수 있다.

〈공개번호 : 10-2003-0013482, 출원인 : (주)한국야쿠르트〉

부인병 치료(월경, 유즙불통, 활혈통경)

장구채

<table>
<tr><td>생 약 명</td><td>왕불류행(王不留行)</td></tr>
<tr><td>사용부위</td><td>전초</td></tr>
<tr><td>작용부위</td><td>간, 심장, 방광 경락으로 작용한다.</td></tr>
</table>

학명 *Silene firma* Siebold & Zucc.

이명 여루채(女婁菜), 불류행(不留行), 금궁화(禁宮花), 맥람자(麥藍子)

과명 석죽과(Caryophyllaceae)

개화기 7~8월

채취시기 여름에서 가을 사이에 전초를 채취하여 이물질을 제거하고 햇볕에 말려서 사용한다.

성분 종자에 다종의 사포닌, 바카로사이드(vaccaroside), 이소사포나린(isosaponarin) 등이 함유되어 있다.

성질과 맛 성질이 평하고, 맛은 슴슴하고 달며, 독은 없다.

생육특성

전국 각지에 야생하는 두해살이풀로, 높이는 30~80cm 정도로 자란다. 줄기는 곧게 서고 분지하지 않으며, 녹색 또는 자색을 띠는 녹색에 마디 부분은 흑자색이고 털이 없다. 잎은 마주나고, 길이 3~10cm, 너비 1~3cm에 넓은 피침형 또는 긴타원형으로 양끝이 좁으며 가장자리에 털이 있고 잎자루가 없다. 7~8월에 흰색의 작은 꽃이 잎겨드랑이와 원줄기 끝에 층층이 취산꽃차례를 이루며 피고, 삭과인 열매는 난형이고 끝이 6개로 갈라지며, 종자는 자갈색에 콩팥 모양이고 겉에 작은 돌기가 있다. 유사종인 애기장구채는 전체에 가는 털이 있으며 잎은 배 모양의 피침형이다.

장구채_잎

장구채_꽃봉오리

장구채_꽃

장구채_씨앗

약효

전초를 말린 것은 생약명이 왕불류행(王不留行)이며, 혈액순환을 원활하게 하고 경락을 잘 통하게 하며, 젖이 잘 나오게 하고 종기를 가라앉히는 효능이 있어, 여성의 경폐(經閉), 월경불순, 유즙불통(乳汁不通), 유옹종통(乳癰腫痛) 등을 치료하는 데 이용한다.

용법과 약재

전초 말린 것으로 하루에 6~12g를 사용하는데, 잘 말린 전초 10g에 물 1L를 붓고 끓기 시작하면 불을 약하게 줄여서 200~300mL 정도로 달여 아침저녁 2회로 나누어 복용한다. 가루를 내어 복용하기도 한다. 경폐(經閉: 생리가 끊긴 증상)를 다스리고자 할 때는 당귀(當歸), 향부자(香附子), 천궁(川芎), 도인(桃仁), 홍화(紅花) 등을 배합하여 사용하고, 젖이 잘 나오지 않을 때는 천산갑(穿山甲), 맥문동(麥門冬), 구맥(瞿麥), 용골(龍骨) 등을 배합하여 사용한다.

※ 활혈통경(活血通經)의 효능이 있어서 조산의 우려가 있기 때문에 임신부 또는 혈허(血虛)하면서 어체(瘀滯)가 없는 경우에는 사용을 피한다.

장구채_열매

장구채_약재품

기능성과 효능에 관한 특허자료

장구채 뿌리 추출물을 포함하는 항암제 조성물

본 발명은 장구채 식물 추출물을 유효 성분으로 함유하는 항암제 조성물 및 이를 포함하는 건강 기능성 식품 조성물에 관한 것이다.

〈공개번호 : 10-2012-0000246, 출원인 : 한림대학교 산학협력단〉

내분비계 질환 치료(당뇨, 이뇨, 혈압)

주목

생약명 자삼(紫杉)
사용부위 가지와 잎
작용부위 비장, 방광 경락으로 작용한다.

학명 *Taxus cuspidata* Siebold & Zucc.
이명 화솔나무, 적목, 경목, 노가리나무, 적백송(赤柏松), 동북홍두삼(東北紅豆杉)
과명 주목과(Taxaceae)
개화기 5~6월
채취시기 가지·잎을 연중 수시 채취한다.
성분 어린가지는 탁신(taxine)을 함유하고 줄기껍질은 항백혈병 작용과 항종양 작용이 있는 탁솔(taxol)을
함유하며 자궁암, 난소암에 선택적으로 작용한다. 심재는 탁수신(taxusin)을 함유한다. 잎은 디테르펜
(diterpene) 화합물을 함유하며 탁시닌(taxinine), 탁시닌 A, H, K, L, 파나스테론 A(panasterone A),
엑디스테론 (ecdysterone), 시아도피티신(sciadopitysin)도 함유한다.

성질과 맛 성질이 시원하고, 맛은 달고 쓰다. 잎에는 독성이 조금 있다.

생육특성

전국의 높은 산지에 분포하는 상록침엽교목으로, 높이는 15~20m 정도이다. 가지가 밀생(密生)하여 퍼지며 작은 가지는 서로 어긋나고, 수피는 적갈색으로 얕게 갈라진다. 어린가지는 녹색이나 2년 후 갈색으로 변한다. 잎은 나선상으로 달려 있지만 옆으로 뻗은 가지에서는 깃 모양으로 보이고, 길이 1.5~2cm, 너비 3mm 정도의 선형이며 밑부분이 좁고 잎끝이 뾰족하다. 표면은 짙은 녹색이고 뒷면에 연한 황색 줄이 2줄 있으며 주맥이 양쪽으로 도드라진다. 자웅 이주이며, 5~6월에 갈색 수꽃과 녹색 암꽃이 피고, 9~10월경에 둥근 열매가 붉은색으로 익는다.

주목_잎

주목_꽃

주목_열매

주목_수피

약효

가지와 잎은 생약명이 자삼(紫杉)이며, 혈당 강하와 항암 작용
이 있고 이뇨, 통경의 효능이 있어 당뇨병, 난소암, 자궁암, 백혈병, 신
장병 등을 치료한다

 용법과 약재

가지와 잎 1일량 10~20g을 물 1L에 넣고 반으로 달여 2~3회
매 식후 또는 아침저녁으로 복용한다. 껍질을 벗긴 작은 가지 1일량 10
~20g을 물 1L에 넣고 반으로 달여 2~3회 매 식후 복용한다. 잎 1일량
10~20g을 물 1L에 넣고 반으로 달여 2~3회 매 식후 또는 아침저녁으
로 복용한다. 당뇨병을 치료할 때에는 잎 20g을 물 1L에 넣고 달여서 아
침저녁으로 2회 복용하는데, 오심, 구토 등의 부작용이 나타나면 사용을
중지하고 부작용이 없으면 30g을 달여 아침저녁으로 복용한다.

주목_가지와 잎

주목_약재품

기능성과 효능에 관한 특허자료 주목의 형성층 또는 전형성층 유래 식물 줄기 세포주를 유효 성분으로 함유하는
항산화, 항염증 또는 항노화용 조성물

본 발명은 주목의 형성층 또는 전형성층 유래 세포주, 그 추출물, 그 파쇄물 및 그 배양액 중
어느 하나 이상을 함유하는 항산화, 항염증 또는 항노화용 조성물에 관한 것이다. 본 발명에
따른 조성물은 기존 항산화제와 항염증제의 부작용을 최소화하며, 세포 내의 대사 작용에 관
여하여 세포 내 활성 산소를 감소시키고, 노화와 관련된 신호들을 감소 및 유도시키는 효과가
있으므로, 노화의 방지 및 지연에 유용하다. 아울러, 본 발명에 따른 조성물은 멜라닌 생성을
억제하는 효과가 있어 미백용 화장료 조성물로서도 유용하다.

〈공개번호 : 10-2009-0118877, 출원인 : (주)운화〉

이기혈 치료(강장, 지혈, 신체허약)

쥐똥나무

생 약 명	수랍과(水蠟果)
사용부위	열매
작용부위	심장, 비장, 신장
	경락으로 작용한다

학명 *Ligustrum obtusifolium* Siebold & Zucc.

이명 개쥐똥나무, 남정실, 검정알나무, 귀똥나무, 수랍수(水蠟樹), 여정(女貞), 착엽여정(窄葉女貞), 싸리버들

과명 물푸레나무과(Oleaceae)

개화기 5~6월

채취시기 열매를 10~11월에 채취한다.

성분 열매에 β-시토스테롤(β-sitosterol), 세로트산(cerotic acid), 팔미트산(palmitic acid)이 함유되어 있다.

성질과 맛 성질이 평하고, 독이 없으며, 맛은 달다.

![생육특성 아이콘] **생육특성**

　전국 각지에 분포하는 낙엽활엽관목으로, 높이 2m 내외로 자란다. 가지는 가늘고 잔털이 있으나 2년생 가지는 털이 없으며 많이 갈라진다. 잎은 마주나고, 긴 타원형에 양끝이 뭉뚝하며 뒷면의 맥에 털이 있고 가장자리에는 톱니가 없다. 5~6월에 백색 꽃이 가지 끝에 총상 또는 겹총상꽃차례를 이루며 많이 달리고, 핵과인 열매는 난상 원형이며 10~11월에 검은색으로 익는다.

쥐똥나무_잎

쥐똥나무_꽃봉오리

쥐똥나무_꽃

가을

쥐똥나무_열매

쥐똥나무_수피

약효

잘 익은 열매를 말린 것은 생약명이 수랍과(水蠟果)이며, 기력을 왕성하게 하고 땀을 멎게 하며 출혈을 멈추게 하는 등의 효능이 있어서 자한(自汗), 육혈(衄血), 신체 허약, 신허(腎虛), 유정(遺精), 토혈, 혈변 등을 치료한다

용법과 약재

열매 1일량 10~15g을 물 1L에 넣고 반으로 달여 2~3회 매 식후 복용한다.

쥐똥나무_미완숙 열매

쥐똥나무_열매 채취품

쥐똥나무_수형

기능성과 효능에 관한 특허자료

쥐똥나무속 식물 열매와 홍삼 함유 청국장 분말로 이루어진 항당뇨 활성 조성물

본 발명은 쥐똥나무속(Ligustrum) 식물 열매 분말 또는 추출물과 홍삼 함유 청국장 분말이 0.5 내지 1 : 1로 이루어진 항당뇨 활성 조성물 및 이를 유효 성분으로 함유하는 당뇨병 예방 또는 치료용 약학 조성물 및 기능성 식품 조성물에 관한 것으로, 본 발명에 따른 조성물은 당뇨 유발 동물에서 혈당을 유의적으로 강하시킬 수 있어 당뇨병의 예방 및 치료에 매우 우수한 효과가 있다. 〈공개번호 : 10-2010-0081116, 출원인 : 김순동〉

이기혈 치료(보혈, 보신)

지황

생 약 명	생지황(生地黃), 건지황(乾地黃), 숙지황(熟地黃)
사용부위	생뿌리, 말린 뿌리, 가공 뿌리
작용부위	심장, 간, 신장 경락으로 작용한다.

학명 *Rehmannia glutinosa* (Gaertn.) Libosch. ex Steud.

이명 지수(地髓), 숙지(熟地)

과명 현삼과(Scrophulariaceae)

개화기 6~7월

채취시기 가을에 지상부가 고사한 뒤에 덩이뿌리를 채취하는데 겨울에 동해(凍害)가 없는 곳에서는
이듬해 봄에 일찍 채취하기도 한다.

성분 뿌리에 카탈폴(catalpol), 아우쿠빈(aucubin), 레오누리드(leonuride), 멜리토시드(melitoside),
세레브로시드(cerebroside), 레만니오시드 A~C(rhemannioside A~C), 모노멜리토시드
(monomelitoside) 등을 함유한다.

성질과 맛 생지황은 성질이 차고 맛은 달고 쓰며, 숙지황은 성질이 따뜻하고 맛은 달다. 둘 다 독성은 없다.

생육특성

　전국 각지에 분포하는 여러해살이풀로, 약용으로 많이 재배하고 있다. 높이는 20~30cm 정도이고, 줄기가 곧게 서며 전체에 짧은 털이 있다. 근생엽은 뭉쳐나고 긴 타원형이며, 잎끝은 둔하고 밑부분이 뾰족하며 가장자리에 물결 모양의 톱니가 있다. 잎의 표면은 주름이 있으며, 뒷면은 맥이 튀어나와 그물처럼 된다. 경엽은 어긋나고 타원형이며 톱니가 있다. 6~7월에 홍자색 꽃이 꽃자루 위에 총상꽃차례로 달리며, 삭과인 타원형 열매가 익는다. 뿌리는 감색으로 굵고 옆으로 뻗는다. 뿌리를 약용하는데, 생것은 생지황(生地黃), 건조한 것은 건지황(乾地黃: 중국에서는 이것을 생지황이라 함), 술에 버무려 시루에 찌고 햇볕에 말리는 작업을 반복한 것을 숙지황(熟地黃)이라고 한다. 중국에서는 생지황을 선지황(鮮地黃)이라 하여 약용한다. 우리나라 각지에서 재배하는데, 전북 정읍 옹동면은 전통적으로 지황의 주산지이며, 최근에는 충남 서천과 서산에서도 많이 재배하고 있다.

지황_잎(앞면)

지황_잎(뒷면)

지황_꽃

지황_뿌리

숙지황 제법

① **지황즙(地黃汁)으로 제조하는 방법** : 먼저 깨끗이 씻은 지황을 물에 담가서 가라앉는 지황은 숙지황 원재료로 준비하고, 물의 중간부에 뜨는 지황[인황(人黃)]과 수면 위에 전부 뜨는 지황[천황(天黃)]을 건져내어 함께 짓찧어 즙액을 만든다. 건져둔 지황에 짓찧어 준비한 천황과 인황을 버무린 다음 찜통에 넣고 충분히 쪄서 꺼내어 햇볕에 말리고 다시 지황즙 속에 하룻밤 담갔다가 찐 후 햇볕에 말린다. 이렇게 찌고 말리는 과정을 9번 반복하여 제조한다.

② **술, 사인(砂仁), 진피(陳皮) 등을 보료로 하여 제조하는 방법** : 술(주로 막걸리를 빚어서 사용)에 지황을 버무려 찌고 말리는 과정을 반복하는데, 안팎이 검은색이 되고 질이 촉촉하게 젖으면 햇볕에 말려서 제조한다.

지황_재배

약효

생지황은 열을 내리고 혈액의 사기(邪氣)를 제거하며, 양기를 길러주고 진액을 생성하며 심장 기능을 강화하는 등의 효능이 있어서 월경불순, 혈붕(血崩), 토혈, 육혈(衄血 : 코피), 소갈, 당뇨병, 관절동통(關節疼痛), 습진 등을 치료한다. 숙지황은 혈을 보하고 몸을 튼튼하게 하며 안태시키는 등의 효능이 있어, 빈혈, 신체 허약, 양위(陽萎), 유정(遺精), 골증(骨蒸), 태동불안(胎動不安), 월경불순, 이농소갈증, (있어, 耳膿)등을 치료하는 데 유용하다. 건지황은 음기를 길러주고 혈을 보하며 혈액의 사기(邪氣)를 제거하는 등의 효능이 음허발열(陰虛發熱), 소갈, 토혈, 비출혈, 혈붕, 월경불순, 태동불안, 음허변비(陰虛便秘)를 치료한다

용법과 약재

숙지황으로 하루에 4~20g을 사용하는데, 각종 약재와 배합하여 물을 붓고 끓여서 복용한다[사물탕(四物湯), 팔물탕(八物湯), 십전대보탕(十全大補湯) 등]. 또는 환을 만들어 복용하기도 한다[육미지황환(六味地黃丸)]. 숙지황을 삶은 물을 팥 앙금에 소량 첨가하여 반죽하면 팥 앙금이 쉽게 상하는 것을 방지할 수 있다.

※숙지황이나 건지황은 성질이 끈끈하고 점액질이기 때문에 비위(脾胃)가 허약한 사람, 기가 울체되어 담이 많은 사람, 복부가 팽만하고 변이 진흙처럼 무른 사람 등은 모두 사용하지 말아야 하며, 무를 함께 사용할 수 없다. 또한 반드시 충분하게 찌고 말리는 과정을 반복하여 사용하여야 복통, 소화불량 등을 방지할 수 있다. 또한 생지황은 수분이 많은 데다가 그 성질이 응체(凝滯)되기 쉬우므로 비 기능이 허하고 습이 많은 경우나 위 기능이 허하고 소화 기능이 떨어지는 경우, 복부가 팽만하고 진흙처럼 무른 변을 누는 사람은 사용을 피한다

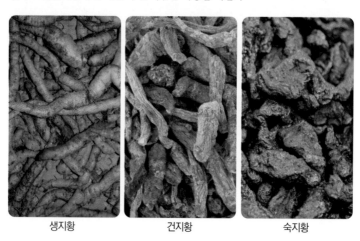

생지황   건지황   숙지황

기능성과 효능에 관한 특허자료

항산화 활성을 갖는 지황 추출물을 유효 성분으로 함유하는 조성물

본 발명은 항산화 활성을 갖는 지황 추출물을 유효 성분으로 함유하는 조성물에 관한 것으로, 본 발명의 지황 추출물은 활성 산소종(ROS) 제거 효과, UV에 의한 세포 보호 효과, 세포 사멸 저해 효과, 티로시나제 활성 저해 효과를 나타냄을 확인함으로써 피부 노화 방지, 미백 또는 각질 제거용 피부 외용 약학 조성물 및 화장료 조성물로 이용될 수 있다.

〈공개번호 : 10-2009-0072850, 출원인 : 대구한의대학교 산학협력단〉

순환기계 질환 치료(발한, 해표, 행기, 해어성독)

차즈기 (소엽)

생 약 명   자소엽(紫蘇葉),
자소자(紫蘇子)

사용부위   잎, 열매

작용부위   간, 담낭, 심장, 소장, 비장,
위, 폐, 대장, 신장, 방광
경락으로 작용한다.

학명 *Perilla sikokiana* Britton

이명 자소(紫蘇)

과명 꿀풀과(Labiatae)

개화기 8~9월

채취시기 9월 초 잎이 무성하고 꽃차례가 나오기 시작했을 때 채취하여 바람이 잘 통하는 그늘에서 말린다. 열매는 가을에 익었을 때 채취해 햇볕에 말린다.

성분 정유(精油)를 함유하고 있으며 주성분이 페릴알데히드(perillaldehyde)이고 그 밖에 리모넨(limonene), 피넨(pinene) 등이 들어 있다. 잎에 있는 홍자색의 색소는 시아닌(cyanin) 및 에스테르징이며 그 밖에 페릴라알데히드안티톡신(perilla-aldehydeantitoxin) 등을 함유하고 있다.

성질과 맛 성질이 따뜻하고 맛은 맵다.

생육특성

중국 원산의 한해살이풀로, 전국 각지에 분포하고 인가 부근의 밭에서 재배한다. 높이는 20~80cm이고, 줄기가 곧게 서며 둔하게 네모지고 전체적으로 자줏빛을 띠며 향기가 있다. 잎은 마주나며, 잎자루가 길고 광난형으로 밑부분이 둥글거나 다소 쐐기 모양에 잎끝이 날카롭고 양면에 털이 있으며 가장자리에 톱니가 있다. 8~9월에 연한 자주색 꽃이 잎겨드랑이나 줄기 끝에 총상꽃차례를 이루며 피는데, 짧은 꽃자루에 잔꽃이 다수 달리며 꽃부리는 짧은 통 모양이다. 수과인 둥근 열매는 꽃받침 안에 들어 있다.

차즈기(소엽)_잎(앞면)

차즈기(소엽)_잎(뒷면)

차즈기_꽃

차즈기_열매

약효

전초(全草)를 말려서 약용하며 생약명은 자소(紫蘇)이다. 열을 내리고 땀이 나게 하며, 가래를 없애주고 위를 튼튼하게 하며, 기의 순환을 촉진하고 독을 풀어주며 안태(安胎)시키는 등의 효능이 있어서 감기, 오한발열, 해수, 오심, 구토, 소화불량, 생선독 중독, 태동불안 등의 치료에 이용한다. 잎은 생약명이 자소엽(紫蘇葉)이며, 방향성 건위제(健胃劑)로 우수하고 거담, 진정 작용이 있어 진해제로 쓰인다. 또한 그윽한 향기가 있어 식욕을 돋우거나 음식에 향미를 더하는 데 쓰이기도 한다. 잎을 따서 그늘에 말려 만든 분말은 혈액순환을 원활하게 하는 효능이 있으며 씨는 이뇨제로 아침저녁 공복에 달여서 먹으면 좋다.

용법과 약재

잎 1일량 9~15g을 물 1L에 넣고 달여서 2~3회로 나누어 복용한다. 건뇌(健腦)에는 잎을 그늘에 말려 가루로 만들어 매 식사 때마다 밥에 비벼서 먹거나 20g 정도를 물 한 컵에 타서 매 식후에 복용하면 아주 좋다. 씨는 기름을 짜서 방부제로 사용하는데, 씨의 한 성분인 시소 알데히드(ciso-aldehyde)의 안티옥심(antioxime)은 그 감미(甘味)가 설탕의 2천 배나 되며 열에 분해되고 타액으로도 분해되나 그 자극이 너무 강하여 조미료로는 이용하지 않고 담배의 조미료 등 방부제로만 쓰고 있다. 말린 잎 12~20g을 물 300mL에 넣고 달여서 복용하거나 피부병이 있는 사람은 목욕물로 사용하면 좋다.

차즈기_약재품

차즈기_열매 약재품

내분비계 치료(항암, 소종, 치통)

참느릅나무

생약명 낭유피(欀楡皮),
낭유경엽(欀楡莖葉)

사용부위 수피와 근피, 줄기와 잎

작용부위 간, 방광 경락으로
작용한다.

학명 *Ulmus parvifolia* Jacq.

이명 좀참느릅나무, 둥근참느릅나무, 둥근참느릅, 좀참느릅, 소엽유(小葉楡), 세엽랑유(細葉欀楡)

과명 느릅나무과(Ulmaceae)

개화기 8~9월

채취시기 수피·근피는 가을, 줄기·잎은 여름·가을에 채취한다.

성분 수피와 근피에는 전분, 점액질, 타닌, 스티그마스테롤(stigmasterol) 등의 피토스테롤
(phytosterol)이 함유되어 있고 그밖에 셀룰로오스, 헤미셀룰로오스(hemicellulose), 리그닌(lignin),
펙틴(pectin), 유지가 함유되어 있다. 줄기와 잎에는 7-히드록시카달레날(7-hydroxycadalenal),
만소논 C, G(mansonone C, G), 시토스테롤(sitosterol)이 함유되어 있다.

성질과 맛 수피·근피는 성질이 차고 독이 없으며, 맛은 달다. 줄기·잎은 성질이 평하고, 맛은 쓰다.

![생육특성]🪷 **생육특성**

경기 이남에 분포하는 낙엽활엽교목으로, 산기슭 및 하천 등지에서 자란다. 높이는 10m 내외로 자라고, 수피는 회갈색으로 두꺼우며 잘게 갈라지고 작은 가지에 털이 있다. 잎은 어긋나고, 길이 3~5cm, 너비 1.5~2.5cm에 도란상 타원형 또는 도란상 피침형으로 두꺼우며, 밑부분은 원형이고 잎끝은 뾰족하며 가장자리에 톱니가 있다. 잎의 윗면은 반들반들하고 윤기가 있으며 뒷면은 어린잎일 때는 잔털이 있으나 자라면서 없어지고 잎자루는 짧다. 8~9월에 황갈색 꽃이 잎겨드랑이에 모여 달리고, 열매는 타원형으로 10~11월에 익는데 날개 같은 것이 붙어 있다

참느릅나무_잎

참느릅나무_꽃

가을

참느릅나무_열매

참느릅나무_수피

약효

수피 또는 근피는 생약명이 낭유피(榔楡皮)이며, 소변을 원활하게 하고 종기를 가라앉히는 등의 효능이 있어서 종기, 설사, 궤양, 젖멍울, 종양, 위암, 습진 등을 치료한다. 줄기와 잎은 생약명이 낭유경엽(榔楡莖葉)이며 요통, 치통, 창종(瘡腫)을 치료한다. 참느릅나무의 수피 추출물은 염증 및 면역 억제의 효과가 있다.

용법과 약재

수피 또는 근피 1일량 20~30g을 물 1L에 넣고 반으로 달여 2~3회 매 식후 복용한다. 줄기와 잎 1일량 50~100g을 물 1L에 넣고 반으로 달여 2~3회 매 식후 복용한다. 외용할 때는 줄기와 잎 생것을 적당량 짓찧어 환부에 붙여 창종을 치료하고, 잎 50~60g을 물 1L에 넣고 반으로 달여 수시로 양치질을 하여 치통을 치료한다.

참느릅나무_약재품

참느릅나무_뿌리(유근피) 약재품

기능성과 효능에 관한 특허자료

참느릅나무 수피 추출물을 유효 성분으로 함유한 면역 억제제 및 이의 이용 방법

본 발명은 참느릅나무 수피 추출물을 유효 성분으로 함유한 면역 억제제 및 이의 이용 방법에 관한 것으로서, 더욱 상세하게는 참느릅나무의 수피를 환류 냉각 장치를 이용해 유기용제 및 증류수로 추출, 여과하여 얻은 수용성 고분자를 유효 성분으로 함유시킴으로써, 장기 이식 시 발생하는 거부 반응의 제어, 자가 면역 질환의 치료 및 만성 염증의 치료에 효과적인 면역 억제제와 이의 이용 방법에 관한 것이다.

〈공개번호 : 10-1998-0086059, 출원인 : 한솔제지(주)〉

이기혈 치료(보혈, 보신)

참당귀

생약명	당귀(當歸)
사용부위	뿌리
작용부위	심장, 비장 경락으로 작용한다.

학명 *Angelica gigas* Nakai
이명 조선당귀, 건귀(乾歸), 문귀(文歸), 대부(大斧), 상마(象馬)
과명 산형과(Umbelliferae)
개화기 8~9월
채취시기 가을에서 봄 사이에 뿌리를 채취하여 토사를 제거하고, 1차 건조를 한 다음 절단하여
2차 건조를 하고 저장한다. 사용 목적에 따라서 가공 방법을 달리하는데, 보혈(補血),
조경(調經), 윤장통변(潤腸通便)에는 살짝 볶아서 이용한다. 주자(酒炙: 술을 흡수시켜
프라이팬에 약한 불로 볶음)하여 사용하면 혈액 순환을 돕고 어혈을 제거하는 활혈산어
(活血散瘀)의 효능이 증강되어 혈어경폐(血瘀經閉: 어혈로 인한 월경의 막힘)와 통경(通經),
산후어체(産後瘀滯), 복통, 타박상 및 풍습비통(風濕痺痛)을 치료한다. 토초(土炒)하여
사용하면 혈허(血虛)로 인한 변당(便糖: 대변이 진흙처럼 무른 증상)을 치료하고, 초탄(炒炭)

하면 지혈(止血) 작용이 증가한다. 꽃이 피면 뿌리가 목질화되어 약재로 사용할 수 없으므로 꽃대가 올라오지 않도록 재배하는 것이 중요하다.

성분 뿌리에는 데쿠르신(decursin), 종자에는 데쿠르시놀(decursinol), 이소-임페라틴(iso-impe -ratin), 데쿠르시딘(decursidin) 등이 함유되어 있다.

성질과 맛 성질이 따뜻하며, 맛은 달고 맵고 독은 없다.

🌿 생육특성

전국 각지에 분포하는 숙근성 여러해살이풀로, 산지의 계곡이나 습기가 있는 토양에서 잘 자라며 농가에서 약용 식물로 재배한다. 줄기는 높이 1~2m 정도로 곧게 자라며, 뿌리는 굵은 편이고 강한 향기가 있다. 근생엽과 밑 부분의 잎은 엽병이 길며 1~3회 깃꼴 겹잎이다. 소엽은 3개로 완전히 갈라지 고 다시 2~3개로 갈라지며, 열편은 긴 타원형 또는 난형이고 가장자리에 겹톱니가 있다. 8~9월에 짙은 보라색 꽃이 겹산형꽃차례로 피는데, 가지와 줄기 끝에서 발달한 꽃차례가 15~20개로 갈라져 20~40개의 꽃이 달린다. 열매는 9~10월에 익으며 타원형에 넓은 날개가 있다. 원뿌리는 길이 3~7cm, 지름 2~5cm이고 가지뿌리는 길이 15~20cm이다. 뿌리의 표면은 엷은 황갈색 또는 흑갈색이며 절단면은 평탄하고 형성층에 의하여 목부(木部)와 피부(皮部)의 구별이 뚜렷하고, 목부와 형성층 부근의 피부는 어두운 황색이나 나머지 부분은 유백색이다.

참당귀_잎

참당귀_꽃

참당귀_열매

🥣 약효

혈액을 보충하고 조화롭게 하며, 어혈을 풀어주고 월경을 잘 통하게 하며 통증을 멎게 하고, 신경을 안정시키며 장의 기능을 윤활하게 하는 등의 효능이 있어서 월경부조(月經不調)와 경폐복통(經閉腹痛)

을 치료한다. 또한 붕루(崩漏), 혈이 부족하여 생긴 두통, 어지럼증, 장이 건조하여 오는 변비, 타박상 등의 치료에도 이용한다. 특히 참당귀에는 일당귀나 당당귀에 들어 있지 않은 데쿠르신(decursin)이라는 물질이 다량 함유되어 있어서 항노화, 항산화 및 항암 작용에 관여하는 것으로 알려져 최근 한국산 참당귀가 각광을 받고 있다. 반면에 일당귀나 당당귀에는 조혈(造血) 작용에 관여하는 비타민 B12가 다량으로 함유되어 있는 것으로 밝혀졌다.

용법과 약재

말린 것으로 하루에 4~20g을 사용하는데, 말린 약재 5~15g에 물 700mL 정도를 붓고 끓기 시작하면 불을 약하게 줄여서 200~300mL 정도로 달여 아침저녁 2회로 나누어 복용한다. 다른 약재들과 함께 배합하여 차 재료로 다양하게 이용한다. 또한 약선의 재료로서, 특히 민간요법으로 습관성 변비와 노인, 어린이, 산모 및 허약한 사람의 변비에 많이 이용한다. 외용할 때는 약재 달인 물로 환부를 씻는다.

※성질이 따뜻하므로 열성출혈(熱性出血)의 경우에는 사용을 피하고, 또한 습윤하고 활설(滑泄)한 성질이 있으므로 습사로 인하여 중초가 팽만한 경우나 대변당설(大便溏泄: 대변이 진흙처럼 무른 것)의 경우에는 모두 신중하게 사용하여야 한다.

참당귀_뿌리 채취품

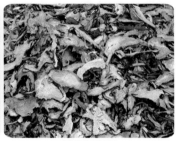

참당귀_약재품

가을

기능성과 효능에 관한 특허자료 | 당귀 추출물을 포함하는 골수 유래 줄기세포 증식 촉진용 조성물

본 발명은 당귀 추출물을 이용하여 골수 유래 줄기세포의 증식을 촉진시키는 조성물에 관한 것으로, 본 발명의 조성물은 줄기세포의 증식 및 분화를 위해 G-CSF만을 단독 투여했던 방법에 의해 야기되었던 비장종대와 같은 부작용을 해결하여, 당귀 추출물의 병용 투여로 현저히 완화시켰으며, 줄기세포의 증식 및 분화를 보다 촉진시키는 효과가 있다.

〈등록번호 : 10-1373100-0000, 출원인 : 재단법인 통합의료진흥원〉

참마

생약명	산약(山藥)
사용부위	덩이뿌리
작용부위	비장, 폐, 신장 경락으로 작용한다.

학명 *Dioscorea japonica* Thunb.

이명 서여(薯蕷), 산우(山芋), 산저(山藷), 옥연(玉延), 서약(薯藥)

과명 마과(Dioscoreaceae)

개화기 7~8월

채취시기 가을(10~11월)에 채취하여 물에 잘 씻어 잔뿌리를 없애고, 겉껍질을 벗겨 햇볕이나
건조실에서 말린다. 건조 시에는 변색되지 않도록 온도와 습도 조절에 주의한다.

성분 전분 외에 뮤신(mucin), 알란토인(allantoin), 용혈(적혈구의 세포막이 파괴되어 그 안의 헤모글로빈이
혈구 밖으로 나오는 현상) 작용이 매우 적은 사포닌, 아르기닌(arginine), 혈당량을 감소시키는 디오스신
(dioscin), 바타신(batasin) Ⅰ, Ⅱ, Ⅲ을 함유하고 있다. 특히 점액질에는 소화효소와 단백질의 흡수를
돕는 뮤신이 들어 있는데 뮤신은 사람의 위 점막에서도 분비되며 이것이 결핍되면 위궤양을 일으키는
원인이 된다고 한다.

성질과 맛 성질이 평하고 맛은 달다. 독성은 없으나 피부 발진과 가려움증을 유발하는 경우가 있으므로 민감한 사람은 주의한다.

생육특성

전국의 산지에 분포하는 덩굴성 여러해살이풀로, 육질의 뿌리에서 줄기가 나와 다른 물체를 감아 올라간다. 잎은 마주나거나 어긋나며, 입자루가 길고 길이 5~10cm, 너비 2~2.5cm에 긴 타원형 또는 좁은 삼각형으로 잎끝이 뾰족하며 털이 없고 잎겨드랑이에서 주아(主芽)가 자란다. 자웅 이주이며, 7~8월경 잎겨드랑이에 1~3개의 수상꽃차례가 달리는데, 수꽃이삭은 곧게 서고 암꽃이삭은 아래로 늘어지며 작고 하얀 꽃이 드문드문 핀다. 열매는 삭과이며 광타원형에 3개의 날개가 있다. 산속에서 발견한 참마를 파보면 굵은 손가락만 한데, 이것은 영양번식체인 영여자(零餘子)가 떨어져서 자란 것이다.

참마_잎   참마_꽃   참마_열매

약효

몸을 튼튼하게 하고 정기를 더하며, 비장과 폐의 기운을 보하고 설사를 멎게 하는 등의 효능이 있어 신체 허약, 폐결핵, 정수 고갈, 유정(遺精), 야뇨증, 비허(脾虛)로 인한 설사, 당뇨병, 대하, 소변빈삭(小便頻數) 등의 치료에 이용한다. 어지럼증과 두통의 치료, 진정, 체력 보강, 거담 등 한방에서 알려진 효능만도 10여 가지에 달하여, 산약(山藥)이라는 생약명에 걸맞게 예로부터 널리 약용되어 왔다. 자양 강장에 특별한 효험이 있고 소화불량이나 위장 장애, 당뇨병, 기침, 폐질환 등에도 효

과적이다. 특히 신장 기능을 튼튼하게 하는 작용이 강해 원기가 쇠약한 사람이 오래 복용하면 좋다고 한다. 또한 혈관에 콜레스테롤이 쌓이는 것을 예방하여, '마장국(메주에 마즙을 넣어 만든 것)을 먹으면 중풍에 걸리지 않는다'는 말이 있을 정도이다. 이것은 마에 함유된 사포닌이 콜레스테롤 함량을 낮추어 혈압을 내리기 때문인 것으로 추측된다. 뮤신 성분은 위궤양 예방과 치료 및 소화력 증진에 도움을 주며, 장벽을 통과할 때 장벽에 쌓인 노폐물을 흡착하여 배설하는 중요한 역할을 하여 정장 작용이 매우 뛰어난 것으로 알려져 있다.

용법과 약재

한방약에서는 팔미환(八味丸) 등에 섞어 체력이 떨어진 노인에게 처방하였다. 팔미환은 육미지황원(六味地黃元: 숙지황 320g, 산약·산수유 각 160g, 목단피·백복령·택사 각 120g)에 오미자 8g을 더한 신기환(腎氣丸)에, 육계·부자포 각 40g을 넣고 가루로 만들어 꿀에 반죽하여 환으로 만든 것인데 명문양허(命門陽虛)를 치료한다. 가미팔미원을 오랫동안 복용하면 당뇨를 완전히 치료할 수 있다(방약합편). 또한 가래가 제거되지 않을 때에는 뿌리를 부드럽게 찌거나 구워 먹든지 설탕이나 벌꿀을 발라 먹으면 좋다. 날것을 가늘게 썰거나 갈아서 먹기도 하며, 쪄서 말려 가루를 내어 먹기도 한다. 참마에 함유된 효소는 열에 약하므로 생즙으로 먹는 것이 좋다고 하며, 사과나 당근 등을 함께 넣어 갈면 먹기에도 좋고 영양도 좋다. 또한 강판에 갈아 종기에 붙이면 잘 낫는다.

참마_생뿌리 채취품

참마_약재품

부인병 치료(강장, 진정, 진경, 항균)

천궁

생 약 명	천궁(川芎)
사용부위	뿌리줄기
작용부위	간, 담낭, 심장 경락으로 작용한다.

학명 *Cnidium officinale* Makino
이명 궁궁이, 천궁(川藭), 향과(香果), 호궁(湖芎), 경궁(京芎)
과명 산형과(Umbelliferae)
개화기 8~9월
채취시기 9~10월에 뿌리줄기를 채취하여 잎과 줄기를 제거하고 햇볕에 말린다. 중국 천궁의 경우
　　　　　평원에서 재배한 것은 소만(小滿: 5월 20일경) 이후 4~5일이 지난 다음 채취하는 것이 좋고,
　　　　　산지에 재배한 것은 8~9월에 채취하여 잎과 줄기, 수염뿌리를 제거하고 깨끗이 씻은 다음
　　　　　햇볕에 말리거나 건조기에 건조한다. 일반적으로 이물질을 제거하고 세정한 다음 물을 뿌려
　　　　　윤투(潤透: 누기를 주어 부드럽게 만드는 것)되면 얇게 썰어 햇볕 또는 건조기에 말린다.
성분 뿌리에 크니딜리드(cnidilide), 리구스틸리드(ligustilide), 네오크니딜리드(neocnidilide),
　　　　부틸프탈리드(butylphthalide), 세다놀산(sedanolic acid) 등이 함유되어 있다.

성질과 맛 성질이 따뜻하며, 맛은 맵고, 독성은 없다.

 생육특성

　　중국 원산의 여러해살이풀로, 울릉도를 비롯한 전국 각지에서 재배하고 있다. 높이는 30~60cm 정도이고, 줄기가 곧게 서며 땅속 뿌리줄기는 부정형의 덩어리로 비대하다. 뿌리의 표면은 황갈색이며 거친 주름이 평행으로 돌기되어 있다. 잎은 어긋나고, 2회 깃꼴겹잎이며 소엽은 난형 또는 피침형으로 가장자리에 톱니가 있다. 근생엽은 잎자루가 길고 경엽은 위로 갈수록 점차 작아지며 밑부분이 원줄기를 감싸고 있다. 8~9월에 흰색 꽃이 줄기 끝이나 가지 끝에 겹산형꽃차례를 이루며 피는데, 꽃잎 5개가 안으로 굽고 수술은 5개, 암술은 1개이다. 열매는 난형이며 성숙하지는 않는다. 천궁의 재배 역사는 400년 이상으로 추측된다. 본래 '궁궁(芎窮)'이라 불렸는데, 특히 중국 쓰촨성[四川省]의 것이 품질이 우수하여 다른 지방의 것과 구분하기 위해 '천궁(川芎)'이라고 부르던 것이 보통 명사화한 것으로 보인다. 우리나라에는 고려 시대부터 기록이 나타나며, 조선 시대의 《향약채취월령》에 '사피초(蛇避草)'로 기록되어 있고, 《동의보감》에는 '궁궁이'라고 기록되어 있으며 《탕액본초》에 처음으로 '천궁'이라고 기록되었다. 중국에서 천궁이 유입되기 전부터 우리나라에 자생하던 궁궁이는 'Angelica polymorpha Maxim.'이며 높이가 60cm 이상으로, 농가에서 재배하는 천궁보다 크게 자란다. 토천궁의 기원에 관해서는 몇 가지의 이론(異論)이 있다. 실제 상당수 농가에서 '토천궁'이라 하며 재배하고 있는 천궁은 'Ligusticum chuanxiong Hort.'이며, 대부분의 농가에서는 'Cnidium officinale Makino.'를 '천궁'으로 재배하고 있다. 또한 중국에서는 중국천궁(Ligusticum chuanxiong Hort.)을 천궁의 기원식물로 하고 있다.

천궁_잎

천궁_꽃

천궁_열매

천궁_줄기

가을

약효

혈액순환을 원활하게 하고 기의 순환을 촉진하며, 풍사를 제거하고 경련을 진정시키며 통증을 멎게 하는 등의 효능이 있어서 월경부조(月經不調), 경폐통경(經閉通經), 복통, 흉협자통(胸脇刺痛: 가슴이나 옆구리가 찌르는 듯 아픈 증상), 두통, 풍습비통(風濕痹痛) 등을 치료하는 데 이용한다.

용법과 약재

말린 것으로 하루에 4~12g 정도를 사용하는데, 물을 붓고 끓여서 복용하거나 가루 또는 환으로 만들어 복용한다. 보통 다른 약재와 배합하여 차 또는 탕제의 형태로 복용하며, 약선의 재료로 쓰기도 한다. 향이 강하므로 음식 주재료의 향이나 맛에 영향을 미치지 않도록 최소량

(기준 용량의 10~20% 정도)으로 사용하도록 주의한다. 민간에서는 두통의 치료를 위하여 쌀뜨물에 담가두었다가 말린 천궁을 부드럽게 가루 내어 4 : 6의 비율로 꿀에 재운 다음 한 번에 3~4g씩 하루 3회 식전에 복용한다. 또 절편한 천궁을 황주와 고루 섞어 약한 불로 황갈색이 되도록 볶아서 햇볕에 말려 사용한다(천궁 100g에 황주 25g). 토천궁은 그대로 사용하면 두통이 올 수 있으므로 두통의 원인 물질인 휘발성 정유 성분을 제거하기 위하여 흐르는 물에 하룻밤 정도 담가두었다가 건져서 말려 사용한다. 농가에서는 울타리 주변에 심어 뱀의 침입을 방지하기도 한다.

※맛이 맵고 성질이 따뜻하기 때문에 승산(昇散: 기를 위로 끌어올리고 발산하는 성질)하는 작용이 있다. 따라서 음허화왕(陰虛火旺: 음기가 허한 상태에서 양기가 성한 상태)으로 인한 두통이나 월경 과다에는 사용을 피하는 것이 좋고, 특히 토천궁의 경우에는 휘발성 정유 물질이 많아서 두통을 유발하는 원인이 될 수 있으므로 흐르는 물에 하룻밤 정도 담가서 충분히 정유 성분을 빼내고 사용해야 한다.

천궁_생뿌리

천궁_약재품

 기능성과 효능에 관한 특허자료   **천궁 추출물을 함유하는 신경 변성 질환 예방 또는 치료용 약학 조성물**

본 발명은 신경 교세포에 의해 야기되는 신경 염증에 있어서 천궁 추출물이, 활성화된 신경 소교세포의 전염증 매개인자를 억제함으로써 신경 염증 억제에 효능을 가질 수 있도록 하는 신경 변성 질환 예방 또는 치료용 약학 조성물 및 건강 기능 식품과, 그러한 천궁 추출물을 추출하는 추출 방법에 관한 것이다.

〈공개번호 : 10-2014-0148168, 출원인 : 건국대학교 산학협력단〉

순환기계 질환 치료(고혈압, 항암, 뇌졸중, 강장)

천마

생 약 명	천마(天麻)
사용부위	뿌리줄기
작용부위	간 경락으로 작용한다.

학명 *Gastrodia elata* Blume

이명 수자해좆, 적마, 신초, 귀독우(鬼督郵), 명천마(明天麻)

과명 난초과(Orchidaceae)

개화기 6~7월

채취시기 가을에서 이듬해 봄 사이에 뿌리줄기를 채취하여 햇볕에 말린다. 그냥 복용하면 고유의 오줌 지린내가 많이 나서 복용에 어려움이 있다. 이때는 이물질을 제거하고 윤투(潤透)시킨 다음 가늘게 썰어서 밀기울과 함께 볶아 가공하면 냄새를 제거할 수 있다.

성분 뿌리줄기의 주성분은 가스트로딘(gastrodin)이다. 그 외에도 바닐린(vanillin), 바닐릴알코올(vanillyl alcohol), 4-에토이메틸페놀(4-ethoymethyl phenol), p-히드록시벤질알코올(p-hydroxy -benzyl alcohol), 3,4-디히드록시벤즈알데하이드(3,4-dihydroxybenzaldehyde) 등을 함유한다.

성질과 맛 성질이 평하고, 맛은 달며, 독은 없다.

생육특성

중부 이북에 분포하는 여러해살이풀로, 부식질이 많은 숲속에서 식물의 뿌리에 기생한다. 전국 각지에서 재배 가능한데, 남부 지방에서는 고지대에서 재배하고 있다. 높이는 60~100cm 정도로 자라고, 줄기는 곧게 서며 털이 없고 황갈색이다. 줄기에는 잎이 듬성듬성 나 있지만 퇴화되어 없어지고, 잎집 같은 잎은 막질이며 원줄기를 둘러싸고 있다. 6~7월에 황갈색 꽃이 줄기 끝에 피는데, 많은 꽃이 곧게 선 이삭 모양의 총상꽃차례를 이루며 층층이 달린다. 열매는 9~10월경에 익는데, 도란형에 삭과이며 겉에 화피가 남아 있다. 땅속 괴경(塊莖)은 비대하고 가로로 뻗으며, 길이 10~18cm, 지름 3.5cm 정도에 타원형이고 옆으로 뚜렷하지 않은 테가 있다. 표면은 황백색 또는 담황갈색이며 정단(頂端)에는 홍갈색 또는 심갈색의 앵무새 부리 모양 잔기가 남아 있다. 질은 단단하여 절단하기 어렵고, 단면은 비교적 평탄하며 황백색 또는 담갈색의 각질(角質) 모양이다. 이 덩이줄기가 더벅머리 총각의 성기를 닮았다고 하여 수자해좃이라는 이름이 붙여졌다

천마_새순

천마_꽃대

천마_열매

🌿 약효

간의 기운을 다스리고 풍사를 없애며, 경기를 멈추게 하고 경락을 통하게 하는 등의 효능이 있어서 두통과 어지럼증을 치료하며, 팔다리가 마비되는 증상, 어린이의 경풍, 언어 장애, 고혈압, 유행성 뇌척수막염, 간질, 파상풍 등의 치료에 이용한다.

🍵 용법과 약재

하루에 건조한 약재 6~12g을 사용하는데, 물에 끓여 복용하거나 환 또는 가루로 만들어 복용한다. 소주를 부어 침출주로 복용하기도 하는데, 밀기울로 잘 포제하여 말린 천마 50~100g에 소주(30%) 3.6L 정도를 넣고 밀봉하여 1달 이상 두었다가 식후에 소주잔으로 1잔씩 복용하면 편두통에 매우 효과적이다. 민간요법으로 편두통 치료를 위하여 마른 천마를 가루로 만들어 5~10g씩 1일 2~3회 식후 복용한다. 또한 소화불량에는 말린 천마 1,200g과 산약(山藥 : 마) 600g을 섞어서 가루 내어 복용한다. 또 현기증과 두통, 감기의 열을 치료하는 방법으로 하루에 천마 3~5g에 말린 천궁을 첨가하여 복용하면 매우 효과가 좋다.
※ 기혈이 심하게 허약한 경우에는 신중하게 사용하여야 한다.

천마_생뿌리 채취품

천마_약재품

가을

기능성과 효능에 관한 특허자료

천마 추출물을 함유하는 위염 또는 위궤양의 예방 또는 치료용 조성물
본 발명에 따른 천마 추출물은 침수성 스트레스 유발로 인한 위 점막 세포의 손상을 보호하고, 염증 유발 인자인 산화 질소의 합성을 억제하여 위염 또는 위궤양 억제 효과를 나타내므로 위염 또는 위궤양의 예방 또는 치료에 유용하다.
〈공개번호 : 10-2009-0046425, 출원인 : 경북대학교 산학협력단〉

내분비계 질환 치료(당뇨, 변비, 음허화왕)

천문동

생약명 천문동(天門冬)
사용부위 덩이뿌리
작용부위 폐, 신장 경락으로 작용한다.

학명 *Asparagus cochinchinensis* (Lour.) Merr.
이명 천동(天冬), 천문동(天文冬)
과명 백합과(Liliaceae)
개화기 5~6월
채취시기 가을에서 겨울 사이에 덩이뿌리를 채취하여 끓는 물에 데쳐서 껍질을 벗기고 햇볕에 말린다.
　　　　　이물질을 제거하고 물로 깨끗이 씻어 속심을 제거[去心]하고 절단하여 말린다.
　　　　　거심하지 않고 그대로 절단하여 사용하기도 한다.
성분 덩이뿌리에 아스파라긴 IV, V, VI, VII, 5-메톡시메틸푸르푸랄(5-methoxymethylfurfural),
　　　 β-시토스테롤(β-sitosterol) 등을 함유한다.

성질과 맛 성질이 차고, 맛은 달고 쓰며, 독은 없다.

생육특성

중부 이남의 서해안 바닷가에 주로 자생하는 덩굴성 여러해살이풀로, 원줄기는 1~2m까지 자라고 근경은 짧으며 많은 방추형 뿌리가 사방으로 퍼져 있다. 잎처럼 생긴 잔가지는 1개 또는 3개씩 모여나며 선형(線形)에 끝이 뾰족하여 가시 같고 활처럼 약간 굽는다. 5~6월에 담황색 꽃이 잎겨드랑이에 1~3개씩 달리고, 열매는 장과로 구형에 백색이며 속에 검은색 종자가 1개 들어 있다. 약재인 덩이뿌리는 길이 5~15cm, 지름 0.5~2cm에 긴 방추형으로 조금 구부러져 있다. 덩이뿌리의 표면은 황백색 또는 엷은 황갈색이며 반투명하고 고르지 않은 가로주름이 있고 더러는 회갈색의 외피(外皮)가 남아 있는 것도 있다. 질은 단단하거나 유윤(柔潤)하기도 하며 점성(粘性)이 있다. 단면은 각질 모양이며 중심부는 황백색이다

천문동_잎

천문동_꽃

천문동_열매

약효

몸 안의 음기를 길러주고 진액을 생성하여 윤활하게 하며, 폐의 기운을 깨끗하게 하고 위로 치미는 화를 가라앉히는 등의 효능이 있어서 음허발열(陰虛發熱: 음기가 허하여 열이 발생하는 증상, 음허화왕과 같음), 해수토혈(咳嗽吐血: 기침을 하면서 피를 토하는 증상)을 치료하고, 그 밖에도 폐위(肺痿), 폐옹(肺癰), 인후종통(咽喉腫痛), 소갈, 변비 등을 치료하는 데 유용하다

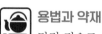

용법과 약재

말린 것으로 하루에 5~15g을 사용하는데, 흔히 민간요법으로 당뇨병 치료를 위하여 물에 달여서 장기간 복용하면 허로증(虛勞症)을 다스리는 데 좋고, 술에 담가서 공복에 1잔씩 먹으면 좋다. 또한 해수와 각혈을 치료하고 폐의 양기를 도우므로 달여서 먹거나 가루 내어 먹거나 술에 담가서 먹는다. 또 설탕에 당침(설탕과 약재를 1:1로 취하여 유리병이나 토기에 한 켜씩 번갈아 다져 넣고 밀봉하여 100일 이상을 우려 내는 것)하여 먹으면 담을 제거하는 데 도움이 된다. 특히 마른기침을 하면서 가래가 없거나 적은 양의 끈끈한 가래가 나오고 심하면 피가 섞이는 증상에는 뽕잎(상엽), 사삼, 행인 등과 같이 사용하면 좋다.

※달고 쓰며 찬 성미가 있기 때문에 허한(虛寒)으로 설사를 하는 경우와 풍사(風邪)나 한사(寒邪)로 인하여 해수를 하는 경우에는 사용을 피한다.

천문동_생뿌리 채취품

천문동_약재품

기능성과 효능에 관한 특허자료

천문동 추출물을 유효 성분으로 포함하는 발암 예방 및 치료용 항암 조성물

본 발명은 천문동 추출물을 유효 성분으로 포함하는 발암 예방 및 치료용 항암 조성물에 관한 것으로, 구체적으로 물, 알코올 또는 이들의 혼합물로 추출된 천문동 추출물을 추가로 n-헥산, 메틸렌클로라이드, 에틸아세테이트, n-부탄올 및 물의 순으로 계통 분획하여 에틸아세테이트 또는 n-부탄올로 분획되는 에틸아세테이트 또는 n-부탄올 분획물을 유효 성분으로 포함하고, 세포 괴사에 의해 암세포에 대해 세포 독성을 나타내는 예방 또는 치료용 약학적 조성물에 관한 것이다. 〈공개번호 : 10-2011-0057972, 출원인 : 한국한의학연구원〉

이기혈 치료(자양강장, 양혈, 수렴, 지혈)

측백나무

학명 *Thuja orientalis* L, Franco = [*Biota orientalis* (L.) Endl.]
이명 백엽(柏葉), 총백엽(叢柏葉)
과명 측백나무과(Cupressaceae)
개화기 4~5월

| **생약명** | 측백엽(側柏葉), 백근백피(柏根白皮), 백지절(柏枝節), 백자인(柏子仁) |

생 약 명 측백엽(側柏葉), 백근백피(柏根白皮), 백지절(柏枝節), 백자인(柏子仁)

사용부위 어린가지와 잎, 뿌리껍질, 나뭇진, 종인

작용부위 간, 심장, 대장 경락으로 작용한다.

채취시기 잎과 가지는 봄·가을, 근피는 연중 수시, 종인은 종자가 익었을 때인 9~10월에 채취한다.

성분 잎에는 정유가 소량 함유되어 있고 이 정유에 투옌(thujene), 투온(thujone), 펜촌(fenchone), 피넨, 카리오필렌(caryophyllene)이 늘어 있으며 슬라본류에는 아로마덴드린(aromadendrine), 퀘르세틴, 미리세틴, 히노키플라본, 아멘토플라본(amentoflavone) 등이 있다. 이 밖에도 타닌, 수지, 비타민 C 등을 함유한다. 굵은 가지와 목재 및 근피는 정유를 함유하는데 대부분은 세스퀴테르펜알코올(sesquiterpene alchol)의 세드롤(cedrol), 위드롤(widdrol), α-이소쿠파레놀(α-isocuparenol), α, β-비오톨, β-이소비오톨(β-Isobiotol), 쿠르쿠멘에네르(curcumenether), 세스퀴테르펜의 투욥센(thujopsene), 투욥사클리엔

가을 **551**

(thujopsacliene), α, β-세드렌, β-카미그렌(β-chamigrene), α, γ-쿠프레넨(α, γ-cuprenene), α-쿠르쿠멘, 디하이드로-α-쿠르쿠멘, 쿠파렌(cuparene) 등이며 세스퀴테르펜케톤의 α-β-쿠파레논(α-β-cuparenone), 미우론(myurone), 위드롤, α-에폭시드, 모노테르펜산(monoterpenic acid) 등도 있다. 열매에 세스퀴테르페노이드(sesquiterpenoid)류 중 세드롤, α·β·γ-쿠파레놀(α·β·γ-cuparenol), α·β-비오톨, α·β-쿠파레논, 디테르페노이드(diterpenoid)류 중에는 피누솔리드(pinus olide), 사포닌, 리그난, 정유, 지방산 등이 함유되어 있다.

성질과 맛   잎은 성질이 차고, 맛은 쓰고 떫다. 근피는 성질이 평하고, 독이 없으며, 맛은 쓰다. 가지는 성질이 평하고, 맛은 쓰다. 종인은 성질이 평하고, 맛은 약간 쓰다.

🪷 생육특성

전국의 산과 들에 자생하거나 정원이나 울타리 등에 심어 가꾸는 상록침엽 교목으로, 높이는 10~20m 정도이며 흔히 관목상이다. 수형은 원추형으로 가지가 많이 갈라지고, 수피는 회갈색이며 비늘 모양으로 벗겨진다. 잎은 십자형으로 마주나고 작은 비늘 모양에 전체적으로 손바닥을 세운 것 같은 독특한 형태를 띤다. 자웅 동주이며, 4~5월에 황록색 꽃이 피는데 수꽃은 지난해에 나온 가지 끝에 1개 달리고 10개의 인편으로 이루어지며 5~10쌍의 수술이 있고 꽃자루가 짧다. 암꽃은 위쪽 부분의 작은 가지에 달리고 둥근형에 꽃자루 없이 8개의 실편으로 이루어지며 각 꽃에는 6개의 배주(胚珠)가 있다. 열매는 난형에 구상(鉤狀)의 돌기가 있으며 다육질이지만 나중에는 딱딱한 목질이 되고, 9~10월에 익으면 갈라져서 흑갈색 종자가 튀어나온다.

측백나무_꽃

측백나무_열매

측백나무_수피

약효

어린가지와 잎은 생약명이 측백엽(側柏葉)이며 각종 출혈에 지혈제로 쓰이고 거풍습, 양혈 등의 효능이 있어 종독, 세균성 이질, 고혈압, 해수, 단독, 탕상 등을 치료한다. 근피는 생약명이 백근백피(栢根白皮)이며 탕상으로 화상의 짓무른 부위를 치료하고 머리카락이 잘 자라게 해준다. 굵은 가지는 생약명이 백지절(栢枝節)며 류머티즘에 의한 관절통, 근육의 경련 등을 치료한다. 종인은 생약명이 백자인(栢子仁)이며, 자양 강장, 진정, 안신 등의 효능이 있어, 변비, 불면증, 유정, 잘 때 식은땀이 나는 증상 등을 치료한다. 측백나무 잎을 다른 생약재와 함께 추출한 추출물은 발모 촉진 또는 탈모 방지 효과가 우수하다.

용법과 약재

잎 1일량 9~15g을 물 1L에 넣고 반으로 달여 2~3회 매 식후 복용한다. 외용할 때는 달인 액을 환부에 자주 발라주거나 짓찧어서 환부에 도포하는데 가루를 내어 사용해도 된다. 근피는 생뿌리를 짓찧어 거즈에 싸서 환부에 도포한다. 가지 1일량 10g을 물 1L에 넣고 반으로 달여 2~3회 매 식후 복용한다. 외용할 때는 달인 액을 거즈에 직셔 환부에 도포하고 치통에는 달인 액을 입에 머금어 치료한다. 종인 1일량 20~30g을 물 1L에 넣고 반으로 달여 2~3회 매 식후 복용한다. 외용할 때는 기름을 짜서 환부에 발라 치료한다.

가을

측백나무_잎 약재품

측백나무_종인 약재품

기능성과 효능에 관한 특허자료

측백나무 잎을 포함하는 발모 촉진 또는 탈모 방지용 조성물 및 이의 제조 방법
본 발명은 측백나무 잎을 비롯하여 부추 뿌리, 뽕나무 잎, 생강 및 검은콩을 유효 성분으로 포함하는 발모 촉진 또는 탈모 방지 조성물 및 이의 제조 방법에 관한 것이다. 본 발명의 조성물은 천연 추출물을 주성분으로 포함하고 있어 부작용이 없고 발모 촉진 및 탈모 방지 효과가 우수하다.
〈등록번호 : 10-0929880, 출원인 : 심태흥·이선미〉

이기혈 치료(자양 강장)

큰조롱

생약명	백수오(白首烏)
사용부위	덩이뿌리
작용부위	심장, 비장, 신장 경락으로 작용한다.

학명 *Cynanchum wilfordii* (Maxim.) Hemsl.

이명 은조롱, 격산소(隔山消), 태산하수오(泰山何首烏)

과명 박주가리과(Asclepiadaceae)

개화기 7~8월

채취시기 가을에 잎이 마른 다음이나 이른 봄에 싹이 나오기 전에 채취하여 수염뿌리와 겉껍질을 제거하고 건조한다. 이물질을 제거하고 절편하여 햇볕에 말린다. 하수오처럼 검은콩 삶은 물을(약재 무게의 10~15%의 검은콩을 물에 충분히 삶아서 우려낸 물을 모아 사용) 흡수시켜 시루에 찌고 말리는 과정을 반복하면 더욱 좋으나 하수오에 비하여 독성은 없으므로 반드시 포제를 해야 하는 것은 아니다.

성분 시난콜(cynanchol), 크리소파놀(chrysophanol), 에모딘(emodin), 레인(rhein) 등을 함유한다.

성질과 맛   성질이 따뜻하고 맛은 달고 약간 쓰며, 독성은 없다.

생육특성

전국 각지에 분포하는 덩굴성 여러해살이풀로, 산과 들의 양지 바른 곳에서 잘 자라며 농가에서 재배하기도 한다. 덩굴줄기는 1~3m 정도까지 뻗는데, 원줄기는 원주형으로 가늘고 왼쪽으로 감아 올라가며 줄기에 상처를 내면 흰색 유액이 흐른다. 잎은 마주나고, 길이 5~10cm, 너비 4~8cm에 삼각상 심장형 또는 심장형으로 잎끝이 뾰족하며 양면에 털이 약간 있고 가장자리가 밋밋하다. 7~8월에 연한 황록색 꽃이 잎 겨드랑이에 산형꽃차례로 달리고, 열매는 길이 8cm, 지름 1cm 정도의 골돌과로 9월에 익는다. 종자는 암갈색에 납작한 타원형이며 꼭대기에 길이 2cm가량의 종모가 뭉쳐난다. 덩이뿌리는 육질에 긴 타원형으로 줄기가 붙는 머리부분은 가늘지만 아래로 내려갈수록 두꺼워지다가 다시 가늘어진다. 한방에서는 이 덩이뿌리를 '백수오(白首烏)'라 하여 약용한다. 큰조롱은 은조롱, 하수오라고도 하며, 마디풀과의 하수오(Fal-lopia multiflora)와 혼동하는 경우를 흔히 볼 수 있는데, 붉은빛이 도는 하수오의 덩이뿌리를 '적하수오'라고 하면서 큰조롱의 덩이뿌리를 '백하수오'라고 잘못 부른 데에 기인한다. 두 식물 모두 덩이뿌리를 약용하지만 동일한 약재는 아니므로 구분해서 사용해야 한다.

큰조롱_잎   큰조롱_꽃   큰조롱_열매

가을

약효

몸을 튼튼하게 하고 기력을 왕성하게 하며, 혈액을 보하고 정력을 더하며, 장의 기능을 윤활하게 하고 종기를 가라앉히는 등의 효능이 있어서 빈혈, 병후 허약증세, 모발이 빨리 세는 증상, 신경 쇠약, 노인의 변비, 양기 부족, 요슬산통(腰膝痠痛)등의 치료에 이용한다.

용법과 약재

건조한 약재로 하루 6~12g 정도를 사용하는데, 보통 덩이뿌리 15g에 물 1L 정도를 붓고 끓기 시작하면 불을 약하게 줄여서 200~300mL 정도로 달여 아침저녁 2회로 나누어 복용한다. 가루 또는 환을 만들어 복용하기도 하고, 술에 담가서 복용하기도 한다. 술을 담글 때는 조피(粗皮:겉껍질)를 벗겨내고 말린 덩이뿌리 100g에 소주 1.8L를 부어 3개월 이상 두었다가 반주로 1잔씩 마신다.

※수렴(收斂)하는 성질이 있는 보익(補益) 약재로서 감기 초기에는 사용하지 않는다. 백수오로 사용하는 큰조롱과 나마(蘿摩)로 사용하는 박주가리는 줄기를 자르면 유백색 유즙이 흘러나오지만 하수오(Pleuropterus multiflorus Turcz)는 유즙이 흘러나오지 않으므로 구별이 가능하다. 또한 형태가 유사한 이엽우피소와 혼동하지 않도록 주의해야 한다.

큰조롱_생뿌리 채취품

큰조롱_약재품

기능성과 효능에 관한 특허자료

백수오 추출물을 포함하는 항균 조성물 및 이의 용도

본 발명은 백수오(큰조롱 뿌리) 추출물을 포함하는 항균 조성물에 관한 것이다. 본 발명에 따른 항균 조성물의 유효 성분인 백수오 추출물이 식중독 원인균 중 하나인 바실러스 세레우스(Bacillus cereus)에 대하여 우수한 항균 활성을 가지는 바, 식중독을 개선, 예방 또는 치료하는 약학적 조성물, 기능성 식품 조성물 등으로 유용하게 이용될 수 있을 것으로 기대된다. 〈등록번호 : 10-1467698-0000, 출원인 : 중앙대학교 산학협력단〉

피부계 · 비뇨기계 질환 치료(부종, 유정, 신장염)

택사

생약명	택사(澤瀉)
사용부위	덩이줄기
작용부위	신장, 방광 경락으로 작용한다.

학명 *Alisma orientale* (Sam.) Juz.

이명 수사(水瀉), 택지(澤芝), 급사(及瀉), 천독(天禿)

과명 택사과(Alismataceae)

개화기 7~8월

채취시기 겨울에 잎이 마른 다음 괴경을 채취하여 수염뿌리와 겉껍질을 제거하고 건조한다. 이물질을 제거하고 절편하여 볶거나 소금물에 담갔다가 볶는 염수초(鹽水炒: 약재 무게의 2~3% 정도의 소금을 물에 풀어 약재에 흡수시킨 다음 약한 불에서 프라이팬에 볶아냄)를 하여 사용한다.

성분 괴경에 알리솔(alisol) A와 B, 다당류, 알리솔모노아세테이트(alisol monoacetate), 세스퀴테르펜 (sesquiterpene), 트리테르펜(triterpene), 글루칸, 에피알리솔 A(epialisol A) 등을 함유한다.

성질과 맛 성질이 차고 맛은 달며, 독성은 없다.

생육특성

경남·전남 이북에 자생하는 여러해살이풀로, 높이는 60~90cm 정도로 자란다. 잎은 모두 뿌리에서 모여나고 길이 30cm 내외의 잎자루가 있으며, 길이 4~10cm, 너비 2~6cm에 긴 난상 타원형으로 잎끝이 뾰족하고 밑부분은 둥글며 가장자리는 밋밋하다. 7~8월에 흰색 꽃이 총상꽃차례로 피는데, 잎 사이에서 나온 꽃대에서 가지가 돌려나고 꽃자루는 가지에서 돌려난다. 9~10월 익는 열매는 수과이며 여러 개가 고리 모양으로 배열되어 있고 뒷면에 2개의 홈이 있다. 약재로 사용하는 덩이줄기는 짧고 구형(球形)이며, 겉껍질은 갈색이고 수염뿌리가 많다. 뿌리 밑부분에는 혹 모양의 아흔(芽痕)이 있다. 질은 견실하고, 단면은 황백색의 분성(粉性)이며 작은 구멍이 많이 있다. 택사(Alisma canaliculatum A. Br. & Bouche)의 뿌리 또한 택사(澤瀉)라는 생약명으로 불리며 동일한 약재로 이용되는데, 택사의 뿌리잎은 넓은 피침형이며 밑부분이 좁아져서 잎자루로 흐르고, 수과인 열매는 뒷면에 1개의 홈이 있다. 택사는 남부 지방의 소택지(沼澤地)와 중부 지방에 자생하며 전남 여천 지역의 소규모 농가에서 재배되고 있다

택사_잎   택사_꽃   택사_열매

약효

소변을 원활하게 하고 습사를 조절하며 열을 내리게 하는 등의 효능이 있어, 수종창만(水腫脹滿: 몸 안에 습사가 머물러 온몸이 붓고 배가 몹시 불러오면서 그득한 느낌을 주는 병증), 설사요소(泄瀉尿少:

설사와 소변량이 줄어드는 증상), 담음현훈(痰飮眩暈: 여러 가지 원인으로 몸 안의 진액이 순환하지 못하고 일정 부위에 머물러 생기는 병증), 열림삽통(熱淋澁痛: 습열사가 하초에 몰려 소변을 조금씩 자주 누면서 잘 나오지 않고, 요도에 작열감이 있음), 고지혈증 등을 치료한다.

용법과 약재

건조한 약재로 하루에 6~12g 정도를 사용하는데, 민간에서는 부종 치료를 하거나 이뇨 작용과 급성 신장염, 어지럼증, 유정, 시력 저하 등에 사용한다. 택사와 백출 각각 12g에 물 1,200mL 정도를 넣고 끓기 시작하면 불을 약하게 줄여서 200~300mL 정도로 달여 하루 3회 정도 나누어 먹으면 부종 치료에 효과적이다.

※습열(濕熱)을 내보내는 작용이 있으므로 습열이 없는 경우나, 신장 기능이 허하고 정액이 흘러나가는 신허정활(腎虛精滑)의 경우에는 사용하지 않는다. 이뇨 작용이 있어 다이어트에 이용하는 경우가 있으나, 택사는 이수(利水: 소변을 잘 나가게 함) 작용뿐만 아니라 기를 소모하는 작용이 커서 부작용이 있으므로 주의를 요한다.

택사_생뿌리 채취품

택사_약재품

기능성과 효능에 관한 특허자료

택사 추출물을 유효 성분으로 포함하는 염증성 폐질환의 예방 또는 치료용 조성물

본 발명의 택사 추출물은 염증 억제에 관여하는 대표적인 전사 인자인 Nrf2를 활성화시킴으로써 염증 세포를 효과적으로 감소시킬 수 있으며, 특히 택사 추출물을 투여한 동물 실험군에서 급성 폐렴증이 두드러지게 개선되는 효과를 in vivo 실험으로 입증하였는 바, 이를 유효 성분으로 포함하는 본 발명의 조성물은 폐의 염증을 효과적으로 억제할 수 있어 염증성 폐질환에 유용하게 사용될 수 있다.

〈공개번호 : 10-2014-0013792, 출원인 : 부산대학교 산학협력단〉

순환기계 질환 치료(거풍, 소종, 활혈, 진통)

톱풀

생 약 명	일지호(一枝蒿)
사용부위	전초
작용부위	간, 심장, 폐 경락으로 작용한다.

학명 *Achillea alpina* L.

이명 가새풀, 배암채, 거초(鋸草), 영초(靈草), 오공초(蜈蚣草)

과명 국화과(Compositae)

개화기 7~10월

채취시기 여름에서 가을 사이에 전초를 채취하여 햇볕에 말린다.

성분 지상부에 알칼로이드, 플라보노이드, 정유, 아킬린(achillin), 베토니신(betonicine), d-캄퍼(d-camphor), 옥살산(oxalic acids), 히드로시안산(hydrocyanic acids), 안토시아니딘(anthocyanidin), 안트라퀴논 (anthraquinone), 피토스테린(phytosterines), 카로틴(carotene), 쿠마린(coumarins), 모노테르펜 (monoterpene), 세스퀴테르펜글루코시드(sesquiterpene glucoside) 등을 함유한다.

성질과 맛 성질이 약간 따뜻하고, 맛은 맵고 쓰다.

생육특성

전국 각지의 산과 들에 분포하는 여러해살이풀로, 높이는 50∼110cm 정도로 곧게 자라며 한곳에서 여러 대가 난다. 줄기 밑부분에는 털이 없고 윗부분에는 털이 많으며, 근경은 옆으로 뻗고 잔뿌리가 많다. 잎은 어긋나고, 잎자루가 없으며 밑부분이 원줄기를 감싸고 빗살처럼 갈라진다. 열편은 좁고 긴 타원상의 피침형이며 톱니가 있다. 7∼10월에 흰색 꽃이 가지 끝과 원줄기 끝에 달리고, 수과인 열매는 9∼10월에 익는다. 유사종인 큰톱풀[Achillea ptarmica var. acuminata (Ledeb.) Heim.] 등의 전초도 약재로 함께 쓰인다.

톱풀_잎

톱풀_꽃

가을

톱풀_종자 결실

톱풀_줄기

약효

통증을 멎게 하고 혈액순환을 원활하게 하며, 풍사(風邪)를 제거하고 종기를 가라앉히는 등의 효능이 있어 타박상, 동통, 풍습비통(風濕痺痛: 풍사와 습사로 인하여 몹시 결리고 아픈 증상), 관절염, 종독 등을 치료한다.

용법과 약재

말린 것으로 하루에 3~6g 정도를 사용하는데, 전초 말린 것 5g에 물 3컵 정도를 붓고 끓기 시작하면 불을 약하게 줄여서 200~300mL 정도로 달여 아침저녁 2회로 나누어 복용한다. 외용할 때는 신선한 잎과 줄기를 짓찧어 환부에 붙이고 싸맨다.

※삼습(滲濕: 몸 안의 수분을 소변으로 나가게 하는 성질 또는 치료법)하고 설열(泄熱)하는 작용이 있으므로 습열(濕熱: 습과 열이 결합된 병사)이 없는 경우나 신장이 허하여 활정(滑精: 정액이 잘 흘러나감)하는 신허정활(腎虛精滑)의 경우에는 사용할 수 없다.

톱풀_어린잎

톱풀_전초

기능성과 효능에 관한 특허자료

톱풀의 유효 성분을 함유하는 B형 간염 예방 및 치료용 약학적 조성물

본 발명은 톱풀의 유효 성분을 함유하는 B형 간염 예방 및 치료용 약학적 조성물에 관한 것으로서, 아칠리아 속 식물의 추출물, 이의 불용성 침전물 및 이의 활성 분획은 B형 간염 바이러스 복제를 저해하며, 세포 독성이 없는 안정한 물질이므로 B형 간염 예방 및 치료용 약학적 조성물로 유용하게 이용될 수 있다.

〈공개번호 : 10-2008-0073473, 출원인 : 한국생명공학연구원〉

순환기계 질환 치료(강심, 진통, 관절염, 피부)

투구꽃

생약명	초오두(草烏頭)
사용부위	덩이뿌리
작용부위	간, 심장, 비장 경락으로 작용한다.

학명 *Aconitum jaluense* Kom.

이명 선투구꽃, 개싹눈바꽃, 진돌쩌귀, 싹눈바꽃, 세잎돌쩌귀, 그늘돌쩌귀

과명 미나리아재비과(Ranunculaceae)

개화기 8~9월

채취시기 가을에 뿌리를 채취하여 줄기, 잎, 흙을 제거하고 햇볕이나 불에 쬐어 말린다.

성분 아크모톰(acpmotome), 메사코니틴(mesaconitine), 케옥시아코니틴(ceoxyaconitine), 데옥시아코니틴
(deoxyaconitine), 비우틴(beiwutine), 히파코니틴(hypaconitine) 등이 함유되어 있다.

성질과 맛 성질이 덥고 맛은 맵다. 매우 강한 독성이 있다.

전국 각지의 산지에 분포하는 여러해살이풀로, 반그늘 또는 양지의 물 빠짐이 좋은 곳에서 자란다. 높이는 1m 정도이고, 줄기가 곧게 서며 마늘쪽 같은 뿌리에 잔뿌리가 난다. 잎은 어긋나고 잎자루 끝에서 손바닥을 편 모양으로 3~5갈래 깊게 갈라지며 가장자리에 톱니가 있다. 8~9월에 자주색 꽃이 원줄기 끝과 줄기 윗부분의 잎겨드랑이에 어긋나며 총상꽃차례 또는 겹총상꽃차례를 이루는데, 아래에서 위로 올라가며 핀다. 골돌과인 열매는 10~11월에 익고 타원형이며 뾰족한 암술대가 남아 있다. 로마 병사의 투구를 닮은 꽃의 생김새에서 이름이 유래하였으며, 영문 이름인 'Monk's hood'는 '수도승의 두건'을 뜻한다. 또한 식물 가운데 가장 독성이 강하여 아메리카 인디언이 화살에 독을 바를 때 투구꽃의 뿌리를 갈아 사용하였다고 한다.

투구꽃_잎

투구꽃_꽃

투구꽃_열매

투구꽃_줄기

약효

풍습(風濕)을 제거하고 한사(寒邪)를 흩어지게 하며, 통증을 멎게 하고 종기를 없애고 경련을 가라앉히는 등의 효능이 있어서 오풍(惡風), 기침과 구역으로 기가 위로 치솟는 해역상기(咳逆上氣), 반신불수, 풍사로 인한 완비(頑痺: 피부에 감각이 없는 병증. 살갗과 살이 나무처럼 뻣뻣해져 아픔도 가려움도 느끼지 못하고 손발이 시큰거리면서 아픈 증상)를 치료한다. 또한 풍한습사로 인하여 결리고 아픈 증세, 장이 허한데 한사가 침입하여 발생한 이질, 목구멍이 붓고 아픈 증세, 화농증 등의 피부 질환, 뿌리가 깊고 몹시 만만한 부스럼, 연주창, 관절염, 신경통, 두통, 림프샘염 등을 치료한다. 동속 근연 식물인 세잎돌쩌귀, 지리바꽃, 이삭바꽃, 놋젓가락나물 등의 덩이뿌리(모근)도 초오라 하여 동일한 약재로 사용한다. 이 식물들의 모근 곁에 붙어 있는 자근(子根)은 부자로 사용한다

 가을

용법과 약재

하루에 2~6g을 사용하는데 포제하여 다른 약재와 혼합하는 합방으로 사용한다.

※독성이 강하므로 식품으로는 사용할 수 없고, 약재로 쓸 때도 정밀한 포제가 필요하며 전문가의 지도를 받아야 한다.

투구꽃_덩이 뿌리 채취품

투구꽃_약재품

비뇨기계 질환 치료(이뇨, 임병, 혈뇨, 월경)

패랭이꽃

생 약 명	구맥(瞿麥)
사용부위	지상부
작용부위	간, 심장, 방광

경락으로 작용한다.

학명 *Dianthus chinensis* L.

이명 패랭이, 꽃패랭이꽃, 석죽

과명 석죽과(Caryophyllaceae)

개화기 6~8월

채취시기 줄기가 시든 가을에 지상부를 채취하여 이물질을 제거하고 햇볕에 말린다.

성분 깁소겐산(gypsogenic acid), 오이게놀(eugenol), 페닐에틸알코올(phenylethyl alcohol), 살리실산(salicylic acid), 메틸에스테르(methyl ester), 벤질에스테르(benzyl ester) 등을 함유한다.

성질과 맛 성질이 차고 맛은 쓰다.

생육특성

전국 각지에서 자생하는 숙근성 여러해살이풀로, 반그늘이나 양지쪽에서 많은 군락은 이루지 않고 조금씩 간격을 두고 서식한다. 높이는 약 30cm이고, 줄기는 하나 또는 여러 대가 같이 나와 곧게 자라며 전체에 털이 없고 마디가 부풀어 있다. 잎은 마주나고, 길이 3~4cm, 너비 0.7~1cm에 선형 또는 피침형으로 잎끝이 뾰족하고 가장자리가 밋밋하며 밑부분이 합쳐져 짧게 통처럼 된다. 6~8월에 진분홍색 꽃이 줄기 끝에 2~3송이 달리며, 꽃잎은 5장으로 끝이 얕게 갈라지고 안쪽에는 선명한 붉은색 선이 있다. 삭과인 열매는 원통형이며 9월에 검게 익는다. 꽃의 생김새가 옛날 민초들이 쓰던 패랭이를 닮은 데에서 이름이 유래하였고, 문학 작품에서는 서민을 패랭이꽃에 비유하기도 한다. 또한 기독교에서는 십자가에 못 박힌 예수를 보고 성모마리아가 흘린 눈물에서 피어난 꽃이라 하며, 꽃말은 '영원하고 순결한 사랑'이다

  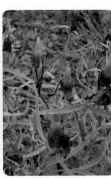

패랭이꽃_잎　　　　패랭이꽃_꽃　　　　패랭이꽃_열매

약효

염증을 가라앉히고 열을 내려주며, 소변을 원활하게 하고 어혈을 풀어주며 월경을 잘 통하게 하는 등의 효능이 있어서 소변불통, 혈뇨, 신염(腎炎), 임병(淋病), 무월경, 피부나 근육에 국부적으로 생기는 종기나 부스럼, 눈에 흰자위에 핏발이 서는 목적(目赤), 타박상 등을 치료한다.

패랭이꽃   술패랭이꽃

용법과 약재

　하루에 6~15g을 사용하는데, 물 1L 정도를 붓고 달여서 2~3 회에 나누어 복용하거나 환 또는 가루로 만들어 복용하기도 한다. 외용할 때는 가루로 만들어 환부에 개어 붙인다.

※차고 쓴 성질이 있으므로 비위가 허하고 찬 사람은 신중하게 사용하여야 한다.

패랭이꽃_전초 채취품   패랭이꽃_약재품

기능성과 효능에 관한 특허자료

패랭이꽃 뿌리 추출물을 포함하는 항암제 조성물

　본 발명은 패랭이꽃 식물 추출물의 유효 성분이 세포 증식 억제의 약리 작용을 갖는 성분으로서 항암제 및 이를 포함하는 건강 기능성 식품 조성물의 개발을 포함하는 것을 특징으로 한다.

〈공개번호 : 10-2013-0061391, 출원인 : 한림대학교 산학협력단〉

내분비계 질환 치료(당뇨, 황달, 중풍)

하늘타리

생약명 괄루근(栝樓根),
괄루인(栝樓仁)

사용부위 덩이뿌리,
잘 익은 종자

작용부위 간, 담낭, 심장, 소장, 비장,
위, 폐, 대장, 신장, 방광
경락으로 작용한다

학명 *Trichosanthes kirilowii* Maxim.

이명 쥐참외, 하늘타리, 하늘수박, 천선지루, 괄루

과명 박과(Cucurbitaceae)

개화기 7~8월

채취시기 열매와 종자는 가을과 겨울에 채취한다. 채취한 열매는 외피를 제거하고 쪼개서 건조하거나
이물질을 제거하고 가늘게 썰어서 사용한다. 종자는 채취하여 햇볕에 말려서 사용한다. 뿌리는
가을에서 이른 봄 사이에 채취하여 깨끗이 씻은 후 겉껍질을 벗겨내고 햇볕에 말려서 사용한다.

성분 열매에는 트리테르페노이드(triterpenoid) 사포닌, 유기산, 수지 등이 함유되어 있으며 종자에는
지방이 함유되어 있다. 열매에 함유되어 있는 프로테인과 덩이뿌리에 함유되어 있는 프로테인은 다르다.
뿌리의 유효 성분은 트리코산틴(trichosanthin)으로 이것은 여러 종류의 단백질 혼합물이다.
또한 뿌리에는 약 1%의 사포닌이 함유되어 있다.

성질과 맛 뿌리는 성질이 차고 맛은 약간 달며 쓰다. 종자는 성질이 차고 맛은 달다.

생육특성

중부 이남의 산과 들에 분포하는 덩굴성 여러해살이풀로, 양지 바르고 토양은 물 빠짐이 좋은 곳에서 잘 자란다. 잎은 어긋나고 손바닥 처럼 5~7개로 갈라지며, 밑부분은 심장형으로 양면에 짧은 털이 있고 각 열편에는 거친 톱니가 있다. 자웅 이주이며, 7~8월에 흰색 꽃이 피 고 장과인 열매는 지름 7cm가량에 오렌지색으로 익으며 속에 엷은 회 갈색 종자가 많이 들어 있다. 약재로 쓰이는 덩이뿌리는 길이 8~16cm, 지름이 1.5~5.5cm에 불규칙한 원주형, 방추형 또는 편괴상이다. 표면 은 황백색 또는 엷은 갈황색으로 세로주름과 가는 뿌리의 흔적 및 약간 움푹하게 들어간 가로로 긴 피공(皮孔)이 있고, 황갈색 겉껍질이 남아 있다. 질은 견실하고, 단면은 백색 또는 담황색으로 분성(粉性)이 풍부 하며, 곁뿌리의 절단면에는 황색 도관공(導管孔)이 약간 방사상(放射 狀)으로 배열되어 있다.

하늘타리_잎

하늘타리_꽃

하늘타리_열매

약효

폐의 기운을 윤활하게 하고 담을 제거하며, 기침을 멎게 하고 염증을 가라앉히며, 장액을 더하여 매끄럽게 하고 진액을 생성하여 갈 증을 멈추게 하며, 화기를 내리고 조성을 윤택하게 하며, 농을 배출하고 종양을 없애는 등의 효능이 있어서 열병으로 입이 마르는 증세를 치료 하고, 소갈, 황달, 폐조해혈(肺燥咳血), 옹종치루(癰腫痔漏), 해수,

심장성 천식, 협심증, 변비 등을 치료한다.

용법과 약재

건조한 약재로 하루 12~16g을 사용하는데, 보통 15g 정도의
약재에 물 1L 정도를 붓고 200~300mL가 되도록 달여서 하루 2~3회
로 나누어 복용하거나 환 또는 가루로 만들어 복용한다. 심한 기침의 치
료에도 하늘타리를 이용하는데, 잘 익은 하늘타리 열매를 반으로 쪼갠
다음 그 속에 하늘타리 씨 몇 개와 같은 수의 살구씨를 넣고 덮어서 젖
은 종이로 싸고, 이것을 다시 진흙으로 싸서 잿불에 타지 않을 정도로
굽는다. 이것을 가루 내어 같은 양의 패모 가루를 섞고 하룻밤 냉수에
담근 다음 같은 양의 꿀을 섞어서 한 번에 두 숟가락씩 하루 3회 식후
20~30분 후에 먹는데, 며칠 동안 계속해서 먹으면 오래된 심한 기침도
잘 낫는다. 민간에서는 신경통 치료를 위하여 열매의 과육 부분을 술에
담가 하루에 2~3회 복용한다.

※성미가 쓰고 차기 때문에 비위가 허하고 찬 사람, 대변이 진흙처럼 나오는 대변
당설(大便溏泄)의 경우에는 신중하게 사용해야 하며, 오두(烏頭)와는 함께 사용
하지 않는다.

하늘타리_종자 약재품

하늘타리_덩이뿌리 약재품

가을

기능성과 효능에 관한 특허자료 과루인 추출물을 포함하는 궤양성 대장염 또는 크론병 치료용 약학 조성물

본 발명은 과루인(하늘타리 씨) 추출물을 유효 성분으로 포함하는 궤양성 대장염
(ulcerative colitis) 또는 크론병(Crohn's disease) 치료용 약학 조성물을 제공한다. 상기 과
루인 추출물은 트리니트로벤젠 술폰산(trinitrobenzene sulfonic acid, TNBS)으로 유도된
염증성 장질환을 효과적으로 억제하고, 또한 MPO(Myeloperoxidase) 활성을 낮춤으로써,
염증성 장질환으로 통칭되는 궤양성 대장염 또는 크론병에 대한 치료 활성을 갖는다. 따라서
상기 과루인 추출물은 궤양성 대장염 또는 크론병 치료용 약학 조성물에 유용하게 사용될 수
있다. 〈공개번호 : 10-2010-0096473, 출원인 : 삼일제약(주)〉

내분비계 질환 치료(이명, 현훈, 요슬산통)

한련초

생 약 명 한련초(旱蓮草)
사용부위 전초
작용부위 간, 심장, 신장 경락으로 작용한다

학명 *Eclipta prostrata* L.[= *E. alba* (L.) Hassk.]

이명 하년초, 할년초, 한련풀, 묵초, 묵채, 금릉초(金陵草)

과명 국화과(Compositae)

개화기 8~9월

채취시기 여름과 가을에 전초를 채취하여 햇볕에 말리거나 음건한다. 선용(鮮用: 말리지 않고 생물을 그대로 사용하는 것) 또는 건조하여 절단해서 사용한다.

성분 전초에 사포닌, 타닌, 니코틴, 비타민 A, 에클립틴(ecliptine)과 여러 가지 티오펜(thiophene) 화합물들이 함유되어 있다.

성질과 맛 성질이 차고, 맛은 달고 시며 독은 없다.

생육특성

경기 이남의 논둑이나 습한 곳에서 자생하는 한해살이풀로, 높이는 10~60cm 정도이고 줄기가 곧게 서며 전체에 센 털이 있다. 가지는 잎이 마주나는 잎겨드랑이에서 나온다. 잎은 마주나고 잎자루가 거의 없으며, 길이 3~10cm, 너비 5~25mm에 피침형으로 잎끝이 뾰족하고 양면에 굳센 털이 있으며 가장자리에 톱니가 있다. 8~9월에 흰색꽃이 가지 끝과 원줄기 끝에 두상꽃차례로 피고, 열매는 납작한 타원형의 수과(瘦果)이며 길이는 2~3mm이고 9~10월에 검은색으로 익는다. 참고로, 한련(*Tropaeolum majus* L.)은 한련초와 이름은 비슷하지만 전혀 다른 종이다. 한련은 한련과의 덩굴성 한해살이풀로 페루가 원산지이다.

한련초_잎

한련초_꽃

한련초_열매

한련초_전초

가을

약효

신장을 보하고 음기를 더하며, 양혈(凉血)함으로써 출혈을 멎게 하는 효능이 있어서 송곳니가 아픈 증상을 치료하고, 머리가 빨리 세는 증상, 어지럼증과 이명, 허리와 무릎이 시리고 아픈 증상, 음허혈열(陰 虛血熱), 토혈, 육혈(衄血), 요혈(尿血), 혈리(血痢), 붕루하혈(崩漏 下血), 외상출혈(外傷出血) 등을 치료한다.

용법과 약재

말린 것으로 하루에 8~20g 정도를 사용하는데, 말린 전초 20g 에 물 1L 정도를 붓고 끓기 시작하면 불을 약하게 줄여서 200~300mL 정도로 달여 아침저녁 2회로 나누어 복용한다. 환 또는 가루로 만들어 복용하기도 한다. 또는 생것을 짓찧어 즙을 내거나 고(膏 : 달인 액을 진 하게 농축시켜 연고 상태로 만든 것)를 만들어 복용하기도 한다. 민간요 법으로 머리카락이 일찍 세는 것을 방지하고자 할 때는 이 약재에 생강 과 꿀을 배합하여 농축시킨 다음 환으로 만들어 복용하면 효과가 좋다. ※성질이 차고, 음한성(陰寒性)을 가지고 있어서 양혈(凉血) 작용에는 좋으 나 비위에는 좋지 않다. 따라서 비장과 신장이 허하고 찬 사람은 신중하게 사 용 하여야 한다.

한련초_약재품

기능성과 효능에 관한 특허자료
한련초 추출물, 이의 분획물, 터트티에닐 유도체 또는 이의 약학적으로 허용 가능 한 염을 포함하는 탈모 방지 및 발모 촉진용 조성물

본 발명은 한련초 추출물, 이의 분획물, 터트티에닐 유도체 또는 이의 약학적으로 허용 가능한 염을 포함하는 탈모 방지 또는 발모 촉진용 조성물에 관한 것이다. 보다 구체적으로, 상기 조성 물은 TGF-β의 발현을 현저히 억제시킴으로써, 탈모 방지, 육모, 양모, 발모 촉진에 유용히 사 용될 수 있으며, 탈모 방지용 용액, 크림, 로션, 샴푸, 스프레이, 겔 및 로션 등의 형태로 사용될 수 있다. 〈공개번호 : 10-2012-0052894, 출원인 : 한국생명공학연구원〉

치아 질환 치료(치통, 진경, 항균)

향부자

생약명 향부자(香附子)
사용부위 뿌리줄기
작용부위 간, 위, 폐, 삼초(三焦)
경락으로 작용한다.

학명 *Cyperus rotundus* L.
이명 향부(香附), 사초근(莎草根), 뇌공두(雷公頭), 향부미(香附米)
과명 사초과(Cyperaceae)
개화기 7~8월
채취시기 뿌리줄기를 가을에서 이듬해 봄 사이에 채취하여 털뿌리와 인엽(鱗葉)을 불로 태워서
제거하거나 돌메 등으로 제거한 다음 햇볕에 말린다.

성분 많은 양의 정유를 함유하는데 주성분이 α-시페론(α-cyperone)이다. 그 외에 시페린(cyperene),
시페롤(cyperol), 이소시페롤(isocyperol), 시페로튜니딘(cyperotunidine), 코부손(kobusone),
시네올(cineol), 로모넨(lomonene) 등을 함유한다.

성질과 맛 성질이 평하고, 맛은 맵고 쓰다.

생육특성

제주도와 중국, 일본 등지에 분포하는 여러해살이풀로, 바닷가와 냇가의 양지쪽에서 자란다. 뿌리줄기가 옆으로 뻗고 줄기 밑부분이 굵어지며 군데군데 둥근 덩이줄기가 생기는데 그 살은 백색에 향기가 있다. 잎은 뿌리줄기에서 모여나고, 길이 30~60cm, 너비 2~6mm에 선형이며 밑부분이 잎집으로 되어 꽃줄기를 둘러싼다. 꽃은 7~8월에 산형꽃차례를 이루며 피는데, 잎 사이에서 꽃줄기가 나오고 끝에 2~3개의 꽃턱잎이 달린다. 작은 꽃이삭은 선형이고 20~40개의 꽃이 두 줄로 달리며 비늘조각은 좁은 난형에 끝이 둔하다. 열매는 수과이며 긴 타원형이고 흑갈색으로 익는다. 향부자를 '작두향(雀頭香)'이라고도 하는데, 《강표전(江表傳)》에 의하면 위나라 문제(文帝)가 오나라에 보낸 사신이 이 약재의 이름을 몰라서 참새머리처럼 생겨 향기로운 것이라 하여 '작두향(雀頭香)'이라 보고한 데서 유래했다고 한다

향부자_잎

향부자_꽃

향부자_열매

향부자_뿌리

약효

방향성 건위약으로 월경을 잘 통하게 하고 위를 튼튼하게 하며, 통증을 멎게 하고 경련을 진정시키며 기의 운행을 원활하게 하는 등의 효능이 있어 월경불순, 월경통, 붕루(崩漏), 대하(帶下), 위 무력증, 위 복통, 흉협창통(胸脇脹痛: 가슴과 옆구리가 창만하며 통증이 오는 증상) 등을 치료한다. 또한 소화불량과 구토에도 효과적이다. 임상에서는 여러 가지 울화로 우울, 초조, 흉비, 흉협통, 복통, 구토 등의 증상을 개선하는 이기해울(理氣解鬱)과 화위화습(和胃化濕)의 요약으로 육울탕(六鬱湯: 향부자 6g, 천궁, 창출 각 4.5g, 진피, 반하 각 3g, 적복령, 치자 각 2.1g, 사인, 감초 각 1.5g)을 사용한다.

용법과 약재

하루에 6~15g을 기준량으로 사용한다. 여성이 사소한 일에도 심장의 박동이 빨라지고 정신적으로 불안하여 잘 놀랄 때 한방에서 흔히 활용하고 있는 가미온담탕(加味溫膽湯: 향부자 9g, 귤피 4.5g, 반하, 지실, 죽여 각 3g, 인삼, 백복령, 시호, 길경, 맥문동 각 2.2g, 생강 3쪽, 대추 2개)의 처방도 이 약재의 약효를 잘 활용한 것이다. 또한 월경불순을 정상적으로 조절하려면 하루에 향부자 12g 정도를 물 1L에 넣고 달여서 마신다.

가을

향부자_덩이 뿌리 채취품

향부자_약재품

내분비계 질환 치료(보간, 주독, 번열, 소화, 활혈)

헛개나무

생약명 지구자(枳椇子), 지구근(枳椇根), 지구목피(枳椇木皮), 지구목즙(枳椇木汁)

사용부위 열매, 뿌리, 수피, 줄기목즙

작용부위 간, 비장, 신장, 방광 경락으로 작용한다.

학명 *Hovenia dulcis* Thunb.

이명 홋개나무, 호리깨나무, 볼게나무, 고려호리깨나무, 민헛개나무, 지구(枳椇), 범호리깨나무, 호리깨나무, 이조수(梨棗樹), 금조이(金釣梨)

과명 갈매나무과(Rhamnaceae)

개화기 5~6월

채취시기 열매는 10~11월, 뿌리는 9~10월, 수피·줄기목즙은 연중 수시 채취한다.

성분 열매에 다량의 포도당, 사과산, 칼슘이 함유되어 있다. 뿌리 및 수피에는 폴리펩티드 알칼로이드(polypeptide alkaloid)인 프랑굴라닌(frangulanine), 호베닌(hovenine)과 호베노사이드(hovenoside)가 함유되어 있다. 목즙(木汁)에는 트리테르페노이드(triterpenoid)의 호벤산(hovenic acid)이 함유되어 있다.

성질과 맛 열매는 성질이 평하고, 독이 없으며, 맛은 달고 시다. 뿌리는 성질이 따뜻하고, 맛은 떫다. 수피는 성질이 따뜻하고 독이 없으며, 맛은 달다. 줄기목즙은 성질이 평하고, 독이 없으며, 맛은 달다.

생육특성

강원도와 황해도 이남의 산지에 분포하는 낙엽활엽교목으로, 산 중턱의 숲속에서 자란다. 높이는 10m 내외로 자라며, 수피는 검은 갈색 이고 작은 가지는 흑갈색이다. 잎은 서로 어긋나고, 길이 8~15cm, 너비 6~12cm에 광난형 또는 타원형이며 밑부분은 원형 또는 심장형으로 가장자리에 둔한 톱니가 있다. 잎의 윗면은 털이 없으며 뒷면은 털이 있거나 없는 것도 있다. 5~6월에 황록색 꽃이 잎겨드랑이나 가지 끝에 취산꽃차례로 피고, 열매는 원형 또는 타원형이며 9~10월에 홍갈색으로 익는다.

헛개나무_잎   헛개나무_꽃   헛개나무_열매

약효

열매는 생약명이 지구자(枳椇子)이며, 주독을 풀어주고 대·소 변을 원활하게 하는 효능이 있고 번열, 구갈, 구토, 사지마비 등을 치료 한다. 헛개나무 열매의 추출물은 항염, 간기능 개선의 효능이 있고 헛개 나무의 추출물은 비만의 예방 및 치료에 효과가 있다. 뿌리는 생약명이 지구근(枳椇根)이며, 관절통, 근골통, 타박상을 치료한다. 수피는 생약 명이 지구목피(枳椇木皮)이며, 오치를 다스리고 오장을 조화롭게 해준

다. 목즙(木汁)은 생약명이 지구목즙(枳椇木汁)이며 겨드랑이의 액취증을 치료한다

용법과 약재

열매 1일량 30~50g을 물 1L에 넣고 반으로 달여 2~3회 매 식후 복용한다. 뿌리 1일량 100~200g을 물 1L에 넣고 반으로 달여서 2~3회 매 식후 복용한다. 외용할 때는 짓찧어서 환부에 도포한다. 수피 1일량 30~50g을 물 1L에 넣고 반으로 달여 2~3회 매 식후 복용한다. 외용할 때는 열탕으로 달인 액으로 환부를 씻어준다. 목즙은 헛개나무에 구멍을 뚫고 흘러나오는 액즙을 환부에 그대로 바르거나 액즙을 끓여 뜨거울 때 바르기도 한다.

사용상의 주의사항 : 습열한사(濕熱寒邪)가 풀리지 않은 환자는 뿌리의 복용을 금한다. 비위가 허한(虛寒)한 사람은 열매의 복용을 금한다.

헛개나무_열매 약재품

헛개나무_수피 약재품

기능성과 효능에 관한 특허자료

헛개나무 열매 추출물을 함유하는 간 기능 개선용 조성물의 제조 방법

본 발명은 헛개나무 열매의 씨를 제거하여 얻은 과육을 세절하여 과육의 중량 대비 1~10배의 물을 사입하여 1~2기압, 80~120℃로 1~12시간 동안 열수 추출하고, 상기 열수 추출액을 여과하여 얻은 추출물을 65~75Brix(브릭스)로 농축하고, 상기 농축물을 건조하고 분말화한 고체 분산체를 유효 성분으로 함유하는 간 기능 개선용 조성물을 포함한다.

〈공개번호 : 10-2004-0052123, 출원인 : (주)광개토바이오텍〉

소화기계 질환 치료(위염, 장염, 담낭염, 고혈압)

황금

생약명	황금(黃芩)
사용부위	뿌리
작용부위	담낭, 심장, 폐, 대장, 경락으로 작용한다.

학명 *Scutellaria baicalensis* Georgi

이명 부장(腐腸), 내허(內虛), 공장(空腸), 자금(子芩), 조금(條芩)

과명 꿀풀과(Labiatae)

개화기 7~8월

채취시기 가을에 뿌리를 채취하여 수염뿌리를 제거하고 햇볕에 말린다. 이물질을 제거하고 윤투(潤透: 누기를 주어 부드럽게 만드는 것)시킨 다음 절편하여 건조한 뒤 사용한다. 눈근(嫩根: 어린 뿌리)으로 안팎이 모두 실하며 황색으로 연한 녹색을 띤 것을 자금(子芩) 또는 조금(條芩)이라 하고, 노근(老根)으로 중심이 비어 있고 검은색을 띤 것을 고금(枯芩)이라 하여 구분하기도 한다

성분 뿌리에 바이칼린(baicalin), 바이칼레인(baicalein), 우고닌(wuogonin), β-시토스테롤(β-sitosterol) 등을 함유한다.

성질과 맛 성질이 차고 맛은 쓰며, 독성은 없다.

생육특성

황금은 여러해살이풀로 우리나라 각지의 밭에서 재배하고 있다. 특히 경북 안동, 봉화가 유명한 산지이며, 전남 여천 지방에서도 많이 재배한다. 높이는 60cm 정도로 자라는데 줄기는 가지가 많이 갈라지며 곧게 서거나 비스듬히 올라간다. 줄기 전체에 털이 있고 원줄기는 네모가 지며 한군데에서 여러 대가 나온다. 잎은 마주나고 양끝이 좁고 피침형으로서 가장자리가 밋밋하다. 7~8월에 자색 꽃이 원줄기 끝과 가지 끝에 총상꽃차례로 달리는데, 꽃차례에 잎이 있으며 각 잎겨드랑이에 꽃이 1개씩 달린다. 열매는 8~9월에 수과로 익는데 열매는 황금자(黃芩子)라고 하여 약으로 사용한다. 주요 약재로 사용하는 뿌리는 원추형으로 길이 7~27cm, 지름 1~2cm 정도이다. 뿌리 표면은 짙은 황색 또는 황갈색을 띠며 윗부분은 껍질이 비교적 거칠고 세로로 구부러진 쭈그러진 주름이 있으며, 아래쪽은 껍질이 얇다. 질은 단단하면서도 취약하여 절단이 쉽다. 단면은 짙은 황색이며 중앙부에는 홍갈색의 심이 있다. 오래 묵은 뿌리의 절단면은 중앙부가 암갈색 혹은 흑갈색의 두터운 조각 모양이며 간혹 속이 비어 있는데 보통 고황금(枯黃芩) 혹은 고금(枯芩)이라고 한다. 굵고 길며 질이 건실하고 색이 노랗고 겉껍질이 깨끗하게 제거된 것이 좋은 황금이다

황금_새잎   황금_꽃   황금_종자 결실

약효

열을 내리고 습사를 말리는 청열조습(淸熱燥濕), 화를 내리고 독을 해소하는 사화해독(瀉火解毒), 출혈을 멈추는 지혈(止血), 태아를 안정시키는 안태(安胎) 등의 효능이 있어서, 발열(發熱), 폐열해수(肺熱咳嗽), 번열(煩熱), 고혈압, 동맥경화, 담낭염, 습열황달(濕熱黃疸), 위염, 장염, 세균성 이질(痢疾), 목적종통(目赤腫痛), 옹종(癰腫), 태동불안(胎動不安) 등의 치료에 이용한다.

용법과 약재

건조한 약재로 하루에 4~12g을 사용하는데, 말린 뿌리 10g에 물 700mL 정도를 붓고 끓기 시작하면 불을 약하게 줄여서 200~300mL 정도로 달여 아침저녁 2회로 나누어 복용한다. 가루나 환을 만들어 복용하기도 한다. 외용할 때는 가루 내어 환부에 뿌리거나 달인 액으로 환부를 씻어낸다. 민간요법으로 편도염과 구내염, 복통 치료에 많이 이용한다. 편도염에는 황금, 황련, 황백을 부드럽게 가루 내어 각각 2g씩을 컵에 넣고 끓는 물에 부어 노랗게 우린 물로 하루에 6~10회 입가심을 한다. 복통 치료에는 황금과 작약 각 8g, 감초 4g을 물 1,200mL 정도에 넣고 300~400mL로 달여 하루 3회에 나누어 복용한다.

※쓰고 찬 성미로 인하여 생기를 손상시킬 수 있으므로 비위가 허하고 찬 사람이나 임산부의 경우에는 사용을 금한다. 산수유, 용골과는 상사(相使: 서로 돕는 성질) 작용을 하지만, 목단이나 여로와는 상외(相畏: 서로 싫어하는 성질) 작용을 하므로 함께 쓰지 않는다

가을

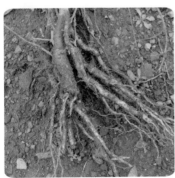

황금_생뿌리 채취품

황금_약재품

황기

생약명	황기(黃芪)
사용부위	뿌리
작용부위	비장, 폐, 신장 경락으로 작용한다.

학명 *Astragalus mongholicus* Bunge

이명 단너삼, 면황(綿黃), 대분(戴粉), 촉태(蜀胎), 백본(百本)

과명 콩과(Leguminosae)

개화기 7~8월

채취시기 잎이 지는 가을(9~10월)이나 이른 봄에 뿌리를 채취하여 수염뿌리와 머리 부분을 제거하고 햇볕에 말린 다음 이물질을 제거하고 절편하여 보관한다.

성분 뿌리에는 자당(蔗糖), 점액질, 포도당이 함유되어 있으며 이 외에 글루쿨론산(gluculoninc acid), 콜린(choline), 베타인(betaine), 아미노산 등이 함유되어 있다.

성질과 맛 성질이 따뜻하고 맛은 달며 독성은 없다.

🪷 생육특성

경북, 강원, 함남과 함북의 산지에 분포하여 자생하는 여러해살이풀로, 현재 전국 각지에서 재배하며 강원도 정선과 충북 제천 등이 주산지이다. 높이는 1m 이상이며 줄기가 곧게 서고 전체에 털이 약간 나 있다. 잎은 어긋나고, 6~11쌍의 작은 잎으로 이루어진 홀수깃꼴겹잎이다. 잎자루가 짧으며, 작은 잎은 난상 긴 타원형에 양끝이 둔하거나 둥글고 가장자리가 밋밋하다. 7~8월에 엷은 황색 또는 담자색 꽃이 잎겨드랑이 또는 줄기 끝에 총상꽃차례를 이루며 피는데, 꽃줄기가 길며 다수의 꽃이 밀착하며 한쪽으로 몰려 난다. 협과인 열매는 8~9월에 꼬투리 모양으로 익는다. 약재로 쓰이는 뿌리는 길이 30~90cm, 지름 1~3.5cm에 긴 원주형이며, 드문드문 작은 가지뿌리가 붙어 있으나 분지되지 않고 뿌리의 머리 부분에는 줄기의 잔기가 남아있다. 뿌리의 표면은 엷은 갈황색 또는 엷은 갈색이며 회갈색의 코르크층이 군데군데 남아 있다. 질은 단단하고 절단하기 힘들며 단면은 섬유성이다. 횡단면을 현미경으로 보면 가장 바깥층은 주피(主皮)이고 껍질부는 엷은 황백색, 목부(木部)는 엷은 황색이며 형성층 부근은 약간 황갈색을 띤다.

황기_잎

황기_꽃

황기_열매

가을

🪈 약효

몸을 튼튼하게 하고 기운을 북돋우며, 땀을 멈추게 하고 소변을 원활하게 하며, 새살이 돋아나게 하고 종기를 가라앉히며 몸 안의 독을 밖으로 내보내는 등의 효능이 있어 다음과 같이 응용한다. 생용(生用:

말린 것을 그대로 사용하는 깃)하면 위기(衛氣)를 더하여 피부를 건강하게 하며, 수도를 이롭게 하고 종기를 없애며, 독을 배출하고 새살을 잘 돋게 하며, 자한과 도한, 부종과 옹저를 치료한다. 자용(炙用: 꿀물을 흡수시켜 볶아서 사용하는 깃)하면 중초(中焦)를 보하고 기를 더하며 내상노권(內傷勞倦)을 치료한다. 비장이 허하여 오는 설사, 탈항, 기가 허하여 오는 혈탈(血脫), 붕루대하(崩漏帶下) 등을 치료하고 기타 일체의 기가 쇠약한 증상이나 혈허(血虛) 증상에 응용한다.

황기_정선 황기 전초

황기_제주 황기 전초

용법과 약재

말린 뿌리로 하루에 4~12g 정도를 사용하는데, 대제(大劑)에는 37.5~75g까지 사용할 수 있다. 자한(自汗: 기가 허해서 오는 식은땀), 도한(盜汗: 잠잘 때 오는 식은땀) 및 익위고표(益衛固表)에는 생용하고, 보기승양(補氣升陽: 기를 보하고 양기를 끌어올림)에는 밀자(蜜炙: 약재에 꿀물을 흡수시킨 다음 약한 불에서 천천히 볶아내는 것)하여 사용한다. 민간에서는 산후증이나 식은땀, 어지럼증 치료를 위해 황기를 애용한다. 산후증 치료에는 황기 15~20g를 물 1L에 넣고 끓기 시작하면 불을 약하게 줄여서 200~300mL로 달여 하루 2~3회로 나누어 복용한다. 식은땀 치료에는 황기 12g를 물 1L에 넣고 끓기 시작하면 불을 약하게 줄여서 200~300mL 정도로 달여 하루 3회로 나누어 식후에 복용한다. 또 어지럼증이 심한 경우에는 노란색 닭 한 마리를 잡아 배 속의 내장을 꺼내고 거기에 황기 30~50g을 넣은 다음 중탕으로 푹 고아서 닭고기와 물을 2~3회로 나누어 하루에 먹는다. 여러 가지 원인으로 오는 빈혈과 어지럼증에도 효과가 있다.

※ 정기를 증진시키는 약재이므로 모든 실증(實證), 양증(陽症) 또는 음허양성(陰虛陽盛 : 진액이 부족한 상태에서 양기가 심하게 항진된 경우)의 경우에는 사용하면 안 된다.

황기_뇌두

황기_종자

황기_생뿌리 채취품

황기_약재품

기능성과 효능에 관한 특허자료 황기 추출물을 유효 성분으로 하는 골다공증 치료제

황기를 저급 알코올로 추출하여 물을 가한 다음 다시 헥산으로 부분 정제한 황기 추출물을 유효 성분으로 하는 골다공증 치료제에 관한 것으로서, 이는 노화 또는 폐경 등이 다양한 원인에 의하여 유발되는 골다공증을 부작용이 없이 예방 및 치료하는 데 효과적으로 사용될 수 있다. 〈등록번호 : 10-0284657-0000, 출원인 : 한국한의학연구원〉

거풍습 질환 치료(거풍, 지혈, 항균, 탈모)

회화나무

생약명 괴화(槐花), 괴각(槐角), 괴백피(槐白皮)

사용부위 꽃과 꽃봉오리, 열매, 뿌리·줄기 껍질

작용부위 간, 심장, 대장 경락으로 작용한다

학명 *Sophora japonica* L. = [*Stypholobium japonicum* (L.) Schott.]

이명 과나무, 회나무, 괴수(槐樹), 괴화수(槐花樹)

과명 콩과(Leguminosae)

개화기 8월

채취시기 꽃 또는 꽃봉오리는 개화 전과 직후인 7~8월, 수피는 봄여름, 근피는 연중 수시, 열매는 10월에 채취한다.

성분 꽃 또는 꽃봉오리에는 트리테르펜(triterpene)계의 사포닌과 베툴린(betulin), 소포라디올(sophoradiol), 포도당, 글루쿠론산(glucuronic acid), 소르포린 A, B, C(sorphorin A, B, C), 타닌 등이 함유되어 있다. 수피 및 근피에는 d-마아키아닌-모노-β-d-글루코시드(d-maackianin-mono-β-d-glucoside), dl-마아키아인(dl-maackiain)이 함유되어 있다. 열매에는 9종의 플라보노이드와 이소플라보노이드가 함유되어 있고 그중에는 게니스테인(genistein), 소포리코시드(sophoricoside), 소포라비오시드(sophorabioside), 켐페롤(kaempherol), 글루코시드(glucoside) C, 소포라플라보놀로시드(sophoraflavonoloside), 루틴(rutin) 등이 함유되어 있다.

성질과 맛   꽃 또는 꽃봉오리는 성질이 시원하고 맛은 쓰다. 열매는 성질이 차고 맛은 쓰다. 수피·근피는 성질이 평하고 독이 없으며 맛은 쓰다.

생육특성

인가 근처에 심거나 가로수 등으로 심어 가꾸는 낙엽활엽교목으로, 높이는 25m 내외로 자란다. 줄기는 곧게 서서 굵은 가지를 내고 수피는 회갈색이며 세로로 갈라진다. 어린가지는 녹색을 띠며 자르면 냄새가 난다. 잎은 서로 어긋나고 홀수깃 꼴겹잎이며, 작은 잎은 7~15개이고 길이 2.5~6cm, 너비 15~25mm에 난상 긴 타원형 또는 난상 피침형이다. 잎끝은 뾰족하고 밑부분은 뭉툭하거나 둥글고 가장자리에 톱니가 없으며 잎의 뒷면에는 잔털이 있고 작은 탁엽이 있다. 8월에 황백색 꽃이 줄기 끝에 원추꽃차례로 피며, 협과인 열매는 구슬을 꿰어놓은 것 같은 염주형으로 마디가 있고 10월에 익어 벌어진다.

회화나무_잎   회화나무_꽃   회화나무_열매

가을

약효

꽃은 생약명이 괴화(槐花)이고 꽃이 피기 전의 꽃봉오리는 생약명이 괴미(槐米)이며, 진경(鎭痙) 및 항궤양 작용, 혈압 강하 작용이 있고 청열, 양혈(凉血), 지혈의 효능이 있어 장풍(腸風)에 의한 혈변, 치질,

혈뇨, 대하증, 눈의 충혈, 창독, 중풍 등을 치료한다. 수피 및 근피는 생약명이 괴백피(槐白皮)이며 진통, 소종(消腫), 거풍(祛風), 제습(除濕)의 효능이 있고 신체강경(身體强硬: 몸이 굳어짐), 근육마비, 열병구창(熱病口瘡), 장풍하혈(腸風下血), 종기, 치질, 음부 가려움증, 화상 등을 치료한다. 열매는 생약명이 괴각(槐角)이며, 항균 작용이 있고 청열, 윤간(潤肝), 양혈(凉血), 지혈의 효능이 있고 장풍출혈(腸風出血), 치질출혈, 출혈성 하리, 심흉번민(心胸燔悶), 풍현(風眩) 등을 치료한다. 꽃 추출물은 여드름의 예방과 치료, 폐경기 질환 및 피부 노화 예방과 치료, 피부 주름 개선의 효과가 있다. 또한 탈모의 예방 및 개선에도 효과적이다.

🫖 용법과 약재

꽃 또는 꽃봉오리 1일량 30~40g을 물 1L에 넣고 반으로 달여 2~3회 매 식후 복용한다. 외용할 때는 달인 액을 환부를 씻어준다. 수피 및 근피 1일량 30~50g을 물 1L에 넣고 반으로 달여 2~3회 매 식후 복용한다. 외용할 때는 달인 액으로 양치질하여 씻어준다. 열매 1일량 20~30g을 물 1L에 넣고 반으로 달여 2~3회 매 식후 복용한다. 외용할 때는 볶아서 분말로 만들어 참기름과 섞어서 도포한다.

※비위가 허약한 사람은 사용에 주의한다.

회화나무_괴화 약재품

회화나무_수피 약재품

기능성과 효능에 관한 특허자료 회화나무 꽃 추출물의 누룩 발효물을 함유하는 여드름 개선용 조성물

본 발명은 여드름 피부용 화장료 조성물에 관한 것으로, 보다 상세하게는 회화나무 꽃 추출물을 누룩 발효시켜 제조한 발효물을 함유하여 여드름 증상을 악화시키는 주 원인균인 프로피오니박테리움아크네(Propionibacteriumacnes)의 생육을 억제하는 우수한 여드름 치료 및 예방 효과를 갖는 여드름 피부용 화장료 조성물에 관한 것이다.

〈공개번호 : 10-2011-0105581, 출원인 : (주)콧데〉

겨울
약초

이기혈 치료(파혈행기, 통경지통)

강황

생 약 명	강황(薑黃)
사용부위	뿌리줄기
작용부위	간, 비장 경락으로 작용한다.

학명 *Curcuma longa* Linné

이명 심황(深黃), 황강(黃薑), 보정향(寶鼎香)

과명 생강과(Zingiberaceae)

개화기 5~8월

채취시기 첫서리가 내린 후 잎이 시든 뒤에 채취한다.

성분 커큐민(Curcumin)이 주성분인 황색소 1~3%, 투르메론(Turmerone)이 주성분인 정유 1~5%, 녹말 30~40% 등이 주요 성분이다. 정유 성분인 투르메론은 쉽게 α-투르메론과 γ-투르메론으로 바뀌며 특이한 냄새를 내는 불안정한 성분이다.

성질과 맛 성질이 따뜻하고, 맛은 맵고 쓰다.

생육특성

인도 원산의 여러해살이풀로, 물 빠짐이 양호하며 유기질이 풍부한 토양에서 잘 자란다. 높이는 90~150cm 정도이고, 지상부의 생김새는 파초와 비슷하며 뿌리는 생강 모양의 뿌리줄기와 덩이뿌리로 구분되어 있다. 잎은 길이 30~90cm, 너비 10~20cm에 긴 타원형으로 잎끝이 뾰족하고 기부는 삼각형이며 잎의 윗면은 푸른색이다. 늦은 봄부터 여름까지(5~8월) 연황색 꽃이 수상꽃차례를 이루며 피는데, 꽃이삭은 잎보다 먼저 나오고 광난형이며 연한 녹색 포에 싸여 있다. 포편(苞片)은 길이 4~5cm에 난형이며, 화관은 길이 2.5cm 정도에 황색이다. 뿌리는 생강과 비슷하나 생강보다 가늘고 양하(襄荷)보다는 굵다. 뿌리줄기는 덩어리 모양이고 가로로 절단한 단면은 황색을 띠며 장뇌 같은 방향(芳香)이 있다. 열대 지방 원산으로 따뜻하고 습윤한 기후에서 잘 생육하며 특히 일조량이 풍부하고 통풍이 잘되는 지역에서 재배하는 것이 좋다. 또한 근경은 추위에 약하기 때문에 저장 중 10℃ 이하에서는 부패하므로 온도 관리에 주의하여야 한다. 우리나라에서는 전남 진도가 주산지이며 전남 담양과 경남 산청, 충남 일부에서 재배되고 있다. 《한약채취월령》에 음력 3월에 채취하는 약으로 소개되어 있고, 조선 시대에 심황(深黃)이라 하여 비교적 기후가 따뜻한 남부 지방에서 재배했던 것으로 추정된다

겨울

강황_잎

강황_꽃

강황_뿌리

약효

담낭의 기운을 돕고 위를 튼튼하게 하며, 기혈의 순환을 원활하게 하고 월경을 잘 통하게 하며 종기를 가라앉히는 등의 효능이 있어서 소화불량, 위염, 간염, 담낭 및 담도염, 황달, 경폐(經閉), 산후 어혈복통, 타박상 등의 치료에 이용한다.

용법과 약재

하루 6~12g을 물 1L에 넣고 반으로 달여서 2~3회로 나누어 복용한다. 말린 것을 가루 내어 음식에 넣어 먹기도 한다.

※파혈(破血), 행기(行氣) 작용이 있으므로 혈허(血虛)하면서 기체혈어(氣滯血瘀)가 아닌 경우에는 사용할 수 없다.

강황_생뿌리 채취품

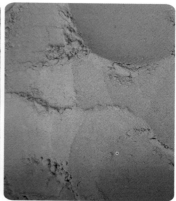

강황_가루 약재품

강황과 울금

강황은 강황(*Curcuma longa Linn*)의 뿌리줄기, 울금은 강황 또는 울금(*Curcuma aromatica*)의 덩이뿌리를 사용한다. 우리나라의 한약 공정서에 따르면 강황과 울금은 그 기원 식물이 생강과에 속하는 여러해살이풀인 강황이다. 〈대한약전외 한약(생약)규격집〉에 따르면 이 식물의 뿌리줄기를 '강황(薑黃)' 또는 '조강황'으로 기재되어 있으며, 동일 식물의 덩이뿌리를 수확하여 그대로 또는 주피를 제거하고 쪄서 말린 것을 '울금(鬱金)'이라고 수재하고 있다. 그러나 중국에서는 울금을 '*Curcuma aromatica*의 뿌리줄기'로 수재하고 있다.

순환기계 질환 치료(고혈압, 항암, 동맥 경화)

겨우살이

생 약 명 상기생(桑寄生)
사용부위 줄기·가지·잎
작용부위 간, 심장, 신장
경락으로 작용한다.

학명 *Viscum album* var. *coloratum* (Kom.) Ohwi
이명 겨우사리, 붉은열매겨우사리, 동청(凍靑), 기생초(寄生草)
과명 겨우살이과(Loranthaceae)
개화기 4~5월
채취시기 봄부터 겨울에 채취한다.
성분 전목 또는 가지와 잎은 플라보노이드 화합물의 아비쿨라린(avicularin), 퀘르세틴(quercetin), 퀘르시트린(quercitrin), 올레아놀산(oleanolic acid), α-아미린(α-amyrin), 메소-이노시톨 (meso-inositol), 플라보노이드, 루페올(lupeol), β-시토스테롤(β-sitosterol), 아글리콘(aglycon) 등을 함유한다.

성질과 맛 성질이 평하고, 맛은 달고 쓰다.

겨울 **595**

생육특성

중부·남부 지방의 높은 산에서 자라는 큰 나무에 기생하는 상록 소 저목으로, 참나무, 팽나무, 물오리나무, 밤나무, 자작나무 등의 줄기 와 가지에 붙어서 자란다. 높이는 30~60cm 정도이며, 줄기와 가지는 원주상이고 황록색 또는 녹색에 약간 다육질이며 2~3갈래로 갈라지고 가지가 갈라지는 곳이 점차 커져서 마디가 생긴다. 잎은 가지 끝에 마주 나고, 잎자루가 없으며 길이 3~6cm, 너비 0.6~1.2cm에 피침형으로 두껍고 황록색의 윤채가 난다. 자웅 이주이며, 4~5월에 미황색 꽃이 가 지 끝의 두 잎 사이에서 피는데 꽃자루는 없고 수꽃은 3~5개, 암꽃은 1~3개이다. 열매는 액과이며 둥글고 10~12월에 황색 또는 등황색으로 익는다

겨우살이_잎   겨우살이_꽃   겨우살이_열매

약효

몸을 튼튼하게 하고 기력을 왕성하게 하며, 통증을 멎게 하고 풍사와 습사를 제거하며, 안태시키고 혈압을 내려주는 등의 효능이 있 어서 신경통, 관절통, 근골위약(筋骨痿弱), 풍습비통(風濕痺痛), 임 신부의 태동(胎動), 태루(胎漏), 붕루(崩漏), 고혈압, 동맥 경화, 암의 치료에 사용한다. 또는 노화 방지, 항산화 활성, 항비만 등의 작용이 있 고 종기, 어혈, 심장 질환, 지방간, 타박상 등의 치료에도 효과적이다.

596

겨우살이 종류

동백나무겨우살이

붉은겨우살이

참나무겨우살이

꼬리겨우살이

 용법과 약재

전목 1일량 12~18g을 물 1L에 넣고 반으로 달여 2~3회 매 식 후 복용한다. 외용할 때는 전목을 짓찧어서 환부에 도포한다.

겨우살이_생가지 채취품

겨우살이_약재품

겨울

기능성과 효능에 관한 특허자료 항노화 활성을 갖는 겨우살이 추출물

본 발명은 항노화 활성을 갖는 겨우살이 추출물에 관한 것으로, 본 발명에 따른 겨우살이 추출물 또는 이를 함유하는 기능성 식품 또는 약제학적 조성물은 생명을 연장시키는 효과가 있으며 진빈직인 긴강을 향상시키는 효과를 나타내는 바 기능성 식품 뜨는 의약 분야에서 매우 유용한 발명이다.

〈공개번호 : 10-2010-0102471, 출원인 : (주)미슬바이오텍〉

호흡기계 질환 치료(인후염, 폐농양, 해수)

더덕

생 약 명 사엽삼(四葉參)
사용부위 뿌리
작용부위 비장, 폐 경락으로 작용한다.

학명 *Codonopsis lanceolata* (Siebold & Zucc.) Benth. & Hook. f. ex Trautv.

이명 참더덕, 노삼(奴蔘), 통유초(通乳草), 사엽삼(四葉參)

과명 초롱꽃과(Campanulaceae)

개화기 8~9월

채취시기 가을철에 뿌리를 채취하여 품질별로 정선하고, 식용으로 사용할 것은 저온 저장하며, 약용할 것은 건조하여 저장한다.

성분 전초에 아피게닌(apigenin), 루테올린(luteolin), α-스피나스테롤(α-spinasterol), 스티그마스텐올 (stigmastenol), 올레아놀산(oleanolic acid), 에키노시스트산(echinocystic acid), 알비겐산 (albigenic acid) 등이 함유되어 있으며, 뿌리에는 리오이틴(leoithin), 펜토산(pentosane), 피토데린(phytoderin), 사포닌(saponin)이 함유되어 있다.

성질과 맛 성질이 평범하고(약간 따뜻하다고도 함) 맛은 달고 맵다.

생육특성

전국 각지에 분포하는 덩굴성 여러해살이풀로, 숲속에서 자생하거나 농가에서 재배하기도 한다. 덩굴은 길이 2m 이상 자라며, 보통 털이 없고 줄기를 자르면 유액(乳液)이 나온다. 잎은 서로 어긋나며 짧은 가지 끝에 3~4개의 잎이 가까이 마주난다. 길이 3~10cm, 너비 1.5~4cm에 피침형 또는 긴 타원형으로 양끝이 좁고 털이 없으며 가장자리가 밋밋하다. 꽃은 8~9월에 피는데, 짧은 가지 끝에서 아래를 향해 종 모양으로 달린다. 꽃받침은 5개로 갈라지고 꽃받침 조각은 난상 긴 타원형이며, 꽃부리는 끝이 5개로 갈라져 뒤로 약간 말리고 겉은 연한 녹색이며 안쪽에 자주색 반점이 있다. 열매는 삭과로 원추형이며 9~10월에 익는다. 뿌리는 비대한 방추형이고 길이 10~20cm, 지름 1~3cm 정도로 자라며 오래될수록 껍질에 우둘투둘한 혹이 많이 달린다.

더덕_잎

더덕_꽃

더덕_열매

약효

가래를 제거하고 고름을 배출하며, 몸을 튼튼하게 하고 젖이 잘 나오게 하며, 독을 풀어주고 종기를 가라앉히며 진액을 만들어내는 등의 효능이 있어, 해수, 인후염, 폐농양, 유선염, 장옹(腸癰: 장에 생기는 종창), 옹종(擁腫: 악창과 부스럼), 유즙 부족, 사교상(蛇咬傷: 뱀에 물린 상처) 등이 치료에 이용한다

겨울

용법과 약재

　말린 약재로 하루에 12~30g 정도를 사용하는데, 보통 뿌리 30g에 물 1,200mL 정도를 붓고 끓기 시작하면 약한 불로 줄여서 200~300mL가 될 때까지 달인 액을 아침저녁 2회로 나누어 복용한다. 가루로 만들어 복용하기도 한다. 외용할 때는 생뿌리를 짓찧어 환부에 붙이거나 달인 물로 환부를 씻는다. 또한 병후에 몸이 허약해졌을 때는 숙지황, 당귀 등을 배합하고, 폐음(肺陰) 부족으로 해수가 있을 때는 백부근(百部根), 자완(紫菀), 백합(百合) 등을 배합하여 사용한다. 출산 후에 몸이 허약해진 경우나 젖이 잘 나오지 않을 때는 동과자(冬瓜子), 율무, 노근(蘆根), 도라지, 야국(野菊), 금은화(金銀花), 생감초(生甘草) 등을 배합하여 응용한다. 독사에 물렸을 때에는 이 약재를 끓여서 복용하거나 깨끗이 씻어서 짓찧어 환부에 붙이면 효과가 매우 좋다.
※여로(黎蘆)와 함께 사용하지 않는다.

더덕_생뿌리 채취품

더덕_약재품

 기능성과 효능에 관한 특허자료 더덕 추출물을 포함하는 알코올성 간 질환 및 알코올성 고지혈증의 예방 및 치료용 조성물

본 발명은 더덕 추출물을 유효 성분으로 포함하는 알코올성 간 질환 및 알코올성 고지혈증의 예방 및 치료용 조성물에 관한 것이다. 본 발명에 따른 조성물은 알코올의 섭취로 인해 증가된 간 조직 및 혈장의 지질 농도, 지질 과산화물 농도를 감소시키고 간 기능 지표 효소의 활성을 정상화하는 효과가 있으므로 알코올성 간 질환 및 알코올성 고지혈증의 예방, 경감 및 치료의 목적으로 유용하게 사용할 수 있다.

〈등록번호 : 10-0631073-0000, 출원인 : 연세대학교 산학협력단〉

호흡기계 질환 치료(기침, 가래)

도라지

생약명 길경(桔梗)
사용부위 뿌리
작용부위 위장, 폐 경락으로 작용한다.

학명 *Platycodon grandiflorum* (Jacq.) A. DC.

이명 약도라지, 고경(苦梗), 고길경(苦桔梗)

과명 초롱꽃과(Campanulaceae)

개화기 7~8월

채취시기 봄과 가을에 뿌리를 채취하여 이물질을 제거하고 잘게 잘라서 건조기에 넣어 말린 후 사용한다.

성분 뿌리에 당질, 철분 등이 함유되어 있으며, 약 2% 정도의 사포닌과 칼슘이 함유되어 있다. 그 밖에 이눌린(inulin), 스테롤(sterol), 베툴린(betulin), α-스피나스테롤(α-spinasterol), 플라티코도닌 (platycodonin)이 함유되어 있다. 줄기와 잎에도 사포닌 성분이 함유되어 있으며, 또 뿌리에는 식이 심유가 많아 변비를 예방할 수 있다.

성질과 맛 평하고, 맵고 쓰며, 독은 없다.

　전국 각지의 산과 들에서 자생하는 여러해살이풀로, 특히 경북 봉화, 충북 단양, 전북 순창과 진안 등지에서 많이 재배된다. 높이는 40 ~100cm에 이르고, 줄기가 곧게 서며 줄기를 자르면 백색 유액이 나온다. 잎은 마주나거나 돌려나고 어긋나기도 하며, 길이 4~7cm, 너비 1.5 ~4cm에 장난형 또는 넓은 피침형으로 잎끝이 뾰족하고 가장자리에 예리한 톱니가 있다. 7~8월에 보라색 또는 흰색 꽃이 원줄기 끝에 1개 또는 여러 개가 위를 향해 달려 끝이 퍼진 종 모양으로 피고, 열매는 도란형에 삭과이며 포간으로 갈라진다. 뿌리는 길이는 7~20cm, 지름 1~1.5cm에 원주형 또는 약간 방추형으로 다육성이며 하부는 차츰 가늘어지고 분지된 것도 있다. 뿌리의 표면은 백색 또는 엷은 황백색이며 가로로 긴 구멍과 곁뿌리의 흔적이 있다. 정단(頂端)에는 짧은 뿌리줄기가 있으며 상부에는 가로주름이 있고 비틀린 세로주름이 있다.

도라지_잎

도라지_꽃(자주색)

도라지_열매

도라지_종자

약효

폐의 기운을 이롭게 하고 인후부에 도움을 주며 담과 농을 배출하는 효능이 있어, 해수와 담이 많은 데, 가슴이 답답하고 꽉 막힌 데, 인후부의 통증, 폐에 옹저가 있거나 농을 토하는 증상 등을 치료하는 데 효과적이다.

용법과 약재

말린 것으로 하루에 4~12g을 사용하는데, 도라지는 이용 방법이 매우 다양하다. 껍질을 벗긴 후 물에 담가 쓴맛을 우려내고 나물로 무쳐 먹기도 하고, 튀김이나 구이로 먹기도 하며, 말린 도라지를 물에 끓여서 차로 마시기도 한다. 기관지염이나 가래가 많을 때 애용한다. 특히 가래를 묽게 하여 밖으로 배출하는 데 아주 요긴한 약재이다. 다만 쓴맛이 강하므로 말린 도라지를 끓일 때는 지나치게 많이 넣지 않도록 주의한다.

※맛이 매운 약재이므로 진액을 소모하는 작용이 있어 음허(陰虛)로 오래된 해수, 기침에 피가 나오는 해혈(咳血)이 있는 경우에는 사용할 수 없고, 위궤양이 있는 경우에는 신중하게 사용하여야 한다. 또 내복하는 경우 많은 양을 사용하면 오심구토(惡心嘔吐)를 일으킬 수 있으므로 주의한다.

도라지_생뿌리 채취품

도라지_약재품

기능성과 효능에 관한 특허자료

도라지 추출물을 함유하는 전립선암 예방 및 치료용 조성물

도라지를 열수 추출한 추출물이 요산의 히스톤 아세틸 전이 효소를 저해하고 남성 호르몬인 안드로젠 수용체 매개 선립선암 세포주에서 월등한 힝암 효과를 나타냄으로써 의약 및 건강식품의 소재로서 유용하게 사용될 수 있는 도라지 추출물의 새로운 의약 용도에 관한 것이다. 〈등록번호 : 10-0830236-0000, 출원인 : 연세대학교 산학협력단〉

겨울

이기혈 치료(자양, 강장)

둥굴레

생 약 명	옥죽(玉竹)
사용부위	뿌리줄기
작용부위	위장, 폐, 신장 경락으로 작용한다.

학명 *Polygonatum odoratum* var. *pluriflorum* (Miq.) Ohwi

이명 맥도둥굴레, 애기둥굴레, 좀둥굴레, 여위(女萎)

과명 백합과(Liliaceae)

개화기 6~7월

채취시기 가을에 지상부 잎과 줄기가 고사한 후부터 이른 봄 싹이 나기 전까지 뿌리줄기를 채취하며 줄기와 수염뿌리를 제거한 후 수증기로 쪄서 말린다.

성분 콘발라마린(convallamarin), 콘발라린(convallarin), 켈리돈산(chelidonic acid), 아제티딘-2-카본산 (azetidine-2-carbonic acid), 켐페롤-글루코시드(kaempferol-glucoside), 퀘르시톨-글리코시드 (quercitol-glycoside) 등이 함유되어 있다.

성질과 맛 성질이 평하고, 맛은 달다.

![생육특성 아이콘] **생육특성**

전국 각지의 산지에서 자생하는 여러해살이풀로, 농가에서 많이 재배되며 특히 충청, 전라, 경상 지역에서 많이 생산된다. 높이는 30~60cm 정도이며, 줄기가 곧게 서는데 위로 가면서 약간 구부러지고 모가 지며 가지는 없다. 근경(根莖: 뿌리줄기)은 대나무처럼 옆으로 뻗으며 굵은 육질에 6개의 능각이 있고 끝은 비스듬히 처진다. 잎은 서로 어긋나고 한쪽으로 치우쳐 퍼지며, 길이 5~10cm, 너비 2~5cm에 난형 또는 긴 타원형으로 잎자루가 없다. 꽃은 6~7월에 줄기 중간 부분부터 1~2송이씩 잎겨드랑이에 달리는데, 길이 1.5~2cm에 통 모양으로 밑부분은 흰색, 윗부분은 녹색이며 작은 꽃자루가 밑부분에서 합쳐져 꽃대로 된다. 열매는 둥근 장과이며 9~10월에 검게 익는다.

둥굴레_잎(새순)

둥굴레_꽃봉오리

둥굴레_열매

둥굴레_줄기

둥굴레_뿌리

겨울

약효

몸 안의 양기를 길러주고 폐의 기운을 윤활하게 하며, 갈증을 멈추게 하고 진액을 생성하는 등의 효능이 있어서 허약 체질을 개선하고 폐결핵, 마른기침, 가슴이 답답하고 갈증이 나는 증상, 당뇨병, 심장 쇠약, 협심통, 소변이 자주 마려운 증상등을 치료한다.

용법과 약재

말린 것으로 하루에 12~18g을 사용하는데, 보통 뿌리 10~15g에 물 1L 정도를 붓고 끓기 시작하면 약한 불로 줄여서 200~300mL로 달인 액을 아침저녁 2회로 나누어 복용한다. 둥굴레를 볶거나 팽화(튀김)하여 차로 마시면 잘 우러나오고 향도 좋다.

※달고 평한 성미가 있으므로 습사(濕邪)가 쌓여서 기혈의 운행을 막는 담습(痰濕)이나 기가 울체된 경우에는 사용을 피하고, 비허(脾虛)로 인하여 진흙 같은 변을 누는 사람은 신중하게 사용하여야 한다. 민간에서 사용할 때, 흔히 황정(黃精)과 혼동하는 경향이 있으나 황정은 층층갈고리둥굴레, 진황정 등의 뿌리줄기로서 보중익기(補中益氣: 소화 기능을 담당하는 중초의 기운을 돕고 기를 더함)와 강근골(强筋骨: 근육과 뼈를 튼튼하게 함)의 효능이 강한 보기(補氣) 약재인 반면 둥굴레(옥죽)는 보음(補陰) 약재로서 자양(滋養), 윤폐(潤肺)의 효능이 있으므로 구분해서 사용해야 한다.

둥굴레_생뿌리 채취품

둥굴레_약재품

기능성과 효능에 관한 특허자료

둥굴레 추출물과 그를 함유한 혈장 지질 및 혈당 강하용 조성물

본 발명은 둥굴레 추출물과 그를 함유한 혈장 지질 및 혈당 강하용 조성물에 관한 것으로, 둥굴레 추출물은 동물 체내의 혈장 지질 및 혈당 강하 효과 등의 좋은 생리 활성도를 유의적으로 나타내고, 부작용이나 급성 독성 등의 면에서 안전하여 심혈관계 질환인 고지혈증 및 당뇨병의 예방, 치료를 위한 약학적 조성물 또는 기능성 식품 등의 유효 성분으로 이용할 수 있는 매우 뛰어난 효과가 있다. 〈공개번호 : 10-2002-0030687, 출원인 : 신동수〉

호흡기계 질환 치료(비염, 고혈압, 축농증, 치통)

목련

생약명	신이(辛夷)
사용부위	꽃봉오리
작용부위	위장, 폐 경락으로 작용한다.

학명 *Magnolia kobus* DC.

이명 생정(生庭), 목필화(木筆花), 영춘(迎春), 방목(房木)

과명 목련과(Magnoliaceae)

개화기 2~3월

채취시기 꽃이 피기 전 꽃봉오리는 2~3월, 꽃은 피기 시작할 때 채취한다.

성분 꽃봉오리에는 정유가 함유되어 있으며 그 속에는 시트랄(citral), 오이게놀(eugenol), 1, 8-시네올 (1, 8-cineol)이 함유되어 있다. 뿌리에는 마그노플로린(magnoflorine)이 함유되어 있고, 잎과 열매에는 페오니딘(peonidin)의 배당체가 함유되어 있으며 꽃에는 마그놀롤(magnolol), 호노키올(honokiol) 등이 함유되어 있다.

성질과 맛 성질이 시원하고, 맛은 맵다.

제주도 및 남부 지방에서 자생하거나 심어 가꾸는 낙엽활엽교목으로, 높이 10m 내외로 자란다. 수피는 회백색으로 조밀하게 갈라지며 작은 가지는 녹색이다. 잎눈에는 털이 없으나 꽃눈의 포에는 털이 밀생한다. 잎은 길이 5~15cm, 너비 3~6cm에 광난형 또는 도란상 타원형으로 표면은 털이 없고 뒷면은 털이 없거나 잔털이 약간 있으며, 잎끝이 급히 뾰족해지고 가장자리는 파상이다. 2~3월에 백색 꽃이 잎보다 먼저 피는데, 지름이 10cm 정도이며 향기가 있다. 열매는 원추형의 골돌과로 9~10월에 익는다.

목련_잎   목련_꽃   목련_덜익은 열매

목련_열매   목련_수피

608

약효

꽃봉오리는 생약명이 신이(辛夷)이며, 항진균 작용과 거풍, 소담(消痰)의 효능이 있고 고혈압, 두통, 축농증, 비염, 비색(鼻塞), 치통 등을 치료한다. 꽃은 생약명이 옥란화(玉蘭花)이며, 꽃이 피기 시작할 때 채취한 것으로 생리통, 불임증을 치료한다. 목련 추출물은 퇴행성 중추 신경계 질환 증상의 개선, 골질환의 예방 및 치료, 췌장암, 천식 등의 치료에 효과가 있다는 연구결과가 나왔다.

용법과 약재

꽃봉오리 1일량 20~30g을 물 1L에 넣고 반으로 달여 2~3회 매 식후 복용한다. 외용할 때는 분말로 만들어 코 안에 넣거나 살포한다. 꽃이 피기 시작할 때 채취한 꽃 1일량 15~30g을 물 1L에 넣고 반으로 달여 2~3회 매 식전 복용한다.

※창포(菖蒲), 황연(黃連), 석고(石膏) 등은 목련 꽃봉오리와 배합 금기이다

목련_꽃봉오리

목련_약재품

기능성과 효능에 관한 특허자료

퇴행성 중추 신경계 질환 증상의 개선을 위한 목련 추출물을 함유하는 기능성 식품
본 발명은 목련 추출물 또는 목련으로부터 난리된 에피유데스민(Epieudesmin)을 함유함을 특징으로 하는 퇴행성 중추 신경계 질환 증상의 개선을 위한 기능성 식품에 관한 것이다. 〈공개번호 : 10-2005-0111257, 출원인 : 충북대학교 산학협력단〉

피부계 질환 치료(간질, 황달, 피부 질환, 최토)

박새

생 약 명	여로(藜蘆)
사용부위	뿌리와 뿌리줄기
작용부위	간, 폐 경락으로 작용한다.

학명 *Veratrum oxysepalum* Turcz.

이명 묏박새, 넓은잎박새, 꽃박새

과명 백합과(Liliaceae)

개화기 6~7월

채취시기 이른 봄, 꽃대가 출현하기 전과 가을에 줄기가 시든 후에 뿌리를 채취하여 햇볕에 말리거나 끓는
물에 데친 후 햇볕에 말린다.

성분 뿌리에 제르빈(jervine), 슈도제르빈(pseudojervine), 루비제르빈(rubijervine), 콜히친(colchicine),
게르메린(germerine), 베라트로일-지가데닌(veratroyl-zygadenine) 등의 알칼로이드(alkaloid),
β-시토스테롤(β-sitosterol) 등을 함유한다.

성질과 맛 성질이 차고, 맛은 쓰고 맵다. 독이 있다.

생육특성

전국 각지에 분포하는 여러해살이풀로, 깊은 산지의 반그늘 습기가 많은 곳에서 자란다. 높이는 1.5m가량이며, 줄기는 곧게 서고 속이 비어 있는 원주형이다. 뿌리줄기는 짧고 굵으며 밑부분에 굵고 긴 수염뿌리를 많이 난다. 잎은 어긋나며, 밑부분에 난 것은 원줄기를 둘러싸고 중앙부의 것은 광타원형으로 나란히 맥이 있으며 세로로 주름이 지고 뒷면에 짧은 털이 있다. 꽃은 6~7월에 원추꽃차례를 이루며 밀생하여 피는데, 지름은 2.5cm가량이고 안쪽은 연한 황백색, 뒤쪽은 황록색이다. 열매는 9~10월경에 익는데 난상 타원형의 삭과이며 길이는 2cm 정도이고 윗부분이 3개로 갈라진다. 뿌리를 여로(藜蘆)라 하며 약으로 사용한다.

박새_잎 　　　　박새_꽃 　　　　박새_열매

약효

풍담(風痰: 풍증을 일으키는 담병 또는 풍으로 생기는 담병)을 토하게 하고, 충독(蟲毒)을 제거하는 효능이 있어서 가래가 목에 낀 듯하고 목구멍이 붓고 아픈 인후염, 간질, 오래된 말라리아, 황달, 피부 질환을 치료하며 살충제의 원료로도 이용된다

용법과 약재

하루 0.3~0.6g을 환 또는 가루로 만들어 복용한다. 피부 질환에는 가루를 기름에 섞어 환부에 바른다. 민간에서는 이가 아픈 데 박새 뿌리를 넣어 진통제로서 사용하는 경우가 있으나 독이 있어 위험하다.

※ 독성이 있으므로 신중하게 사용해야 한다.

호흡기계 질환 치료(감기, 몸살)

생강

생 약 명	건강(乾薑)
사용부위	뿌리줄기
작용부위	비장, 위장, 폐 경락으로 작용한다.

학명 *Zingiber officinale* Roscoe

이명 새앙

과명 생강과(Zingiberaceae)

개화기 8~9월

채취시기 8~9월에 채취하여 지상부와 수염뿌리를 제거하고 보관한다. 껍질을 벗기고 말린 것을 건강(乾薑)이라 한다.

성분 정유로서 방향 성분인 진지베롤(zingiberol), 진지베렌(zingiberene), 펠란드렌(phellandrene) 등이 함유되어 있고 신미 성분(辛味成分)으로서 진지베론(zingiberone), 쇼가올(shogaol), 진저론(zingerone) 등의 불휘발성 물질이 포함되어 있다.

성질과 맛 성질이 덥고 맛은 매우며 독은 없다.

열대 아시아 원산의 여러해살이 풀로, 따뜻하고 습기가 적당한 곳에서 자란다. 세계 각국에서 재배되고 있으며, 우리나라에서도 전국적으로 재배되고 있으나 주로 따뜻한 남쪽 해안 지방이 적당하다. 뿌리줄기가 옆으로 자라며, 연한 황색에 덩어리 모양의 굵은 육질이고 특유의 방향(芳香)이 있다. 뿌리줄기의 마디에서 난 엽초로 형성된 가경(假莖)이 곧게 자라 높이 30~50cm에 달하며, 윗부분에 잎이 2줄로 배열된다. 잎은 어긋나며, 대나무의 잎 같은 선상 피침형에 양끝이 좁고 밑부분이 긴 엽초로 된다. 8~9월에 황록색꽃이 수상꽃차례로 피는데, 엽초로 싸인 길이 20cm 정도의 꽃대가 자라서 그 끝에 꽃이삭이 달린다. 뿌리줄기를 찌거나 삶아서 건조한 것을 건강(乾薑)이라 하고, 불에 구워 말린 것을 흑강(黑薑)이라 한다. 생강의 방향 신미 성분(芳香辛味成分)은 위 점막을 자극하여 위액 분비를 증가시키고 소화를 촉진하는 작용이 있으며 혈액순환을 원활하게 하고 체온을 높여 흥분시키므로 방향성 건위약(健胃藥) 및 교미(矯味), 교취약(嬌臭藥)으로 쓴다. 또 위한(胃寒), 구토, 설사, 해수, 천식, 혈행파행(血行破行), 감기풍한(感氣風寒)등의 치료에도 응용하고 있다.

생강_잎

생강_꽃

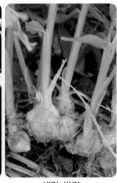
생강_뿌리

겨울

약효

위를 튼튼하게 하고 표사(表邪)를 발산시키며 한사(寒邪)를 흩어지게하고, 구토를 멎게 하며 신진 대사 기능을 항진시키는 등의 효능이 있어서 소화불량, 위한(胃寒), 궐냉(厥冷), 창만(脹滿), 감기, 해천(咳喘 : 해수와 천식), 풍습비통(風濕痺痛 : 풍습사로 인하여 결리고 아픈 통증), 설사, 구토 등의 치료에 이용한다. 한방에서는 진해 거담, 발한 해열의 약으로 쓰고 있으며 복통, 설사, 곽란 등에 달여서 먹으면 효과가 좋다

용법과 약재

《동의보감(東醫寶鑑)》에는 건강(乾薑)이 외풍을 몰아내는 온성으로 소화제로서 심기를 통하고 양기를 북돋우며 오장육부의 냉기를 제거하는 데 쓰인다고 기록되어 있다. 또한 생강은 담을 없애고 기(氣)를 내리며 구토를 그치게 하고 풍한(風寒)과 습기를 제거함과 동시에 천식을 다스린다고 하였다. 《본초비요(本草備要)》에는 생강은 맵고 온(溫)하며 한(寒)을 물리치고 폐기(肺氣)를 돕고 위장을 고르게 하며 상한(傷寒)과 두통, 오풍(惡風), 비색(鼻塞), 해역(咳逆), 구토 등을 다스린다고 하였다. 특히 중풍, 중서, 중독 등에 생강즙을 내어 어린이의 오줌과 혼합하여 마시면 효과가 있다는 민간요법이 전해지고 있다. 생강의 탕액은 반하(半夏), 남성(南星), 후박(厚朴) 등의 생약을 제독시켜주며 감기에 의한 구토와 위경련을 치료하고 건위 소화제로서의 성약(聖藥)이다. 정유(精油)의 방향 성분과 신미 성분으로 인하여 독특한 향기가 있고 매운맛이 강하기 때문에 생강주나 생강차를 만들어 음용하기도 한다.

생강_생뿌리 채취품

생강_약재품

순환기계 질환 치료(거풍, 관절통, 부종, 수렴, 근골통)

소나무

생 약 명	송구(松毬), 송근(松根), 송엽(松葉), 송지(松脂)
사용부위	열매, 뿌리, 잎, 송진
작용부위	송엽(松葉)은 심장, 비장, 방광 경락에, 송향(松香)은 간, 비장 경락에 작용한다.

학명 *Pinus densiflora* Siebold & Zucc.

이명 적송, 육송, 여송, 솔나무

과명 소나무과(Pinaceae)

개화기 4~5월

채취시기 열매는 가을·겨울 뿌리와 잎은 연중 수시 채취한다.

성분 열매에는 단백질, 지방, 탄수화물 등이 함유되어 있다. 뿌리에는 수지, 정유, 타닌, 쿼르세틴(quercetin) 등이 함유되어 있다. 잎에는 정유가 함유되어 있으며, 주성분은 α-피넨(α-pinene), β-피넨, 캄펜 (camphene) 등이고 플라보노이드 중에는 쿼르세틴, 켐페롤(kaempferol) 등이 있으며 그 외 타닌, 수지, 아비에트산(abietic acid), 색소 등도 함유되어 있다.

성질과 맛 성질이 따뜻하고 독이 없으며, 맛은 쓰다.

겨울 **615**

![생육특성 로고] **생육특성**

전국 각지에 분포하는 상록침엽교목으로, 높이는 30m 정도이다. 가지가 많이 갈라지고 수피는 적갈색이며, 노목의 수피는 흑갈색으로 거칠고 두껍다. 잎은 2개씩 속생하고 바늘 모양이며, 가장자리에 작은 톱니가 있고 앞뒤 양면에 기공선(氣孔線)이 있다. 자웅동주이며, 4~5월에 황색, 황록색 꽃이 피는데, 수꽃차례는 새가지 밑부분에 달리고 암꽃차례는 새가지 끝에 2~3개가 돌려난다. 열매는 구과(毬果)로 난형이고 다음 해 9~10월에 익는다. 종자는 타원형에 자갈색 또는 갈색을 띠며 날개가 붙어 있다.

소나무_암꽃   소나무_수꽃   소나무_열매

소나무_새순   소나무_수피

약효

열매는 생약명을 송구(松毬)라고 하며 보기(補氣), 치질(痔疾), 풍비(風痺) 등을 치료한다. 뿌리는 생약명을 송근(松根)이라고 하여 근 골통 류머티즘, 타박상, 종통을 치료한다. 잎은 생약명을 송엽(松葉)이라고 하여 거풍, 살충, 타박상, 가려움증, 부종, 습진 등을 치료한다. 소나무의 추출물은 콜레스테롤의 개선과 피부노화방지, 주름개선, 탈모방지, 발모촉진 등의 효과를 가지고 있다.

용법과 약재

열매 1일량 10~20g을 물 1L에 넣고 반으로 달여 2~3회 매 식후 복용한다. 뿌리 1일량 20~30g을 물 1L에 넣고 반으로 달여 2~3회 매 식후 복용한다. 잎 1일량 30~40g을 물 1L에 넣고 반으로 달여 2~3회 매 식후 복용한다. 외용할 때는 열탕에 달인 액을 환부에 바르거나 씻어준다.

소나무_송화가루

소나무_송진 약재품

기능성과 효능에 관한 특허자료

소나무 추출물을 유효 성분으로 포함하는 고콜레스테롤증 개선 또는 예방용 조성물

본 발명은 소나무 추출물을 유효 성분으로 포함하는 콜레스테롤 과다 섭취로 인한 질환의 개선 또는 예방용 조성물에 관한 것으로서, 보다 상세하게는 적송 잎에 대하여 아임계 추출 과정을 수행하여 얻은 추출물을 유효 성분으로 포함하는 콜레스테롤 과다 섭취로 인한 질환의 개선 또는 예방용 조성물에 관한 것이다. 본 발명의 추출 방법에 의해 수득한 소나무 추출물은 단순 소나무 열수 추출물에 비하여 혈행 개선능 및 간 보호능이 우수하여, 과다 콜레스테롤 섭취로 인한 혈액 유동성 저하를 개선하고, 혈액순환을 원활하게 할 뿐만 아니라, 과다 콜레스테롤 섭취에 따른 간 손상을 예방하고 개선할 수 있으므로 콜레스테롤 과다 섭취와 관련된 다양한 질환이 개선, 치료 또는 예방과 관련된 용도 특허, 건강 기능성 식품 등과 관련된 다양한 산업에 폭넓게 이용될 수 있다.

〈공개번호 : 10-2012-0031191, 출원인 : 신라대학교 산학협력단〉

겨울

소화기계 질환 치료(건위, 간암, 항알레르기)

소태나무

생약명	고목(苦木)
사용부위	심재(속나무)
작용부위	담낭. 위장, 폐, 대장 경락으로 작용한다.

학명 *Picrasma quassioides* (D.Don) Benn. = [*Picrasma ailanthoides* (Bunge) Planch.]

이명 쇠태, 고수피(苦樹皮), 고피(苦皮)

과명 소태나무과(Simaroubaceae)

개화기 5~6월

채취시기 심재를 연중 수시 채취한다.

성분 총 알칼로이드 중 쿠무지안(kumujian)이라는 7종의 알칼로이드(alkaloid)가 분리되고 그중 쿠무지안 D는 메틸니가키논(methyl nigakinone)이라고도 한다. 특이한 고미질로 콰신(quassin). 피크라신-A (picrasin-A). 니가키락톤-A(nigakilactone-A), 니가키논(nigakinone), 메틸니가키논(methylnigakinone), 하르만(harmane) 등이 있다.

성질과 맛 성질이 차고 독성이 있으며, 맛은 쓰다.

![생육특성] **생육특성**

　전국의 각지의 산기슭, 골짜기, 인가 근처 등에 자생하는 낙엽
활엽소교목으로, 높이 7~10m 정도로 자란다. 줄기가 곧게 서고 가지가
층을 형성하여 수평을 이루며, 수피는 회흑색이고 어린가지는 회녹색에
털이 없으며 선명한 황색의 피목이 있다. 잎은 어긋나고 홀수깃꼴겹잎
이며, 보통 가지 끝에 모여 달려 있다. 작은 잎은 11~12개이며 난상 피
침형 또는 광난형으로 잎끝이 날카롭고 밑부분은 둥글며 가장자리에 고
르지 않은 파상 톱니가 있다. 잎은 가을에 황색으로 된다. 자웅 이주이며,
5~6월에 청록색의 작은 꽃이 잎겨드랑이에 6~8개씩 달리고, 열매는
도란형 핵과에 다육질이며 8~9월에 붉은색으로 익는다.

소태나무_잎

소태나무_꽃

소태나무_열매

소태나무_줄기

소태나무_수피

겨울

약효

위를 튼튼하게 하고 습사(濕邪)를 말리며 균을 없애는 등의 효능이 있어서 소화불량, 위장염, 담도염, 폐결핵, 설사, 옹종, 습진, 개선(疥癬: 옴) 등을 치료한다. 성분 중에 콰신(quassin)의 쓴맛이 건위제가 되어 식욕을 증진시키는데 과용하면 구토를 일으키기도 한다. 또한 청열조습(淸熱燥濕)의 효능이 있고, 편도염, 인후염, 습진, 화상 등을 치료한다. 소태나무의 총 알칼로이드는 항균, 소염 작용이 있으며 소태나무 추출물은 간암, 간경화, 지방간, 아토피 피부염, 알레르기 질환 등의 치료에 탁월한 효과가 있다.

용법과 약재

수피, 근피 또는 목부 1일량 10~30g을 물 1L에 넣고 반으로 달여 2~3회 매 식후 복용한다. 외용할 때는 달인 액으로 씻거나 가루 내어 환부에 발라준다. 또는 즙을 내어 환부를 씻어주기도 한다.

※ 임산부는 사용을 금지한다.

소태나무_수피 채취품   소태나무_약재품

기능성과 효능에 관한 특허자료

소태나무 추출액을 이용한 간암과 간경화 및 지방간 치료 제품 및 그 제조 방법
본 발명은 간암, 간경화, 지방간 등에 효과가 있는 서목태, 구연산 및 버섯 추출물을 함유한 제품에 관한 것이다. 본 발명의 주첨가물로서 간암, 간경화, 지방간에 효과가 있는 서목태 분말, 구연산, 소태나무, 산봉나무(구찌뽕), 벌나무(산청목) 추출물과 운지버섯, 상황버섯 추출물로 이루어진 군으로 인체 내 노폐물을 배설하는 추출물과 보조 첨가물로서 간 질환과 관련된 성인병을 예방하고 체력을 증진시켜주는 순수 천연 재료를 이용한 제조 방법이다. 본 발명의 제품은 인체 내 노폐물을 배설하여 체력을 활성화시켜 간암, 간경화, 지방간에 탁월한 효능이 있는 것이다. 〈공개번호 : 10-2008-0055771, 출원인 : 권호철〉

내분비계 질환 치료(수렴, 지혈, 소종, 이질)

종려나무

생약명 종려근(棕櫚根), 종려엽(棕櫚葉), 종려화(棕櫚花), 종려피(棕櫚皮), 종려자(棕櫚子)

사용부위 뿌리, 잎, 꽃, 수피, 열매

작용부위 간, 심장, 신장 경락으로 작용한다.

학명 *Trachycarpus wagnerianus* Hort. ex Becc.

이명 병려목(栟櫚木), 종모(棕毛)

과명 야자나무과(Palmae)

개화기 4~5월

채취시기 뿌리·잎은 연중 수시, 꽃은 4~5월, 수피는 연중 수시 또는 9~10월, 열매는 11~12월에 과피가 청흑색일 때 채취한다.

성분 뿌리, 꽃, 잎, 수피, 열매 등에 타닌이 많이 함유되어 있다. 열매에는 류코안토시아닌(leucoanthocyanin)이 함유되어 있다.

성질과 맛 수피·뿌리는 성질이 평하고, 독이 없으며, 맛은 쓰고 떫다. 꽃·잎은 성질이 평하고, 맛은 쓰고 떫다. 열매는 성질이 평하고, 맛은 쓰다.

생육특성

중국 원산의 상록교목으로, 우리나라에서는 제주도 및 남부 지방에 자란다. 높이는 15m 정도이고, 줄기는 단생에 원주형이며 가지가 갈라지지 않는다. 잎은 줄기 끝부분에 모여나고, 길이 약 70cm에 둥근 부챗살 모양으로 중간 부분에서 깊게 갈라진다. 줄기를 싸고 있는 잎집이 분열하여 다갈색의 섬유상 모로 되어 잎집은 탈락하고 그 흔적은 줄기에 둥근 모양의 마디로 남아 있다. 꽃은 자웅 이주 단성화이며, 4~5월에 작은 담황색 꽃이 미상꽃차례를 이루며 많이 달린다. 핵과인 열매는 구형 또는 심장형으로 11~12월에 익고, 종자는 1개이며 편구형 또는 심장형으로 암회색 또는 담흑색이다. 일본 원산의 Trachycarpus exc-elsa와 비슷하나, 꼭대기의 손바닥 모양잎이 약간 더 크고 잎자루가 짧으며 잎끝이 늘어지지 않는 점이 다르다

종려나무_잎

종려나무_꽃봉오리

종려나무_꽃

종려나무_열매

약효

뿌리는 생약명이 종려근(棕櫚根)이며, 습사(濕邪)를 제거하고 출혈을 멎게 하며, 독을 풀어주고 종기를 가라앉히는 등의 효능이 있어 토혈, 혈변, 이질, 관절염, 수종, 타박상 등을 치료한다. 꽃은 생약명이 종려화(棕櫚花)이며, 장풍, 설사, 대하를 치료한다. 잎은 생약명이 종려엽(棕櫚葉)이며, 기를 거두어들이고 출혈을 멎게 하는 효능이 있어 피로 회복, 중풍의 예방 및 치료에 사용한다. 수피(종려나무의 줄기에 붙어 있는 잎집의 섬유)는 생약명이 종려피(棕櫚皮)이며, 수렴과 지혈의 효능이 있어 토혈, 혈변, 혈뇨, 대하, 개선 등을 치료한다. 열매는 생약명이 종려자(棕櫚子)이며, 기를 거두어들이고 설사, 장풍, 대하증을 치료한다.

용법과 약재

뿌리 1일량 30~50g을 물 1L에 넣고 반으로 달여 매 식후 복용한다. 외용할 때는 달인 액으로 환부를 씻어준다. 꽃 1일량 10~30g을 물 1L에 넣고 반으로 달여 매 식후 복용한다. 외용할 때는 달인 액으로 환부를 씻어준다. 잎 1일량 20~30g을 물 1L에 넣고 반으로 달여 매 식후 복용한다. 수피 1일량 30~50g을 물 1L에 넣고 반으로 달여 매 식후 복용하거나 1일량 15~25g을 가루내어 매 식후 복용한다. 열매 1일량 30~50g을 물 1L에 넣고 반으로 달여 매 식후 복용한다

송려나무_수피

종려나무_잎

겨울

순환기계 질환 치료(해열, 활혈, 강심, 해독)

지치

생 약 명	자근(紫根)
사용부위	뿌리
작용부위	간, 심장 경락으로 작용한다.

학명 *Lithospermum erythrorhizon* Siebold & Zucc.

이명 지초, 지추, 자초(紫草), 자초근(紫草根), 자단(紫丹) 자초용(紫草茸)

과명 지치과(Boraginaceae)

개화기 5~6월

채취시기 가을에서 이듬해 봄 사이에 뿌리를 채취하여 이물질을 제거하고 건조하며, 절단하여 사용한다.

성분 뿌리에 시코닌(shikonin), 아세틸시코닌(acetylshikonin), 알카닌(alkanin), 이소바이틸시코닌(isobytylshikonin), β,β-디메틸야크릴-시코닌(β,β-dimethylacryl-shikonin), β-히드록시이소발레릴시코닌(β-hydroxyisovalerylshikonin), 테트라아크릴시코닌(tetraacrylshikonin) 등을 함유하며, 주성분인 시코닌, 아세틸시코닌은 항염증, 창상 치유, 항종양 작용 등이 있어 고약으로 만들어 화상, 피부염증, 항균 작용 등에 이용한다.

성질과 맛 성질이 차고. 맛은 달고 짜며 독성은 없다.

생육특성

전국 각지에 분포하거나 재배하는 여러해살이풀로, 높이는 30~70cm 정도이며 줄기가 곧게 자라고 전체에 털이 있다. 잎은 어긋나고 잎자루가 없으며, 두터운 피침형으로 양끝이 뾰족하고 밑부분이 좁아져서 잎자루처럼 된다. 5~6월에 흰색 꽃이 줄기와 가지 끝에 총상꽃차례를 이루며 달리고 잎 모양의 포가 있다. 뿌리는 길이 7~14cm, 지름 1~2cm에 비후하며 원추형으로 비틀려 구부러졌고 땅속으로 깊이 들어간다. 이 뿌리를 자근(紫根)이라 하며 약용하는데, 약재 표면은 자홍색 또는 자흑색으로 거칠고 주름이 있으며, 껍질부는 얇아 쉽게 탈락한다. 질은 단단하면서도 부스러지기 쉽고, 단면은 고르지 않으며, 목부는 비교적 작고 황백색 또는 황색이다.

지치_잎

지치_꽃

지치_종자 결실

겨울

약효

열을 내려주고 혈액순환을 원활하게 하며, 심장의 기능을 강화하고 독을 풀어주며 종기를 가라앉히는 등의 효능이 있어서 간염, 습열황달(濕熱黃疸), 열결변비(熱結便秘), 토혈, 코피, 요혈(尿血), 자반병, 단독(丹毒), 동상, 화상, 습진 등을 치료하는 데 이용한다.

용법과 약재

말린 것으로 하루에 4~12g 정도를 사용하는데, 물을 붓고 달여서 복용하거나 가루 내어 복용한다. 말린 지치 뿌리 10g에 물 1L 정도를 붓고 끓기 시작하면 불을 약하게 줄여서 200~300mL 정도로 달여 아침저녁 2회에 나누어 복용한다. 외용할 때는 고약으로 만들어 환부에 바른다. 민간에서는 황백(황벽나무 껍질)과 지치를 3:1로 섞어서 가루 내어 참기름에 개어서 연고처럼 만들어 습진에 사용하는데, 자기 전에 손을 깨끗이 씻고 이 연고를 바르고 자면 효과가 매우 좋다. 그 밖에도 증류주를 내릴 때 소줏고리를 통과한 술을 지치를 통과하게 하여 붉은 색소와 약효를 동시에 얻기도 하고(진도 홍주), 공업적으로는 자줏빛 염료로 활용하기도 하는데 그 빛깔이 고와 예로부터 민간에서 애용되어 왔다.

※성질이 차고 활설(滑泄)하므로 비장 기능이 약해 변이 무른 사람은 신중하게 사용하여야 한다

지치_생뿌리 채취품

지치_약재품

기능성과 효능에 관한 특허자료　지치 추출물을 유효 성분으로 하는 지방간 개선용 식품 조성물

본 발명은 지방간 개선용 식품 조성물에 관한 것으로서, 구체적으로는 지치 추출물을 유효 성분으로 하는 지방간 개선용 식품 조성물에 관한 것이다.

〈공개번호 : 10-2011-0059572, 출원인 : 남종현〉

내분비계 질환 치료(당뇨, 거풍, 청열, 해독, 지혈)

찔레꽃

생 약 명	영실(營實)
사용부위	열매
작용부위	심장, 신장 경락으로 작용한다.

학명 *Rosa multiflora* Thunb.

이명 찔레나무, 설널네나무, 새버나무, 질꾸나무, 들장미, 가시나무, 질누나무, 자매화(刺梅花),
자매장미화(刺梅薔薇花), 장미근(薔薇根), 장미화(薔薇花)

과명 장미과(Rosaceae)

개화기 5~6월

채취시기 꽃은 5~6월, 뿌리는 연중 수시, 열매는 익기 전인 9~10월에 채취한다.

성분 꽃에는 아스트라갈린(astragalin)과 정유가, 뿌리에는 토르멘트산(tormentic acid)이 함유되어 있고
뿌리의 껍질에는 타닌이, 생잎에는 비타민 C가 함유되어 있다. 열매에는 멀티플로린(multiflorin)과
루틴(rutin), 지방유가 함유되어 있으며 지방유에 는 팔미트산(palmitic acid), 리놀산(linolic acid),
리놀렌산, 스테아르산(stearic acid) 등이 들어 있다. 과피에는 리코펜(licopene), α 기로틴
(α-carotene)이 함유되어 있다.

성질과 맛　열매는 성질이 시원하고, 맛은 달고 시다.

생육특성

　전국 각지에 분포하는 낙엽활엽관목으로, 높이는 2m 정도로 자란다. 가지가 덩굴처럼 밑으로 늘어져 서로 엉켜 있으며, 줄기와 가지에는 길이 2~7mm의 억센 가시가 많이 나 있다. 잎은 어긋나고 홀수깃꼴겹잎이며, 작은 잎은 보통 9개인데 길이 2~3cm에 양끝이 좁은 타원형 또는 도란형으로 잎끝이 둥글거나 날카롭고 가장자리에 잔톱니가 있다. 5~6월에 백색 꽃이 원추꽃차례로 한데 모여서 피고 방향성의 향기를 풍긴다. 열매는 둥근 수과이며 10~11월에 붉은색으로 익는다.

찔레꽃_잎

찔레꽃_꽃

찔레꽃_열매

찔레꽃_수피

약효

열매는 생약명이 영실(營實)이며, 열을 내려주고 혈액순환을 원활하게 하며, 독을 풀어주고 소변이 잘 나가게 하는 등의 효능이 있어서 설사, 수종(水腫), 소변불리(小便不利), 각기, 창개옹종(瘡疥癰腫), 월경복통, 신장염, 변비, 신장염 등을 치료한다. 민간에서 꽃을 약용하는데 생약명이 장미화(薔薇花)이며, 성질이 시원하고 맛은 달콤하며 독성이 없다. 각종 출혈에 지혈의 효과가 있으며 여름철에 더위를 타서 지쳤을 때나 당뇨로 입이 마를 때, 위가 불편할 때 치료 효과가 있다. 또 뿌리는 생약명이 장미근(薔薇根)이며, 열을 내리고 혈액순환을 원활하게 하며 풍사를 제거하는 효능이 있고 신염, 부종, 각기, 창개옹종, 월경복통을 치료한다. 찔레나무의 추출물은 항산화 작용이 있어 노화 방지와 성인병의 치료에 효과가 있다.

용법과 약재

열매 1일량 20~30g을 물 1L에 넣고 반으로 달여 2~3회 매 식후 복용한다. 외용할 때는 짓찧어서 환부에 붙이거나 달인 액으로 씻는다. 꽃 1일량 10~20g을 물 1L에 넣고 반으로 달여 2~3회 매 식후 복용한다. 외용할 때는 가루 내어 환부에 뿌리거나 바른다. 뿌리 1일량 30~50g을 물 1L에 넣고 반으로 달여 매 식후 복용한다. 외용할 때는 짓찧어서 환부에 붙인다.

찔레꽃_완숙 열매

찔레꽃_열매 채취품

겨울

기능성과 효능에 관한 특허자료

항산화 활성을 가지는 찔레꽃 추출물을 포함하는 식품 조성물

본 발명은 항산화 활성을 가지는 찔레꽃 추출물을 포함하는 식품 조성물에 관한 것이다. 구체적으로 본 발명은 프로시아니딘 B3(procyanidin B3)를 함유하며 항산화 활성을 가지는 찔레꽃 추출물을 포함하는 식품 조성물에 관한 것이다. 본 발명에 따른 찔레꽃 추출물 및 이를 포함하는 조성물은 활성 산소에 의해 유발되는 질병의 치료 또는 예방, 식품의 품질 유지 및 피부의 산화에 의한 손성을 방지하는 데 매우 유용하게 사용될 수 있다.

〈공개번호 : 10-2005-0040123, 특허권자 : (주)이롬〉

신경정신과 질환 치료(진정, 타박상, 황달)

치자나무

생 약 명	치자(梔子), 치자화근(梔子花根)
사용부위	열매, 뿌리
작용부위	담낭, 심장, 폐 경락으로 작용한다.

학명 *Gardenia jasminoides* J.Ellis = [*Gardenia jasminoides* for. *grandiflora* Makino.]

이명 치자, 좀치자, 겹치자나무, 산치자(山梔子), 황치화(黃梔花), 치자수(梔子樹), 산치(山梔), 치자화(梔子花), 황치자(黃梔子)

과명 꼭두서니과(Rubiaceae)

개화기 6~7월

채취시기 가을(10~11월)에 잘 익은 열매를 채취하여 솥에 넣고 황금색이 되도록 덖어서 사용한다. 뿌리는 연중 수시 채취한다.

성분 열매에는 플라보노이드(flavonoid)의 가르데닌(gardenin), 펙틴(pectin), 타닌, 크로신(crocin), 크로세틴(crocetin), d-만니톨(d-mannitol), 노나코산(nonacosane), β-시토스테롤(β-sitosterol) 이외에 여러 종류의 이리도이드(iridoid) 골격의 배당체, 즉 가르데노시드(gardenoside), 게니포시드(geniposide)와 소량의 산지시드(shanzhiside)가 함유되어 있고 또 가르도시드(gardoside),

스칸도시드 메틸 에스테르(scandoside methyl ester), 콜린(choline) 및 우르솔산(ursolic acid)이 함유되어 있다. 뿌리에는 가르데노시드가 함유되어 있다.

성질과 맛　열매는 성질이 차고 독이 없으며, 맛은 쓰다.

생육특성

　제주도를 비롯한 남부 지방에서 자생하거나 심어 가꾸는 상록활엽관목으로, 높이가 1~2m 정도로 자라고 어린가지에는 잔털이 나 있다. 잎은 마주나거나 3개가 돌려나고 잎자루가 짧으며, 가죽질에 긴 타원형 또는 장타원상 피침형으로 잎끝이 급하게 뾰족해지고 가장자리는 밋밋하다. 6~7월에 흰색 꽃이 가지 끝이나 잎겨드랑이에 1개씩 달리며 독특한 향기가 난다. 열매는 도란형 또는 긴 타원형이고 날개 모양의 능각이 6~7개 있으며, 10~11월에 성숙하면 황색이 되고 열매 끝에 꽃받침이 남아 있다

치자나무_잎

치자나무_꽃

치자나무_덜 익은 열매

치자나무_가지

겨울

약효

열매는 생약명이 치자(梔子)이며, 열을 내리고 출혈을 멎게 하며, 독을 풀어주며 진정, 혈압 강하, 이담 작용이 있고 황달, 불면, 소갈, 결막염, 임병, 열독, 창양, 좌상통, 타박상을 치료한다. 뿌리는 생약명이 치자화근(梔子花根)이며, 열을 내리고 독을 풀어주며 혈액을 맑게 하는 효능이 있어, 감기고열, 황달형 간염, 토혈, 비출혈, 이질, 임병(淋病), 신염수종(腎炎水腫), 종독(腫毒) 등을 치료한다. 치자의 추출물은 알레르기 질환과 우울증의 예방 및 치료에 사용할 수 있다.

용법과 약재

열매 1일량 30~50g을 물 1L에 넣고 반으로 달여 2~3회 매 식후 복용한다. 외용할 때는 가루 내어 기름에 섞어서 환부에 붙인다. 뿌리 1일량 50~100g을 물 1L에 넣고 반으로 달여 2~3회 매 식후 복용한다. 외용할 때는 생뿌리를 짓찧어서 환부에 도포한다

치자나무_열매 채취품

치자나무_약재품

기능성과 효능에 관한 특허자료 치자 추출물의 분획물을 유효 성분으로 함유하는 알레르기 질환의 예방 또는 치료용 조성물

본 발명은 치자 추출물의 분획물을 유효 성분으로 함유하는 알레르기 질환의 예방 또는 치료용 조성물에 관한 것으로서, 구체적으로 치자 추출물로부터 분획한 치자 분획물은 비만 세포에서 히스타민의 분비량을 낮추고, 알레르기성 아토피 피부염 질환 모델에서 피부염 및 귀 부종을 감소시키고, 혈청 중 IgE 농도를 감소시키므로, 알레르기 질환의 예방, 개선 또는 치료에 유용하게 사용될 수 있다. 〈공개번호 : 10-2011-0136387, 출원인 : 한국한의학연구원〉

내분비계 질환 치료(지갈, 해독, 해열, 두통)

칡

생 약 명	갈근(葛根), 갈화(葛花)
사용부위	뿌리,꽃
작용부위	비장. 위장, 폐 경락에 작용한다.

학명 *Pueraria lobata* (Willd.) Ohwi = [*Pueraria thunbergiana* (Sieb. et Zucc.) Benth.]

이명 칙, 칙덤불, 칡덩굴, 칡넝굴, 갈등(葛藤), 갈마(葛麻), 갈자(葛子), 갈화(葛花)

과명 콩과(Leguminosae)

개화기 7~8월

채취시기 뿌리는 봄·가을, 꽃은 7~8월 꽃이 만개하기 전에 채취한다.

성분 뿌리에는 이소플라본(isoflavone) 성분의 푸에라린(puerarin), 푸에라린 자일로시드(puerarin xyloside), 다이제인(daidzein), β-시토스테롤(β-sitosterol), 아라크산(arachic acid), 전분 등이 함유되어 있다. 잎에는 로비닌(robinin)이 함유되어 있다.

성질과 맛 뿌리는 성질이 평하고, 맛은 달고 맵다. 꽃은 성질이 시원하고, 맛은 달다.

생육특성

　전국 각지에 분포하는 낙엽 활엽 덩굴성 목본으로, 산지, 계곡, 초원의 음습지 등에 자생한다. 덩굴의 길이는 약 10m 내외로 뻗어 나가며, 오래된 것은 줄기의 지름이 10cm에 이르고 지면이나 다른 나무를 왼쪽으로 감아 올라간다. 줄기의 아랫부분은 목질화하여 잘 갈라진다. 잎은 3출엽으로 잎자루가 길고 서로 어긋나며, 작은 잎은 능상 원형이고 가장자리는 밋밋하거나 얕게 3개로 갈라진다. 7~8월에 홍자색 또는 홍색 꽃이 잎겨드랑이에 총상꽃차례로 달리며 핀다. 열매는 협과로 길고 편평한 광선형(廣線形)에 황갈색이며 딱딱한 털이 밀생하고 9~10월에 익는다.

칡_순

칡_잎

칡_꽃

칡_열매

약효

뿌리는 생약명이 갈근(葛根)이며, 열을 내려주고 경련을 진정시키며, 독을 풀어주고 갈증과 설사를 멎게 하는 효능이 있어 두통, 발한, 감기, 이질, 고혈압, 협심증, 난청(難聽) 등을 치료한다. 꽃은 생약명이 갈화(葛花)이며, 주독을 풀어주고 속쓰림과 오심, 구토, 식욕 부진 등을 치료하며 치질의 내치(內痔) 및 장풍하혈(腸風下血), 토혈 등의 치료에 효과적이다. 칡 추출물은 암의 예방 및 치료와 폐경기 질환의 예방 및 치료, 골다공증의 예방 및 치료에 사용할 수 있다

용법과 약재

뿌리 1일량 20~30g을 물 1L에 넣고 반으로 달여 2~3회 매 식후 복용하거나 짓찧어 즙을 내어 복용한다. 외용할 때는 짓찧어서 환부에 붙인다. 꽃 1일량 20~30g을 물 1L에 넣고 반으로 달여 2~3회 매 식후 복용한다.

칡_꽃 약재품(갈화)

칡_뿌리 약재품(갈근)

겨울

기능성과 효능에 관한 특허자료

골다공증 예방 및 치료에 효과를 갖는 갈근 추출물

본 발명은 골다공증 예방 및 치료에 효과를 갖는 갈근(칡 뿌리) 추출물에 관한 것으로서, 구체적으로 갈근 추출물에는 다이제인, 제니스테인, 포름오노네틴 등의 식물 에스트로겐이 다량 포함되어 있으므로, 본 발명에 의한 갈근 추출물은 골다공증 치료제 또는 예방제로서 유용하게 사용될 수 있을 뿐만 아니라 건강식품으로도 응용될 수 있다.

〈공개번호 : 10-2002-0002353, 출원인 : 한국한의학연구원〉

피부계 · 비뇨기계 질환 치료(근골산통, 보간, 익신)

하수오

생 약 명	하수오(何首烏)
사용부위	덩이뿌리
작용부위	간, 심장, 신장

경락으로 작용한다.

학명 *Fallopia multiflora* (Thunb.) Haraldson

이명 지정(地精), 진지백(陳知白), 마간석(馬肝石), 수오(首烏)

과명 마디풀과(Polygonaceae)

개화기 8~9월

채취시기 가을과 겨울에 덩이뿌리를 채취하여 이물질을 제거하고 절편하여 사용하는데, 독성이 있으므로
반드시 포제하여 사용하는 것이 좋다. 포제하고자 하는 무게의 10~15% 정도에 해당하는 검은콩을
2~3회 삶아서 물을 모으고, 준비된 덩이뿌리에 이 물을 흡수시킨 다음 시루에 넣고 쪄서 이를
햇볕에 건조시키고, 단면이 흑갈색으로 변할 때까지 똑같은 과정을 반복하면 독성이 제거되면서
좋은 하수오가 된다.

성분 덩이뿌리에는 안트라퀴논(anthraquinone)계 성분인 크리소파놀(chrysophanol), 에모딘(emodin),
레인(rhein), 피스치온(physcione) 등이 함유되어 있으며, 줄기에도 유사한 성분들이 함유되어 있다.

덩이뿌리에는 전분과 지방도 함유되어 있다.

성질과 맛   성질이 따뜻하고, 맛은 쓰고 달며 건조하고 덟다. 독은 없다.

🪷 생육특성

　　전국 각지에 자생하며 중남부 지방에서 재배되고 있는 덩굴성 여러해살이풀로, 덩굴이 2~3m 정도로 자란다. 줄기가 가늘고 전체에 털이 있으며 줄기 밑부분은 목질화되어 있다. 뿌리는 가늘고 길며 그 끝에 비대한 덩이뿌리가 달리는데, 덩이뿌리는 여러 개의 가는 줄기로 연결되며 겉껍질은 적갈색에 질은 견실하고 단단하다. 잎은 어긋나고 잎자루가 있으며, 길이 3~6cm, 너비 2.5~4.5cm에 좁은 심장형으로 잎끝이 뾰족하고 가장자리가 밋밋하다. 8~9월에 흰색의 작은 꽃이 가지 끝에 원추꽃차례를 이루며 많이 달린다. 꽃받침은 5개로 깊게 갈라지고 꽃잎이 없으며, 수술은 8개, 암술대는 3개이고 씨방은 난형이다. 열매는 수과(瘦果)이며 길이 2.5mm가량에 세모진 난형으로 3개의 날개가 있다. 하수오와 현재 농가에서 많이 재배하고 있는 박주가리과의 큰조롱[Cynanchum wilfordii (Maxim.) Hemsl.]은 다른 종이므로 혼동해서는 안 된다. 한방에서는 큰조롱의 덩이뿌리를 '백수오(白首烏)'라 하며 약재로 사용한다. 그런데 일반인들 사이에서 큰조롱을 흔히 '백하수오'라고 부르면서, 마디풀과의 약용 식물인 하수오와 혼동하는 경우를 자주 볼 수 있다. 붉은빛이 도는 하수오의 덩이뿌리를 '적하수오'라고 하면서 큰조롱의 덩이뿌리를 '백하수오'라고 잘못 부른 데에서 비롯한 오류인 것으로 추측된다. 두 식물 모두 덩이뿌리를 약용하지만 동일한 약재는 아니므로 구분해서 사용해야 한다. 하수오와 혼동하는 큰조롱은 연한 황록색 꽃이 산형꽃차례로 피고, 박주가리(나마)는 연한 자줏빛 꽃이 총상꽃차례로 핀다. 천장각 또는 나마로 쓰이는 박주가리 열매는 표주박 모양의 골돌과이며, 큰조롱의 열매는 피침형 골돌과이므로 구분이 가능하다. 〈대한약전외 한약(생약)규격집〉에는 하수오의 학명을 'Poly-gonum multiflorum Thunberg'라고 수재하고 있으나 이 책에서는 국립수목원의 '국가생물종 지식정보시스템'에 따라 'Fallopia multifl-ora (Thunb.) Haraldson'으로 정리하였다.

하수오_잎

하수오_꽃

하수오_종자 결실

하수오_줄기

약효

간을 보하고 신장의 기운을 북돋우며, 혈액을 자양하고 풍사를
제거하며, 몸을 튼튼하게 하고 기력을 왕성하게 하며 정력을 강하게 하
는 등의 효능이 있어서 간과 신장의 음기가 훼손된 것을 낫게 하며, 머
리카락이 일찍 세는 증세, 혈이 허하여 머리가 어지러운 증세, 허리와
무릎이 연약해진 증세, 근골이 시리고 아픈 병증, 유정(遺精), 붕루대하
(崩漏帶下), 오래된 설사 등을 치료한다. 그 밖에도 만성 간염, 옹종(癰
腫), 나력(瘰癧), 치질 등의 치료에 이용한다. 민간요법으로 간과 신장
기능의 허약을 치료하며, 해독 작용과 거풍(祛風), 변비, 불면증, 피부
가려움증, 백일해 등의 치료에 이용한다.

용법과 약재

말린 것으로 하루에 8~25g을 사용하는데, 보통 말린 덩이뿌리 15g에 물 700mL 정도를 붓고 끓기 시작하면 불을 약하게 줄여서 200 ~300mL 정도로 달여 아침저녁 2회로 나누어 복용한다. 가루 또는 환을 만들거나 술에 담가서 복용하기도 한다.

※윤장통변(潤腸通便) 및 수렴하는 작용이 있으므로 대변당설(大便溏泄: 대변이 진흙처럼 나오는 증) 또는 습담(濕痰: 비脾의 운화運化하는 기운이 장애되어 수습水濕이 한곳에 오래 몰려 있어 생기는 담증)의 경우에는 부적당하고, 무 씨를 함께 사용할 수 없다.

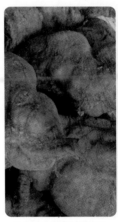  

하수오_덩이 뿌리 채취품　　하수오_뿌리 약재품　　하수오_약재품

겨울

기능성과 효능에 관한 특허자료 **하수오 추출물의 제조 방법과 그 추출물을 함유한 당뇨병 관련 질환 치료용 의약 조성물**

본 발명은 하수오 추출물의 제조 방법과 그 추출물을 함유한 당뇨병 관련 질환 치료용 의약 조성물에 관한 것으로, 하수오를 물, 극성 유기 용매 또는 이들의 혼합 용매로 추출하는 단계, 상기 추출액으로부터 고형분을 제거하는 단계 및 상기 추출액으로부터 추출 용매를 제거하여 하수오 추출물을 얻는 단계를 통해 혈당 강하 효과가 있는 하수오 추출물을 얻고, 이를 함유시켜 당뇨병 관련 치료용 조성물을 제조함으로써, 우수한 혈당 강하 효과를 갖는 하수오 추출물과 그 추출물을 함유한 당뇨병 관련 질환 치료용 의약 조성물에 관한 것이다.

〈공개번호 : 10-2004-0063291, 출원인 : 에스케이케미칼(주)〉

순환기계 질환 치료(자양 강장, 항산화, 보간, 진통)

황칠나무

생 약 명	풍하이(楓荷梨), 황칠(黃漆)
사용부위	뿌리줄기, 잎, 수지
작용부위	간, 심장, 소장, 대장, 신장 경락으로 작용한다.

학명 *Dendropanax morbifera* Lev.

이명 황제목(黃帝木), 수삼(樹蔘), 압각목(鴨脚木), 압장시(鴨掌柴), 노란옻나무, 황칠목(黃漆木) 금계지(金鷄趾)

과명 두릅나무과(Araliaceae)

개화기 6월경

채취시기 뿌리줄기·잎·수지를 가을·겨울에 채취한다.

성분 뿌리줄기, 잎, 수지 등에는 정유가 함유되어 있고 정유 중에는 β-엘레멘(β-elemene), β-셀리넨(β-selinene), 게르마크렌 D(germacrene D), 카디넨(cadinene), β-쿠베벤(β-cubebene)이 함유되어 있다. 트리테르페노이드(triterpenoid)의 α-아미린(α-amyrin), β-아미린, 올레이폴리오시드(oleifolioside) A, B가 함유되어 있고 폴리아세틸렌과 스테로이드 중에는 β-시토스테롤(β-sitosterol)이 함유되어 있으며 카로티노이드, 리그난(lignan), 지방산, 글루코오스(glucose), 프룩토오스(fructose),

640

자일로스(xylose), 아미노산에는 아르기닌(arginine), 글루탐산(glutamic acid), 그외 단백질, 비타민 C, 타닌, 칼슘, 칼륨 등 다양한 성분이 함유되어 있다.

성질과 맛　성질이 따뜻하고, 맛은 달다.

생육특성

제주도를 비롯한 경남, 전남 등지의 해변과 섬에 분포하는 상록활엽교목으로, 산기슭, 숲속에 자생하거나 재배하는 방향성 식물이다. 높이는 15m 내외로 자라고, 어린가지는 녹색이며 털이 없고 윤채가 난다. 잎은 어긋나고, 길이 10~20cm에 난형 또는 타원형으로 잎끝이 뾰족하며 양면에 털이 없고 가장자리에는 톱니가 없거나 3~5개로 갈라진다. 6월경에 녹황색 꽃이 가지 끝에 1개씩 산형꽃차례로 달리고, 열매는 타원형의 핵과이며 10월에 검은색으로 익는다. 우리나라 특산종이다.

황칠나무_잎

황칠나무_줄기

황칠나무_열매

황칠나무_수피

겨울

약효

뿌리줄기는 항산화 작용이 있어 성인병의 예방 및 치료에 특별한 효과가 있다. 항염, 항균, 항암 등의 작용과 자양 강장, 피로 회복, 간기능 개선, 지방간 해독, 콜레스테롤 저하 등의 효능이 있고, 혈액순환을 원활하게 하며 위를 튼튼하게 하고, 열을 내려주며 통증과 출혈을 멎게 하고 면역력을 높이며, 정력을 강하게 하고 진정시키며, 당뇨, 고혈압, 우울증, 위장 질환, 구토, 설사, 월경불순, 신경통, 관절염, 말라리아를 치료한다. 황칠나무의 추출물은 간염, 간경화, 황달, 지방간 등과 같은 간질환의 예방 및 치료에 효과가 있다. 또한 황칠나무의 잎 추출물은 장운동을 촉진하며 변비를 치료한다.

용법과 약재

뿌리줄기 1일량 30~60g을 물 1L에 넣고 반으로 달여 2~3회 매 식후 복용한다.

※임산부는 복용을 금한다.

황칠나무_수지

황칠나무_약재품

기능성과 효능에 관한 특허자료

황칠나무 추출물을 포함하는 간 질환 치료용 약학조성물

본 발명은 황칠 추출물을 포함하는 간 질환 치료용 또는 예방용 약학 조성물에 관한 것으로서, 보다 구체적으로는 지방간, 간염, 간경화 등과 같은 간 질환을 예방 및 치료할 수 있는 약학 조성물에 관한 것이다. 본 발명의 황칠나무의 가지 및 잎의 유기 용매 추출물을 포함하는 조성물은 천연물에서 유래한 것으로 부작용이 없으며 간암 세포를 현저하게 억제하므로 간암 치료제 및 관련 질환의 치료용 약학 조성물의 성분으로 이용할 수 있다.

⟨출원번호 : 10-2012-0012172, 특허권자 : 박소현⟩

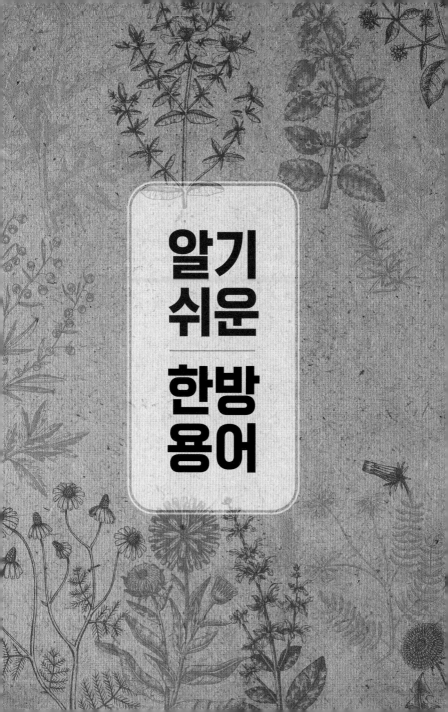

알기 쉬운

한방 용어

ㄱ

개라(疥癩) 옴. = 개창.

개창(疥瘡) 옴. 살갗이 몹시 가려운 전염성 피부병. 풍(風), 습(濕), 열(熱) 등의 사기가 피부에 엉키어 생긴다. 개라(疥癩)라고도 함.

객담(喀痰) 각담(咯痰)이라고도 함. 가래. 가래가 끼는 증상.

거담(祛痰) 담을 제거함.

거풍(祛風) 풍사(風邪)를 없애는 것.

거풍활락(祛風活絡) 풍사를 제거하고 경락을 통하게 함.

경간(驚癎) ① 놀라서 발생한 발작, 간질. ② 소아경풍을 가리킴. 경(驚)은 몸에 열이 나고 얼굴이 붉어지며 잠을 잘 자지 못하지만 경련은 나지 않는 증상. 간(癎)은 경(驚)의 증상 외에 몸이 뻣뻣해지며 손발이 오그라들면서 경련이 발생함.

골절동통(骨節疼痛) 뼈마디가 쑤시고 아픈 증상.

관중(寬中) 정서적 억울로 기가 막힌 것을 잘 통하게 함. 소울이기(疏鬱理氣).

구어혈(驅瘀血) 어혈을 풀어주는 작용.

구창(口瘡) 입안이 허는 병증. 입안이 헐고 부스럼이 생기는 일종의 궤양성 구내염. 입 안쪽으로 입술, 뺨 부위의 점막에 원형 또는 타원형의 담황색 또는 회백색의 작은 점이 한 개 또는 여러 개 발생하는 것. 빨간 테두리가 있고 표면은 오목하게 패이며 국소가 화끈거리고 아프다.

구해(久咳) 오래된 기침.

근골동통(筋骨疼痛) 근육과 뼈가 쑤시고 아픔.

근골산통(筋骨痠痛) 근육과 뼈가 시큰거리면서 아픔.

금창(金瘡) 쇠붙이로 인한 상처.

ㄴ

나력(瘰癧) 림프절에 멍울이 생기는 병증. 주로 목, 귀 뒤, 겨드랑이에 생김. 연주창.

냉리(冷痢) 장이나 위가 허랭(虛冷)한데 한사(寒邪)가 침입하여 발생하는 이질. 대개는 차고 날것, 불결한 음식 등을 지나치게 먹고, 한기가 막혀서 통하지 않음으로 인해 비의 양기가 상해서 발생한다.

ㄷ

단독(丹毒) 화상과 같이 피부가 벌겋게 되면서 화끈거리고 열이 나는 증상.

담다불리(痰多不利) 가래가 많고 이를 뱉어내지 못하는 증세.

담마진(蕁麻疹) 발진성 전염병의 하나로 피부에 돋는 발진이 마립(麻粒)처럼 생겨서 붙은 이름.

담옹(痰壅) 가래가 목구멍에 막히는 증세. 목에 가래가 낀 듯한 느낌임.

도체(導滯) 적체를 없애서 기를 잘 통하게 함.

도한(盜汗) 몸이 쇠약하여 잠잘 때 나는 식은 땀. 잠잘 때 땀 흘리는 병증으로 대부분 허로(虛勞)한 사람에게서 많이 나타남.

독사교상(毒蛇咬傷) 독사에 물린 상처.

독충교상(毒蟲咬傷) 독충에 물린 상처.

동통(疼痛) 신경 자극으로 몸이 쑤시고 아프게 느껴지는 고통. 심한 통증.

두정통(頭頂痛) 머리 정수리가 아픈 증상.

두훈(頭暈) 어지럼증, 현기증. = 현훈(眩暈).

ㅁ

마진(痲疹) 홍역. 병독 등으로 인하여 생기는 발진성 전염병.

명목(明目) 눈을 밝게 함.

목예(目翳) 눈 다래끼.

목적(目赤) 눈에 핏발이 서는 증상. 목적종통.

목적종통(目赤腫痛) 눈의 흰자위에 핏발이 서
고 부으며 아픈 증상.

무명종독(無名腫毒) 각종 종기나 부스럼으로
인한 독.

ㅂ

반위(反胃) 음식물을 소화시켜 아래로 내리지
못하고 위로 토하는 증상으로 위암 등의 병
증이 있을 때 나타남.

백탁(白濁) 뿌연 오줌. 단백뇨.

변당(便溏) 변당설사의 줄임말. 대변이 묽고
배변 횟수가 많은 증상.

보간(補肝) 간의 기운을 보함.

보익(補益) 보기(補氣)와 익기(益氣). 보법(補法)
과 같은 말. 기, 혈, 음, 양이 허해서 생긴 여
러 가지 허증(虛症)을 치료하는 방법.

보허(補虛) 허한 것을 보함.

복사(腹瀉) 설사. 대변이 묽고 배변 횟수가 많
음.

복창(腹脹) 복부의 창만증. 배가 더부룩하면서
불러 올라 불편한 증후. 외부적으로 양기가
허하고, 내부적으로 음기가 쌓여서 생긴다.
얼굴과 수족에는 부종이 없다.

붕루(崩漏) 월경기가 아닌 때 갑자기 대량의 자
궁출혈이 멎지 않고 지속되는 병증. 출혈이
급작스럽고 양이 많아 물줄기와 같음.

빈뇨(頻尿) 오줌을 지나치게 자주 누는 증상.

ㅅ

사교상(蛇咬傷) 뱀에 물린 상처.

사지마목(四肢麻木) 팔다리가 마비되는 증세.

사화(瀉火) 허열을 내림. 화기를 없앰.

산기(疝氣) 고환이나 음낭이 붓고 커지면서 아
랫배가 켕기고 아픈 병증. 산기통(疝氣痛).

산제(散劑) 약제를 가루 형태로 조제한 것.

서근(舒筋) 굳어진 근육을 풀어주는 작용.

서체(暑滯) 여름철 더위 먹은 증상.

석림(石淋) 임질의 하나. 콩팥이나 방광에 돌
처럼 굳은 것이 생겨서 소변 볼 때에 요도 통
증이 심하며 돌이 섞여 나옴. 신·방광·요도
등에 생기는 결석.

소간(疏肝) 간기(肝氣)가 울결(鬱結)된 것을 흩
어지게 함.

소변불리(小便不利) 소변 배출이 원활하지 않
은 증세.

소비산결(消痞散結) 결린 것을 낫게 하고 맺힌
것은 흩어지게 함.

소식(消食) 소화를 돕고 식욕을 촉진시키는 작
용.

소아감적(小兒疳積) 감질(疳疾)에 음식 적체가
있는 병증. 아이의 얼굴이 누렇고 배가 부은
듯하며 몸이 여위는 병.

소아경풍(小兒驚風) 어린아이들의 심한 경기.

소적(消積) 적취를 없앰. 가슴과 배가 답답한
것을 없앰.

수렴(收斂) 기를 거두어들이는 작용.

수종(水腫) 체내 수습(水濕)이 정체되어 발생하
는 부종.

습사(濕邪) 습(濕)이 병을 일으키는 해로운 사
기(邪氣)가 됨.

식적창만(食積脹滿) 음식을 내리지 못하고 적
체(積滯)가 되며 헛배가 부르는 증상.

식체(食滯) 음식을 지나치게 많이 먹거나 차고
익지 않으며 변질된 음식을 먹고 비위(脾胃)
가 상해 허약(虛弱)해진 병증임. 음식에 의해
서 비위가 상한 병증. = 식상(食傷).

신허요통(腎虛腰痛) 신장의 기능이 허약해져
서 나타나는 요통.

실음(失音) 목이 쉬어 말을 하지 못하는 증세.

심계(心悸) 가슴이 두근거리면서 불안해하는
증상.

심계항진(心悸亢進) 가슴 두근거림이 멈추지

645

않고 계속됨.

이

아통(牙痛) 치통.

악창(惡瘡) 악성 화농성 종기.

양위(陽痿) 양도가 위축되는 증상. 발기부전.

양혈(凉血) 피를 차게 함. 혈분의 열사를 제거하는 청열법.

어혈(瘀血) 혈액이 체내에서 어체(瘀滯)된 것. 경맥의 외부로 넘쳐 조직 사이에 쌓이거나 혈액 운행에 장애가 발생하여 경맥 내부 및 기관(器官) 내부에 정체되는 것을 포함함.

염좌(捻挫) 삔 것.

오풍(惡風) 풍사(風邪)를 싫어함. 바람이 없으면 아무렇지도 않고 바람을 싫어하며 바람을 쐬면 한기가 든다.

옹(癰) 급성 화농성 질환의 총칭. 빨갛게 부어오르고 열과 아픔이 있으며 고름이 들어 있는 종기. 몸 바깥에 생기는 것을 외옹이라고 하고 장부에 생기는 것을 내옹이라 한다. 종기(癤) 가운데 3㎝ 이상인 것을 옹이라 하거나 절(癤)이 악화된 것을 가리켜 옹이라고 하는 경우도 있다.

옹저(癰疽) 피부화농증, 종기. 창(瘡)의 면적이 크고 얕은 것을 옹(癰)이라 하고, 창의 면적이 좁고 깊은 것을 저(疽)라 함.

옹저종독(癰疽腫毒) 피부화농증, 즉 종기로 인한 독성.

옹종(癰腫) 기혈의 순환이 순조롭지 않아 피부나 근육 내에 역행하면서 혈이 옹체하여 국부에 발생하는 부스럼이나 종기. 피부에 난 화농성 종기. 종기옹저가 부어오른 것.

완비(頑痺) 피부에 감각이 없는 병증. 살갗과 살이 나무처럼 뻣뻣해져 아픔도, 가려움도 느끼지 못하며 손발이 시큰거리면서 아픈 증세.

완하(緩下) 대변을 부드럽게 하여 잘 나가게 함.

외감풍한(外感風寒) 감기. 외부에서 침입한 풍한사(風寒邪).

요슬마비(腰膝痲痺) 허리와 무릎 마비 증상.

유옹(乳癰) 가슴에 생기는 옹저. 급성 화농성 유선염.

유음(溜飮) 수종(水腫)이 쌓여 흩어지지 못하는 증상. 비위의 양기가 허하여 수음이 오랫동안 머물러 있어서 야기됨.

유정(遺精) 몸이 허약하여 성행위 없이 무의식 중에 정액이 흘러나가는 병증.

윤폐(潤肺) 폐를 촉촉하게 함. 폐의 기운을 원활하게 함.

이기(理氣) 기를 잘 통하게 함.

이뇨(利尿) 소변 배출을 원활하게 함.

이수(利水) 수도를 이롭게 하고 습사를 잘 나가게 함.

이습(利濕) 습사를 잘 배출시킴.

인후홍종(咽喉紅腫) 목안이 벌겋게 붓는 증상.

임병(淋病) 성전염병의 일종.

임신수종(姙娠水腫) 임신 7~8개월의 임부에게 나타나는 임신중독증. 하지에 가벼운 부종이 생기다가 몸 전체가 붓거나 체중이 비정상적으로 증가함.

임신유옹(姙娠乳腫) 임신 중 유방이 붓고 아픈 증세. 임신 6~7개월에 간기(肝氣)가 소통되지 않아 기(氣)가 울체(鬱滯)되어 혈(血)이 맺혀서 경락(經絡)이 통하지 않고 유관(乳管)이 막히므로 유방이 단단하게 붓고 아프며 오한(惡寒)과 발열(發熱)이 나타남.

임탁(淋濁) 임질. 소변이 자주 나오고 오줌이 탁하며 요도에서 고름처럼 탁한 것이 나오는 병증.

ㅈ

646

자한(自汗) 양(陽)의 기운이 허하여 가만히 있어도 이유 없이 땀이 나는 증세.

장옹(腸癰) 장 안에 옹(癰)이 생기면서 복부에 동통(疼痛)이 수반되는 병증. 장의 기가 통하지 않고 막혀서 생기는 응어리와 이로 인한 동통.

장풍하혈(腸風下血) 치질의 하나. 대변을 볼 때 맑고 새빨간 피가 나오는 증상이 있는데 이는 풍사가 장위를 침범하여 생김. 장풍이라고도 함.

적백대하(赤白帶下) 여성의 음도에서 흘러나오는 점액성 액체.

적백리(赤白痢) 붉은색 또는 흰색의 곱이 나오는 이질.

적백하리(赤白下痢) 곱과 피고름이 섞인 대변을 보는 이질. 끈끈하게 덩어리진 피고름이 나오는데 붉은색과 흰색이 서로 섞여 있는 것을 말함. 적리(赤痢), 백리(白痢), 하리(下痢)를 통틀어 일컫는 말.

적체(積滯) 음식물이 소화되지 않고 위에 머물러 있는 병증.

적취(積聚) 뱃속에 덩이가 생겨 아픈 증. 적은 5장에 생기고 취는 6부에 생기는데, 적은 음기이고 한 곳에 생기기 때문에 아픔도 일정한 곳에 나타나며 경계가 뚜렷하지만 취는 양기이고 한 곳에서 생기지 않고 왔다 갔다 하기 때문에 아픈 곳도 일정하지 않음.

전액(煎液) 탕액(湯液)이나 약재의 액을 끓인 것.

정종(疔腫) 정창과 옹종.

정창(疔瘡) 형태가 작고 뿌리가 깊으며 몹시 딴딴한 부스럼.

조습(燥濕) 습사를 다스림.

종독(腫毒) 종기, 부스럼.

종창(腫脹) 염증이나 종양 등으로 인해 피부가 부어오른 것을 가리킨다. 부기(浮氣), 팽만감 증상의 총칭.

종통(腫痛) 붓고 아픈 증세.

좌상(挫傷) 넘어지고, 부딪치거나 눌리거나 삐어서 연조직이 손상되는 것.

중초(中焦) 삼초의 하나. 삼초의 중간부로서 주로 비위를 도와 음식물을 부숙(腐熟)하고 진액을 훈증하여 정미로운 기운으로 변화시키는 소화기능을 담당함.

진경(鎭痙) 경기, 경련을 진정시킴.

진토(鎭吐) 토하는 것을 가라앉힘.

진해(鎭咳) 기침을 멎게 함.

질타내상(跌打內傷) 넘어지거나 부딪쳐서 생긴 상처.

ㅊ

창독(瘡毒) 부스럼의 독기.

창옹(瘡癰) 부스럼과 악창.

창종(瘡腫) 헌데나 부스럼.

천포습창(天疱濕瘡) 물집이 생기는 종기. 창독 또는 매독.

청간(淸肝) 간의 기를 깨끗하게 함.

청맹내장(靑盲內障) 시력저하로부터 시작되어 점차 실명(失明)에 이르게 되는 내장질환.

청열(淸熱) 열을 내리게 함.

청열사화(淸熱瀉火) 열을 내리고 화기를 없앰.

청열해독(淸熱解毒) 열을 내리고 독성을 풀어줌.

청폐(淸肺) 열기에 의해 손상된 폐기를 맑게 식히는 효능.

청혈(淸血) 혈액을 맑고 깨끗하게 함.

충창(蟲瘡) 벌레로 인해서 생긴 부스럼.

치창(痔瘡) 치핵, 치질.

ㅋ

코피 육혈(衄血).

ㅌ

타박종통(打撲腫痛) 타박상에 의한 부종과 통증.

탁독(托毒) 독성을 배출시킴.

탈항(脫肛) 직장 탈출증. 항문 및 직장 점막 또는 전층이 항문 밖으로 빠져나오는 병증.

ㅍ

평천(平喘) 천식을 다스림.

폐로해수(肺癆咳嗽) 폐결핵으로 인한 기침.

폐옹(肺癰) 폐농양. 폐에 농양이 생긴 병증으로 기침에 농혈을 섞어 토함.

표사(表邪) 표피 아래에 머무는 차가운 사기, 표피 아래에 차가운 사기(邪氣)가 머무르는 증.

풍담(風痰) 풍증을 일으키는 담병 또는 풍으로 생기는 담병.

풍담현운(風痰眩暈) 풍사로 인하여 담이 결리고 어지럼증이 오는 증세.

풍사(風邪) 육음의 하나. 바람으로 인한 해로운 사기(邪氣). 외감병을 야기하는 주요 원인으로 다른 사기와 결합하여 여러 가지 병을 야기시킴.

풍습(風濕) 풍사와 한습사(寒濕邪)가 겹쳐서 나타난 증상.

풍습마비(風濕痲痺) 풍사(風邪)와 습사(濕邪)로 인한 마비 증상.

풍습비통(風濕痺痛) 풍사와 습사로 인해 저리고 아픈 증상. 현대적으로는 통풍.

풍한습비(風寒濕痺) 풍한습사, 즉 찬바람 등으로 인하여 결리고 아픈 증상.

피부소양증(皮膚瘙痒症) 피부 가려움증.

피부자양(皮膚刺痒) 침으로 찌르는 듯하며 가려운 피부병.

ㅎ

하리(下痢) 설사와 이질.

한사(寒邪) 추위나 찬 기운이 병을 일으키는 사기(邪氣)가 됨.

해수(咳嗽) 폐의 호흡기능 실조에서 흔하게 나타나는 증상. 가래를 동반하는 심한 기침병.

해수토혈(咳嗽吐血) 기침과 함께 피를 토하는 증상.

해역상기(咳逆上氣) 기침과 구역으로 기가 위로 치솟는 증상.

해울(解鬱) 기가 울체된 것을 풀어줌.

해혈(咳血) 기침할 때 피가 나는 증상.

혈리(血痢) 대변에 피가 섞여 나오는 이질. = 적리(赤痢).

혈림(血淋) 소변에 피가 섞여 나오는 임증.

혈붕(血崩) 월경 주기가 아닌데도 갑자기 음도(陰道)에서 대량의 출혈이 있는 증상.

화담(化痰) 담(痰)을 삭아지게 함. 가래를 삭인다는 뜻.

후비종통(喉痺腫痛) 목구멍이 붓고 아픈 증세. 목안이 벌겋게 붓고 아프며 막힌 감이 있는 인후염 등의 인후병을 통틀어 이르는 말.

후종(喉腫) 목구멍의 종기. 달이거나 볶거나 기름이 많은 음식을 먹거나 혹은 과음한 채로 성교를 해서 독기가 흘러나가지 못하고 후근(喉根)에 뭉친 것으로 신속하게 치료하지 않으면 위험하다.

후통(喉痛) 인후통.

찾아보기

참고문헌

- 강원의 버섯, 김양섭·석순자 외, 강원대학교출판부, 2002.
- 대한식물도감(상·하), 이창복, 향문사, 2014.
- 동의보감(전 6권), 허준(동의학연구소 역), 여강출판사, 1994.
- 의학사전, 김동일 외, 까치, 1990.
- 몸에 좋은 산야초, 장준근, 넥서스, 2002.
- 버섯대사전, 정구영·구재필, 아카데미북스, 2017.
- 본초학, 강병수 외(전국본초학교수 공편저), 영림사, 1998.
- 생활 속의 약용식물, 김재철 외 5인, (주)대창사, 2013.
- 식물분류학, 이창복·김윤식·김정석·이정석, 향문사, 1985.
- 신씨본초학 총론, 신길구, 수문사, 1988.
- 신증 방약합편, 황도연(신민교 편역), 영림사, 2002.
- 야생버섯도감, 석순자·김양섭·박영준, 가교출판, 2019.
- 약선본초학, 김길춘, 의성당, 2008.
- 약용식물의 이용과 신재배기술, 이정일·계봉명, 선진문화사, 1994.
- 약초재배의 기술(야생약초의 민간요법), 이원호, 장학출판사, 1990.
- 원색천연약물대사전(상·하), 김재길, 남산당, 1989.
- 원색한국식물도감, 이영노, 교학사, 1996.
- 임상 한방본초학, 서부일·최호영, 영림사, 2006.
- 임상배합본초학, 강병수·김영판, 영림사, 1996.
- 임상본초학, 신민교, 영림사, 1997.
- 조선약용식물지(Ⅰ·Ⅱ·Ⅲ), 임록재, 한국문화사, 1999.
- 중국본초도감(一~ 四), 동국대학교 한의과대학 본초학회(역), 여강출판사, 1994.
- 중약대사전(전 11권), 김창민 외(역), 정담, 1998.
- 한국수목도감, 조무연, 아카데미서적, 1996.
- 한국식물도감(개정증보판), 이영노, 교학사, 2002.
- 한국약용버섯도감, 박완희·이호득, 교학사, 1999.
- 한국의 약용식물, 배기환, 교학사, 2000.
- 한국의 자원식물, 김태정, 서울대학교출판부, 1997.
- 한방식품재료학, 이영은·홍승헌, 교문사, 2003.
- 한방임상을 위한 한약조제와 응용, 이정경, 영림사, 1991.
- 한약재표준품 개발 수집 및 활용방안 연구, 고병섭 외, 보건복지부, 2000.